Universum

Physik

Einführungsphase

Niedersachsen

Universum Physik

Einführungsphase Gymnasium Niedersachsen G9

Autorinnen und Autoren: Dr. Hans-Otto Carmesin, Stade; Anneke Emse, Krefeld; Ulf Konrad, Verden; Inka Katharina Pröhl, Bremerhaven

Teile dieses Werkes beruhen auf Arbeiten von: Dr. Christian Burisch, Dr. Reiner Kienle, Dr. Detlef Lauterjung, Susanne Lauterjung, Björn Mai, Carl-Julian Pardall, Prof. Bruno Rager, Antonius Rübbelke, Josef Schöpper, Torsten Trumme, Dr. Ursula Wienbruch

Berater: Lutz Witte, Wilhelmshaven

Redaktion: Dr. Wiebke Salzmann

Redaktionelle Mitarbeit: Markus Heim

Grafik: Atelier tigercolor Tom Menzel, Scharbeutz/Klingenberg; newVISION! GmbH Bernhard A. Peter, Pattensen; ww-visuell Werner Wildermuth, Würzburg

Layoutkonzept, Umschlaggestaltung: SOFAROBOTNIK GbR, Augsburg & München

Layout und technische Umsetzung: Typo Concept GmbH, Hannover

Begleitmaterial zum Lehrwerk

E-Book	ISBN 978-3-06-010902-9
Lösungen zum Schülerbuch	ISBN 978-3-06-011391-0
Begleitmaterial auf USB-Stick	
mit Unterrichtsmanager und E-Book auf scook	ISBN 978-3-06-013711-4

www.cornelsen.de

1. Auflage, 1. Druck 2018

Alle Drucke dieser Auflage sind inhaltlich unverändert und können im Unterricht nebeneinander verwendet werden.

© 2018 Cornelsen Verlag GmbH, Berlin

Druck: Mohn Media Mohndruck, Gütersloh

ISBN 978-3-06-010897-8   (Schülerbuch)

Dynamik

6

Akustik

100

Optische Abbildung

126

Strahlungsphysik

146

Atomphysik und Radioaktivität

168

Dynamik

1 Start bei einem
100-m-Lauf

Die Geschwindigkeit

Ort: Startlinie im Olympiastadion in Berlin. Zeit: 16. 8. 2009. Usain Bolt stellt einen neuen Weltrekord im 100-m-Lauf auf. Er legt die Strecke von 100 m in einer Zeitspanne von nur 9,58 s zurück. Würde er in einer 30 - $\frac{km}{h}$ - Zone geblitzt werden?

Umrechnung:
$1\frac{km}{h} = \frac{1000\,m}{3600\,s} = \frac{1\,m}{3,6\,s}$

Die mittlere Geschwindigkeit wird auch **Durchschnittsgeschwindigkeit** genannt.

Die mittlere Geschwindigkeit · Zunächst entnehmen wir der Weltrekordzeit, dass Bolt die Strecke $\Delta s = 100$ m in einem Zeitintervall von $\Delta t = 9,58$ s zurückgelegt hat. Daraus bestimmen wir seine mittlere Geschwindigkeit $\overline{v}$:

$$\overline{v} = \frac{\Delta s}{\Delta t} = \frac{100\,m}{9,58\,s} = 10,44\,\frac{m}{s} = 37,58\,\frac{km}{h}.$$

In einer 30 - $\frac{km}{h}$ - Zone könnte Bolt also tatsächlich geblitzt werden.

Vermutlich ist Usain Bolt sogar schneller gelaufen als $10,44\,\frac{m}{s}$. Denn beim Start musste er erst allmählich schneller werden. Wie groß war denn seine Höchstgeschwindigkeit? Dazu betrachten wir in ▸Tabelle 2 die Zwischenzeiten.

Um Bolts maximale Geschwindigkeit zu finden, suchen wir das kleinste Zeitintervall Δt. Man berechnet das Zeitintervall als Differenz aufeinanderfolgender Zwischenzeiten. Die kleinste Differenz beträgt $\Delta t = 1,61$ s und entsteht bei den Zwischenzeiten $t = 6,31$ s und $t + \Delta t = 7,92$ s. Die zugehörige Strecke berechnet man ebenso als Differenz:

$$\Delta s = s(t + \Delta t) - s(t) = 80\,m - 60\,m = 20\,m.$$

Die mittlere Geschwindigkeit im kleinsten Zeitintervall ist gegeben durch den **Differenzenquotienten**:

$$\overline{v} = \frac{\Delta s}{\Delta t} = \frac{s(t + \Delta t) - s(t)}{\Delta t} = \frac{20\,m}{1,61\,s} = 12,42\,\frac{m}{s}.$$

Bolt lief also deutlich schneller als $10,44\,\frac{m}{s}$.

Je kleiner das Zeitintervall Δt ist, desto genauer beschreibt die mittlere Geschwindigkeit die Geschwindigkeit zu einem Zeitpunkt.

t in s	0	2,89	4,64	6,31	7,92	9,58
Δt in s	–	2,89	1,75	1,67	1,61	1,66	–
s in m	0	20	40	60	80	100

2 Gemessene Zwischenzeiten bei Usain Bolts Lauf

Bolt erreichte auf der Strecke zwischen 60 m und 80 m eine mittlere Geschwindigkeit von $12,42\,\frac{m}{s}$. Aber selbst das war nicht seine größte Geschwindigkeit.

Die momentane Geschwindigkeit • Können wir überhaupt für einen bestimmten Zeitpunkt t eine momentane Geschwindigkeit $v(t)$ bestimmen? Dazu müssten wir die Zeitintervalle Δt beliebig klein wählen. Das hat aber Grenzen in der Messtechnik. Es gibt jedoch eine Möglichkeit, die momentane Geschwindigkeit am Diagramm zu bestimmen.

Hierzu betrachten wir ein $s(t)$-Diagramm, bei dem zu jedem Zeitpunkt t der zugehörige Ort $s(t)$ eingezeichnet ist (▸Abb.3). Wie bestimmt man die momentane Geschwindigkeit $v(t)$, z.B. für den Zeitpunkt $t = 1\,\text{s}$?

Zunächst ermitteln wir die mittlere Geschwindigkeit für das Zeitintervall [1s; 2s] mithilfe des Differenzenquotienten:

$$\overline{v} = \frac{\Delta s}{\Delta t} = \frac{s(t + \Delta t) - s(t)}{\Delta t} = \frac{8\,\text{m} - 2\,\text{m}}{1\,\text{s}} = 6\,\frac{\text{m}}{\text{s}}.$$

Diesen Differenzenquotienten deuten wir als die Steigung m der schwarzen Sekante in ▸Abb.3:

$$m(\Delta t) = \frac{6\,\text{m}}{1\,\text{s}} = 6\,\frac{\text{m}}{\text{s}}.$$

Nun betrachten wir ein kleineres Intervall, z.B. [1s; 1,5s] und stellen analog das zugehörige Steigungsdreieck in ▸Abb.3 blau dar. Wir berechnen:

$$m(\Delta t) = \overline{v} = \frac{4,5\,\text{m} - 2\,\text{m}}{0,5\,\text{s}} = \frac{2,5\,\text{m}}{0,5\,\text{s}} = 5\,\frac{\text{m}}{\text{s}}.$$

Die Verkleinerung von Δt stellen wir uns unendlich fortgesetzt vor, bis zum **Grenzfall** $\Delta t = 0\,\text{s}$. Im Grenzfall gehen die Sekanten über in die Tangente (▸Abb.4). Dabei gehen die Sekantensteigungen $m(\Delta t) = \overline{v}$ über in die Tangentensteigung $m = v(t)$. Diese berechnen wir mit dem Steigungsdreieck in ▸Abb.4:

$$m = v(t) = \frac{6\,\text{m} - 2\,\text{m}}{1\,\text{s}} = \frac{4\,\text{m}}{1\,\text{s}} = 4\,\frac{\text{m}}{\text{s}}.$$

Wir fassen zusammen:

> Die momentane Geschwindigkeit $v(t)$ ist gegeben durch die Steigung m der Tangente, die den $s(t)$-Graphen an der Stelle t berührt.

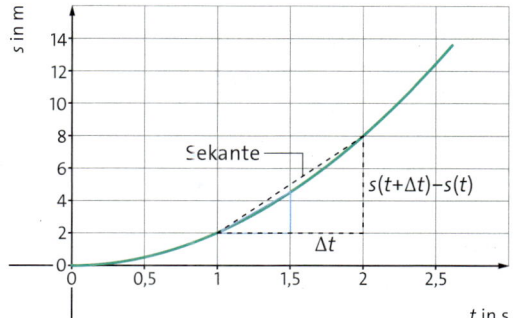

3 Mittlere Geschwindigkeit gleich Sekantensteigung

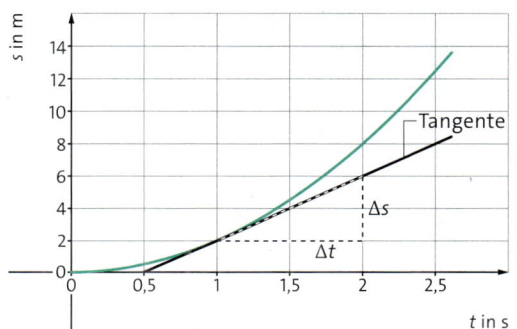

4 Momentane Geschwindigkeit gleich Tangentensteigung

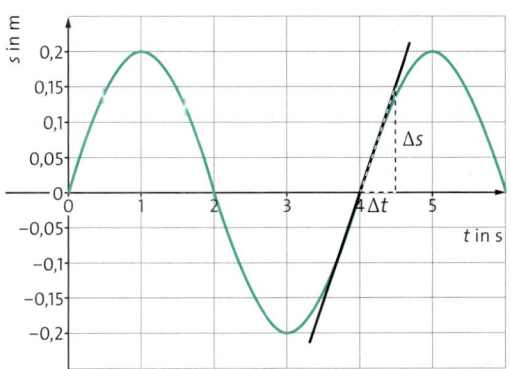

5 $s(t)$-Diagramm einer Schwingung

1 Ein Falke legt während 0,5s eine Strecke von 50m zurück. Bestimmen Sie die mittlere Geschwindigkeit in $\frac{\text{m}}{\text{s}}$ und in $\frac{\text{km}}{\text{h}}$.

2 In ▸Abb.5 ist das $s(t)$-Diagramm einer Schwingung dargestellt.
a) Bestimmen Sie die mittlere Geschwindigkeit für die Zeitspanne von $t = 3\,\text{s}$ bis $t = 5\,\text{s}$.
b) Bestimmen Sie die momentane Geschwindigkeit $v(t)$ für den Zeitpunkt $t = 4\,\text{s}$.
c) Vergleichen Sie die Ergebnisse aus a) und b) miteinander und erklären Sie, wie es zu dem Unterschied kommt.

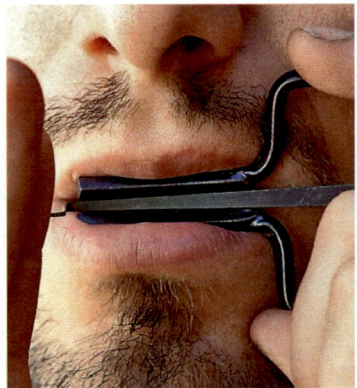

1 Maultrommel

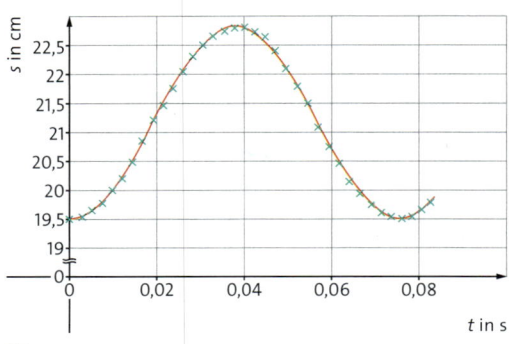

2 Schwingende Blattfeder

Wir können für Datenpunkte in einem Diagramm einen funktionalen Zusammenhang ermitteln, indem wir eine **Ausgleichsgerade** oder eine **Ausgleichskurve** erstellen. Diese wird in Tabellenkalkulationsprogrammen auch als Trendlinie bezeichnet. Allgemein nennt man dieses Verfahren Regressionsanalyse oder kurz **Regression**.

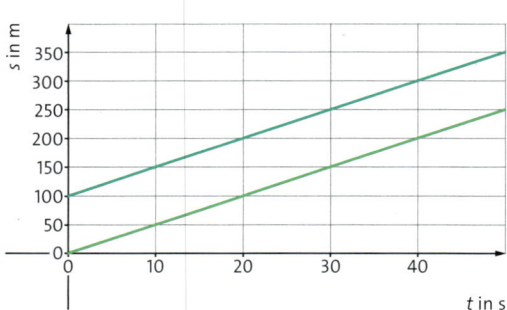

3 Blattfeder: Messwerte (grün) und Regression (rot)

4 Bewegungen mit der Geschwindigkeit $v = 5\,\frac{m}{s}$

Geschwindigkeit in Zeitlupe • Bei der Maultrommel (▶Abb. 1) schwingt in der Mitte eine Blattfeder und verursacht dabei einen Ton. Nach dem gleichen Prinzip funktionieren Mundharmonika, Harmonika und Akkordeon. Kann man die momentane Geschwindigkeit einer schwingenden Blattfeder messen?

Wir probieren es mit einer Hochgeschwindigkeitskamera mit 210 Bildern pro Sekunde. Einige Bilder zeigt ▶Abb. 2. Die Zeitdifferenz zwischen aufeinanderfolgenden Bildern beträgt

$\Delta t = \frac{1}{210\,s^{-1}} \approx 0{,}0048\,s$. Beim ersten Zeitintervall beträgt die zurückgelegte Strecke $\Delta s = 1{,}0$ mm und die mittlere Geschwindigkeit $\frac{\Delta s}{\Delta t} = 0{,}21\,\frac{m}{s}$. Da das Zeitintervall sehr klein ist, kommt die mittlere Geschwindigkeit der momentanen Geschwindigkeit schon recht nahe. Der Grenzfall $\Delta t = 0\,s$ wird aber von keiner Messung erreicht, weil jede Messung eine endliche Messdauer erfordert. Man kann aber die momentane Geschwindigkeit mithilfe einer Idealisierung bestimmen:

Dazu führt man mit den Messwerten eine Regression durch und erhält so ein lückenloses $s(t)$-Diagramm (▶Abb. 3). Die momentane Geschwindigkeit $v(t)$ bestimmt man dann als Steigung der Tangente an die Kurve im Zeitpunkt t.

Gleichförmige Bewegung • Manche Bewegungen beschreibt man idealerweise als eine geradlinige Bewegung mit konstanter Geschwindigkeit. Eine solche Bewegung nennt man gleichförmige Bewegung. Bei solchen Bewegungen sind Durchschnitts- und Momentangeschwindigkeit gleich. Man kann auf die Intervallbetrachtung verzichten. Für die zurückgelegte Strecke gilt in diesem Fall:

$\Delta s = v \cdot t$.

Wenn die Bewegung zum Zeitpunkt $t = 0\,s$ bei einem Ort $s_0 \neq 0\,m$ startet, ergibt sich für den Ort zum Zeitpunkt t (▶Abb. 4):

$s(t) = s_0 + v \cdot t$.

> Bei der gleichförmigen Bewegung ist die Geschwindigkeit konstant. Falls die Bewegung bei einem Ort $s_0 \neq 0\,m$ startet, gilt:
> $s(t) = s_0 + v \cdot t$.

1 Begründen Sie, dass für beide in ▶Abb. 4 dargestellten Bewegungen die in 20 s zurückgelegte Strecke jeweils 100 m beträgt.

2 Ein Jumbojet legt die 6200 km von Frankfurt nach New York in 7 h 45 min zurück.
a) Berechnen Sie die Geschwindigkeit.
b) Der Jet fliegt mit der gleichen Geschwindigkeit in 11 h 24 min von Frankfurt nach San Francisco. Berechnen Sie die Entfernung.

Berechnung momentaner Geschwindigkeiten

Für das $s(t)$-Diagramm in ▸Abb.5 können wir die momentane Geschwindigkeit $v(t)$ für $t = 1\,\text{s}$ zeichnerisch bestimmen. Wir zeigen hier, wie man $v(t)$ mithilfe des Differenzenquotienten auch berechnen kann. Die Idee ist, Δt aus dem Nenner des Differenzenquotienten zu kürzen.

Zunächst drücken wir die mittlere Geschwindigkeit abhängig von Δt aus:

$$\overline{v} = \frac{\Delta s}{\Delta t} = \frac{s(1\,\text{s} + \Delta t) - s(1\,\text{s})}{\Delta t}$$

Dann vereinfachen wir den Zähler und setzen dazu in Δs den Funktionsterm $s(t) = 2\,\frac{\text{m}}{\text{s}^2} \cdot t^2$ ein (▸Abb.5):

$$\Delta s = 2\,\frac{\text{m}}{\text{s}^2} \cdot (1\,\text{s} + \Delta t)^2 - 2\,\text{m}.$$

Wir multiplizieren das Quadrat aus und erhalten:

$$\Delta s = 2\,\frac{\text{m}}{\text{s}^2} \cdot (1\,\text{s}^2 + 2\,\text{s} \cdot \Delta t + (\Delta t)^2) - 2\,\text{m}$$
$$= 2\,\text{m} + 4\,\frac{\text{m}}{\text{s}} \cdot \Delta t + 2\,\frac{\text{m}}{\text{s}^2} \cdot (\Delta t)^2 - 2\,\text{m}.$$

Die beiden Terme $2\,\text{m}$ heben einander auf. Anschließend können wir Δt ausklammern:

$$\Delta s = \Delta t \cdot \left(4\,\frac{\text{m}}{\text{s}} + 2\,\frac{\text{m}}{\text{s}^2} \cdot \Delta t\right).$$

Wenn wir diesen Term für Δs in den Differenzenquotienten einsetzen, können wir Δt kürzen. So gewinnen wir einen Term für $\overline{v}$:

$$\overline{v} = \frac{\Delta s}{\Delta t} = 4\,\frac{\text{m}}{\text{s}} + 2\,\frac{\text{m}}{\text{s}^2} \cdot \Delta t.$$

Im Grenzfall $\Delta t = 0\,\text{s}$ fällt der zweite Summand weg und die mittlere Geschwindigkeit wird zur momentanen Geschwindigkeit:

$$v(t) = 4\,\frac{\text{m}}{\text{s}}.$$

In einem **alternativen Rechenverfahren** muss man noch nicht einmal kürzen. Die Idee ist, dass man die mittlere Geschwindigkeit für kleine Intervalle berechnet. Für die eine Intervallgrenze legt man t fest, z.B. $t = 1\,\text{s}$, für die andere wählt man einen Zeitpunkt t_1 nahe t:

$$\overline{v} = \frac{\Delta s}{\Delta t} = \frac{s(t_1) - s(t)}{t_1 - t}, \text{ mit } s(t) = 2\,\frac{\text{m}}{\text{s}^2} \cdot t^2.$$

▸Tabelle 6 zeigt die mittleren Geschwindigkeiten für verschiedene t_1. Für $t_1 = 1\,\text{s}$ ergänzen wir die Geschwindigkeit $v(t)$ passend zur Tabelle und erhalten so $v(t) = 4\,\frac{\text{m}}{\text{s}}$. Eine solche Ergänzung einer Größe v, bei der Sprünge von v vermieden werden, nennt man **stetige Ergänzung**.

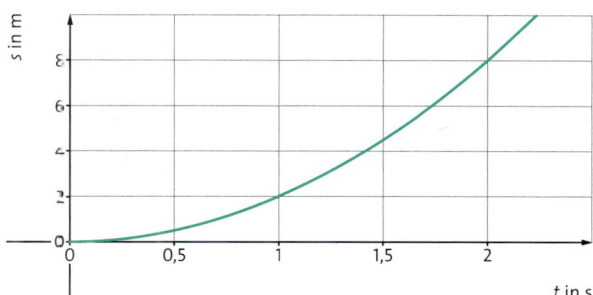

5 $s(t)$-Diagramm zum Funktionsterm $s(t) = 2\,\frac{\text{m}}{\text{s}^2} \cdot t^2$

t_1 in s	0,985	0,99	0,995	1	1,005	1,01	1,015
$\overline{v}$ in $\frac{\text{m}}{\text{s}}$	3,97	3,98	3,99	–	4,01	4,02	4,03

6 Mittlere Geschwindigkeit abhängig von der Intervallgrenze t_1

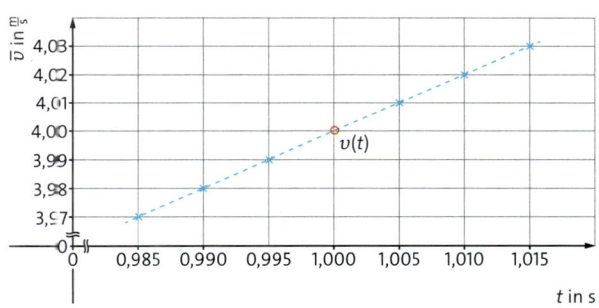

7 Mittlere Geschwindigkeit und stetige Ergänzung von $v(t)$

Die Sprungfreiheit der stetigen Ergänzung zeigt ▸Abb.7 deutlich.
Wir fassen zusammen:

Man berechnet $v(t)$, indem man …
entweder
im Differenzenquotienten Δt kürzt und danach Δt gleich null setzt
oder
für verschiedene t_1 nahe t die mittlere Geschwindigkeit $\overline{v}$ ausrechnet und für $t_1 = t$ die momentane Geschwindigkeit $v(t)$ stetig ergänzt.

3 Berechnen Sie die momentane Geschwindigkeit für den Zeitpunkt $t = 2\,\text{s}$.

Versuch A • Messen von Geschwindigkeiten bei verschiedenen Bewegungen

V1 Rosinen im Hefeteig

1 Hefeteig mit Rosinen

Material:
Hefeteig, Rosinen, Lineal, Uhr

Arbeitsauftrag:
Anhand der Geschwindigkeit, mit der sich die Rosinen im Teig voneinander entfernen, wird bestimmt, ob der Teig gleichmäßig aufgeht.
a) Machen Sie einen Hefeteig, der Rosinen enthält. Markieren Sie an der Oberfläche die Mitte und bestimmen Sie für vier Rosinen die Entfernungen zur Mitte.
b) Messen Sie nach zwei Stunden wieder die vier Entfernungen und bestimmen Sie die vier mittleren Geschwindigkeiten.
c) Teilen Sie für jede Rosine die Geschwindigkeit durch den Abstand. Wenn die vier Quotienten gleich sind, dann ist der Teig gleichmäßig aufgegangen.

V2 Radtour

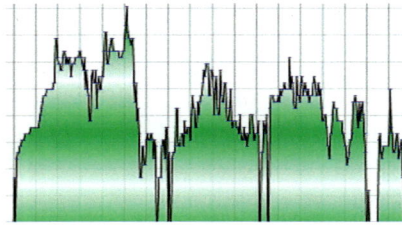

2 Radtour: $v(t)$-Diagramm

Material:
Fahrrad, Smartphone

Arbeitsauftrag:
a) Installieren Sie auf Ihrem Smartphone eine App zur Aufzeichnung des Ortes und der Geschwindigkeit mithilfe des Global Positioning Systems GPS. Aktivieren Sie die App und fahren Sie einige Kilometer weit.
b) Versuchen Sie, eine Teilstrecke mit möglichst konstanter Geschwindigkeit zu fahren. Versuchen Sie, eine andere Teilstrecke möglichst schnell zu fahren.
c) Übertragen Sie die Messdaten auf einen Computer und stellen Sie sie mithilfe einer Tabellenkalkulation grafisch dar.
d) Bestimmen Sie Ihre maximale Geschwindigkeit wie in ▸Abb. 2.

e) Bestimmen Sie für die erste Teilstrecke die mittlere Geschwindigkeit und die größte Abweichung vom Mittelwert.

V3 Abgeschossener Fußball

Material:
Fußball, Digitalkamera, Maßband oder Gliedermaßstab

Arbeitsauftrag:
a) Legen Sie auf dem Sportplatz den Ball auf den Boden und stellen Sie in Schussrichtung eine Markierung 1 m vor dem Ball als Maßstab auf. Schießen Sie den Ball flach ab, während eine andere Person von der Seite ein Video vom Schuss aufzeichnet.
b) Bestimmen Sie die Zeitspanne in Sekunden zwischen zwei aufeinanderfolgenden Bildern. Finden Sie dazu mithilfe von Herstellerangaben heraus, wie viele Bilder Ihre Kamera pro Sekunde aufnimmt.
c) Bestimmen Sie für zwei aufeinanderfolgende Einzelbilder mithilfe des Maßstabs die Strecke, die der Ball zurückgelegt hat.
d) Bestimmen Sie daraus die Geschwindigkeit des Balls und erörtern Sie, inwiefern dies als momentane Geschwindigkeit genutzt werden kann.

Material A • Auswerten eines $s(t)$-Diagramms

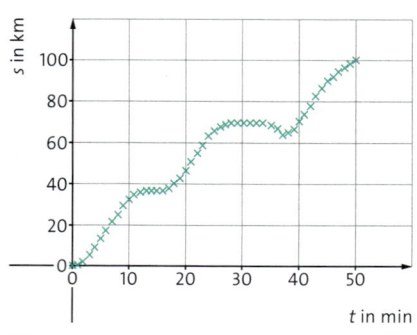

3 Bahnfahrt: $s(t)$-Diagramm

A1 ▸Abb. 3 zeigt die gefahrene Strecke eines ICE als $s(t)$-Diagramm.
a) Bestimmen Sie die mittlere Geschwindigkeit für die Zeitspanne von $t = 0$ min bis $t = 10$ min.
b) Ermitteln Sie die mittlere Geschwindigkeit für die ganze Zeitspanne.
A2 a) Geben Sie eine Zeitspanne an, während der der Zug stand.

b) Bestimmen Sie eine Zeitspanne, während der der Zug zurückfuhr.
c) Geben Sie eine Zeitspanne an, während der die Geschwindigkeit konstant war.
A3 Bestimmen Sie eine Zeitspanne, während der der Zug
a) schneller,
b) langsamer wurde.

Material B • Auswerten von $s(t)$-Diagrammen eines Fallschirmsprungs

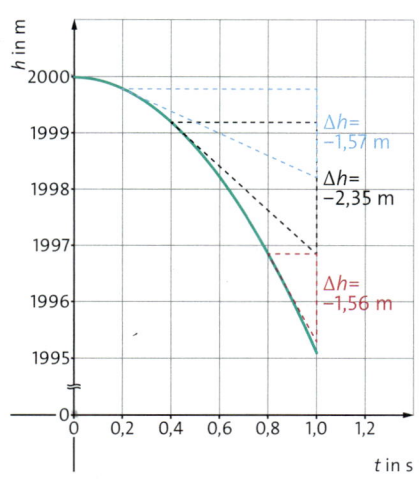

4 Absprung: $s(t)$-Diagramm

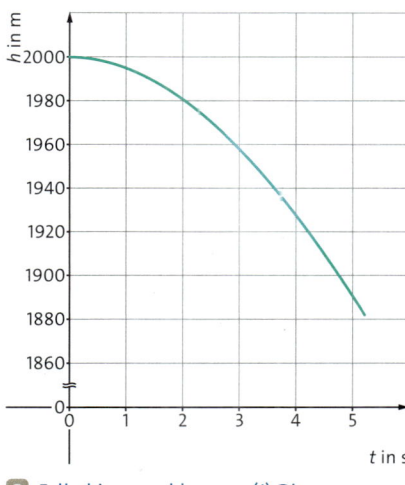

5 Fallschirm geschlossen: $s(t)$-Diagramm

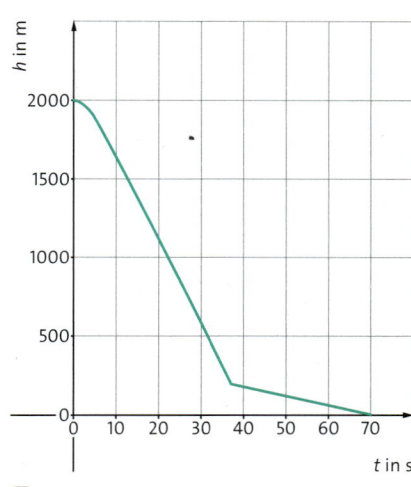

6 Fallschirm geöffnet: $s(t)$-Diagramm

B1 Ein Fallschirmspringer springt in 2000 m Höhe aus dem Flugzeug. Anfangs wird er immer schneller (▸Abb. 4).
a) Bestimmen Sie die momentane Geschwindigkeit für die Zeitpunkte $t = 0$ s, $t = 0,2$ s, $t = 0,4$ s und $t = 0,8$ s.

b) Erstellen Sie daraus ein $v(t)$-Diagramm und deuten Sie es im Sachkontext.
B2 Nach einer Weile scheint sich die Geschwindigkeit auf einen Wert zu stabilisieren (▸Abb. 5).
a) Bestimmen Sie die mittleren Geschwindigkeiten für folgende

Zeitintervalle: [3 s; 4 s] und [4 s; 5 s] sowie [20 s; 30 s].
b) Deuten Sie diese Geschwindigkeiten im Sachkontext.
B3 In 200 m Höhe öffnet der Fallschirmspringer den Fallschirm (▸Abb. 6). Bestimmen Sie die Geschwindigkeit, mit der er landet.

Material C • Berechnen der momentanen Geschwindigkeit einer Katapultachterbahn

Bei einer Katapultachterbahn wird der Wagen beim Start nach vorne katapultiert. Dabei kann man die zurückgelegte Strecke abhängig von der Zeit z. B. durch folgende Gleichung beschreiben:

$s(t) = 2 \frac{m}{s^2} \cdot t^2$.

C1 Die zum Zeitpunkt $t = 0,5$ s auftretende momentane Geschwindigkeit soll mithilfe von Umformungen berechnet werden.
Geben Sie zunächst einen Term zur mittleren Geschwindigkeit für das Zeitintervall von 0,5 s bis

0,5 s + Δt an, wobei Δt variabel bleibt.
C2 a) Formen Sie den Zähler passend um, sodass Sie Δt kürzen können.
b) Kürzen Sie den Term Δt.
c) Ermitteln Sie die momentane Geschwindigkeit zum Zeitpunkt 0,5 s.

Material D • Pfeil beim Abschuss: Momentane Geschwindigkeit mit Tabelle berechnet

Ein Pfeil wird abgeschossen. Für die Bewegung des Pfeils kann man die Strecke abhängig von der Zeit durch folgende Gleichung beschreiben:

$s(t) = 0,5\,m \cdot \left[1 - \cos\left(\frac{200}{s} \cdot t\right)\right]$

D1 Die zum Zeitpunkt $t = 0,004$ s auftretende momentane Geschwindigkeit soll mithilfe einer Tabelle und stetiger Ergänzung berechnet werden. Erstellen Sie eine Tabelle mit mittleren Geschwindigkeiten für Zeitintervalle von $t = 0,004$ s bis

$t = 0,004$ s + Δt, wobei Sie für Δt Werte wählen, die immer kleiner werden.
D2 a) Ergänzen Sie in der Tabelle passend eine momentane Geschwindigkeit.
b) Erläutern Sie den Begriff der stetigen Ergänzung.

1 In 3,7 s von
0 auf 100 $\frac{km}{h}$

Die Beschleunigung

Beim Wettrennen erreichte das orange Elektroauto aus dem Stand innerhalb von 3,7 s eine Geschwindigkeit von 100 $\frac{km}{h}$, während das weiße Auto mit Verbrennungsmotor hierfür 4,3 s benötigte. Welches Auto erzielte dabei die größere Beschleunigung?

Die Einheit der Beschleunigung wird nach den Regeln der Bruchrechnung bestimmt. Im Zähler steht die Einheit der Geschwindigkeit, im Nenner die der Zeit:

$\frac{1\frac{m}{s}}{1s}$

Vereinfachen ergibt:

$1\frac{m}{s} \cdot \frac{1}{s} = 1\frac{m}{s^2}$.

Die mittlere Beschleunigung • Offenbar beträgt beim Elektroauto im gesamten Zeitintervall Δt = 3,7 s die Geschwindigkeitsänderung Δv = 100 $\frac{km}{h}$. Ganz allgemein bezeichnet man den Quotienten aus der Änderung der Geschwindigkeit und dem Zeitintervall als **Beschleunigung**. Die hier auftretende Geschwindigkeitsänderung Δv pro Zeitintervall Δt nennt man mittlere Beschleunigung und bezeichnet sie mit $\overline{a}$.

$$\overline{a} = \frac{\Delta v}{\Delta t} = \frac{100\frac{km}{h}}{3,7\,s} = \frac{27,8\frac{m}{s}}{3,7\,s} = 7,5\frac{m}{s^2}.$$

> Die mittlere Beschleunigung ist die Änderung der Geschwindigkeit Δv pro Zeitintervall Δt.

Vermutlich hat das Elektroauto in den 3,7 s eine höhere Beschleunigung erzielt als 7,5 $\frac{m}{s^2}$. Denn das ist die mittlere Beschleunigung während des gesamten Zeitintervalls von 3,7 s. Wir gehen analog vor wie bei der mittleren Geschwindigkeit und betrachten die Geschwindigkeiten zu verschiedenen Zwischenzeiten (▸Tabelle 2).

Die ▸Tabelle 2 zeigt, dass die mittlere Beschleunigung während der ersten 1,5 s tatsächlich höher ist als die mittlere Beschleunigung für die gesamten 3,7 s.

t in s	$v(t)$ in $\frac{m}{s}$	$\overline{a}$ in $\frac{m}{s^2}$
0,0	0,0	–
		8,9
1,5	13,4	
		7,5
2,1	17,9	
		6,4
2,8	22,4	
		5,0
3,7	27,8	
		4,1
4,8	31,3	
		2,8
6,4	35,8	
		2,1
8,5	40,2	
		1,5
11,5	44,7	–

2 Mittlere Beschleunigungen beim Elektroauto

Die momentane Beschleunigung · Um zu entscheiden, welches der beiden Autos zu einem Zeitpunkt t die größere momentane Beschleunigung $a(t)$ erreicht, müssen wir $a(t)$ erst einmal bestimmen.

Dazu gehen wir zeichnerisch vor, ähnlich wie bei der Bestimmung der momentanen Geschwindigkeit $v(t)$. Hierzu benötigen wir ein $v(t)$-Diagramm. Dieses erhalten wir aus den Zwischenzeiten in ▸Tabelle 2 mithilfe einer Ausgleichskurve (▸Abb. 3). Wir bestimmen beispielhaft die momentane Beschleunigung $a(t)$ für den Zeitpunkt $t = 3{,}7\,\text{s}$. Zunächst berechnen wir eine mittlere Beschleunigung $\overline{a}$ für das Intervall [3,7 s; 11,5 s] mit dem Differenzenquotienten:

$$\overline{a} = \frac{\Delta v}{\Delta t} = \frac{44{,}7\,\frac{\text{m}}{\text{s}} - 27{,}8\,\frac{\text{m}}{\text{s}}}{11{,}5\,\text{s} - 3{,}7\,\text{s}} = \frac{16{,}9\,\frac{\text{m}}{\text{s}}}{7{,}8\,\text{s}} = 2{,}17\,\frac{\text{m}}{\text{s}^2}.$$

Diese mittlere Beschleunigung ist zugleich die Steigung m der Sekante im schwarzen Steigungsdreieck in ▸Abb. 3. Um für die Beschleunigung einen genaueren Wert zu erhalten, verkleinern wir Δt und wählen dazu das Intervall [3,7 s; 6,4 s]. Die mittlere Beschleunigung ist jetzt gleich der Steigung $m = 2{,}96\,\frac{\text{m}}{\text{s}^2}$ der blauen Sekante in ▸Abb. 3.

Die momentane Beschleunigung $a(t)$ erhalten wir für den Grenzfall $\Delta t = 0\,\text{s}$. Diesen Grenzfall führen wir zeichnerisch durch, indem wir von den Sekanten zur Tangente übergehen, die den Graphen im Zeitpunkt $t = 3{,}7\,\text{s}$ berührt. Damit gehen wir von den Sekantensteigungen zur Tangentensteigung über. Daher ist die momentane Beschleunigung $a(t)$ gleich der Tangentensteigung m. Diese bestimmen wir mithilfe des grünen Steigungsdreiecks in ▸Abb. 3.

$$a(t) = m = \frac{\Delta v}{\Delta t} = \frac{33{,}5\,\frac{\text{m}}{\text{s}}}{8\,\text{s}} = 4{,}2\,\frac{\text{m}}{\text{s}^2}.$$

Wir fassen zusammen:

> Die momentane Beschleunigung $a(t)$ ist die Steigung m der Tangente, die im Zeitpunkt t den $v(t)$-Graphen berührt.

Wir vergleichen die momentanen Beschleunigungen der beiden Autos. Zum Zeitpunkt $t = 3{,}7\,\text{s}$ verläuft der $v(t)$-Graph für das orange Auto steiler

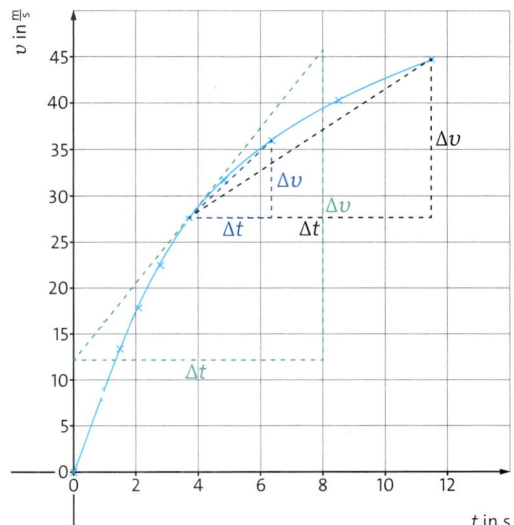

3 $v(t)$-Diagramm des Elektroautos: Annäherung der momentanen Beschleunigung durch Sekante und Tangente

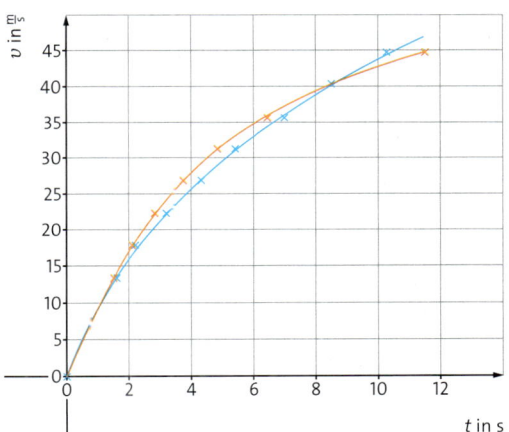

4 $v(t)$-Diagramm des Elektroautos (orange), des Autos mit Verbrennungsmotor (blau)

als der für das weiße. Zu diesem Zeitpunkt hat die Tangente an der $v(t)$-Graphen für das weiße Auto offensichtlich eine geringere Steigung als die an den $v(t)$-Graphen für das orange Auto (▸Abb. 4). Die beiden Graphen kreuzen sich bei $t = 8{,}5\,\text{s}$. Hier hat die Tangente an den $v(t)$-Graphen des weißen Autos eine größere Steigung als die Tangente an den anderen $v(t)$-Graphen. Also hat zu diesem Zeitpunkt das weiße Auto die größere Beschleunigung.

1 Bestimmen Sie für das weiße Auto zur Beschleunigung von $0\,\frac{\text{km}}{\text{h}}$ auf $100\,\frac{\text{km}}{\text{h}}$ die mittlere Beschleunigung.

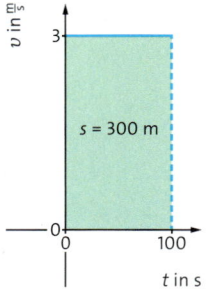

1 Strecke als Flächeninhalt im $v(t)$-Diagramm

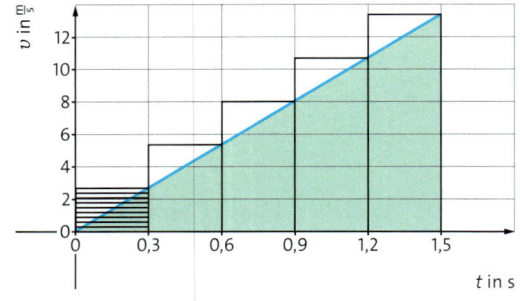

2 Geschwindigkeit und Strecke beim Anfahren mit konstanter Beschleunigung

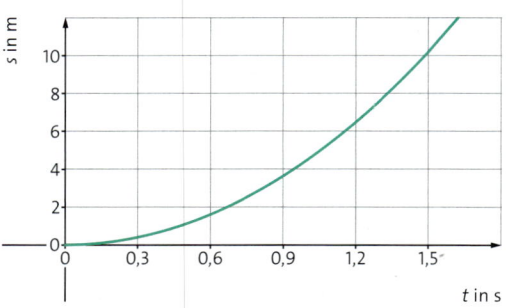

3 Strecke beim Anfahren

Und beim Elektroauto? Es fährt nicht mit konstanter Geschwindigkeit. Deshalb unterteilen wir das Zeitintervall von 0 s bis 1,5 s in Teilintervalle (▶Abb. 2). In jedem Teilintervall ist die Geschwindigkeit nahezu konstant. Die zugehörige Strecke stellen wir durch ein Rechteck dar.

Beispielsweise ist beim schraffierten Rechteck $v \cdot \Delta t = 2{,}67 \frac{m}{s} \cdot 0{,}3\,s = 0{,}80\,m$. Um die gesamte Strecke zu erhalten, addieren wir die Flächeninhalte aller Rechtecke. Diese Annäherung der Strecke durch die Rechtecke wird genauer, je kleiner wir Δt wählen. Im **Grenzfall** $\Delta t = 0\,s$ geht die durch die Rechtecke insgesamt dargestellte Fläche in die Fläche über, die zwischen dem $v(t)$-Graphen und der Zeitachse liegt und bis zum Zeitpunkt t reicht. Der Flächeninhalt ist gleich der bis zum Zeitpunkt t zurückgelegten Strecke. Dieses Vorgehen ist allgemein anwendbar:

> Die bis zum Zeitpunkt t zurückgelegte Strecke ist gleich dem Inhalt der Fläche, die zwischen dem $v(t)$-Graphen und der Zeitachse liegt und bis t reicht.

Konstante Beschleunigung

Konstante Beschleunigung · Das Elektroauto beschleunigt während der ersten 1,5 s in etwa konstant mit $8{,}9 \frac{m}{s^2}$. Den Idealfall einer Bewegung mit konstanter Beschleunigung nennt man **gleichmäßig beschleunigte Bewegung**. Beim Anfahren beträgt dann die Geschwindigkeit zum Zeitpunkt t:

$v(t) = a \cdot t$, dabei ist a konstant.

Falls zum Zeitpunkt $t = 0\,s$ eine Anfangsgeschwindigkeit v_0 vorliegt, gilt:

$v(t) = v_0 + a \cdot t$.

Strecke bei konstanter Beschleunigung · Wir bestimmen nun die Strecke, die das Elektroauto in den ersten 1,5 s zurücklegt. Das lösen wir wieder zeichnerisch. Dazu betrachten wir zunächst eine Fahrt mit konstanter Geschwindigkeit in einem $v(t)$-Diagramm (▶Abb. 1). Bei einer Geschwindigkeit von $v = 3 \frac{m}{s}$ hat das Auto nach 100 s die Strecke

$\Delta s = v \cdot \Delta t = 3 \frac{m}{s} \cdot 100\,s = 300\,m$

zurückgelegt. Im $v(t)$-Diagramm sind Δt und v die Kanten eines Rechtecks. Der Flächeninhalt des Rechtecks gibt die zurückgelegte Strecke Δs an.

Warum steht in der rechten Spalte nun nur noch $s(t)$ statt Δs?
$\Delta s = s(t) - s(0) = s(t)$
$\Delta t = t - t_0 = t$

Für das Elektroauto stellt diese Fläche ein Dreieck dar mit der Grundseite $t = 1{,}5\,s$ und der Höhe $v(t) = 13{,}4 \frac{m}{s}$. Der Flächeninhalt beträgt also:

$s(t) = \frac{1}{2} \cdot v(t) \cdot t = \frac{1}{2} \cdot 13{,}4 \frac{m}{s} \cdot 1{,}5\,s = 10{,}05\,m$.

Wenn wir für $v(t)$ den Term $a \cdot t$ einsetzen, erhalten wir eine allgemeine Gleichung für die beim Anfahren zurückgelegte Strecke:

$s(t) = \frac{1}{2} \cdot a \cdot t^2$.

▶Abb. 3 zeigt ein entsprechendes $s(t)$-Diagramm. Allgemein kann die beschleunigte Bewegung eines Körpers bei einem Ort s_0 und mit einer konstanten Anfangsgeschwindigkeit v_0 erfolgen. Die zum Zeitpunkt t zurückgelegte Strecke ist dann:

$s(t) = s_0 + v_0 \cdot t + \frac{1}{2} a \cdot t^2$.

> Wenn sich ein Körper mit einer konstanten Beschleunigung a bewegt, dann legt er in der Zeit t die Strecke $s(t) = s_0 + v_0 \cdot t + \frac{1}{2} a \cdot t^2$ zurück.

Vollbremsung · Beim Fahrrad sollten die Bremsen immer gut funktionieren, damit man sicher fahren kann. Wie gut die Bremsen funktionieren, kann man mit dem Smartphone untersuchen.

Dazu installiert man eine App, die die Beschleunigung abhängig von der Zeit aufzeichnet. Die Daten überträgt man in eine Tabellenkalkulation und stellt sie dort als $a(t)$-Diagramm dar (▸Abb.4). In ▸Abb.4 wurde das Anfahren weggelassen. Die Daten schwanken sehr stark, deshalb ist in den einzelnen Fahrabschnitten eine Trendlinie eingezeichnet. Bis zum Zeitpunkt $t = 1{,}2\,\text{s}$ rollte das Fahrrad, dabei schwankte die Beschleunigung um $-0{,}5\,\frac{\text{m}}{\text{s}^2}$. Was bedeutet das negative Vorzeichen? Die Beschleunigung ist nicht null, also ändert sich die Geschwindigkeit. Weil die Beschleunigung negativ ist, wird die Geschwindigkeit kleiner. Das tritt schon beim Rollen auf und erst recht beim Abbremsen. Das Fahrrad wurde zwischen den Zeitpunkten $t = 1{,}2\,\text{s}$ und $t = 3{,}5\,\text{s}$ kräftig gebremst. Das zeigt sich in ▸Abb.4 an einer Beschleunigung, die um $-3\,\frac{\text{m}}{\text{s}^2}$ schwankt. Danach steht das Rad und die Beschleunigung ist praktisch null.

> Ein Körper wird abgebremst, solange er entgegen seiner Bewegungsrichtung beschleunigt wird.

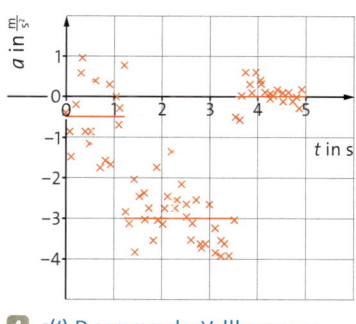

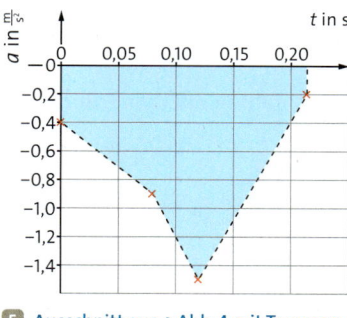

4 $a(t)$-Diagramm der Vollbremsung

5 Ausschnitt aus ▸Abb.4 mit Trapezen

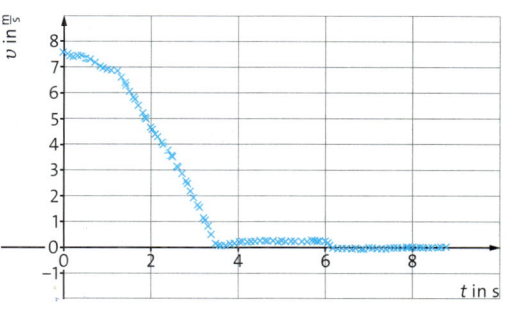

6 Auswertung: $v(t)$-Diagramm aus dem $a(t)$-Diagramm

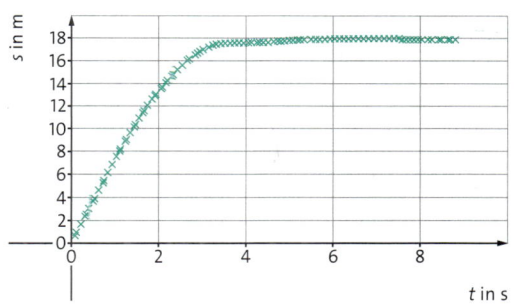

7 Strecke bei einer Vollbremsung

Als nächstes ermitteln wir die Geschwindigkeit in Abhängigkeit von der Zeit. Dazu bestimmen wir den Inhalt der Fläche zwischen dem $a(t)$-Graphen und der Zeitachse mithilfe einer Tabellenkalkulation. Für benachbarte Zeitpunkte t und $t + \Delta t$ stellt die Fläche ein Trapez dar (▸Abb.5). Sie wird wie folgt berechnet:

$$\Delta v = \tfrac{1}{2} \cdot [a(t) + a(t + \Delta t)] \cdot \Delta t .$$

Δv muss man zur Anfangsgeschwindigkeit v_0 addieren. Zur Ermittlung von v_0 wurde die Geschwindigkeit zum Zeitpunkt $t = 5\,\text{s}$ gleich null gesetzt. Daraus folgt $v_0 = 7{,}6\,\frac{\text{m}}{\text{s}}$. Das Ergebnis zeigt das $v(t)$-Diagramm in ▸Abb.6. Man erkennt, dass sich die Schwankungen im $a(t)$-Diagramm beim Auswerten weitgehend wegmitteln. Dadurch treten die drei Phasen Rollen, Vollbremsung und

Stehen klar durch drei verschiedene Steigungen hervor.

Schließlich ermitteln wir die zurückgelegte Strecke. Dazu bestimmen wir den Inhalt der Fläche zwischen dem $v(t)$-Graphen und der Zeitachse. Ähnlich wie beim Ermitteln der Geschwindigkeit wird eine Trapezfläche berechnet:

$$\Delta s = \tfrac{1}{2} \cdot [v(t) + v(t + \Delta t)] \cdot \Delta t .$$

Das Ergebnis ist in ▸Abb.7 als $s(t)$-Diagramm dargestellt. Daraus lesen wir den Bremsweg s_B ab:

$$s_\text{B} = s(3{,}5\,\text{s}) - s(1{,}2\,\text{s}) = 17{,}6\,\text{m} - 8{,}2\,\text{m} = 9{,}4\,\text{m} .$$

Bei $v_0 = 7{,}6\,\frac{\text{m}}{\text{s}}$, also etwa $27\,\frac{\text{km}}{\text{h}}$, sind Bremswege von $6\,\text{m}$ bis $8\,\text{m}$ üblich. Unsere Untersuchung zeigt: Die Bremsen sind deutlich optimierbar.

V1 **Anfahren mit dem Fahrrad**

Material:
Fahrrad, Kissen, Smartphone, App zur Aufzeichnung von Beschleunigungen

Arbeitsauftrag:
a) Installieren Sie auf Ihrem Smartphone eine App zur Aufzeichnung der Beschleunigung abhängig von der Zeit.
b) Befestigen Sie das Smartphone auf einem Kissen am Gepäckträger, sodass eine seiner Kanten in Fahrtrichtung zeigt.
c) Aktivieren Sie die App und fahren Sie möglichst schnell an.
d) Übertragen Sie nach der Fahrt die Daten auf einen Computer und stellen Sie sie mit einer Tabellenkalkulation grafisch dar.
e) Bestimmen Sie die mittlere und die maximale Beschleunigung.
Ermitteln Sie mit einer Tabellenkalkulation die Geschwindigkeit $v(t)$ und die Strecke $s(t)$.

V2 **Bremsweg und Beschleunigung**

Material:
Fahrrad, Fahrradtachometer, Maßband oder Gliedermaßstab

Arbeitsauftrag:
a) Vereinbaren Sie auf einem Radweg eine Markierung für den Beginn einer Vollbremsung.
b) Bringen Sie Ihr Fahrrad auf eine Anfangsgeschwindigkeit v_0 und lesen Sie diese am Tachometer ab. Alternativ können Sie die Anfangsgeschwindigkeit auch mit einem Smartphone und einer passenden App aufzeichnen. Beginnen Sie bei der Markierung mit einer Vollbremsung und bringen Sie dabei das Fahrrad zum Stehen.
c) Messen Sie die Länge des Bremswegs.
d) Gehen Sie von einer gleichmäßig beschleunigten Bewegung aus und berechnen Sie mit der entsprechenden Gleichung die Dauer des Bremsvorgangs.

V3 **Kugelstoßen**

Material:
Kugel, Digitalkamera, Maßband oder Gliedermaßstab, Videoanalysesoftware

Arbeitsauftrag:
a) Stellen Sie eine Markierung in Stoßrichtung 1 m vor den Ort des Abstoßens als Maßstab auf. Stoßen Sie die Kugel, während eine andere Person von der Seite ein Video aufzeichnet.
b) Bestimmen Sie die Zeitspanne zwischen zwei aufeinanderfolgenden Bildern. Finden Sie dazu mithilfe von Herstellerangaben heraus, wie viele Bilder Ihre Kamera pro Sekunde aufnimmt.
c) Erzeugen Sie mithilfe einer Software zur Videoanalyse ein $v(t)$-Diagramm.
d) Ermitteln Sie aus dem $v(t)$-Diagramm die momentane Beschleunigung mithilfe der Tangentensteigung. Wählen Sie dazu einen Zeitpunkt mit einer besonders großen Beschleunigung aus.

Material A • **Beschleunigung, Geschwindigkeit und Strecke**

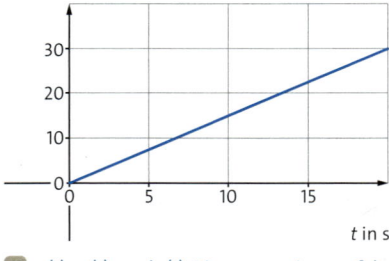 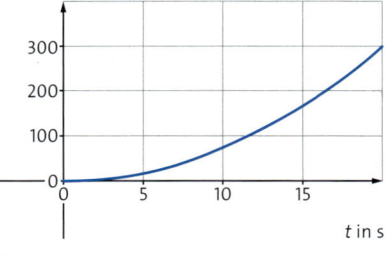 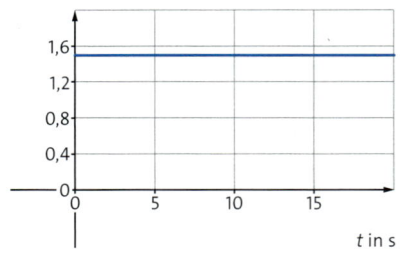

1 $a(t)$-, $v(t)$- und $s(t)$-Diagramm eines anfahrenden Zuges

Bei einem anfahrenden Zug wurden das $a(t)$-Diagramm, das $v(t)$-Diagramm und das $s(t)$-Diagramm aufgezeichnet (▸Abb. 1). Allerdings sind die Achsenbeschriftungen unvollständig.

A1 Ordnen Sie den drei Diagrammen die drei Größen Beschleunigung, Geschwindigkeit und Strecke zu.

A2 a) Bestimmen Sie jeweils einen Funktionsterm für $a(t)$, $v(t)$ und $s(t)$.
b) Bestimmen Sie die zum Zeitpunkt $t = 2\,\text{s}$ erreichte Geschwindigkeit.
c) Berechnen Sie die bis zum Zeitpunkt $t = 2{,}3\,\text{s}$ zurückgelegte Strecke.
A3 a) Berechnen Sie, zu welchem Zeitpunkt die Geschwindigkeit $v = 100\,\frac{\text{km}}{\text{h}}$ erreicht wird.

b) Berechnen Sie, zu welchem Zeitpunkt der Zug eine Strecke von 100 m zurückgelegt hat. Berechnen Sie auch die Geschwindigkeit, die der Zug dann erreicht hat.

Material B • Auswerten eines Crash-Tests mit dem $v(t)$-Diagramm

2 Crash-Test

Körperteil	Beschleunigung in $\frac{m}{s^2}$
Kopf	800
Brustkorb	600
Becken	800
Fuß	1500

3 Grenzwerte der Beschleunigung

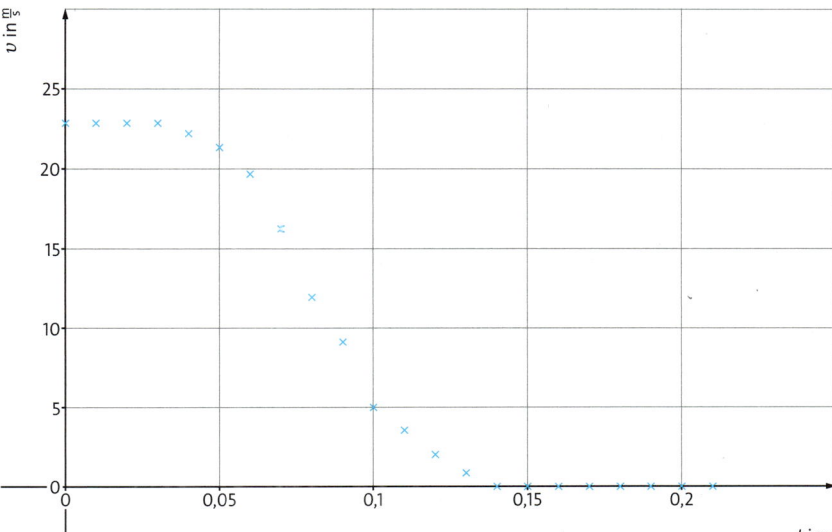

4 $v(t)$-Diagramm eines Crash-Tests

Bei einem Crashtest (▶Abb. 2) wurde das $v(t)$-Diagramm in ▶Abb. 4 aufgezeichnet.

B1 a) Geben Sie die Zeitspanne an, während der das Auto aufprallte.
b) Geben Sie die Anfangsgeschwindigkeit v_0 in $\frac{m}{s}$ und in $\frac{km}{h}$ an.

B2 a) Bestimmen Sie die mittlere Beschleunigung für die Zeitspanne des Aufpralls.
b) Bestimmen Sie die momentanen Beschleunigungen für die Zeitpunkte $t = 0{,}07$ s, $t = 0{,}08$ s, $t = 0{,}09$ s, $t = 0{,}10$ s und $t = 0{,}11$ s. Zeichnen Sie dazu Tangenten an den Graphen und bestimmen Sie jeweils die Steigung.

B3 Die ▶Tabelle 3 zeigt für verschiedene Körperbereiche Grenzwerte der Beschleunigung, ab denen man mit Verletzungen rechnen muss. Vergleichen Sie mit den in B2 ermittelten Beschleunigungen.

Material C • Ein Verkehrsunfall wird untersucht

Bei einem Verkehrsunfall wird eine Bremsspur von 13 m Länge gemessen (▶Abb. 5). Die Polizei geht beim Bremsen von einer Beschleunigung von $-7\frac{m}{s^2}$ bis $-8\frac{m}{s^2}$ aus.

C1 Nehmen Sie an, dass die Räder ab dem Beginn des Bremsvorgangs blockierten und die Bremsspur erzeugten.
a) Bestimmen Sie die Geschwindigkeit, die das Auto zum Beginn der Vollbremsung mindestens hatte.
b) Berechnen Sie die Geschwindigkeit, die das Auto zum Beginn der Vollbremsung höchstens hatte. Wurden $50\frac{km}{h}$ überschritten?

C2 Bei der vorliegenden Situation benötigte der Fahrer 1,1 s bis 1,6 s, um die Gefahr zu erkennen und zu reagieren.
a) Bestimmen Sie den Reaktionsweg.
b) Ermitteln Sie den Anhalteweg, also die Summe aus Bremsweg und Reaktionsweg.

5 Die Polizei untersucht einen Unfall.

Die Änderungsrate

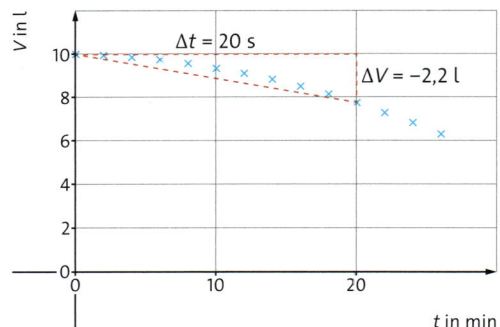

1 Die mittlere Änderungsrate ist gleich der Sekantensteigung beim $v(t)$-Graphen.

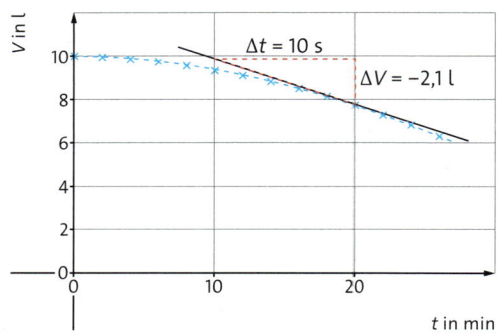

2 Die momentane Änderungsrate ist gleich der Tangentensteigung beim $v(t)$-Graphen.

Wir haben aus dem $s(t)$-Graphen die momentane Geschwindigkeit $v(t)$ und aus dem $v(t)$-Graphen die momentane Beschleunigung $a(t)$ mithilfe der **Tangentensteigung** bestimmt. Unser Vorgehen ist umkehrbar und allgemein anwendbar. Beides erkennen wir deutlich an folgendem Beispiel:

Wir bestimmen den momentanen Benzinverbrauch eines Autos, das einen langen, steiler werdenden Berg hinauffährt. Das Volumen $V(t)$ des Benzins im Tank bezeichnet man dabei allgemein als **Bestand**. Im Beispiel sind anfangs 10 Liter im Tank, also $V_0 = 10\,l$.

Wenn man während eines Zeitintervalls Δt fährt, dann tritt eine Bestandsänderung ΔV auf. Die Bestandsänderung pro Zeitintervall heißt

mittlere Änderungsrate $\bar{r}$:

$$\bar{r} = \frac{\Delta V}{\Delta t} = \frac{V(t + \Delta t) - V(t)}{\Delta t}.$$

In diesem Kontext bedeutet die Änderungsrate den Verbrauch pro Zeit. Diese mittlere Änderungsrate ist gleich der Steigung der Sekante im $V(t)$-Graphen in ▸Abb.1. Im Beispiel in ▸Abb.1 beträgt die mittlere Änderungsrate für das Intervall von 0 s bis 20 s:

$$\bar{r} = \frac{\Delta V}{\Delta t} = \frac{-2,2\,l}{20\,min} = -0,11\,\frac{l}{min}.$$

Diese Änderungsrate ist negativ, weil das Volumen des Benzins mit der Zeit abnimmt.

Entsprechend unserem Vorgehen ist die **momentane Änderungsrate** $r(t)$ gleich der Steigung der Tangente, die den $V(t)$-Graphen an der Stelle t berührt. In ▸Abb.2 ist zunächst ein lückenloser $V(t)$-Graph dargestellt, der durch Regression ermittelt wurde. Für $t = 20\,min$ sind die Tangente und das Steigungsdreieck eingezeichnet. Daraus kann man die momentane Änderungsrate bestimmen:

$$r(t) = \frac{\Delta V}{\Delta t} = \frac{-2,1\,l}{10\,min} = -0,21\,\frac{l}{min}.$$

Das ist ein relativ hoher Verbrauch pro Minute. Die Ursache ist, dass das Auto bergauf fährt.

Wir fassen zusammen: Die momentane Änderungsrate $r(t)$ eines Bestandes V zu einem Zeitpunkt t ist gleich der Steigung der Tangente, die den $V(t)$-Graphen im Zeitpunkt t berührt.

1 Bestimmen Sie mithilfe der Sekante den mittleren Verbrauch des Autos zwischen den Zeitpunkten $t = 0\,min$ und $t = 10\,min$, ausgehend von ▸Abb.1.

2 Ermitteln Sie mithilfe der Tangente den momentanen Verbrauch des Autos zum Zeitpunkt $t = 10\,min$, ausgehend von ▸Abb.2.

3 ▸Abb.3 zeigt die Leistung $P(t)$, die ein solarer Energiespeicher aufnimmt. Bestimmen Sie die momentane Änderungsrate für den Zeitpunkt $t = 9\,h$.

Die Umkehrung

Bei der Bewegung haben wir aus der Strecke $s(t)$ die momentane Geschwindigkeit $v(t)$ nach dem Konzept der Tangentensteigung bestimmt. Umgekehrt haben wir aus der momentanen Geschwindigkeit $v(t)$ die Strecke $s(t)$ ermittelt, die bis zu einem Zeitpunkt t zurückgelegt wird. Das haben wir mithilfe der **Fläche** zwischen dem $s(t)$-Graphen und der Zeitachse erreicht.

Mithilfe der Tangentensteigung haben wir aus einem allgemeinen Bestand $V(t)$ die momentane Änderungsrate $r(t)$ erhalten. Daher ist zu vermuten, dass wir umgekehrt aus der momentanen Änderungsrate $r(t)$ den Bestand $V(t)$ ermitteln können. Konkret vermuten wir, dass wir den Bestand mithilfe der Fläche zwischen dem Graphen und der Zeitachse bestimmen können. Das überprüfen wir am Beispiel des Autos:

Die momentanen Änderungsraten $r(t)$ sind in ▸Abb.4 abhängig von der Zeit dargestellt. In diesem Fall ist der Graph offenbar geradlinig. Daher können wir die Fläche zwischen dem Graphen und der Zeitachse genau bestimmen. Wir betrachten wie oben wieder den Zeitpunkt $t = 20\,\text{min}$. Die zugehörige Fläche ist das gelb markierte Trapez. Dessen Flächeninhalt A ist gegeben durch:

$$A = \frac{1}{2} \cdot (r(0\,\text{min}) + r(20\,\text{min})) \cdot \Delta t$$

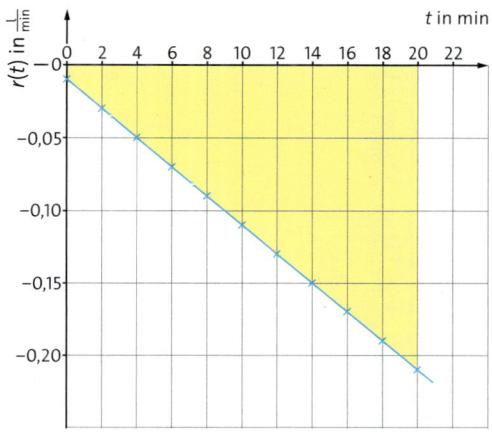

④ Änderungsrate $r(t)$ mit Trapezfläche

$$A = \frac{1}{2} \cdot \left(-0{,}01\,\frac{\text{l}}{\text{min}} - 0{,}21\,\frac{\text{l}}{\text{min}}\right) \cdot 20\,\text{min} = -2{,}2\,\text{l}.$$

Dieser Flächeninhalt gibt die Änderung des Bestands $V(t)$ bis zum Zeitpunkt $t = 20\,\text{min}$ an. Das negative Vorzeichen zeigt an, dass der Bestand abnimmt. Der Anfangsbestand ist $V_0 = 10\,\text{l}$. Der Bestand zum Zeitpunkt $t = 20\,\text{min}$ ist also:

$$V(20\,\text{min}) = V_0 + A = 10\,\text{l} - 2{,}2\,\text{l} = 7{,}8\,\text{l}.$$

Dieser Bestand passt zu den in ▸Abb.1 dargestellten Daten. Unsere Vermutung hat sich bestätigt:
Wir können aus dem Bestand die momentane Änderungsrate bestimmen. Umgekehrt können wir aus der momentanen Änderungsrate den Bestand bestimmen. Die erste Operation führen wir mit der Tangentensteigung aus, die Umkehroperation mit der Fläche zwischen dem Graphen und der Zeitachse.

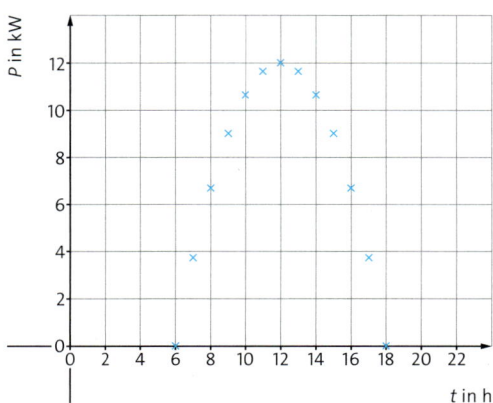

③ Einem Energiespeicher zugeführte Leistung $P(t)$

4 Ermitteln Sie anhand von ▸Abb.4 den Tankinhalt zum Zeitpunkt $t = 10\,\text{min}$.

5 Ein solarer Energiespeicher hat zum Zeitpunkt $t = 0$ die Energie $100\,\text{kWh}$ und nimmt entsprechend ▸Abb.3 Leistung auf.
a) Bestimmen Sie die Energie, die zum Zeitpunkt $t = 8\,\text{h}$ gespeichert ist.
b) Ermitteln Sie die gespeicherte Energie $E(t)$ für die Zeitspanne bis $t = 24\,\text{h}$.

1 Containerbrücken
im Hafen

Bewegungen in einer Ebene

Im Hafen sollen Schiffe möglichst schnell be- und entladen werden. Dazu läuft an der Containerbrücke eine sogenannte Laufkatze zwischen Schiff und Kaimauer. An der Laufkatze hängt der Container am Seil. Pro Sekunde bewegt sie sich 4 m auf die Kaimauer zu und zieht zugleich die Stahlbox 3 m nach oben. Welche Geschwindigkeit erreicht der Container?

Überlagerung von Bewegungen • Bei schnellem Transport beträgt die Geschwindigkeit der Laufkatze $v_L = 4\frac{m}{s}$, während sie das Seilende mit der Geschwindigkeit $v_S = 3\frac{m}{s}$ nach oben zieht. Diese beiden Bewegungen finden gleichzeitig statt. Man spricht von einer **Überlagerung von Bewegungen**.

Nun untersuchen wir diese Überlagerung. Dazu bestimmen wir die Strecke, die der Container in einer Sekunde zurücklegt. Diese tragen wir im Koordinatensystem in ▸Abb.3 ein. Den Ausgangspunkt legen wir in den Ursprung. Die von der Laufkatze zur Kaimauer zurückgelegte Strecke stellen wir durch einen Pfeil der Länge 4 m auf der *x*-Achse dar. Die von der Laufkatze gezogene Seillänge tragen wir als dazu senkrechten Pfeil

2 Laufkatze: Prinzip

der Länge 3 m ab. Dieser Pfeil geht vom Ende des ersten Pfeils aus, damit wir zu der Position gelangen, die der Container nach 1 s einnimmt. Wir tun zunächst also so, als würde der Container erst zur Kaimauer und dann nach oben gezogen. Tatsächlich erreicht er die Endposition aber auf dem direkten geradlinigen Weg. Diesen zeichnen wir als dritten Pfeil vom Ausgangspunkt des ersten Pfeils zum Endpunkt des zweiten Pfeils. Man sagt, der erste und zweite Pfeil sind **verkettet**. Die gesamte zurückgelegte Strecke ist die Länge des dritten Pfeils im Koordinatensystem. Wir messen die Länge 5 m. Der Container hat also die Geschwindigkeit $5\frac{m}{s}$.

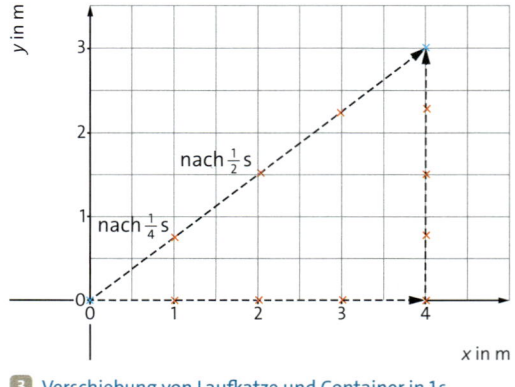

3 Verschiebung von Laufkatze und Container in 1 s

Vektordarstellung · Wir wissen bereits, dass man eine Kraft als Pfeil darstellen kann, denn sie ist eine vektorielle Größe. Entsprechend können wir die Pfeile in ▸Abb.3 als Vektoren für Verschiebungen deuten, die pro Sekunde auftreten. Eine Verschiebung um eine bestimmte Strecke pro Sekunde entspricht einer Geschwindigkeit. Die Geschwindigkeit ist also ebenfalls eine vektorielle Größe. Der Geschwindigkeitsvektor der Laufkatze hat die **x**-Komponente $4\frac{m}{s}$ und die **y**-Komponente $0\frac{m}{s}$. Diese Komponenten schreibt man in einer Klammer übereinander:

$$\vec{v}_L = \begin{pmatrix} v_x \\ v_y \end{pmatrix} = \begin{pmatrix} 4\frac{m}{s} \\ 0\frac{m}{s} \end{pmatrix} = \begin{pmatrix} 4 \\ 0 \end{pmatrix}\frac{m}{s}.$$

Das Seilende wird von der Laufkatze aus senkrecht nach oben gezogen. Diese Bewegung hat folgenden Geschwindigkeitsvektor:

$$\vec{v}_S = \begin{pmatrix} 0 \\ 3 \end{pmatrix}\frac{m}{s}.$$

Diese Geschwindigkeitsvektoren sind in ▸Abb.4 im Koordinatensystem gezeichnet. Wie bei den Verschiebungsvektoren in ▸Abb.3 überlagern wir die beiden Geschwindigkeiten durch Verketten der Vektoren. So erhalten wir den Vektor der überlagerten Bewegung und lesen in ▸Abb.4 die Koordinaten ab:

$$\vec{v} = \begin{pmatrix} 4 \\ 0 \end{pmatrix}\frac{m}{s} + \begin{pmatrix} 0 \\ 3 \end{pmatrix}\frac{m}{s} = \begin{pmatrix} 4+0 \\ 0+3 \end{pmatrix}\frac{m}{s} = \begin{pmatrix} 4 \\ 3 \end{pmatrix}\frac{m}{s}.$$

Wir erkennen hier, dass die beiden Bewegungen sich bei der Überlagerung nicht gegenseitig beeinflussen. Diese Tatsache bezeichnet man als Unabhängigkeitsprinzip oder **Superpositionsprinzip**. Wir fassen zusammen:

Bei der Überlagerung von Bewegungen gilt das Superpositionsprinzip. Wir bestimmen den Geschwindigkeitsvektor einer Überlagerung von Bewegungen, indem wir die ursprünglichen Geschwindigkeitsvektoren addieren.

Die Vektoren in ▸Abb.4 bilden ein rechtwinkliges Dreieck. Der Betrag v der Geschwindigkeit $\vec{v}$ ist gleich der Länge der Hypotenuse. Diese können wir abmessen oder mithilfe des Satzes des Pythagoras berechnen:

$$v = \sqrt{\left(4\frac{m}{s}\right)^2 + \left(3\frac{m}{s}\right)^2} = \sqrt{4^2 + 3^2}\,\frac{m}{s} = 5\frac{m}{s}.$$

1 Beim stehenden Hubschrauber Sikorsky S-65 bewegt sich die Rotorblattspitze mit einer Geschwindigkeit von $837\frac{km}{h}$. Die Blattspitze darf nicht die Schallgeschwindigkeit von $1235\frac{km}{h}$ erreichen. Bestimmen Sie die entsprechende Höchstgeschwindigkeit des Hubschraubers.

2 Ein Schwimmer schwimmt mit einer Geschwindigkeit von $v_S = 1{,}2\frac{m}{s}$ auf das gegenüberliegende Flussufer zu, während das Wasser mit der Geschwindigkeit $v_W = 0{,}5\frac{m}{s}$ fließt. Mit welcher Geschwindigkeit v_G bewegt er sich über dem Grund?
a) Lösen Sie die Aufgabe zeichnerisch, indem Sie die beiden Geschwindigkeitsvektoren in ▸Abb.5 verketten und die Länge des resultierenden Vektors messen.
b) Lösen Sie die Aufgabe rechnerisch.

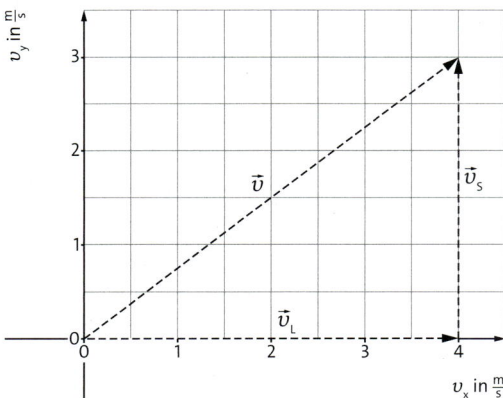

4 Geschwindigkeitsvektoren

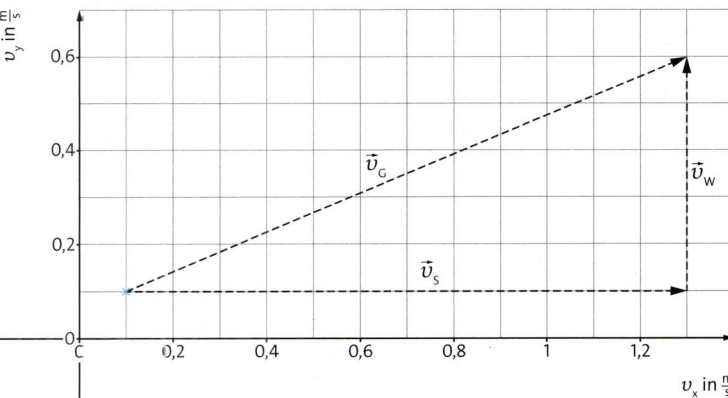

5 Schwimmer in der Strömung

1 Flugzeuge: Besteht Kollisionsgefahr?

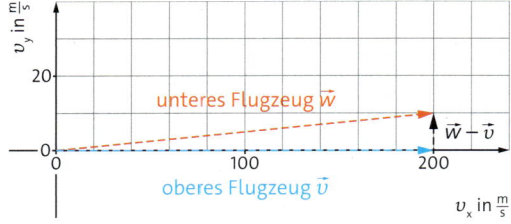

2 Geschwindigkeitsvektoren der Flugzeuge

Perspektivwechsel mit Vektoren • Zwei Flugzeuge begegnen sich am Himmel (▸Abb.1). Zum Zeitpunkt $t = 0\,\text{s}$ wird die Position des oberen Fliegers durch die Koordinaten $x = 0\,\text{m}$ und $y = 460\,\text{m}$ dargestellt. Die Position des Flugzeugs ist ein Punkt im Koordinatensystem. Einen solchen Punkt kann man als Endpunkt eines Vektors auffassen, der vom Ursprung ausgeht. Man nennt den Vektor dann **Ortsvektor**:

$$\vec{b} = \begin{pmatrix} 0 \\ 460 \end{pmatrix}\text{m}.$$

Entsprechend wird zum Zeitpunkt $t = 0$ der untere Flieger durch diesen Ortsvektor dargestellt:

$$\vec{c} = \begin{pmatrix} 0 \\ 400 \end{pmatrix}\text{m}.$$

Ein Fluglotse bemerkt die beiden Flugzeuge, erkennt eine Kollisionsgefahr und gibt eine Warnung heraus.

Für die Frage, ob es zu einer Kollision kommt, ist die Flughöhe selbst nicht so wichtig, viel wichtiger ist die Differenz der Flughöhen.

Aus der Sicht des Piloten im oberen Flugzeug erhält der Fluglotse eine Höhendifferenz von $400\,\text{m} - 460\,\text{m} = -60\,\text{m}$ und eine waagerechte Differenz von $0\,\text{m}$. Diese beiden Differenzen notiert er als Komponenten von Vektoren:

$$\begin{pmatrix} 0 \\ 400 \end{pmatrix}\text{m} - \begin{pmatrix} 0 \\ 460 \end{pmatrix}\text{m} = \begin{pmatrix} 0 \\ -60 \end{pmatrix}\text{m}.$$

Nun betrachtet er die Geschwindigkeiten der beiden Flieger anhand von ▸Abb.2. Die Geschwindigkeit des unteren Flugzeugs ($\vec{w}$) hat die x-Koordinate $200\,\frac{\text{m}}{\text{s}}$ und die y-Koordinate $10\,\frac{\text{m}}{\text{s}}$. Also lautet der Geschwindigkeitsvektor:

$$\vec{w} = \begin{pmatrix} 200 \\ 10 \end{pmatrix}\frac{\text{m}}{\text{s}}.$$

Für die Geschwindigkeit des oberen Fliegers ($\vec{v}$) liest der Fluglotse ab:

$$\vec{v} = \begin{pmatrix} 200 \\ 0 \end{pmatrix}\frac{\text{m}}{\text{s}}.$$

Auch hier sind nicht die absoluten Geschwindigkeiten entscheidend, sondern ihre Differenz. Der Fluglotse bildet die Differenzen der Koordinaten und erhält den Vektor der Differenzgeschwindigkeit:

$$\vec{w} - \vec{v} = \begin{pmatrix} 200 \\ 10 \end{pmatrix}\frac{\text{m}}{\text{s}} - \begin{pmatrix} 200 \\ 0 \end{pmatrix}\frac{\text{m}}{\text{s}} = \begin{pmatrix} 200 - 200 \\ 10 - 0 \end{pmatrix}\frac{\text{m}}{\text{s}} = \begin{pmatrix} 0 \\ 10 \end{pmatrix}\frac{\text{m}}{\text{s}}.$$

Aus Sicht des oberen Fliegers kommt der untere also mit $10\,\frac{\text{m}}{\text{s}}$ auf ihn zu. Da der Abstand zum Zeitpunkt $t = 0$ noch $60\,\text{m}$ beträgt, käme es ohne Kurswechsel nach $6\,\text{s}$ zur Kollision. Es ist also höchste Zeit für einen neuen Kurs.

Wir fassen zusammen: Ein Vektor kann passend zur Perspektive eines Beobachters bestimmt werden, der Beobachter steht dann im Koordinatenursprung. Dazu wird von einer Koordinate des beobachteten Körpers die entsprechende Koordinate des Beobachters abgezogen.

1 Ein Handelsschiff fährt mit der Höchstgeschwindigkeit $\begin{pmatrix} 5 \\ 20 \end{pmatrix}\frac{\text{km}}{\text{h}}$, als in $5\,\text{km}$ Entfernung seitlich ein Piratenboot gesichtet wird, das mit der Geschwindigkeit $\begin{pmatrix} 17 \\ 17 \end{pmatrix}\frac{\text{km}}{\text{h}}$ fährt und sich nähert.
a) Berechnen Sie die Geschwindigkeit der Piraten aus Sicht der Handelsschiffer.
b) Bestimmen Sie die entsprechende Fahrtdauer bis zum Eintreffen der Piraten.
c) Ermitteln Sie zeichnerisch einen neuen Geschwindigkeitsvektor für das Handelsschiff, sodass die Piraten aus Sicht der Handelsschiffer möglichst langsam fahren.
d) Ein Helikopter könnte in einer Stunde zur Hilfe eintreffen. Entscheiden Sie begründet, was zu tun ist.

Umgang mit Vektoren

Addition von Vektoren • Als Beispiel betrachten wir ein Boot, das mit der Geschwindigkeit $\vec{v}_B = \begin{pmatrix} 1 \\ 2 \end{pmatrix} \frac{km}{h}$ auf dem Wasser fährt, während dieses mit der Geschwindigkeit $\vec{v}_W = \begin{pmatrix} 3 \\ -5 \end{pmatrix} \frac{km}{h}$ strömt.

Die Geschwindigkeit $\vec{v}$ über dem Grund bestimmen wir zeichnerisch durch Verketten oder rechnerisch durch Addition von Vektoren:

$$\vec{v} = \vec{v}_B + \vec{v}_W = \begin{pmatrix} 1 \\ 2 \end{pmatrix} \frac{km}{h} + \begin{pmatrix} 3 \\ -5 \end{pmatrix} \frac{km}{h}.$$

Wir addieren zwei Vektoren, indem wir entsprechende Koordinaten jeweils addieren – das bedeutet, die Summe aus der x-Koordinate von $\vec{v}_B$ und der von $\vec{v}_W$ ergibt die x-Koordinate von $\vec{v}$:

$$\vec{v} = \begin{pmatrix} 1 + 3 \\ 2 + (-5) \end{pmatrix} \frac{km}{h} = \begin{pmatrix} 4 \\ -3 \end{pmatrix} \frac{km}{h}.$$

Die zeichnerische Verkettung führt auf dasselbe Ergebnis, wie in ▸Abb. 3 A zu sehen ist.

Betrag von Vektoren • Nun bestimmen wir den **Betrag v** der Geschwindigkeit $\vec{v}$ des Bootes über Grund. Der Vektor $\vec{v}$ ergab sich als Summe der Vektoren $\vec{v}_B$ und $\vec{v}_W$. Man kann $\vec{v}$ aber auch zerlegen in zwei zueinander senkrechte Vektoren. Der eine hat die Koordinaten $\begin{pmatrix} 4 \\ 0 \end{pmatrix} \frac{km}{h}$ und entspricht der Geschwindigkeit in x-Richtung, der andere stellt mit den Koordinaten $\begin{pmatrix} 0 \\ -3 \end{pmatrix} \frac{km}{h}$ die Geschwindigkeit in y-Richtung dar. Diese beiden bilden die Katheten eines rechtwinkligen Dreiecks (rot in ▸Abb. 3). Das Boot bewegt sich also mit $4 \frac{km}{h}$ in x-Richtung und mit $-3 \frac{km}{h}$ in y-Richtung. Die Länge der Hypotenuse ist der Betrag v von $\vec{v}$, den wir mit dem Satz des Pythagoras:

$$v^2 = \left(4 \frac{km}{h}\right)^2 + \left(-3 \frac{km}{h}\right)^2 = 25 \left(\frac{km}{h}\right)^2$$

berechnen zu $v = 5 \frac{km}{h}$. Wir fassen dieses Rechenverfahren für einen Vektor $\vec{a}$ als Formel zusammen:

$$a = \left| \begin{pmatrix} a_x \\ a_y \end{pmatrix} \right| = \sqrt{a_x^2 + a_y^2}.$$

Eine vektorielle physikalische Größe wird in einer Formel oft mit einem Vektorpfeil dargestellt, wenn es im Kontext auf die Richtung ankommt. Anderenfalls lässt man den Vektorpfeil weg, um nicht vom Wesentlichen abzulenken. Den Betrag eines Vektors stellt man durch das Formelzeichen ohne Vektorpfeil dar.

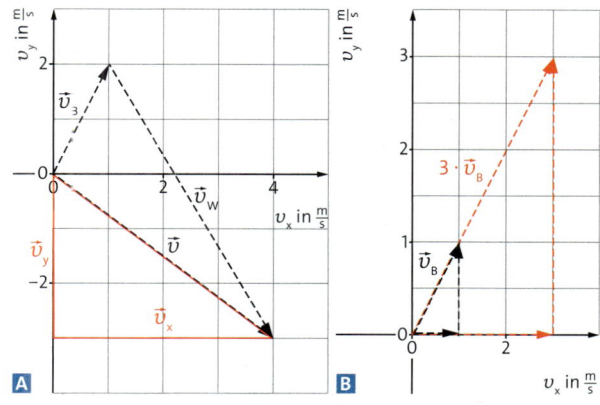

3 A Boot und Strömung, B Vielfache von Vektoren

Vielfache von Vektoren • Um gegen die Strömung fahren zu können, müsste das Boot seine Geschwindigkeit erhöhen, beispielsweise verdreifachen. Wir könnten den Pfeil dreimal so lang zeichnen. Stattdessen können wir auch die Koordinaten jeweils mit drei multiplizieren:

$$3 \cdot \vec{v}_B = 3 \cdot \begin{pmatrix} 1 \\ 2 \end{pmatrix} \frac{km}{h} = \begin{pmatrix} 3 \cdot 1 \\ 3 \cdot 2 \end{pmatrix} \frac{km}{h} = \begin{pmatrix} 3 \\ 6 \end{pmatrix} \frac{km}{h}.$$

Demnach berechnet man **Vielfache von Vektoren,** indem man jede Koordinate mit dem Faktor multipliziert.

Gleichheit von Vektoren • Zwei Vektoren sind gleich, wenn sie den gleichen Betrag, die gleiche Richtung und die gleiche Orientierung haben.

Fährt ein zweites Boot mit der betragsmäßig gleichen Geschwindigkeit genau parallel zum ersten, hat es den gleichen Geschwindigkeitsvektor, auch wenn es 20 m neben dem ersten fährt.

Wenn seine Geschwindigkeit einen anderen Betrag hat, es entgegengesetzt oder nicht parallel zum ersten fährt, sind die Geschwindigkeitsvektoren der beiden Boote dagegen nicht gleich.

1 Bestimmen Sie den Betrag der dreifachen Geschwindigkeit des Bootes $\begin{pmatrix} 3 \\ 6 \end{pmatrix} \frac{km}{h}$ mithilfe des Satzes des Pythagoras und vergleichen Sie diesen mit der Geschwindigkeit des Bootes.

2 Vektoren im Raum werden analog addiert wie Vektoren in der Ebene. Addieren Sie die Vektoren $\begin{pmatrix} 1 \\ 4 \\ 6 \end{pmatrix}$ und $\begin{pmatrix} 4 \\ 3 \\ 2 \end{pmatrix}$. Begründen Sie, dass der Vektor $\begin{pmatrix} 4 \\ 4 \\ 2 \end{pmatrix}$ den Betrag 6 hat.

Versuch A • Messen von Beschleunigungen bei verschiedenen Bewegungen

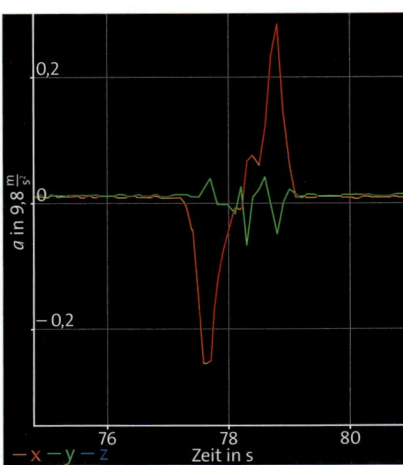

1 Beschleunigungssensor-App

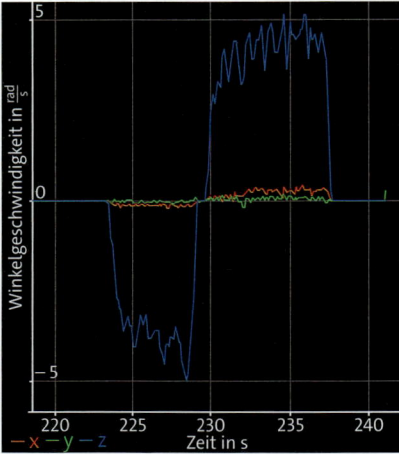

2 Gyrosensor-App

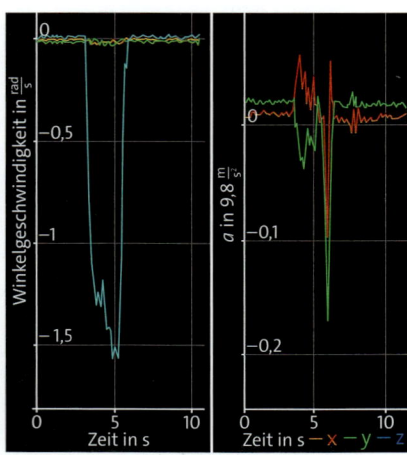

3 Beschleunigungs- und Gyro-App

V1 Ebener Verschiebungsvektor

Material:
Smartphone, Tisch, Lineal

Arbeitsauftrag:
a) Installieren Sie auf Ihrem Smartphone eine App zur Aufzeichnung der Beschleunigung. Legen Sie das Phone flach auf den Tisch und starten Sie die Aufzeichnung der x-Koordinate a_x sowie der y-Koordinate a_y der Beschleunigung (▸Abb. 1).
b) Stellen Sie die Lage der x- und der y-Achse auf dem Display fest.
c) Verschieben Sie das Phone zügig und messen Sie mit dem Lineal die Koordinaten Δx und Δy des Verschiebungsvektors.
d) Ermitteln Sie mithilfe einer Tabellenkalkulation für alle aufgezeichneten Zeitpunkte die x-Koordinate der Geschwindigkeit $v_x(t)$ als entsprechende Fläche unter dem $a_x(t)$-Graphen. Berechnen Sie analog $v_y(t)$.
e) Ermitteln Sie entsprechend die Verschiebungen Δx und Δy aus den Koordinaten der Geschwindigkeit $v_x(t)$ und $v_y(t)$.
f) Vergleichen Sie die mit dem Lineal und mit dem Smartphone gemessenen Verschiebungen miteinander und erörtern Sie Messungenauigkeiten.

V2 Drehung in der Ebene

Material:
Smartphone, Tisch, Geodreieck

Arbeitsauftrag:
a) Installieren Sie auf Ihrem Smartphone eine App zur Aufzeichnung der Winkelgeschwindigkeit, also eine Gyroskopsensor-App (▸Abb. 2), legen Sie das Phone flach auf den Tisch und starten Sie die Aufzeichnung der z-Komponente ω_z der Winkelgeschwindigkeit.

b) Bestätigen Sie, dass eine Drehung in der xy-Ebene durch die z-Koordinate der Winkelgeschwindigkeit angezeigt wird.
c) Drehen Sie das Phone um seine z-Achse und messen Sie mit dem Geodreieck den Drehwinkel α.
d) Ermitteln Sie den Drehwinkel als Fläche unter dem $\omega_z(t)$-Graphen und vergleichen Sie mit der Messung mit dem Geodreieck.
e) Begründen Sie, dass eine Bewegung eines Körpers in der xy-Ebene durch die drei Komponenten v_x, v_y und ω_z vollständig dargestellt wird.

V3 Verschiebung und Drehung

Material:
Zwei Smartphones, Brett, Geodreieck

Arbeitsauftrag:
a) Legen Sie das Brett auf den Tisch und darauf die beiden Smartphones. Bewegen Sie das Brett in der xy-Ebene und bestimmen Sie mit dem Geodreieck sowie mit den Phones die Größen Δx, Δy und α.
b) Bestätigen Sie, dass sich die Verschiebungen Δx und Δy sowie die Drehung α unabhängig voneinander überlagern.

V4 Krummlinige Bewegungen

Material:
Tisch, Magnet, Eisenkugel

Arbeitsauftrag:
a) Befestigen Sie den Magneten unter dem Tisch. Lassen Sie die Kugel so rollen, dass die Bahn etwas gekrümmt wird.
b) Lassen Sie die Kugel so rollen, dass die Bahn ungefähr eine Runde um den Magneten ausführt.
c) Erklären Sie die Bedeutung der Kraft für eine krummlinige Bewegung in der Ebene. Recherchieren Sie, welche Kraft eine Planetenbahn krümmt.

Material A • Bordwind beim Boot

In der Seefahrt unterscheidet man wahren Wind, Fahrtwind und Bordwind. Der wahre Wind ist der vom ruhenden Beobachter gemessene Wind, der Fahrtwind ist der beim fahrenden Schiff auftretende Gegenwird und der Bordwind ist der Wind, wie er vom fahrenden Schiff aus wahrgenommen wird. An der Mastspitze eines Bootes wird daher der Bordwind $\vec{v}_B$ gemessen (▸Abb. 4).

A1 Das Display in ▸Abb. 4 E zeigt an, dass der Bordwind $\vec{v}_B$ von vorne links kommt und einen Betrag von 8,2 Knoten hat. Zeichnen Sie den Bordwind in ein Koordinatensystem. Verwenden Sie den Maßstab „1 Knoten entspricht 1 cm".

A2 Gleichzeitig wird über GPS für das Schiff eine Geschwindigkeit von 6,2 Knoten gemessen. Demnach hat der Fahrtwind $\vec{v}_F$ den gleichen Betrag. Zeichnen Sie den Fahrtwind in die Skizze.

A3 Bei einem ankernden Boot ist der wahre Wind $\vec{v}_W$ gleich dem Bordwind. Die vektorielle Summe des wahren Windes und des Fahrtwindes ergibt den Bordwind. Bestimmen Sie zeichnerisch den wahren Wind.

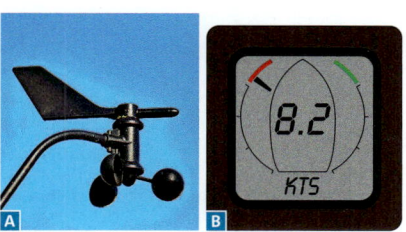

4 **A** Messgerät, **B** Windanzeige

Material B • Untersuchung eines Flugzeugabsturzes

Jeder Flugzeugabsturz wird ausführlich untersucht, damit man in Zukunft ähnliche Flugzeugabstürze verhindern und noch sicherer fliegen kann. Dabei gibt der Flugschreiber wichtige Informationen über den Flug wie Flughöhe über dem Meeresspiegel oder Geschwindigkeit in der Luft. In ▸Abb. 5 sind für einen Absturz die Höhe (altitude) in Fuß (feet) und die Geschwindigkeit (speed) in Knoten (kts) aufgezeichnet.

B1 Das Flugzeug ging um 9.32 Uhr in den Sinkflug über.
a) Bestimmen Sie für den Anfang und das Ende des Sinkflugs die Geschwindigkeit. Ein Knoten (kts) entspricht $1{,}852\,\frac{km}{h}$.
b) Ermitteln Sie die vertikale Koordinate v_y der Geschwindigkeit. (1 Fuß ≈ 0,3048 m)
c) Lesen Sie für den Anfang und das Ende des Sinkflugs die horizontale Koordinate v_x der Geschwindigkeit ab.
d) Berechnen Sie die entsprechenden Neigungswinkel der Flugbahn des Sinkflugs.

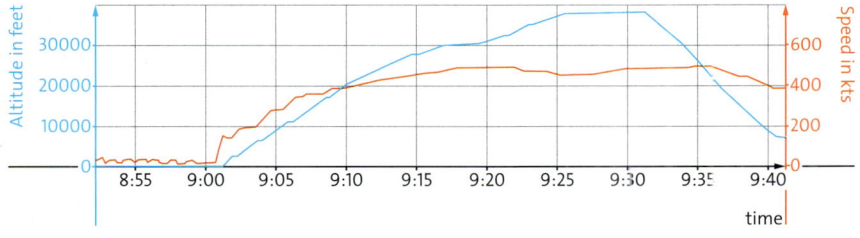

5 Flugdatenschreiber

Material C • Falke nutzt Aufwinde

Ein Falke flog mit einer horizontalen Geschwindigkeitskoordinate von $v_x = 21\,\frac{km}{h}$ und steigerte mit Aufwinden seine Flughöhe (▸Abb. 6, rot markiert).

C1 a) Ermitteln Sie die erzielte vertikale Geschwindigkeitskoordinate v_y.
b) Berechnen Sie den Betrag der Geschwindigkeit.

C2 Der Falke hat eine Masse von 230 g.
a) Bestimmen Sie die vom Falken durch die Thermik aufgenommene Leistung und Energie.
b) Ein Falke kann im Sturzflug $300\,\frac{km}{h}$ erreichen. Ermitteln Sie die Höhe, aus der er mit $21\,\frac{km}{h}$ starten und diese Geschwindigkeit im Sturzflug erreichen kann.

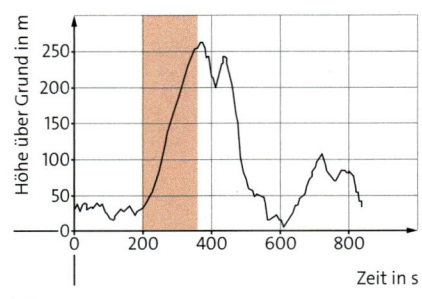

6 Flug des Falken

1 Flugzeugstart

Kraft, Beschleunigung und Masse

Ein Pilot gibt Vollgas. Er beschleunigt mit der ganzen Schubkraft von 600 000 N, um die Startmasse von 240 000 kg auf die fürs Abheben nötige Geschwindigkeit von 300 $\frac{km}{h}$ zu bekommen. Die Startbahn in Gibraltar hat nur eine Länge von 1777 m. Ist sie lang genug?

Ursache der Bewegung • Bisher haben wir Bewegungen mithilfe von Strecken, Geschwindigkeiten und Beschleunigungen untersucht. Dabei hatte uns noch nicht interessiert, was die Bewegung verursacht hat. Beim Flugzeugstart setzt die Schubkraft das Flugzeug in Bewegung. Daher untersuchen wir, wie die Bewegungsänderung und

die auf einen Körper mit einer Masse m wirkende Kraft F zusammenhängen. Wir können natürlich nicht mit Verkehrsflugzeugen experimentieren, deshalb machen wir einen Modellversuch.

Modellversuch • Im Versuch in ▸Abb. 2 entspricht der Schlitten dem Flugzeug. Wir nehmen die Schubkraft idealerweise als konstant an. Dies realisieren wir durch die Gewichtskraft F_G der Massestücke. Um zusätzliche Kräfte durch Reibung weitgehend zu vermeiden, verwenden wir einen Schlitten auf einer Luftkissenbahn. Die Masse m des bewegten Körpers setzt sich aus der Masse m_S des Schlittens und der Masse m_G der Massestücke zusammen, kurz $m = m_S + m_G$.

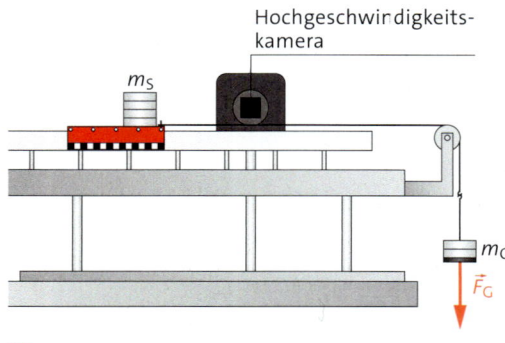

2 Modellversuch 1 zum Fugzeugstart

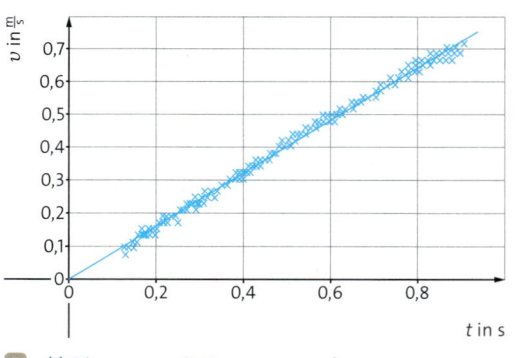

3 $v(t)$-Diagramm mit Ursprungsgerade

Die Bewegung des Schlittens zeichnen wir mithilfe einer Hochgeschwindigkeitskamera mit 420 Bildern pro Sekunde auf. Wir werten die Bildfolge mit einem Videoanalyseprogramm aus und erhalten die Geschwindigkeit in Abhängigkeit von der Zeit t nach dem Start des Schlittens.

Das $v(t)$-Diagramm in ▸Abb.3 zeigt das Ergebnis. Eine lineare Regression ergibt eine Ursprungsgerade. Die entsprechende Proportionalitätskonstante $\frac{\Delta v}{\Delta t}$ ist eine Beschleunigung. Unser erstes Ergebnis lautet damit: Wenn eine konstante Kraft F auf einen Körper der Masse m ausgeübt wirkt, dann erfährt der Körper eine konstante Beschleunigung.

Wovon hängt die Beschleunigung ab? • Für den Start in ▸Abb.1 muss die Schubkraft genügend beschleunigen. Daher suchen wir die Abhängigkeit der Beschleunigung von der Kraft. Beim Versuch ändern wir die beschleunigende Kraft und halten die Masse des beschleunigten Körpers konstant. Dazu bringen wir Massestücke, die zunächst am Seil hängen, nach und nach auf den Schlitten, sodass die gesamte Masse $m_S + m_G$ gleich bleibt. Die Beschleunigung messen wir direkt, z.B. mit dem Beschleunigungssensor eines Smartphones (▸Abb.4). Die Messwerte tragen wir in einem $a(F)$-Diagramm auf. Sie liegen auf einer Ursprungsgeraden (▸Abb.5). Unser zweites Ergebnis lautet also: Wenn eine Masse m von einer Kraft F beschleunigt wird, dann ist die Beschleunigung a proportional zur Kraft:

$a \sim F$ bei konstanter Masse m.

Die Beschleunigung des Flugzeugs hängt vermutlich auch von seiner Masse ab. Dabei dürfte die Beschleunigung bei kleiner Masse größer sein als bei großer Masse. Eine passende Hypothese ist $a \sim \frac{1}{m}$. Bei konstanter Kraft $F_G = 0{,}1\,\text{N}$ variieren wir die Masse auf dem Schlitten. Wir stellen die Messwerte der Beschleunigung a abhängig von $\frac{1}{m}$ dar. So erhalten wir eine Ursprungsgerade (▸Abb.6). Unser drittes Resultat lautet damit: Wenn eine Masse m von einer Kraft F beschleunigt wird, dann ist die Beschleunigung a proportional zum Kehrwert der Masse:

$a \sim \frac{1}{m}$ bei konstanter Kraft F.

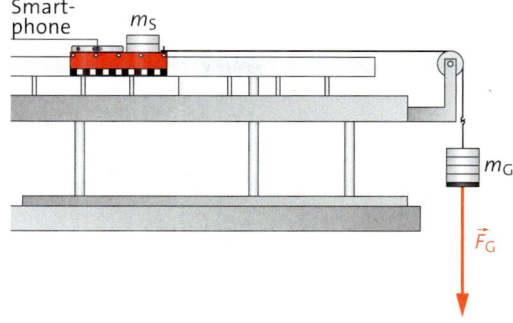

4 Modellversuch 2 zum Flugzeugstart

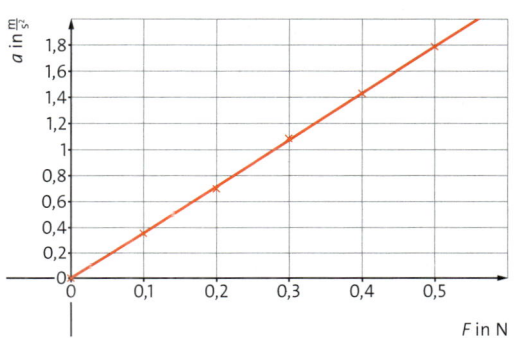

5 Beschleunigung abhängig von der Kraft

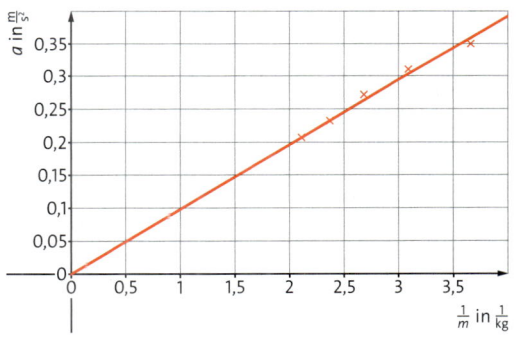

6 Beschleunigung abhängig vom Kehrwert der Masse

1 Eine Rakete erzielt mit einem Triebwerk eine Beschleunigung von $10\,\frac{\text{m}}{\text{s}^2}$.
a) Ein zweites, gleichartiges Triebwerk wird gezündet. Bestimmen Sie die Beschleunigung der Rakete.
b) Nach 10 Minuten hat sich die Masse der Rakete auf ein Drittel reduziert. Erklären Sie den Massenverlust und ermitteln Sie die Beschleunigung.

2 Ein Sprinter hat eine Masse von 70 kg und erreicht eine Beschleunigung von $3\,\frac{\text{m}}{\text{s}^2}$. Bestimmen Sie die mittlere Kraft, die den Sprinter beschleunigt.

F in N	$m \cdot a$ in kg $\cdot \frac{m}{s^2}$
0	0
0,1	0,096
0,2	0,191
0,3	0,300
0,4	0,396
0,5	0,491

1 Kraft F in Abhängigkeit vom Produkt $m \cdot a$

Grundgleichung der Mechanik • Wenn eine Kraft F eine Masse m beschleunigt, dann hängt die erreichte Beschleunigung a von F und von m ab. Hierzu haben wir zwei proportionale Zusammenhänge herausgefunden:

$a \sim F$ bei konstanter Masse m,

$a \sim \frac{1}{m}$ bei konstanter Kraft F.

Daraus folgt, dass die Beschleunigung a proportional zum Produkt aus F und $\frac{1}{m}$ ist.

$a \sim F \cdot \frac{1}{m}$.

Das stellen wir als Gleichung für F dar:

$F = k \cdot m \cdot a$ mit dem Proportionalitätsfaktor k.

Wir bestimmen den Proportionalitätsfaktor k aus den Daten unserer ersten Versuchsreihe zu $a \sim F$. ▸Tabelle 1 zeigt, dass die Kraft F praktisch den gleichen Betrag wie das Produkt $m \cdot a$ hat. Allerdings stehen in der Tabelle noch verschiedene Einheiten. Passend hierzu hat man 1874 festgelegt, dass die Einheit der Kraft 1N heißt und gleich der Einheit 1kg $\frac{m}{s^2}$ ist. Das gilt auch im heutigen **internationalen Einheitensystem (SI**, système international d'unités). Somit gilt $F = m \cdot a$. Wir fassen zusammen:

> Wenn eine Kraft F auf einen Körper der Masse m ausgeübt wird, dann erfährt er eine Beschleunigung a und es gilt:
> $F = m \cdot a$.
> Diese Gleichung heißt **Grundgleichung der Mechanik.**

Diese Gleichung ist sehr wichtig, weil sie genau angibt, welche Bewegungsänderung eine Kraft

Wirkt eine Kraft F während eines Zeitintervalls Δt auf einen beweglichen Körper, so bezeichnet man das Produkt $F \cdot \Delta t$ als **Kraftstoß.**

NEWTON hat die Mechanik durch drei Axiome charakterisiert. Die Grundgleichung stellt das **2. NEWTON'sche Axiom** dar. Man bezeichnet es auch als **Aktionsprinzip.**

hervorruft. Beispielsweise können wir mit dieser Gleichung berechnen, ob die Startbahn in Gibraltar mit 1777 m Länge für das Flugzeug reicht.

Grundgleichung beim Flugzeugstart • Wir berechnen zunächst mit der Grundgleichung der Mechanik die Beschleunigung des Flugzeugs:

$a = \frac{F}{m} = \frac{600\,000\,N}{240\,000\,kg} = 2,5\,\frac{m}{s^2}$.

Daraus ermitteln wir die Zeitspanne, während der das Flugzeug beschleunigt wird, um die nötige Geschwindigkeit von 300 $\frac{km}{h}$ zu erreichen. Mit $v = a \cdot t$ und 300 $\frac{km}{h}$ = 83,3 $\frac{m}{s}$ ist:

$t = \frac{v}{a} = \frac{83,3\,\frac{m}{s}}{2,5\,\frac{m}{s^2}} = 33,3\,s$.

Daraus bestimmen wir die während dieser Zeitspanne zurückgelegte Strecke:

$s = \frac{1}{2} \cdot a \cdot t^2 = 1,25\,\frac{m}{s^2} \cdot (33,3\,s)^2 = 1386\,m$.

Die Länge der Startbahn reicht also bequem aus.

Kraft und Bewegungsänderung • Wir schauen uns die Grundgleichung der Mechanik einmal genauer an. Die in der Gleichung vorkommende Beschleunigung a ist gleich der Änderung der Geschwindigkeit während der Zeitspanne Δt: $a = \frac{\Delta v}{\Delta t}$. Wir setzen dies in die Grundgleichung ein und multiplizieren beide Seiten mit Δt.

$F = m \cdot a \quad = \quad m \cdot \frac{\Delta v}{\Delta t} \,|\cdot \Delta t$
$F \cdot \Delta t \quad\quad = \quad m \cdot \Delta v$
„Ursache"   „Auswirkung"

Die Gleichung $F \cdot \Delta t = m \cdot \Delta v$ beschreibt die Bewegungsänderung. Auf der linken Seite steht die **Ursache** für die Änderung, auf der rechten Seite steht, welche **Auswirkung** die Kraft auf einen bestimmten Körper hat. Eine große Kraft während einer kurzen Zeitspanne hat dieselbe Auswirkung auf einen Körper wie eine kleine Kraft während einer entsprechend größeren Zeitspanne.

Ein Beispiel: Bei einem Kopfball (▸Abb. 2) ändert der Ball seine Geschwindigkeit infolge der Richtungsänderung um z.B. $\Delta v = 20\,\frac{m}{s}$. Das kann man entweder mit einer großen Kraft in einer kleinen Zeitspanne erreichen oder mit einer kleinen Kraft in einer großen Zeitspanne, beispielsweise indem ein Torwart den Ball fängt und wieder abwirft.

Kräfte erkennen · Kräfte kann man nicht direkt sehen. Man kann sie nur an ihren Auswirkungen erkennen. So bewirken sie beispielsweise Verformungen von Stahlfedern. Diese Verformungen kann man zur Kraftmessung nutzen. Somit sind Verformungen die Grundlage für den **statischen Kraftbegriff.**

Auch an der Beschleunigung eines Körpers kann man eine Kraft erkennen. Man kann zudem die wirkende Kraft bestimmen, indem man die Beschleunigung misst und die Grundgleichung der Mechanik anwendet. Das erkennt man schon an der Einheit der Kraft $1\,\text{N} = 1\,\text{kg} \cdot \frac{\text{m}}{\text{s}^2}$. Sie besagt, dass eine Kraft von $1\,\text{N}$ einen beweglichen Körper mit einer Masse von $1\,\text{kg}$ um $1\,\frac{\text{m}}{\text{s}^2}$ beschleunigt. Somit ist die Beschleunigung die Grundlage für den **dynamischen Kraftbegriff.**

Grundgleichung beim Crashtest · Beim Crashtest prallt ein Auto auf eine Wand. Im Auto prallt der Dummy gegen die Windschutzscheibe (▸Abb.3). Offenbar wird der Dummy im Auto nach vorne beschleunigt. Eine solche Beschleunigung nach vorne ist dem dynamischen Kraftbegriff zufolge ein Beleg für eine nach vorne gerichtete Kraft. Beim Crash wirkt aber keine nach vorne gerichtete Kraft auf den Dummy. Das erscheint widersprüchlich. Man löst diesen scheinbaren Widerspruch, indem man zwei Beobachter unterscheidet:

Ein **ruhender Beobachter** stellt fest, dass die Wand eine der Fahrtrichtung entgegengesetzte Kraft auf das Auto ausübt. Dadurch wird die Windschutzscheibe langsamer und daher prallt der Dummy gegen die Scheibe .

Ein festangeschnallter Beobachter im Auto ist beim Aufprall ein **beschleunigter Beobachter.** Er könnte den Dummy von hinten mit einem

3 Der Dummy wurde im Auto beschleunigt.

Federkraftmesser halten und am Federkraftmesser eine Kraft ablesen, obwohl gar keine Kraft auf den Dummy wirkt. Er sollte diese Kraft als **Trägheitskraft** deuten.

Je nachdem, ob ein Beobachter beschleunigt oder unbeschleunigt ist, befindet er sich in einem beschleunigten oder unbeschleunigten **Bezugssystem.** Die Grundgleichung gilt nur in unbeschleunigten Bezugssystemen.

> Die Grundgleichung der Mechanik gilt in unbeschleunigten Bezugssystemen.

Grundgleichung im Raum · Bewegungen finden im dreidimensionalen Raum statt. Gilt $F = m \cdot a$ auch dann? Ja, man kann z. B. eine Luftkissenbahn in jede Raumrichtung ausrichten und so für jede Richtung die Grundgleichung der Mechanik finden. Das Ganze stellt man dann vektoriell dar:

> Wird eine Kraft $\vec{F}$ auf einen beweglichen Körper mit der Masse m ausgeübt, dann wird der Körper beschleunigt und es gilt:
> $\vec{F} = m \cdot \vec{a}$.

2 Bewegungsänderung beim Kopfball

1 Bei einem Dragster-Rennen erzielt ein Auto mit der Masse $500\,\text{kg}$ eine Beschleunigung von $50\,\frac{\text{m}}{\text{s}^2}$. Bestimmen Sie die Kraft.

2 Ein Floh hat eine Masse von $1\,\text{mg}$ und springt mit einer Kraft von $1{,}7\,\text{mN}$ ab. Ermitteln Sie seine Beschleunigung beim Absprung.

Dragster sind Fahrzeuge, die speziell für das Drag Racing (Beschleunigungsrennen) gebaut werden.

Versuch A • Versuche zur Grundgleichung der Mechanik

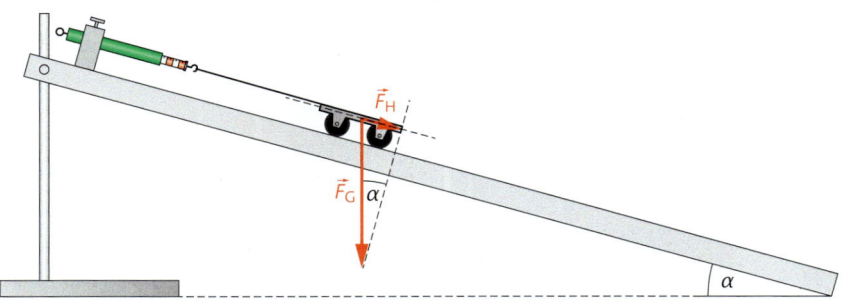

1 Hangabtriebskraft: Versuchsskizze mit Komponentenzerlegung

2 Beschleunigung beim Skateboard

V1 Hangabtriebskraft

Material:
Wagen, Schiene, Federkraftmesser

Arbeitsauftrag:
a) Bauen Sie eine geneigte Bahn auf. Messen Sie den Neigungswinkel α der Bahn und die Gewichtskraft F_G des Wagens (▶Abb.1).
b) Stellen Sie den Wagen auf die Bahn. Messen Sie die Hangabtriebskraft F_H, mit der der Wagen parallel zur Schiene gehalten wird (▶Abb.1).
c) Ermitteln Sie diese Kraft auch zeichnerisch mithilfe einer Komponentenzerlegung (▶Abb.1).
d) Stellen Sie einen Term auf, mit dem Sie die Hangabtriebskraft abhängig von der Gewichtskraft und dem Neigungswinkel berechnen können.

V2 Hinabrollen

Material:
Wagen, Schiene, Smartphone

Arbeitsauftrag:
a) Bauen Sie eine geneigte Schiene auf, bestimmen Sie deren Neigungswinkel α (▶Abb.1). Stellen Sie einen Wagen auf die Schiene und ermitteln Sie die Hangabtriebskraft.
b) Lassen Sie den Wagen hinabrollen und zeichnen Sie die Bewegung als Video auf.
c) Bestimmen Sie mithilfe einer Videoanalyse die Geschwindigkeit $v(t)$ und stellen Sie diese in einem $v(t)$-Diagramm dar.
d) Ermitteln Sie die mittlere Beschleunigung.
e) Führen Sie den Versuch für verschiedene Neigungswinkel und Massen des Wagens durch und zeigen Sie, dass dabei immer $F = m \cdot a$ gilt.

V3 Beschleunigen

Material:
Skateboard, Expander, Smartphone

Arbeitsauftrag:
a) Messen Sie Ihre Masse und installieren Sie auf Ihrem Smartphone eine App zur Aufzeichnung von Beschleunigungen.
b) Bestimmen Sie für einen Expander die Federkonstante D.
c) Stellen Sie sich auf ein Skateboard und starten Sie die App zur Messung der Beschleunigung. Halten Sie ein Ende des Expanders, an dem Sie ein Mitschüler beschleunigt (▶Abb.2), während Sie ein anderer absichert. Dabei soll der Expander fotografiert werden. Ermitteln Sie die beschleunigende Kraft.
d) Untersuchen Sie quantitativ und erörtern Sie die Genauigkeit, mit der $F = m \cdot a$ hier erfüllt ist.

Material A • Kraftstoß

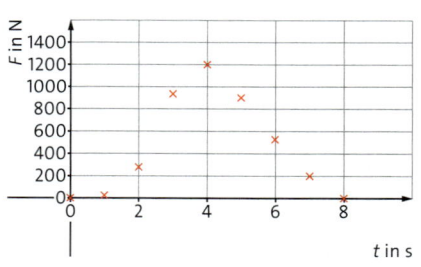

3 $F(t)$-Diagramm

Ein Ball mit der Masse 400 g fällt aus 1 m Höhe auf den Boden und springt wieder hoch. Die dabei vom Boden auf den Ball wirkende Kraft $F(t)$ zeigt ▶Abb.3.

A1 a) Bestimmen Sie das Produkt $F \cdot \Delta t$, also die Fläche unter dem Graphen in ▶Abb.3.

b) Ermitteln Sie die Änderung der Geschwindigkeit Δv.

A2 a) Bestimmen Sie die Geschwindigkeit des Balles beim Aufprall.
b) Bestimmen Sie die Geschwindigkeit, mit der der Ball vom Boden abhebt.

Material B • Start der Saturn-V-Rakete

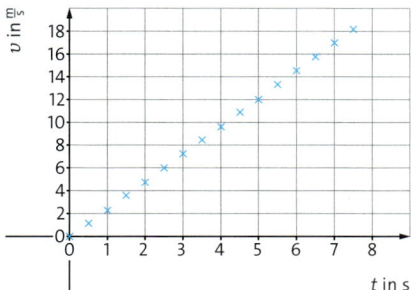

4 Raketenstart: $v(t)$-Diagramm

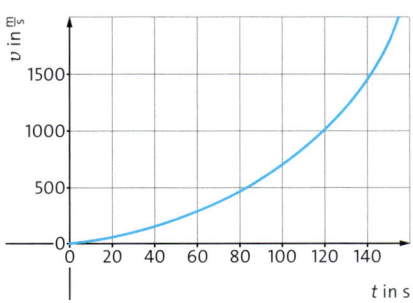

5 Stufe 1 des Raketenstarts: $v(t)$-Diagramm

Am 21. Juli 1969 landeten mit NEIL ARM-STRONG und EDWIN ALDRIN die ersten Menschen auf dem Mond. Sie flogen mit der Saturn-V-Rakete dorthin. Diese Rakete hatte eine Startmasse von 2770 t.

B1 Die Rakete startete am 16. Juli senkrecht nach oben. Dabei nahm die Geschwindigkeit anfangs wie in ►Abb. 4 gezeigt zu.
a) Begründen Sie, dass die Bewegung in der Startphase gleichmäßig beschleunigt war und bestimmen Sie die Beschleunigung.
b) Ermitteln Sie die Schubkraft der Rakete und beachten Sie dabei auch deren Gewichtskraft.
B2 Die erste Stufe der Rakete arbeitete 150 s lang. Dabei verbrannte sie gleichmäßig sehr viel Treibstoff und stieg weitgehend senkrecht auf.

Entsprechend entwickelt sich die Geschwindigkeit wie in ►Abb. 5 gezeigt.
a) Erklären Sie, warum die Geschwindigkeit in ►Abb. 5 mit der Zeit überproportional zunimmt.
b) Ermitteln Sie die momentane Beschleunigung der Rakete zum Zeitpunkt $t = 100$ s.
c) Bestimmen Sie die Masse, die die Rakete zum Zeitpunkt $t = 100$ s hat.
d) Berechnen Sie daraus, wie viel Treibstoff die Rakete pro Sekunde verbrennt und welche Masse die Rakete zum Zeitpunkt $t = 150$ s noch hat.
e) Trotz gleichmäßiger Verbrennung nimmt die von der Rakete aufgenommene Leistung mit der Zeit zu. Begründen Sie dies.

Material C • Grundgleichung der Mechanik: Gefahrenquellen

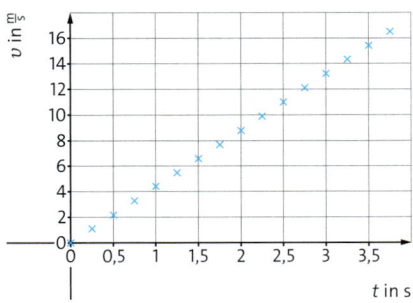

6 Skifahrer: $v(t)$-Diagramm

7 Das Rohr schoss durch die Fahrerkabine.

Wenn wir die Grundgleichung anwenden, dann sollten wir auf zwei Dinge achten:
1. Falls auf den betrachteten Körper mehrere Kräfte wirken, dann muss F deren resultierende Kraft sein.
2. Die Beschleunigung sollte zudem aus der Perspektive eines unbeschleunigten Beobachters erfasst werden.

C1 Ein Skifahrer mit der Masse 80 kg fährt einen Hang mit einem Neigungswinkel von 30° hinab.
a) Den Geschwindigkeitsverlauf zeigt ►Abb. 6. Ermitteln Sie daraus die Beschleunigung.
b) Zeigen Sie, dass hier für die folgenden drei Größen $F < m \cdot a$ gilt.
Hinweis: Nutzen Sie ►Abb. 1.
c) Erklären Sie dies durch die Wirkung einer weiteren Kraft und bestimmen Sie deren Betrag.

C2 Auf der B 58 hatte ein abbiegender Bus einen Lkw übersehen. Dessen Fahrer bremste stark. Dabei schoss ein Rohr von hinten durch die Fahrerkabine (►Abb. 7).
a) Aus Sicht des Lkw-Fahrers wurde das Rohr nach vorne beschleunigt. Nach der Grundgleichung der Mechanik müsste hierfür eine Kraft die Ursache gewesen sein. Begründen Sie, dass dies nicht die Bremskraft sein kann. Begründen Sie mit dem Ausschlussverfahren, dass hier niemand eine Kraft auf das Rohr ausgeübt hat.
b) Beschreiben Sie den Vorgang aus der Perspektive eines am Straßenrand stehenden Beobachters.
c) Deuten Sie den Vorgang im Rahmen der Grundgleichung sowohl aus der Sicht des Fahrers als auch aus der des stehenden Beobachters.

1 Curling: Bei der
WM 2017

Reibung und Trägheit

Die Spielerin schiebt den Curlingstein an, sodass er über das Eis gleitet. In 45,72 m oder 150 Fuß Entfernung befindet sich das Ziel, in dem der Stein zum Stehen kommen muss. Mit welcher Geschwindigkeit muss der Stein angeschoben werden?

Reibungskraft • Auf den Curlingstein wirkt eine Reibungskraft. Diese Reibungskraft ist entgegengesetzt zur Bewegungsrichtung des Steins gerichtet. Das führt zu einer negativen Beschleunigung, also zum Abbremsen. Somit bleibt der Curlingstein irgendwann liegen. Den Betrag der Reibungskraft kann man experimentell bestimmen. Dazu zieht man mithilfe eines Zugschlittens den Stein an einem Federkraftmesser mit konstanter Geschwindigkeit über das Eis (▶Abb. 2). Der Federkraftmesser zeigt hier eine Reibungskraft von 3 N an.

Geschwindigkeit beim Gleiten • Beim Gleiten wird auf den Curlingstein die Reibungskraft $F_R = -3\,\mathrm{N}$ gegen die Bewegungsrichtung des Steins ausgeübt. Der Stein hat eine Masse von 20 kg. Also beträgt die Beschleunigung:

$$a = \frac{F_R}{m} = \frac{-3\,\mathrm{N}}{20\,\mathrm{kg}} = -0{,}15\,\frac{\mathrm{m}}{\mathrm{s}^2}.$$

Der Stein startet mit der gesuchten Geschwindigkeit v_0 und bewegt sich nach dem Loslassen mit einer Geschwindigkeit $v(t)$ weiter. Für $v(t)$ gilt:

$$v(t) = v_0 + a \cdot t = v_0 - 0{,}15\,\frac{\mathrm{m}}{\mathrm{s}^2} \cdot t.$$

Der Stein führt somit eine gleichmäßig beschleunigte Bewegung aus. Also nimmt die Geschwindigkeit linear mit der Zeit ab. Das ist beispielhaft für eine Anfangsgeschwindigkeit $v_0 = 4{,}5\,\frac{\mathrm{m}}{\mathrm{s}}$ in ▶Abb. 3 gezeigt.

Dauer des Gleitens • Der Stein bleibt zu dem Zeitpunkt t_1 stehen, an dem der Graph in ▶Abb. 3 die Zeitachse trifft.

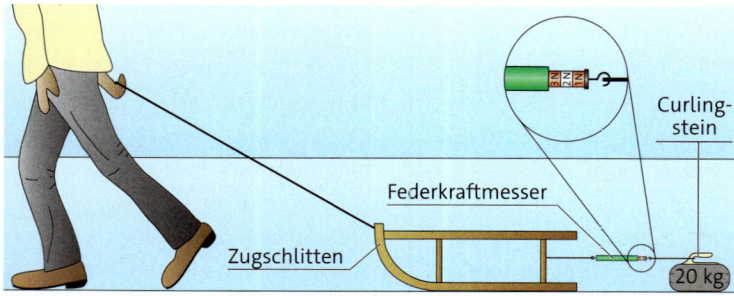

2 Skizze zur Messung der Reibungskraft

Zur Berechnung von t_1 setzen wir $v(t_1)$ gleich null:

$$v(t_1) = v_0 + a \cdot t_1 = v_0 - 0{,}15\,\tfrac{m}{s^2} \cdot t_1 = 0\,\tfrac{m}{s}.$$

Auflösen nach t_1 ergibt:

$$t_1 = \frac{v_0}{-a} = \frac{v_0}{0{,}15\,\frac{m}{s^2}}.$$

Der Stein gleitet also umso länger, je größer die Anfangsgeschwindigkeit v_0 ist. Um die gesuchte Anfangsgeschwindigkeit zu bestimmen, leiten wir für die beim Gleiten zurückgelegte Strecke einen Term her.

Strecke beim Gleiten • Wir bestimmen die zurückgelegte Strecke aus dem $v(t)$-Diagramm in ▸Abb. 3, indem wir die Fläche unter dem Graphen bestimmen. Es ist die Fläche eines Dreiecks. Dessen Höhe ist die Anfangsgeschwindigkeit v_0 und dessen Grundseite ist die Dauer t_1 des Gleitens. Also gilt für die zurückgelegte Strecke:

$$s(t_1) = \tfrac{1}{2} \cdot v_0 \cdot t_1.$$

Wir setzen für t_1 den obigen Term ein und für $s(t_1)$ die gewünschte Strecke von 45,72 m:

$$45{,}72\,m = \tfrac{1}{2} \cdot \frac{v_0^2}{0{,}15\,\frac{m}{s^2}} = \frac{v_0^2}{0{,}30\,\frac{m}{s^2}}.$$

Auflösen nach v_0 ergibt die gesuchte Anfangsgeschwindigkeit:

$$v_0 = \sqrt{45{,}72\,m \cdot 0{,}3\,\tfrac{m}{s^2}} = 3{,}7\,\tfrac{m}{s}.$$

Damit haben wir unsere Ausgangsfrage beantwortet. Die Spielerin in ▸Abb. 1 sollte den Curlingstein mit der Anfangsgeschwindigkeit $3{,}7\,\tfrac{m}{s}$ anschieben. Unsere Analyse der Bewegung des Curlingsteins weist beispielhaft auf eine allgemeine Erkenntnis über Bewegung hin:

> In der Realität wirkt immer eine Reibungskraft. Dadurch kommt ein Körper irgendwann zum Stillstand, wenn auf ihn keine weitere Kraft ausgeübt wird.

Um diese Reibungskraft zu verändern, polieren die Spieler beim Curling oftmals die Eisbahn (▸Abb. 4). Welche Auswirkungen hat das genau?

Verringerung der Reibung • Wir untersuchen die Abhängigkeit der zurückgelegten Strecke von der Reibungskraft, indem wir bei der obigen Herleitung auf das Einsetzen von Zahlenwerten verzichten. So erhalten wir:

$$s(t_1) = \tfrac{1}{2} \cdot v_0 \cdot t_1 = \tfrac{1}{2} \cdot \frac{v_0^2}{-a} = \tfrac{1}{2} \cdot v_0^2 \cdot \frac{m}{-F_R}.$$

Wenn wir den Curlingstein mit einer Geschwindigkeit v_0 anschieben, dann ist die insgesamt zurückgelegte Strecke also proportional zum Kehrwert des Betrages der Reibungskraft, kurz gesagt:

$$s(t) \sim \frac{1}{F_R}.$$

Beispielsweise verdoppelt sich die zurückgelegte Strecke, wenn man die Reibungskraft halbiert. Das in ▸Abb. 4 gezeigte Polieren kann also wirksam die vom Stein zurückgelegte Strecke vergrößern. Wie groß könnte man diese Strecke im Prinzip machen?

In Gedanken könnte man die Reibungskraft ja auf null bringen. Dann würde der Curlingstein sich unendlich weit bewegen. Dabei hätte der Stein zu jedem Zeitpunkt die Anfangsgeschwindigkeit v_0. Diesen Idealfall beschrieb bereits GALILEI (1564–1642) als das **Trägheitsprinzip:**

> Ein Körper behält seine geradlinig-gleichförmige Bewegung bei – oder er bleibt in Ruhe –, solange keine Kraft auf ihn ausgeübt wird.

1 Ein Radfahrer hat zusammen mit dem Fahrrad eine Masse von 80 kg. Er fährt mit $36\,\tfrac{km}{h}$ und macht eine Vollbremsung. Er steht nach 12 m. Bestimmen Sie die Bremskraft.

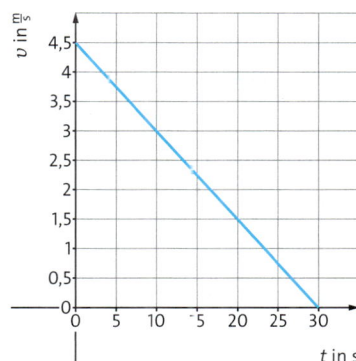

3 $v(t)$ beim Curlingstein beispielhaft für $v_0 = 4{,}5\,\tfrac{m}{s}$

4 Polieren beim Curling

Die Reibungskraft bewirkt ein Abbremsen, weshalb F_R und a hierbei negative Werte haben. Durch das negative Vorzeichen wird insgesamt die Strecke s positiv.

NEWTON hat die Mechanik durch drei Axiome charakterisiert. Das Trägheitsprinzip bezeichnet man als **1. NEWTON'sches Axiom.**

1 Eine lose angeklebte Holzleiste wird durchschlagen.

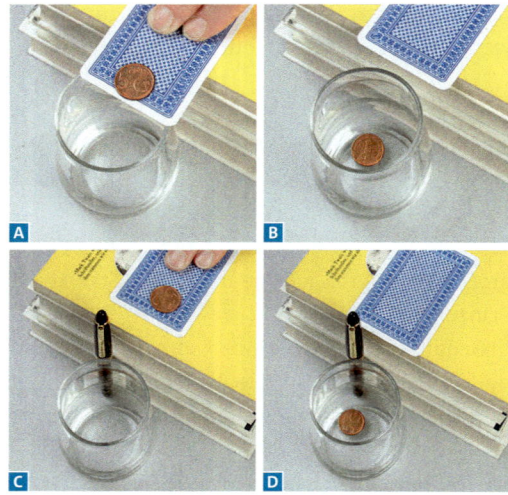

2 Die träge Münze fällt ins Glas

3 Der träge Hammer treibt den Nagel in die Wand.

Trägheit und Kraftstoß • Das Trägheitsprinzip können wir durch einen Schlag auf eine Holzleiste deutlich machen. Wir kleben eine Holzleiste an den Enden mit Klebestreifen lose an zwei Stativstangen fest (▸ Abb. 1). Anschließend versuchen wir, die Leiste mit einer breiten Holzlatte zu durchschlagen. Wenn wir die Latte langsam bewegen, dann lösen sich die Klebestreifen und die Leiste fällt herunter. Bewegen wir dagegen die Latte schnell, dann bricht die Leiste in zwei Teile (▸ Abb. 1). Was genau geschieht hier?

Die dünne Leiste kann von der Mitte aus nur eine kleine Kraft an die Enden übertragen. Da außerdem die Zeitspanne Δt sehr klein ist, erfahren die Enden der Leiste nur einen kleinen Kraftstoß $F \cdot \Delta t$. Aus diesem ergibt sich wegen $F \cdot \Delta t = m \cdot \Delta v$ eine nur kleine Geschwindigkeitsänderung Δv für die Enden der Leiste. Diese bewegen sich daher kaum, während die Leistenmitte durch die Latte weit nach unten gedrückt wird. Das führt zum Bruch der Holzleiste.

1 Erläutern Sie, weshalb die Holzleiste aus ▸ Abb. 1 bei langsamer Bewegung der Latte herunterfällt.

2 Jemand legt auf ein Glas erst eine Karte und darauf eine Münze (▸ Abb. 2 A). Dann zieht er die Karte so weg, dass die Münze
 • ins Glas fällt,
 • nicht ins Glas fällt.
 a) Erklären Sie die beiden Versuche.
 b) Probieren Sie es selbst aus.

3 Jemand legt auf ein Podest eine Karte und darauf eine Münze wie in ▸ Abb. 2 C. Dann schiebt er die Karte so, dass die Münze
 • ins Glas fällt,
 • nicht ins Glas fällt.
 a) Probieren Sie es selbst aus.
 b) Begründen Sie den Unterschied zu A 2.

4 Die Person in ▸ Abb. 3 möchte mit einem Hammer einen Nagel waagerecht in eine Wand schlagen.
 a) Erläutern Sie, wie die Person mit dem Hammer schlagen muss, damit sich der Nagel vorwärts bewegt.
 b) Entscheiden Sie begründet, ob der Nagel mithilfe der Gewichtskraft des Hammers bewegt wird.

Trägheitsprinzip in der Technik

Das Trägheitsprinzip wird in der Technik häufig genutzt. Beispielsweise können Sie bei Ihren Fotos Verwackeln vermeiden, indem Sie eine Kamera mit einem Bildstabilisator nutzen (▸Abb. 4). Verwackelte Fotos haben zwei Ursachen, für die es zwei passende Kompensationen gibt.

Eine Ursache ist eine seitliche Bewegung der Kamera. Diese Bewegung wird durch einen **Beschleunigungssensor** erfasst. Zur Kompensation werden die Linsen oder der Bildsensor durch kleine Motoren entsprechend bewegt. Der Beschleunigungssensor nutzt die Trägheit eines Körpers, der auf einer elastischen Befestigung beweglich angebracht ist (▸Abb. 5). Beispielsweise bleibt der Körper bei einer Beschleunigung der Kamera nach rechts entsprechend dem Trägheitsprinzip etwas zurück. Dadurch verbiegt sich die elastische Halterung nach links. Diese Verbiegung wird im Sensor z. B. elektrisch erfasst und in die ursächliche Beschleunigung umgerechnet. Der Beschleunigungssensor kann auch verwendet werden, um die Gewichtskraft zu erfassen (▸Abb. 5 C).

Eine zweite Ursache fürs Verwackeln ist eine drehende Bewegung der Kamera. Zur Messung bestimmt man den Drehwinkel $\Delta\alpha$, der während einer Zeitspanne Δt auftritt. Analog zur Geschwindigkeit bezeichnet man hier den Quotienten aus Drehwinkel und Zeitspanne als **Winkelgeschwindigkeit** ω. Es gilt $\omega = \frac{\Delta\alpha}{\Delta t}$. Die Einheit ist ein Grad pro Sekunde. Diese Winkelgeschwindigkeit wird beim Bildstabilisator durch einen sogenannten **Gyroskopsensor** erfasst. Zur Kompensation können Linsen durch kleine Motoren entsprechend bewegt werden.

Das Funktionsprinzip des Sensors erkennen wir in einem Modellversuch. Wir befestigen auf einem Rolltisch ein Fadenpendel (▸Abb. 6). Der Pendelkörper bewegt sich in eine Richtung, die innerhalb einer Ebene liegt, der sogenannten Pendelebene. Während das Pendel schwingt, drehen wir den Tisch um die Achse, die lotrecht durch den Aufhängepunkt verläuft. Dabei bleibt gemäß dem Trägheitsprinzip die Geschwindigkeit des Pendelkörpers unverändert. Somit steht die Pendelebene unbewegt im Raum, während sich der Tisch dreht. So kann man die Drehgeschwindigkeit ermitteln. Beim Gyroskopsensor entspricht dem Tisch das Gehäuse des Sensors. Dem Faden entspricht eine elastische Halterung eines Probekörpers im Sensor (▸Abb. 7).

4 Bildstabilisator

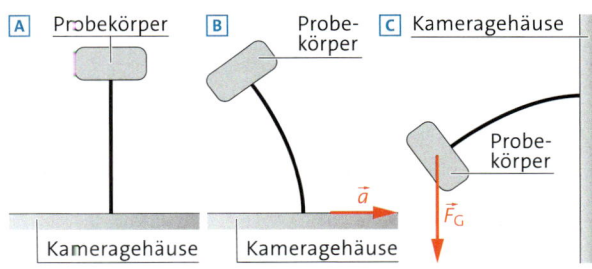

5 **A** Prinzip eines Beschleunigungssensors: **B** beschleunigt, **C** geneigt

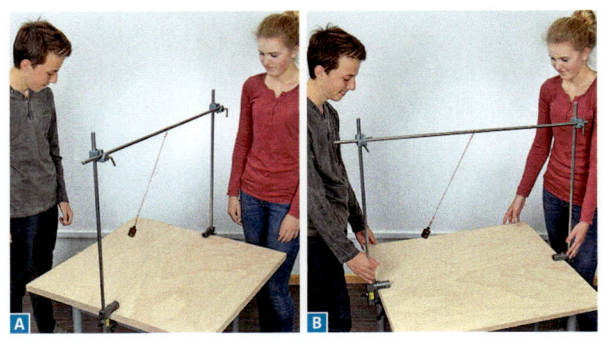

6 Die Pendelebene bleibt fest im Raum.

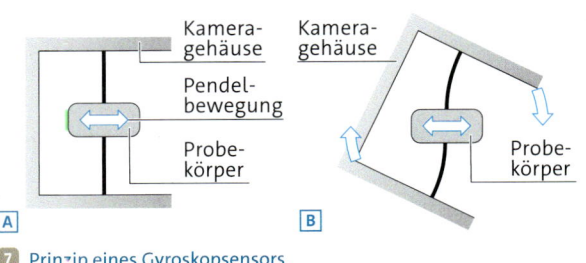

7 Prinzip eines Gyroskopsensors

Versuch A • Auswirkung der Trägheit bei verschiedenen Bewegungen

1 Wasserwaagen-App

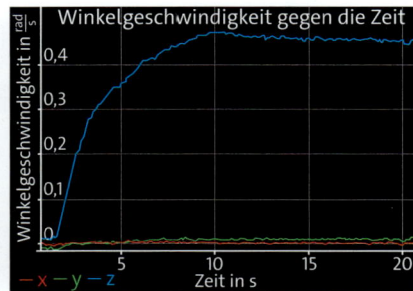

2 Gyroskopsensor-App

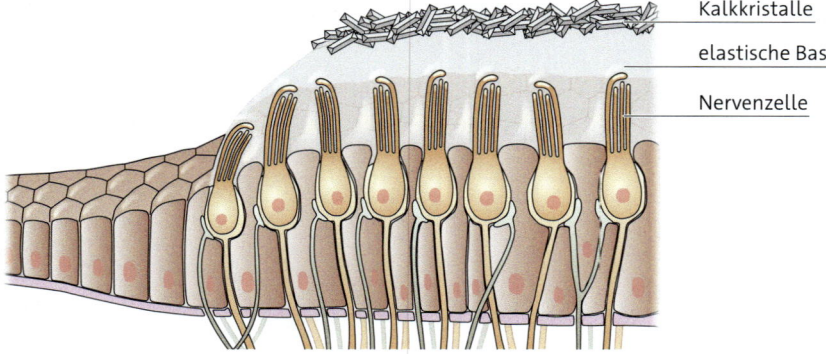

3 Maculaorgan

V1 Trägheit beim Anfahren

Material:
Wasserwaage, Smartphone, Fahrzeug, z. B. Auto, Bus oder Zug

Arbeitsauftrag:
a) Installieren Sie auf Ihrem Smartphone eine App zur Aufzeichnung der Beschleunigung.
b) Fahren Sie mit dem Zug – oder einem anderen Fahrzeug – und zeichnen Sie die Beschleunigung beim Anfahren auf.
c) Legen Sie beim Anfahren eine Wasserwaage auf den Tisch und beobachten Sie die Luftblase (▸Abb. 1). Erklären Sie die Beobachtung.
d) Stellen Sie sich in den Zug, schließen Sie die Augen und balancieren Sie beim Anfahren. Beschreiben Sie, was Sie dabei spüren und wie Sie balancieren.

e) In Ihrem Gleichgewichtsorgan befindet sich das Maculaorgan (▸Abb. 3). Es enthält eine elastische Basis, auf der sich Kalkkristalle befinden. In der elastischen Basis befinden sich Nervenzellen, die Verformungen signalisieren. Erklären Sie, wie dieses Organ Beschleunigungen erfasst und beim Balancieren hilft.
f) Erklären Sie die Funktionsweise der Wasserwaagen-App.

V2 Trägheit im Karussell

Material:
Wasserwaage, Smartphone, Stoppuhr, Kinderkarussell (Spielplatz)

Arbeitsauftrag:
a) Installieren Sie auf Ihrem Smartphone eine App zur Aufzeichnung der Winkelgeschwindigkeit, also eine Gyroskopsensor-App und eine Wasserwaagen-App.

b) Fahren Sie mit dem Karussell und messen Sie dabei die Winkelgeschwindigkeit mit der Stoppuhr sowie mit der Gyroskopsensor-App (▸Abb. 2). Vergleichen Sie die Ergebnisse miteinander.
c) Legen Sie bei der Fahrt eine Wasserwaage im Karussell ab und halten Sie diese fest. Beobachten Sie die Luftblase. Testen Sie verschiedene Ausrichtungen der Wasserwaage. Deuten Sie die Beobachtungen mithilfe der Beschleunigung.
d) Führen Sie den gleichen Versuch mit einer Wasserwaagen-App durch.
e) Schließen Sie die Augen, beschreiben Sie, was Sie bei konstantem Betrag der Geschwindigkeit spüren und deuten Sie das mit dem Maculaorgan.

V3 Flachschuss beim Fußball

Material:
Fußball, Smartphone

Arbeitsauftrag:
a) Legen Sie einen Fußball auf den Sportplatz, platzieren Sie eine Markierung einen Meter vor dem Ball in Schussrichtung.
b) Schießen Sie den Ball möglichst schnell flach ab, während ein Mitschüler von der Seite aus ein Video erstellt.
c) Bestimmen Sie mithilfe von Herstellerangaben, welche Zeitspanne zwischen zwei aufeinanderfolgenden Bildern auftritt. Ermitteln Sie daraus die Abschussgeschwindigkeit.
d) Schießen Sie den Ball wieder möglichst schnell ab, wobei Sie weder Anlauf nehmen, noch mit dem Bein ausholen. Stattdessen stellen Sie einen Fuß anliegend hinter den Ball und beschleunigen. Dabei bestimmen Sie wie oben die Abschussgeschwindigkeit.
e) Vergleichen Sie die beiden Abschussgeschwindigkeiten und erklären Sie den Unterschied mit dem Trägheitsprinzip.

Material A • Bogengangsorgan

Im menschlichen Innenohr befinden sich die Gleichgewichtsorgane. Diese bestehen aus dem Maculaorgan und dem Bogengangsorgan (▸Abb. 4).

A1 Die Bogengänge sind im Wesentlichen mit Flüssigkeit gefüllte ringförmige Röhren. In den Röhren befindliche Nervenzellen erfassen jede Bewegung der Flüssigkeit innerhalb der Röhre.

a) Begründen Sie mit dem Trägheitsprinzip, dass das Bogengangsorgan eine Änderung der Winkelgeschwindigkeit erfassen kann.
b) Erklären Sie, warum sich in jedem Ohr drei Bogengänge befinden.
c) Beschreiben Sie eine Wahrnehmung, die durch Signale aus den Bogengängen entsteht.

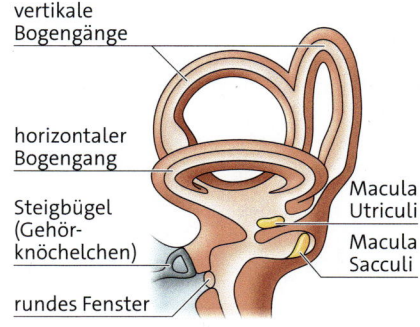

vertikale Bogengänge
horizontaler Bogengang
Steigbügel (Gehörknöchelchen)
rundes Fenster
Macula Utriculi
Macula Sacculi

4 Bogengangsorgan

Material B • Schwingkölbchen

Schnaken haben hinter den beiden Flügeln zwei zusätzliche Organe, die Schwingkölbchen (▸Abb. 5). Diese schwingen ungefähr 200-mal pro Sekunde auf und ab.

B1 Begründen Sie, dass die Schnake mithilfe der Schwingkölbchen Drehungen ihres Körpers erfassen kann.
B2 Im Nebel kollidieren ständig winzige Nebeltröpfchen mit den Schwingkölbchen und beeinflussen deren Bewegung. Obwohl Schnaken im Regen bei viel größeren Regentropfen fliegen können, straucheln sie im Nebel.

Bestätigen Sie damit begründet, dass die Schwingkölbchen der Erfassung von Drehungen dienen.
B3 a) Schwingkölbchen können eine Geschwindigkeit von $0,1\frac{m}{s}$ erreichen. Diese ändert innerhalb von 2,5 ms ihre Richtung. Begründen Sie dies mit den gegebenen Informationen.
b) Ermitteln Sie die Beschleunigung, die für diese schnelle Bewegungsumkehr nötig ist.
c) Eine möglichst hohe Geschwindigkeit der Schwingkölbchen ist günstig für eine genaue Erfassung der Winkelgeschwindigkeit. Erklären Sie.

5 Schwingkölbchen einer Schnake (Pfeile)

Material C • Sternschnuppe und Meteoritenfall

Am 15. März 2015 wurde eine Sternschnuppe beobachtet. Dabei entstand am Himmel in 16 s eine 300 km lange Leuchtspur (▸Abb. 6). Die Ursache war ein Meteorit, der die Erdatmosphäre traf. Durch die Luftreibung kam es zum Glühen und die Leuchtspur entstand.

C1 Erklären Sie mithilfe des Trägheitsprinzips, warum die Leuchtspur so lang war.

C2 a) Der Körper trat mit einer Geschwindigkeit von $21\,600\frac{km}{s}$ in die Atmosphäre ein. Gehen Sie näherungsweise von einer gleichmäßig beschleunigten Bewegung aus und bestimmen Sie die Beschleunigung.
b) Ermitteln Sie die nach 16 s erreichte Geschwindigkeit.
c) Berechnen Sie die Reibungskraft, mit der der Körper ($m \approx 100$ kg) abgebremst wurde.

6 Leuchtspur eines Meteoriten

Reibungskräfte

Die Jugendlichen wollen das Tauziehen gewinnen.
Wie können sie eine möglichst große Kraft am Seil
zur Wirkung bringen?

Vorüberlegungen • Beim Tauziehen geht es
darum, das Seil bis zu einem bestimmten Punkt
auf die eigene Seite zu ziehen. Wir stellen zunächst zusammen, welche Kräfte dabei am Körper eines Sportlers angreifen. Hierzu wählen wir
als Angriffspunkt einen Schuh (▶ Abb. 2). Wir untersuchen also nicht die Übertragung von Kräften innerhalb des Körpers.

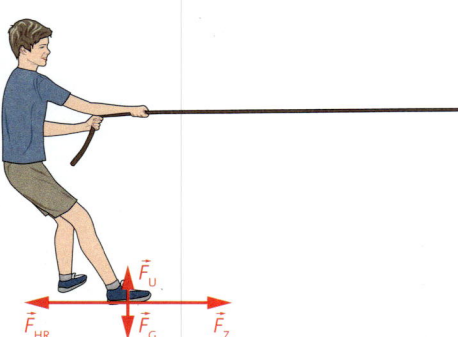

2 Kräfte am Schuh beim Tauziehen

Von der gegnerischen Mannschaft wird eine
Zugkraft $\vec{F}_Z$ auf das Seil zur Wirkung gebracht,
die den Körper des Sportlers nach vorne zieht. Er
kann sich dieser Zugkraft entgegenstellen, weil
die Haftreibung seiner Schuhe ihn festhält. Nur
dadurch kann er selbst mit gleich großer Kraft am
Seil ziehen wie der Gegner. Nach hinten wirkt
also die **Haftreibungskraft** $\vec{F}_{HR}$. Wir betrachten
zunächst eine Situation ohne Beschleunigung,
wenn also beide Mannschaften mit gerade gleich
großer Kraft ziehen. Dann sind die Beträge dieser
beiden Kräfte gleich groß. So lange der Sportler
sich nicht bewegt, halten Haftreibungskraft und
Zugkraft am Schuh sich die Waage. Je größer die
Zugkraft ist, desto größer ist demzufolge auch
die Haftreibungskraft. Nach unten wirkt die Gewichtskraft $\vec{F}_G = m \cdot \vec{g}$. Dieser wirkt von unten
eine gleich große Kraft $\vec{F}_U$ entgegen, mit der der
Erdboden gegen den Schuh drückt.

Um die Zugkraft $\vec{F}_Z$ zu maximieren, muss daher
auch die Reibungskraft maximiert werden. Diese
hängt von den Materialien des Schuhs und des
Untergrunds, von der Masse des Sportlers sowie
von der Art der Reibung ab.

Gleitreibungskraft • Geraten die Sportler ins Rutschen, also in Bewegung, wirkt statt der Haftreibungskraft eine **Gleitreibungskraft** $\vec{F}_{GR}$.

Modellversuche • Um zu untersuchen, wie man die Haftreibungskraft maximiert, machen wir einen Modellversuch (▸Abb. 3).
Wir stellen einen Schuh auf den Fußboden des Physikraums. Die Gewichtskraft $\vec{F}_G = m \cdot \vec{g}$ des Körpers modellieren wir durch ein Massenstück im Schuh. Wir maximieren die Haftreibungskraft $\vec{F}_{HR}$, indem wir am Schuh mit einer Zugkraft $\vec{F}_Z$ so ziehen, dass der Schuh sich gerade nicht bewegt. Dabei messen wir den Betrag dieser Kraft mit einem Federkraftmesser (▸Abb. 3) und lesen F_{HR} ab. In einer Versuchsreihe variieren wir die Masse m und stellen F_{HR} abhängig von m im Diagramm dar (▸Abb. 4).
Das Diagramm zeigt, dass die Haftreibungskraft proportional zur Gewichtskraft ist (▸Abb. 4). Das deuten wir wie folgt: Die Gewichtskraft drückt den Schuh senkrecht an den Fußboden. Dadurch kann die Kontaktfläche eine Haftreibungskraft ausüben, die umso größer ist, je stärker der Schuh an den Boden gedrückt wird.
Die Haftreibungskraft F_{HR} ist um so größer, je besser das Material des Schuhs auf dem Boden haftet. Diese Abhängigkeit wird in ▸Abb. 4 durch die Steigung der Geraden dargestellt – je besser die Haftung des Materials, desto steiler die Gerade. Daher nennt man diese Steigung **Haftreibungskoeffizient** μ_{HR}. Beispielsweise ist in ▸Abb. 4 für den Turnschuh $\mu_{HR} = 0{,}7$ und für den Lederschuh $\mu_{HR} = 0{,}5$.

Zur Untersuchung der **Gleitreibungskraft** führen wir ein analoges Experiment durch. Diesmal ziehen wir am Schuh mit einer Zugkraft F_Z so, dass der Schuh sich mit konstanter Geschwindigkeit bewegt. Als Ergebnis erhalten wir wieder eine Proportionalität der Gleitreibungskraft zur Gewichtskraft. Entsprechend nennt man die Steigung dieser Geraden **Gleitreibungskoeffizient** μ_{GR}. Typische Werte zeigt die ▸Tab. 5. Wir sehen, dass der Gleitreibungskoeffizient kleiner ist als der Haftreibungskoeffizient.

In den Modellversuchen drückt die Gewichtskraft den Schuh senkrecht auf den Boden, allgemein

kann dies durch eine Normalkraft $\vec{F}_N$ geschehen. Wir fassen zusammen.

Die Haftreibungskraft F_{HR} ist das Produkt aus dem Haftreibungskoeffizienten μ_{HR} und der Normalkraft F_N: $F_{HR} = \mu_{HR} \cdot F_N$.

Die Gleitreibungskraft F_{GR} ist das Produkt aus dem Gleitreibungskoeffizienten μ_{GR} und der Normalkraft F_N: $F_{GR} = \mu_{GR} \cdot F_N$.

Ein Athlet mit einer Masse von 65 kg kann bei einem Haftreibungskoeffizienten von 0,8 folgende Haftreibungskraft zur Wirkung bringen:

$$F_{HR} = \mu_{HR} \cdot 65\,\text{kg} \cdot 9{,}8\,\frac{\text{N}}{\text{kg}} = 509{,}6\,\text{N}.$$

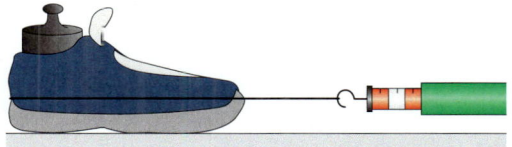

3 Modellversuch zum Tauziehen

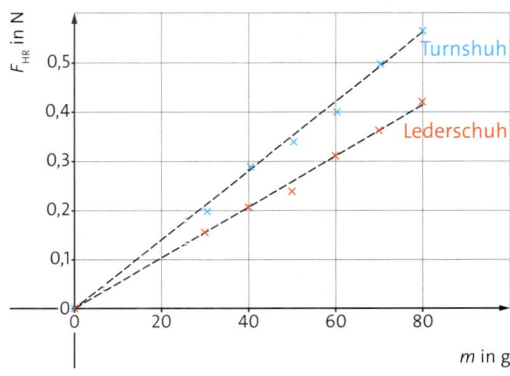

4 Messwerte: Turnschuh (blau), Lederschuh (rot)

	μ_{HR}	μ_{GR}
Reifen auf trockener Straße	0,8	0,5
Reifen auf nasser Straße	0,5	0,2
Reifen auf Eis	0,1	0,05
Gummi auf trockenem Beton	1,0	0,8
Gummi auf nassem Beton	0,3	0,25
Leder auf Metall	0,6	0,4
Stahl auf Eis	0,03	0,01

5 Haft- und Gleitreibungskoeffizienten (Beispielwerte)

Reibungskoeffizienten sind vom Material abhängig, sie können z. B. je nach Asphaltsorte und Reifenmaterial in einem weiten Bereich liegen.

Strategien beim Tauziehen · Die Sportler können mit besonders großer Kraft am Seil ziehen, wenn sie Schuhe mit großem Haftreibungskoeffizienten nutzen. Kommen Sportler ins Gleiten, wirkt die kleinere Gleitreibungskraft. Sie sollten daher sofort wieder zum Stehen kommen, damit die größere Haftreibungskraft wirkt. Zudem kann ein Sportler die dauerhaft wirkende Haftreibungskraft kurzzeitig überraschend ändern. Übt er beispielsweise einen Ruck aus, kann er die Gegner zum Gleiten bringen, wodurch diese nur die geringere Gleitreibungskraft einbringen.

Rollreibung · Für die Umweltbilanz beim Transport ist auch der benötigte Energiebetrag wichtig. Diesen untersuchen wir am Beispiel einer Ladung von 10 t, die mit dem Lkw oder der Bahn eine Strecke von 1000 km transportiert wird. Dabei rollen Räder, wobei eine Rollreibungskraft F_{RR} auftritt.

Ähnlich wie bei der Gleitreibung kann man auch diese Kraft bestimmen und zwar als Produkt aus der Normalkraft und einem Rollreibungskoeffizienten μ_{RR}. Bei Stahlrädern auf Schienen beträgt dieser $\mu_{RR} = 0{,}001$ und bei Reifen auf Asphalt ist $\mu_{RR} = 0{,}01$. Wir berechnen zuerst die Rollreibungskraft für den Transport mit der Bahn:

$$F_{RR} = 0{,}001 \cdot 10\,000\,kg \cdot 9{,}8\,\tfrac{N}{kg} = 98{,}0\,N\,.$$

Für den Lkw erhalten wir aufgrund der Proportionalität der Kraft zum Reibungskoeffizienten die 10-fache Kraft, also $F_{RR} = 980\,N$.
Auf einer Strecke von $s = 1000\,km$ wird für die Bahn folgende Energie E_{RR} benötigt, um gegen die Reibungskraft zu arbeiten:

$$E_{RR} = F_{RR} \cdot s = 98{,}0\,MJ = 27{,}22\,kWh\,.$$

Der Lkw benötigt entsprechend die 10-fache Energie, also $E_{RR} = 980\,MJ = 272{,}2\,kWh$.

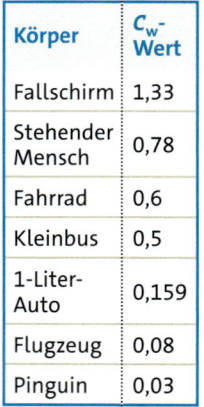

Ein Körper mit einem Volumen V und einer Dichte ρ hat folgende Masse: $m = \rho \cdot V$.

Körper	c_W-Wert
Fallschirm	1,33
Stehender Mensch	0,78
Fahrrad	0,6
Kleinbus	0,5
1-Liter-Auto	0,159
Flugzeug	0,08
Pinguin	0,03

1 c_W-Werte

Luftreibung · Neben der Rollreibung spielt beim Transport auch die Luftreibung eine Rolle. Hierfür entwickeln wir mit einer einfachen Überlegung eine Formel: Wenn sich eine Platte mit einer Geschwindigkeit v und einer Querschnittsfläche A um eine Strecke s bewegt, dann wird die in dem überstrichenen Volumen $V = s \cdot A$ befindliche Luft ungefähr auf die Geschwindigkeit v gebracht (▸Abb. 2). Diese Luft hat eine Dichte von $\rho = 1{,}3\,\tfrac{kg}{m^3}$ und nimmt daher folgende Bewegungsenergie auf:

$$E_{LR} = \tfrac{1}{2} \cdot m \cdot v^2 = \tfrac{1}{2} \cdot \rho \cdot V \cdot v^2 = \tfrac{1}{2}\rho \cdot s \cdot A \cdot v^2\,.$$

Diese Energie ist gleich dem Produkt aus der Reibungskraft F_{LR} und der Strecke s. Also ist die Luftreibungskraft gleich E_{LR} geteilt durch s:

$$F_{LR} = \tfrac{1}{2} \cdot \rho \cdot A \cdot v^2\,.$$

Wenn man die Platte durch einen stromlinienförmigen Körper mit gleicher Querschnittsfläche ersetzt, denn ist die Luftreibungskraft ein wenig geringer. Das beschreibt man durch den sogenannten c_W-Wert als Faktor (▸Tabelle 1):

$$F_{LR} = \tfrac{1}{2} \cdot c_W \cdot A \cdot \rho \cdot v^2\,.$$

Bei unserem Beispiel gehen wir von einer Fläche $A = 10\,m^2$, einer Geschwindigkeit von $72\,\tfrac{km}{h}$ sowie einem c_W-Wert von 1 aus und berechnen:

$$F_{LR} = \tfrac{1}{2} \cdot 10\,m^2 \cdot \tfrac{1{,}3\,kg}{m^3} \cdot (20\,\tfrac{m}{s})^2 = 2600\,N\,.$$

Wie oben bestimmen wir die Energie:

$$E_{LR} = F_{LR} \cdot s = 2600\,N \cdot 1000\,km = 2600\,MJ$$
$$= 722\,kWh\,.$$

Eine Lokomotive kann viele Waggons ziehen, wobei jeder im Windschatten rollt. Daher benötigt ein Transport mit der Bahn weniger Energie aufgrund der Luftreibung als ein Transport per Lkw.

1 Ein Fahrrad mit Fahrer hat die Masse 70 kg, die Querschnittsfläche von $0{,}5\,m^2$ und die Rollreibungskraft 3 N.
a) Bestimmen Sie den Rollreibungskoeffizienten.
b) Ermitteln Sie für einen c_W-Wert von 1 und eine Geschwindigkeit von $18\,\tfrac{km}{h}$ die Luftreibungskraft.

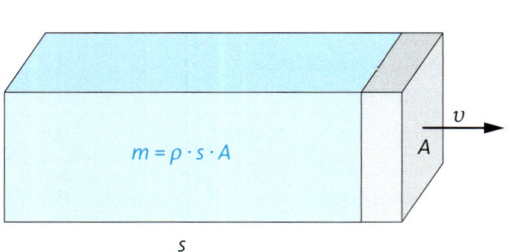

$m = \rho \cdot s \cdot A$

v

A

s

2 Zur Ermittlung der Luftreibung

Versuch A • Untersuchung von Reibungskräften

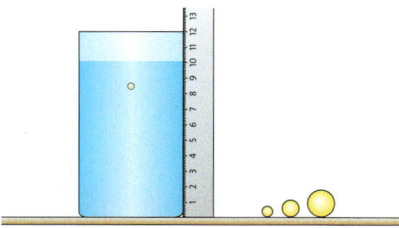

4 Sinkende Kugel

5 Rutscht der Schuh?

6 $a(t)$-Diagramm

V1 Gesetz von Stokes

Material:
Hohes Glas mit Wasser, Lineal,
Stoppuhr, einige Gramm Käse, Waage

Arbeitsauftrag:
a) Formen Sie eine Käsekugel mit einem
Durchmesser von etwa 1 mm (▸Abb. 4).
Befestigen Sie das Lineal lotrecht am
Wasserglas. Lassen Sie die Kugel im
Wasser sinken. Erstellen Sie ein
$s(t)$-Diagramm und bestimmen Sie
die sich langfristig einstellende Geschwindigkeit v.
b) Ermitteln Sie die Masse der Kugel.
Bestimmen Sie daraus die sich langfristig einstellende Reibungskraft.
c) Führen Sie den Versuch mit Kugeln
unterschiedlicher Radien r durch.
Bestätigen Sie, dass folgender Quotient
konstant ist: $\eta = \frac{F_R}{6\pi \cdot r \cdot v}$.
d) Dieser Quotient heißt dynamische
Viskosität. Ermitteln Sie ihn für Wasser.

V2 Haftreibungskraft

Material:
Brett, Geodreieck, Schuhe

Arbeitsauftrag:
a) Stellen Sie den Schuh auf das Brett
und heben Sie das Brett an einer Seite
etwas an (▸Abb. 5). Vergrößern Sie die
Neigung des Bretts, bis der Schuh
gerade anfängt zu rutschen und messen Sie den entsprechenden Neigungswinkel φ.
b) Begründen Sie, dass für die Haftreibungskraft gilt: $F_{HR} = m \cdot g \cdot \sin \varphi$.
c) Begründen Sie, dass für den Haftreibungskoeffizienten gilt: $\mu_{HR} = \tan \varphi$.
d) Wenn der Schuh rutscht, dann
können Sie diesen durch Absenken der
Platte wieder anhalten. Überprüfen Sie
dies, bestimmen Sie den entsprechenden Neigungswinkel φ und daraus den
Gleitreibungskoeffizienten μ_{GR}.

V3 Gleitreibungskraft

Material:
Langes Brett, Smartphone

Arbeitsauftrag:
a) Installieren Sie eine App zur Aufzeichnung der Beschleunigung. Legen Sie das
Phone auf das Brett, starten Sie die App
und heben Sie das Brett an einer Seite
gleichmäßig an (▸Abb. 5), bis das Phone
gerade anfängt zu rutschen. Behalten Sie
die Neigung bei. Beschreiben Sie das aufgezeichnete $a(t)$-Diagramm (▸Abb. 6).
b) Begründen Sie, dass die Haftreibungskraft F_{HR} gleich dem Produkt aus der
Masse m des Phones sowie dem aufgezeichneten Spitzenwert der Beschleunigung ist, und ermitteln Sie F_{HR}.
c) Begründen Sie mithilfe des $a(t)$-Dia-
gramms, dass auf das rutschende Smartphone eine fast konstante Gleitreibungskraft F_{GR} wirkt.
d) Bestimmen Sie die Gleitreibungskraft.

Material A • Befestigen von Ladung

Drei Surfbretter mit einer Gesamtmasse von 30 kg werden auf einem
Dachgepäckträger mit Spanngurten
niedergezogen (▸Abb. 7).

A1 a) Die Spanngurte üben auf die
Bretter eine Normalkraft von 300 N
aus. Berechnen Sie die maximale
Haftreibungskraft für $\mu_{HR} = 0{,}8$.

b) Auf die Spanngurte wirkt an den
Enden beim Dachgepäckträger eine
größere Kraft als 300 N. Ermitteln
Sie den Betrag.
c) Analysieren Sie die Befestigung
für eine Beschleunigung von $-8 \frac{m}{s^2}$.

7 Ladung mit Spanngurten befestigt

1 Gefahr durch Wildwechsel

Dynamik im Straßenverkehr

Die beiden Autos geraten in eine Gruppe Elche. Der hintere Autofahrer muss nicht nur aufpassen, dass er mit keinem Elch kollidiert, sondern auch vermeiden, auf den bremsenden Vordermann aufzufahren. Wie er kann zumindest diese Gefahr verringern?

Unfallgefahr • Im Straßenverkehr kann jederzeit etwas den Vorausfahrenden zum Bremsen zwingen. Um die Gefahr eines Auffahrunfalls wirksam zu vermeiden, müssen Geschwindigkeit und Abstand aneinander angepasst sein. Das gelingt leider viel zu selten. So führt das Statistische Bundesamt etwa 30 % der Verkehrstoten in Deutschland auf Fehler bei Geschwindigkeit und Abstand zurück. Welchen Sicherheitsabstand sollten zwei Autos haben?

Sicherheitsabstand • Damit ein Autofahrer beim Fahren schnell einen sinnvollen Sicherheitsabstand ermitteln kann, lernt er in der Fahrschule eine Faustformel: Der Sicherheitsabstand sollte außerhalb geschlossener Ortschaften den halben Tachostand in Metern betragen. Man nennt diese Faustregel etwas verkürzend „hal-ber Tachostand". Ist z. B. eine Geschwindigkeit von maximal $80\frac{\text{km}}{\text{h}}$ erlaubt, sollten zwei Autos also einen Abstand von 40 m haben. Man beobachtet jedoch oft, dass Fahrzeuge mit einem geringeren Abstand fahren. Wir untersuchen nun, ob dies gefährlich ist. Als Beispiel nehmen wir an, dass zwei Autos im Abstand von zwei Pkw-Längen fahren. Das sind etwa 9 m.

Reaktionsweg • Querende Elche können auch weiter entfernte Fahrer sehen, aber nehmen wir an, ein Wildschwein bricht aus dem Gebüsch. Wir gehen davon aus, dass der vordere Autofahrer die Gefahr sieht und plötzlich bremst, während das Tier für den hinteren verdeckt ist. Daher kann der hintere Autofahrer nur auf das Bremsen des vorderen reagieren. Er fährt also während der Reaktionszeit mit $80\frac{\text{km}}{\text{h}}$ auf das vordere Auto zu und legt dabei den Reaktionsweg zurück. Wir gehen von einer Reaktionszeit von 1 s aus. Denn man muss eventuell erst den Kopf drehen, um die Situation genau einschätzen zu können. Dann beträgt der Reaktionsweg s_R für das hintere Auto:

$$s_R = v \cdot t = \frac{80}{3,6} \cdot \frac{\text{m}}{\text{s}} \cdot 1\,\text{s} = 22,2\,\text{m}.$$

Für den Reaktionsweg gibt es ebenfalls eine Faustformel: Man teilt den Tachostand durch 10, multipliziert mit 3 und erhält den Reaktionsweg s_R in Metern. Für eine Geschwindigkeit von $80 \frac{km}{h}$ berechnen wir:

$$\frac{80}{10} \cdot 3\,m = 24\,m.$$

Bei einem Abstand von nur 9 m würde der hintere Fahrer auf den vorderen auffahren. Hätten die Autos den empfohlenen „halber-Tacho-Abstand" von 40 m, käme er rechtzeitig zum Stehen. Der Sicherheitsabstand nützt also nur, wenn er mindestens gleich dem Reaktionsweg ist. Wer die Faustregel „halber Tachostand" einhält, kann trotz der Reaktionszeit noch rechtzeitig bremsen und einen Auffahrunfall vermeiden. Wer zu dicht auffährt, kann nicht mehr rechtzeitig reagieren und gefährdet die Verkehrsteilnehmer.

Anhalteweg · Im oben untersuchten Fall hat der hintere Autofahrer auf das Bremsen des Vorausfahrenden reagiert, der Bremsweg war für beide (in etwa) gleich. Wir untersuchen nun, ob die obige Faustregel auch schützt, wenn der Vorausfahrende ohne Bremsweg abrupt stehenbleibt, beispielsweise weil er auf ein Hindernis auffährt. Damit der hintere Autofahrer nicht auch auffährt, müsste er seinen Anhalteweg als Sicherheitsabstand haben. Dieser setzt sich aus dem Reaktionsweg und dem Bremsweg zusammen.
Der Bremsweg hängt vom Zustand der Bremsen und Reifen, vom Straßenbelag, vom Wetter und vom Bremsverhalten ab. Wir gehen vom ungünstigsten Fall blockierender Räder aus. Dabei gleiten die Räder über den Asphalt. Der Gleitreibungskoeffizient ist dann etwa $\mu_{GR} = 0,5$. Damit erhalten wir für die Bremskraft folgende Formel:

$$F = \mu_{GR} \cdot m \cdot g.$$

Mithilfe der Grundgleichung der Mechanik leiten wir für die Bremsbeschleunigung her:

$$a = \frac{F}{m} = \mu_{GR} \cdot m \cdot \frac{g}{m} = \mu_{GR} \cdot g = \frac{1}{2} \cdot g.$$

Damit nimmt die Geschwindigkeit wie folgt ab:

$$v = v_0 - a \cdot t = v_0 - \frac{1}{2} \cdot g \cdot t.$$

Die Geschwindigkeit sinkt linear mit der Zeit.

Ist die Anfangsgeschwindigkeit $80 \frac{km}{h} = 22,2 \frac{m}{s}$, erreicht v nach $t_E = 4,5\,s$ den Betrag null (▸Abb. 2). Die während des Bremsens zurückgelegte Strecke zeigt ▸Abb. 3. Mit abnehmender Geschwindigkeit sinkt auch der Streckenzuwachs. Bis zum Stillstand nach 4,5 s hat das Auto den Bremsweg s_B von 50 m zurückgelegt. Der Anhalteweg s_A ergibt sich im Rahmen der NEWTON'schen Mechanik somit wie folgt:

$$s_A = s_R + s_B = 22,2\,m + 50\,m = 72,2\,m.$$

Auch für den Bremsweg lernt man eine Faustformel: Man teilt den Tachostand durch 10, quadriert und erhält den Bremsweg s_B in Metern. Für die beiden Autos berechnen wir:

$$\left(\frac{80}{10}\right)^2 m = 64\,m.$$

Entsprechend berechnen wir mithilfe der beiden Faustformeln einen Anhalteweg von 88 m.
Bei einem Abstand von 9 m kann der hintere Autofahrer also auf ein plötzlich auftretendes stehendes Hindernis überhaupt nicht mehr angemessen reagieren.

Die in der Fahrschule gelernten Faustformeln entsprechen also relativ genau der NEWTON'schen Mechanik.

Grundgleichung der Mechanik, auch 2. NEWTON'sches Gesetz:
$F = m \cdot a$

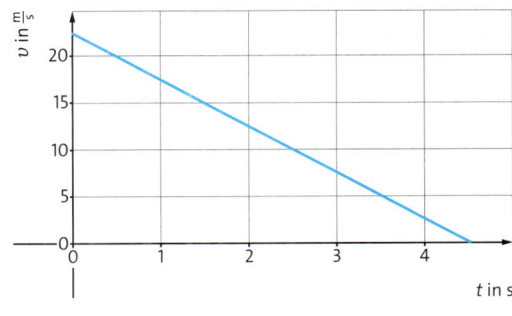

2 Verlauf der Geschwindigkeit beim Bremsen

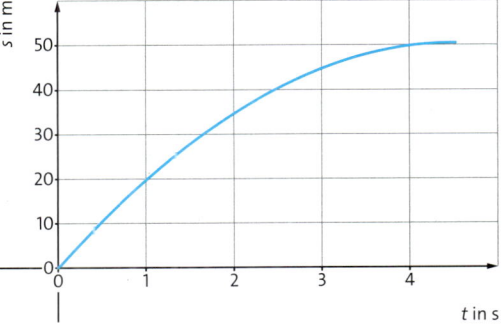

3 Beim Bremsen zurückgelegte Strecke

1 Kann der Pkw hier sicher überholen?

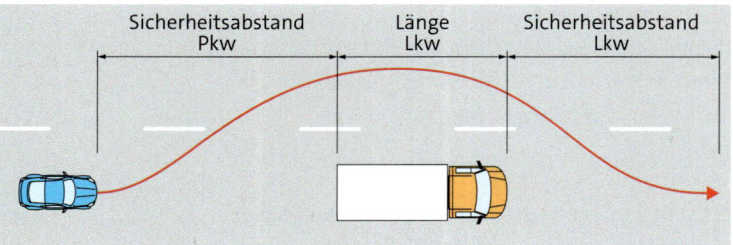

2 Komponenten einer Überholstrecke

Überholen • Wie lang muss die freie Strecke sein, damit der Pkw in ▸Abb.1 den Lkw gefahrlos überholen kann?

Um die **Überholstrecke** zu berechnen (▸Abb.2), nehmen wir an, dass der Pkw mit $100 \frac{km}{h}$ und der Lkw mit $60 \frac{km}{h}$ fährt. Der Lkw hat eine Länge von 15 m. Zunächst bestimmen wir die Sicherheitsabstände. Sie betragen nach der Regel „halber Tachostand" 50 m für den Pkw und 30 m für den Lkw.

Besonders einfach ist es, den Überholvorgang aus der Perspektive des Lkw-Fahrers zu untersuchen: Die Überholstrecke stellt sich aus dieser Perspektive wie folgt dar: Der Pkw startet 50 m hinter dem Lkw, passiert die Lkw-Länge von 15 m, fährt den neuen Sicherheitsabstand von 30 m und schert ein (▸Abb.2). Wir berechnen diese Überholstrecke s_{Lkw}:

$$s_{Lkw} = 50\,m + 15\,m + 30\,m = 95\,m.$$

Aus der Perspektive des Lkw-Fahrers ist die Geschwindigkeit des Pkw gleich der Geschwindigkeitsdifferenz zwischen beiden Fahrzeugen:

$$\Delta v = 100 \frac{km}{h} - 60 \frac{km}{h} = 40 \frac{km}{h} = 11{,}1 \frac{m}{s}.$$

Daher hat der Überholvorgang aus der Perspektive des Lkw-Fahrers folgende Überholdauer:

$$\Delta t = \frac{s_{Lkw}}{\Delta v} = \frac{95\,m}{11{,}1 \frac{m}{s}} = 8{,}6\,s.$$

Ein am Straßenrand stehender Passant beobachtet die gleiche Überholdauer. Allerdings stellt er als Überholstrecke die vom Pkw während dieser Überholdauer gefahrene Strecke s_{Pkw} fest. Diese ist länger als die eben berechnete, weil der Lkw sich aus Sicht des still stehenden Beobachters bewegt.

s_{Pkw} ergibt sich aus Überholdauer Δt und Pkw-Geschwindigkeit, Δt haben wir oben aus s_{Lkw} und Δv berechnet. Damit ergibt sich:

$$s_{Pkw} = v_{Pkw} \cdot \Delta t = \frac{v_{Pkw}}{\Delta v} \cdot s_{Lkw}.$$

Diese Formel wird allgemein zur Berechnung der Überholstrecke verwendet. Wir berechnen die Überholstrecke für das Auto in ▸Abb.1:

$$s = \frac{v_{Pkw}}{\Delta v} \cdot s_{Lkw} = \frac{100}{40} \cdot 95\,m = 237{,}5\,m.$$

Der Pkw-Fahrer müsste also eine freie Strecke von 237,5 m vor sich auf der Gegenfahrbahn sehen.

Wenn der Überholende schon länger direkt hinter dem Lkw fährt, dann muss er zunächst beschleunigen und benötigt somit eine etwas längere Strecke als 237,5 m. Um diese zusätzliche Strecke abzuschätzen, braucht er viel Übung. Eine Hilfe kann der Abstand der Leitpfosten sein, der in Deutschland auf übersichtlichen Strecken in der Regel 50 m beträgt. Allerdings stehen die Leitpfosten bei ▸Abb.1 wesentlich dichter als 50 m, denn die Strecke ist nicht übersichtlich. Das zeigt auch das Hinweisschild auf eine voraus liegende Rechtskurve. Der Pkw sollte hier also keinesfalls überholen.

1 Ein Autofahrer soll eine so lange Reaktionszeit haben, dass sein Reaktionsweg gleich dem „halben Tachostand" ist.
Berechnen Sie seine Reaktionszeit und beurteilen Sie das Ergebnis.

2 Eine Unfallstatistik des ADAC gibt an, dass 58 % der Überholunfälle durch Fahrer verursacht werden, die unter 25 Jahre alt sind, wogegen diese Fahrer nur 39 % aller Unfälle verursachen. Deuten Sie dies.

3 Ein Pkw fährt $100 \frac{km}{h}$ und möchte einen 20 m langen Lkw überholen, der mit $80 \frac{km}{h}$ auf einer Landstraße fährt.
a) Berechnen Sie die Überholstrecke aus der Perspektive des Lkw-Fahrers.
b) Berechnen Sie die Überholstrecke.

Versuch A • Messung relevanter Zeiten und Kräfte

Miss deine Reaktionszeit

Klicke auf „Los" und warte, bis auf dem Bildschirm ein Stern erscheint.
Dann klicke auf „Stopp".

Los   Stopp

Deine Reaktionszeit beträgt:
0,317 s

3 Messung der Reaktionszeit

4 Rutscht der Eiswürfel?

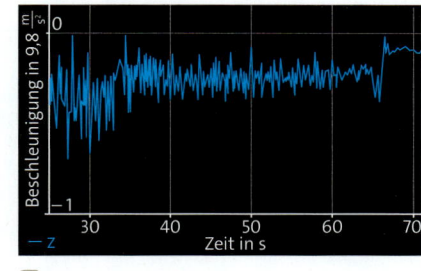

5 Gleitreibung auf der Eisbahn

V1 Reaktionszeit

Material:
Smartphone, App

Arbeitsauftrag:
a) Suchen Sie eine App zur Messung der Reaktionszeit (▸Abb. 3). Messen Sie Ihre Reaktionszeit 10-mal.
b) Ermitteln Sie den Mittelwert und die maximale Abweichung vom Mittelwert.
c) Ermitteln Sie die Reaktionszeit, die Sie haben, wenn Sie abgelenkt sind. Notieren Sie dazu innerhalb von 3 Minuten möglichst viele unregelmäßige Verben und führen Sie simultan 10 Messungen ihrer Reaktionszeit durch.
d) Deuten Sie die Ergebnisse.

V2 Reibungskräfte bei Eis

Material:
Brett, Geodreieck, Eiswürfel

Arbeitsauftrag:
a) Legen Sie den Eiswürfel auf das Brett und neigen Sie das Brett (▸Abb. 4) so, dass ein rutschender Eiswürfel gerade noch weiterrutscht. Messen Sie den entsprechenden Neigungswinkel φ und ermitteln Sie den Gleitreibungskoeffizienten $\mu_{GR} = \tan(\varphi)$.
b) Berechnen Sie für diesen Gleitreibungskoeffizienten für den Fall blockierender Räder den Bremsweg für eine Geschwindigkeit von $80 \frac{km}{h}$.

V3 Gleitreibungskraft bei Eis

Material:
Lange zugefrorene Pfütze oder Eisbahn, Smartphone, Personenwaage

Arbeitsauftrag:
a) Implementieren Sie eine App zur Aufzeichnung der Beschleunigung.
b) Nehmen Sie Anlauf und rutschen Sie auf der Eisbahn. Zeichnen Sie dabei die Beschleunigung auf (▸Abb. 5).
c) Messen Sie Ihre Masse.
d) Ermitteln Sie aus der Beschleunigung und Ihrer Masse die Gleitreibungskraft.
e) Bestimmen Sie daraus den Gleitreibungskoeffizienten.
f) Berechnen Sie für diesen Gleitreibungskoeffizienten für den Fall blockierender Räder den Bremsweg für eine Geschwindigkeit von $80 \frac{km}{h}$.

Material A • Faustformeln

Ein Auto fährt in dichtem Nebel (▸Abb. 6). Die Sichtweite beträgt ungefähr 50 m.

A1 **a)** Bestimmen Sie mithilfe der Faustformeln für den Reaktionsweg und den Bremsweg die Geschwindigkeit, bei welcher der Anhalteweg 50 m beträgt.

b) Die Straßenverkehrsordnung schreibt vor: „Beträgt die Sichtweite durch Nebel, Schneefall oder Regen weniger als 50 m, so darf nicht schneller als $50 \frac{km}{h}$ gefahren werden, wenn nicht eine geringere Geschwindigkeit geboten ist." Beurteilen Sie diese Vorschrift.
c) Beurteilen Sie die Anwendbarkeit der Faustformel „halber Tachostand" bei Nebel

6 Auto im Nebel

Wechselwirkungsprinzip

Beim Schlag mit dem Tennisschläger wird der Ball heftig verformt. Denn die Schlagfläche des Schlägers übt eine große Kraft auf den Ball aus, sodass dieser eine große Beschleunigung erfährt. Erstaunlicherweise wird auch die Schlagfläche deutlich verformt. Welche zweite Kraft führt zu dieser Verformung?

Ursache der Verformung • In ▸Abb.1 erkennen wir, dass beim Tennisschlag nur ein Körper Kontakt mit der Schlagfläche hat: der Ball. Es ist daher der Ball, der die gesuchte zweite Kraft $\vec{F}_2$ auf die Schlagfläche ausübt.

Dies wirft zwei weitere Fragen auf: Wie groß ist die zweite Kraft? Können wir erklären, warum der Ball plötzlich die zweite Kraft ausübt?

Bestimmung der zweiten Kraft • Wir betrachten eine analoge Situation, bei der wir die gesuchte zweite Kraft schon berechnen können (▸Abb.2). Die Person im roten Boot will das blaue Boot wegstoßen und übt dazu eine Sekunde lang eine Kraft von $F = 200\,\text{N}$ auf das blaue Boot aus. Das blaue Boot entspricht somit dem Tennisball, das rote dem Tennisschläger. Jedes der Boote hat mitsamt Bootsfahrer eine Masse von 100 kg. Das blaue Boot erfährt somit entsprechend der Grundgleichung der Mechanik folgende Beschleunigung:

$$a = \frac{F}{m} = \frac{200\,\text{N}}{100\,\text{kg}} = 2\,\frac{\text{m}}{\text{s}^2}.$$

Beide Boote sind anfangs in Ruhe, daher erreicht das blaue Boot folgende Geschwindigkeit:

$$v = a \cdot 1\,\text{s} = 2\,\frac{\text{m}}{\text{s}^2} \cdot 1\,\text{s} = 2\,\frac{\text{m}}{\text{s}}.$$

Während des Wegstoßens können wir Reibungskräfte vernachlässigen. Damit stellen die beiden Boote zusammen ein System dar, auf das von außen keine Kräfte einwirken. Entsprechend dem **Trägheitsprinzip** ändert sich die Geschwindigkeit des Systems also nicht.

Zu Beginn war das System in Ruhe. Da das blaue Boot eine Geschwindigkeit von $2\frac{m}{s}$ nach rechts erhält, kann die Geschwindigkeit des gesamten Systems nur unverändert null bleiben, wenn das rote Boot eine Geschwindigkeit von $2\frac{m}{s}$ nach links erreicht, kurz: $v = -2\frac{m}{s}$. Daher erfährt das rote Boot folgende Beschleunigung:

$$a = \frac{v}{1s} = -\frac{2\frac{m}{s}}{1s} = -2\frac{m}{s^2}.$$

Das rote Boot fährt also nach links und hat sich somit vom blauen Boot abgestoßen. Dazu wurde entsprechend der Grundgleichung der Mechanik folgende Kraft auf das rote Boot ausgeübt:

$$F = m \cdot a = 100\,kg \cdot \frac{-2\,m}{s^2} = -200\,N.$$

Diese Kraft von $-200\,N$ hat das blaue Boot auf das rote ausgeübt, denn es ist kein weiterer Körper beteiligt. Die Kraft hat den gleichen Betrag wie die, die das rote auf das blaue Boot ausgeübt hat, aber entgegengesetzte Richtung.

In der Analogie entspricht das blaue Boot dem Tennisball. Dieser übt auf den Tennisschläger eine Kraft aus, die den gleichen Betrag hat wie die Kraft, die der Schläger auf den Ball ausübt, aber entgegengesetzte Richtung (▸Abb. 1).
Damit haben wir nicht nur den Betrag der zweiten Kraft $\vec{F}_2$ bestimmt. Darüber hinaus können wir auch erklären, warum der Ball plötzlich eine Kraft auf den Schläger ausübt: Ohne diese zweite Kraft wäre das Trägheitsprinzip verletzt, da sich ohne sie der Bewegungszustand des Gesamtsystems ändern würde.
Eine solche Kraft $\vec{F}_2$ nennt man passend zu ihrer entgegengesetzten Richtung **Gegenkraft.** Wir beschreiben das Auftreten der Gegenkraft durch ein weiteres Prinzip, das **Wechselwirkungsprinzip:**

> Wenn ein Körper A eine Kraft $\vec{F}_{AB}$ auf einen zweiten Körper B ausübt, dann übt gleichzeitig der Körper B eine Gegenkraft $\vec{F}_{BA}$ auf den Körper A aus.
> Dabei gilt: $\vec{F}_{AB} = -\vec{F}_{BA}$

Relevanz dieses Prinzips • Der Tennisball hat eine Masse von 58 g und kann beim Aufschlag Geschwindigkeiten von über $252\frac{km}{h}$ oder $70\frac{m}{s}$

3 Drohender Überschlag bei Vollbremsung

erreichen. Um diese Geschwindigkeit mit einer gleichmäßigen Beschleunigung über einer Strecke von 2 m zu erreichen, muss der Schläger auf den Ball eine Kraft von 21121 N ausüben.

Entsprechend dem Wechselwirkungsprinzip übt der Ball eine Gegenkraft von $-21121\,N$ auf den Schläger aus. Diese Gegenkraft stellt nicht nur für den Schläger eine starke Belastung dar, sondern auch für den Arm des Spielers. Dabei kann es zu einer Überlastung kommen, die langfristig zu einer Entzündung im Arm des Tennisspielers führen kann, die als Tennisarm bezeichnet wird.

Wenn man die Auswirkungen einer Kraft F umfassend beurteilen will, dann sollte man also immer auch an die Gegenkraft denken. Wir betrachten dazu folgende Zusammenhänge:

- Gegenkraft und Trägheitskraft sowie
- Gegenkraft und Reibungskraft.

Gegenkraft und Trägheitskraft • Wenn ein Motorradfahrer plötzlich bremst, dann spürt er nach vorn gerichtete Trägheitskräfte, die sogar zu einem Überschlag führen können (▸Abb. 3). Ein am Straßenrand stehender Passant dagegen sieht keine Trägheitskraft. Er erklärt sich den drohenden Überschlag in ▸Abb. 3 durch die Trägheit des Motorrads: Während das Vorderrad gebremst wird, verharrt der Rest des Motorrads in seiner Bewegung nach vorn.

Ob eine Trägheitskraft wahrgenommen wird, hängt also von der Perspektive ab. Insofern hat eine Trägheitskraft keine Gegenkraft.

Nach dem **Trägheitsprinzip,** auch 1. NEWTON'sches Gesetz, verharrt ein Körper in Ruhe oder der gleichförmigen geradlinigen Bewegung, wenn keine äußeren Kräfte auf ihn einwirken.

Newton hat die Mechanik durch drei Axiome charakterisiert. Das Wechselwirkungsprinzip stellt das **dritte NEWTON'sche Axiom** dar. Man nennt es auch **Reaktionsprinzip.**

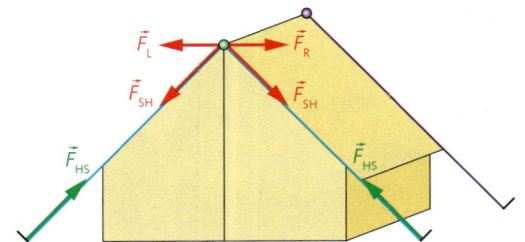

1 Zelt: Gegenkraft auch ohne Bewegung

2 Sprung vom Dreimeterturm

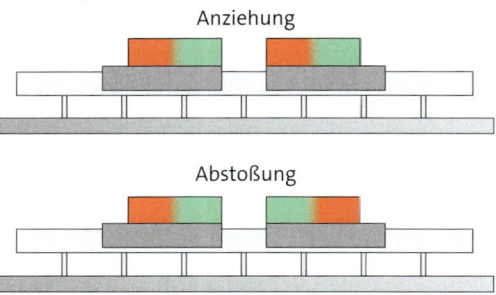

Anziehung

Abstoßung

3 Gegenkraft auch ohne Berührung

Gegenkraft und Reibungskraft • Ein Sportler beim Tauziehen übt auf seinen Schuh eine nach vorne gerichtete Kraft aus. Solange diese Kraft kleiner ist als die Haftreibungskraft, übt der Schuh auf den Sportler eine Gegenkraft nach hinten aus. Diese nach hinten gerichtete Gegenkraft ermöglicht dem Sportler erst das Ziehen, also das Ausüben der Kraft.

Gegenkraft ohne Bewegung • Die grüne Spitze am Zeltfirst in ▸Abb.1 steht unbewegt. Also befindet sie sich im Kräftegleichgewicht. Konkret ziehen die beiden blauen Seile an der Spitze nach links unten und rechts unten, wobei die waagerechten Kraftkomponenten $\vec{F}_L$ und $\vec{F}_R$ einander aufheben. Zwischen diesen beiden herrscht ein **Kräftegleichgewicht**.

Treten hier auch Gegenkräfte auf? Ja, der linke Hering zieht mit der Kraft $\vec{F}_{SH}$ an der Spitze, während diese mit der Gegenkraft $\vec{F}_{HS}$ am Hering zieht (analog auf der rechten Seite).

Die Spitze wird also durch ein Kräftepaar im Kräftegleichgewicht gehalten, während sie und jeder Hering durch Kraft und Gegenkraft miteinander wechselwirken.

Gegenkraft ohne Berührung • Springt ein Schüler vom Dreimeterturm, übt die Erde eine nach unten gerichtete Gewichtskraft auf ihn aus. Übt der Schüler dann eine nach oben gerichtete Gegenkraft auf die Erde aus? Wäre dies dann auch eine Gewichtskraft?

Dies untersuchen wir mit einem Modellversuch: Die Gewichtskraft wirkt während des Sprungs ohne Berührung. Daher modellieren wir diese Kraft durch die magnetische Kraft. Erde und Schüler modellieren wir durch zwei Magneten (▸Abb.3), die freie Beweglichkeit während des Sprungs durch eine Luftkissenbahn. Wir halten die Schlitten anfangs fest und lassen sie dann los. Beide bewegen sich aufeinander zu. Somit übt der linke Schlitten auf den rechten eine Kraft $\vec{F}$ aus und gleichzeitig der rechte Schlitten auf den linken die Gegenkraft $\vec{F}_{WW}$.

Wir übertragen dieses Ergebnis vom Modellversuch auf den springenden Schüler in ▸Abb.2: Beim Springen übt die Erde auf ihn die Gewichtskraft $\vec{F}$ aus und gleichzeitig übt er auf die Erde die Gegenkraft $\vec{F}_{WW}$ aus. Da für diese Gegenkraft keine andere Ursache als die Gewichtskraft zu erkennen ist, muss es ebenfalls eine Gewichtskraft sein. Der Schüler übt also tatsächlich eine Gewichtskraft auf die Erde aus, die den gleichen Betrag hat wie die Gewichtskraft, welche die Erde auf ihn ausübt. Allerdings wird die Erde dadurch nicht merklich beschleunigt. Denn nach der Grundgleichung der Mechanik ist diese Beschleunigung gleich der Kraft geteilt durch die Masse der Erde – und die ist mit $6 \cdot 10^{24}\,\text{kg}$ so groß, dass keine messbare Beschleunigung entsteht.

1 Betrachten Sie noch einmal ▸Abb.1. Analysieren Sie Lage und Anzahl der Kraftpfeile:
a) beim Kräftegleichgewicht,
b) beim Wechselwirkungsprinzip.

Versuch A • Wechselwirkung

V1 Magnetische Kraft

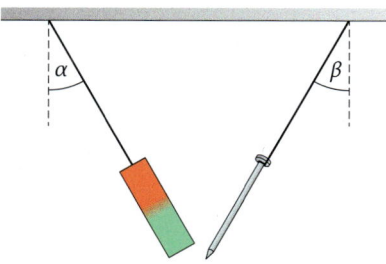

4 Magnet und Nagel ziehen sich an.

Material:
Faden, Stabmagnet, Nagel, Geodreieck, Waage

Arbeitsauftrag:
a) Messen Sie die Massen eines Stabmagneten und eines Nagels.
b) Hängen Sie beide mit je einem Faden an eine Stange wie in ▸Abb. 4. Messen Sie die beiden Neigungswinkel α und β, um welche die Fäden ausgelenkt werden.
c) Bestimmen Sie den Betrag F_G der Gewichtskraft des Stabmagneten und begründen Sie mithilfe einer Skizze, dass der Nagel den Stabmagneten mit einer Kraft vom Betrag $F_1 = \tan\alpha \cdot F_G$ anzieht.
d) Berechnen Sie die Kraft F_1.
e) Ermitteln Sie mithilfe des Winkels β die Kraft F_2, mit welcher der Stabmagnet den Nagel anzieht.

V2 Messung der magnetischen Kraft

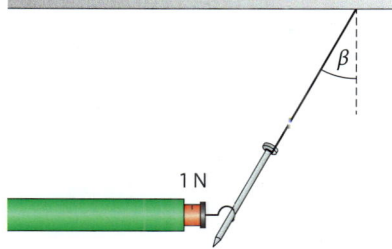

1 N

5 Waagerechte Kraft auf den Nagel

Material:
Faden, Stabmagnet, Geodreieck, Federkraftmesser

Arbeitsauftrag:
a) Messen Sie mithilfe des Federkraftmessers am Aufbau von Versuch V1 die waagerecht gerichtete Kraft F_2, mit der der gleiche Ablenkwinkel β des Nagels erzielt wird wie durch die magnetische Kraft in Versuch V1 (▸Abb. 5). Messen Sie analog die Kraft F_1.
b) Erörtern Sie die Genauigkeit, mit der die Kräfte F_1 und F_2 ermittelt wurden.
c) Begründen Sie mithilfe der ermittelten Kräfte F_1 und F_2, dass bei magnetischen Kräften das Wechselwirkungsprinzip gilt.
d) Erläutern Sie anhand der Versuche V1 und V2, wie der Nagel und der Magnet miteinander wechselwirken.

V3 Schaltbare Wechselwirkung

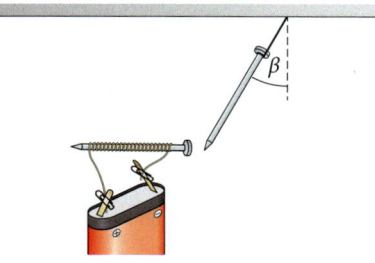

6 Einfacher Elektromagnet

Material:
Faden, Nägel, Geodreieck, lackierter Kupferdraht, Batterie

Arbeitsauftrag:
a) Wickeln Sie den Draht um einen Nagel, kratzen Sie an den Enden den Lack ab und schließen Sie den Stromkreis wie in ▸Abb. 6 gezeigt.
b) Überprüfen Sie, ob Sie einen funktionierenden Elektromagneten gebaut haben.
c) Positionieren Sie beim Versuchsaufbau von Versuch V1 den Elektromagneten so, dass der Faden des hängenden Nagels um den Winkel β ausgelenkt wird.
d) Erklären Sie, wie man mit dem Elektromagneten eine Wechselwirkung ein- und ausschalten und sogar von anziehend auf abstoßend umschalten kann.

Material A • Wechselwirkungsprinzip und Beschleunigung

Die Oberfläche von Eis wurde mit einem Atomkraftmikroskop (AFM) abgetastet. Dabei zeigten sich Eiskristalle mit einem Tiefenprofil von ungefähr 20 nm (▸Abb. 7). An diesem Profil haftet ein sehr dünner Film von praktisch flüssigem Wasser.

A1 Erklären Sie jeweils mithilfe des Wechselwirkungsprinzips und einer Skizze:
a) warum man mit Schuhen auf einer Eisbahn kaum beschleunigen kann,
b) wie ein Ruderboot im Wasser beschleunigt,
c) wie ein Auto auf einer Fähre beschleunigt.

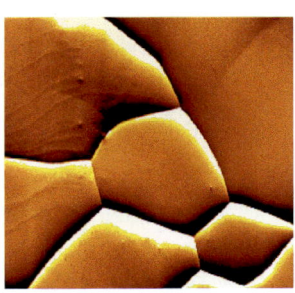

7 Oberfläche von Eis im AFM

1 Auffahrunfall

Impuls und Impulserhaltung

Das helle Auto fuhr mit einer Geschwindigkeit von 20 $\frac{km}{h}$ auf das stehende dunkle Auto auf. Hierbei verhakten sich die beiden Autos und fuhren gemeinsam mit einer kleineren Geschwindigkeit weiter. Das vorher ruhende Auto wurde also auf diese gemeinsame Geschwindigkeit beschleunigt. Ist seine Geschwindigkeitsänderung größer als 10 $\frac{km}{h}$, besteht die Gefahr eines Schleudertraumas. Trat diese Gefahr auf?

Geschwindigkeitsänderung • Während des Zusammenstoßes beschleunigt das erste, helle Auto das zweite, dunkle, bis beide die gemeinsame Geschwindigkeit v_E haben (▸Abb. 2). Erst später kommen beide gemeinsam zum Stillstand.

Beide Autos ändern also ihre Geschwindigkeit während des Zusammenstoßes. Dieser dauert nur eine kurze Zeitspanne Δt. Die während dieser Zeitspanne auftretenden Kräfte oder Geschwindigkeiten kennen wir nicht (▸Abb. 2). Dennoch können wir die Geschwindigkeit v_E bestimmen.

Da das dunkle Auto vor dem Zusammenstoß stand, ist seine Anfangsgeschwindigkeit null.

v_E ist daher gleich der Geschwindigkeitsänderung Δv_2 des zweiten, dunklen Autos. Diese hängt nur von der mittleren Beschleunigung $\overline{a}_2$ ab, die das zweite Auto beim Stoß erfährt:

$$\Delta v_2 = \overline{a}_2 \cdot \Delta t.$$

Die mittlere Beschleunigung ergibt sich gemäß der Grundgleichung der Mechanik aus der mittleren Kraft und der Masse m_2 des zweiten Autos:

$$\overline{a}_2 = \frac{\overline{F}_2}{m_2}.$$

Damit erhalten wir für die Geschwindigkeitszunahme des zweiten Autos folgenden Term:

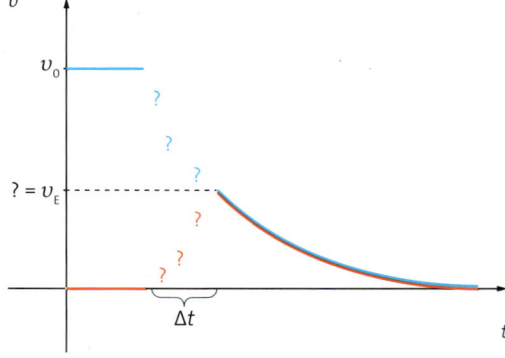

2 $v(t)$-Diagramm: blau: helles Auto; rot: dunkles Auto

$\Delta v_2 = \dfrac{\overline{F}_2}{m_2} \cdot \Delta t$.

Wie groß ist Δv_1 beim ersten, hellen Auto? Aufgrund des Wechselwirkungsprinzips ist die mittlere Kraft auf das erste Auto genauso groß wie die auf das zweite Auto, nur entgegengesetzt gerichtet:

$\Delta v_1 = -\dfrac{\overline{F}_2}{m_1} \cdot \Delta t$.

Somit haben wir ein Gleichungssystem für Δv_1 und Δv_2. Um dieses zu lösen, suchen wir nach Größen, die in beiden Gleichungen gleich sind, denn dann können wir das Gleichsetzungsverfahren anwenden. Diese Größen sind $\overline{F}_2$ und Δt. Wir bringen diese Größen auf die rechte Seite des Gleichheitszeichens und erhalten so:

$m_2 \cdot \Delta v_2 = \overline{F}_2 \cdot \Delta t$ und $m_1 \cdot \Delta v_1 = -\overline{F}_2 \cdot \Delta t$.

Wir setzen gleich und lösen nach Δv_1 auf:

$\Delta v_1 = -\Delta v_2 \cdot \dfrac{m_2}{m_1}$.

Die Endgeschwindigkeit ist $v_E = \Delta v_2$. Das erste Auto hat die Anfangsgeschwindigkeit $v_{10} = 20\,\frac{km}{s}$ und die Geschwindigkeitsänderung Δv_1 (▸Abb. 2). Also ist $v_{10} + \Delta v_1 = v_E$ oder $v_{10} = v_E - \Delta v_1$. Wir kombinieren beide Gleichungen und erhalten:

$v_{10} = \Delta v_2 - \Delta v_1 = \Delta v_2 + \Delta v_2 \cdot \dfrac{m_2}{m_1} = \Delta v_2 \cdot \dfrac{(m_1 + m_2)}{m_1}$.

Wir lösen nach der gesuchten Endgeschwindigkeit $v_E = \Delta v_2$ auf und erhalten:

$v_E = v_{10} \cdot \dfrac{m_1}{(m_1 + m_2)} = 20\,\frac{km}{h} \cdot \dfrac{m_1}{(m_1 + m_2)}$.

Die Endgeschwindigkeit, und damit die Geschwindigkeitszunahme beim zweiten Auto, ist also dann größer als $10\,\frac{km}{h}$, wenn die Masse m_1 des hellen Autos größer als die Masse m_2 des dunklen Autos ist. Die Gefahr eines Schleudertraumas ist also besonders hoch, wenn das auffahrende Auto eine sehr große Masse hat.

Es ist erstaunlich, dass wir die Endgeschwindigkeit berechnen konnten, obwohl wir die wirkenden Kräfte gar nicht kennen (▸Abb. 2).
Anscheinend genügt es, eine andere wichtige physikalische Größe zu kennen. Dies untersuchen wir genauer.

Impuls als neue Erhaltungsgröße • Wir konnten die Endgeschwindigkeit berechnen, weil beim Zusammenstoß das Produkt aus der mittleren Kraft und der Dauer des Zusammenstoßes für beide Autos den gleichen Betrag $F_2 \cdot \Delta t$ hatte. Diesen Betrag haben wir schon einmal kennengelernt: Er heißt **Kraftstoß.** Wir haben hier herausgefunden, dass dieser Kraftstoß sowohl gleich dem Produkt $m_2 \cdot \Delta v_2$ als auch gleich dem Produkt $-m_1 \cdot \Delta v_1$ ist

$m_2 \cdot \Delta v_2 = -m_1 \cdot \Delta v_1$.

oder: $m_2 \cdot \Delta v_2 + m_1 \cdot \Delta v_1 = 0$.

Offensichtlich ändert sich bei beiden Autos das Produkt $m \cdot v$ um den gleichen Betrag, aber mit entgegengesetztem Vorzeichen, sodass die Summe der Änderungen null ist. Demnach ist dieses Produkt $m \cdot v$ eine neue Erhaltungsgröße. Diese Erhaltungsgröße heißt **Impuls** p und hat die Einheit $1\,\frac{kg \cdot m}{s}$.

Der Impuls eines Systems ist nur dann erhalten, wenn keine äußeren Kräfte auf das System einwirken. Im Fall der beiden Autos ist der Impuls demnach nur während des Zusammenstoßes erhalten, weil in der kurzen Zeitspanne äußere Kräfte wie beispielsweise die Bremskräfte vernachlässigbar sind. (Langfristig sorgen diese Bremskräfte aber natürlich dafür, dass beide Autos zum Stillstand kommen (▸Abb. 2).) Während des Zusammenstoßes bilden die beiden Autos somit ein abgeschlossenes System, auf das von außen keine Kräfte wirken, und es gilt das **Prinzip der Impulserhaltung:**

Das Produkt aus Masse m und Geschwindigkeit $\vec{v}$ heißt Impuls $\vec{p} = m \cdot \vec{v}$.
In einem abgeschlossenen System ist der Impuls erhalten.

Der Gesamtimpuls eines Systems ist die Summe der Einzelimpulse:
vor dem Stoß: $p = m_1 v_1 + m_2 v_2$,
nach dem Stoß: $p' = m_1 v'_1 + m_2 v'_2$.
Im abgeschlossenen System ist $p = p'$.

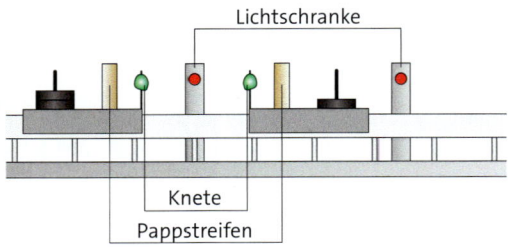

1 Hammer

2 Modellversuch

m_1 in kg	0,25	0,25	0,35	0,25	0,25
m_2 in kg	0,25	0,35	0,25	0,25	0,25
v_0 in $\frac{m}{s}$	0,52	0,52	0,52	0,70	0,30
v_E in $\frac{m}{s}$	0,25	0,21	0,30	0,34	0,14
p in kg $\frac{m}{s}$	0,130	0,130	0,182	0,175	0,075
p' in kg $\frac{m}{s}$	0,125	0,126	0,180	0,170	0,070

3 Die im Modellversuch gemessenen Größen

Aufgabe einer Knautschzone: Autos werden mit einer sogenannten Knautschzone gebaut. Diese wird beim Unfall zusammengeknautscht und soll dabei möglichst viel Energie aufnehmen, um die beim Unfall gefährliche Bewegungsenergie zu verringern.

Modellversuch • Den Zusammenstoß der beiden Autos und das Prinzip der Impulserhaltung untersuchen wir in einem Modellversuch. Wir modellieren die beiden Autos durch Schlitten auf der Luftkissenbahn (▸Abb. 2), messen die Geschwindigkeiten v_{10} und v_E mit Lichtschranken und variieren die Massen m_1 und m_2. Knetmasse sorgt für das Aneinanderhaften der Schlitten. ▸Tabelle 3 zeigt die Messwerte sowie die Impulse p vor und p' nach dem Zusammenstoß. p und p' sind im Rahmen der Messungenauigkeiten gleich, das Prinzip der Impulserhaltung ist somit bestätigt.

Bedeutung der Masse • Auch der Modellversuch zeigt, dass eine große Masse m_1 eine große Endgeschwindigkeit bewirkt. Während dies beim Auffahrunfall zum Schleudertrauma führen kann, kann man die Masse auch sinnvoll nutzen – z. B, wenn man einen Pfahl mit einem Hammer in den Boden schlägt. Der Aufprall des Hammers auf den Pfahl stellt einen Kraftstoß dar. Da der Hammer anschließend zum Stillstand kommt, wird gemäß dem Prinzip der Impulserhaltung der gesamte Impuls des Hammers auf den Pfahl übertragen. Wollen wir den Impuls des Hammers verdoppeln, können wir entweder die

Masse oder die Geschwindigkeit des Hammers verdoppeln. Bei welcher Möglichkeit müssen wir weniger Energie aufwenden? Dazu betrachten wir den Term der Bewegungsenergie des Hammers:

$$E = \tfrac{1}{2} \cdot m \cdot v^2.$$

Verdoppeln wir die Masse, benötigen wir die doppelte Energie. Verdoppeln wir die Geschwindigkeit, benötigen wir die vierfache Energie. Wir müssen bei gleichem Impuls also weniger schwitzen, wenn wir mit einem schweren Hammer etwas langsamer schlagen, als wenn wir mit einem leichteren Hammer schneller schlagen.

Die Bewegungsenergie • Unsere Untersuchung des Hammerschlags zeigt, dass beim Kraftstoß zwar der Impuls erhalten ist, nicht aber die **Bewegungsenergie.** Wo bleibt die Bewegungsenergie? Schlägt man den Pfahl in die Erde, tritt Reibung auf und ein Teil der Energie wird in thermische Energie umgewandelt. Beim Auffahrunfall wird das Blech verformt. Dazu wird Energie benötigt. Wir berechnen die Bewegungsenergie für den Auffahrunfall. Haben beide Autos eine Masse von 1000 kg, beträgt die kinetische Energie vor dem Zusammenstoß:

$$E_{kin} = \tfrac{1}{2} \cdot 1000\,\text{kg} \cdot (20\tfrac{km}{h})^2 = 15\,432\,\text{J}.$$

Nach dem Zusammenstoß hat sie den Betrag:

$$E_{kin} = \tfrac{1}{2} \cdot 2000\,\text{kg} \cdot (10\tfrac{km}{h})^2 = 7716\,\text{J}.$$

Die Differenz von 7 716 J hat die Knautschzone aufgenommen, als sie verformt wurde.

1 Ein Kleinbus mit einer Masse von 4000 kg fährt mit einer Geschwindigkeit von $20\tfrac{km}{h}$ auf ein stehendes Auto mit einer Masse von 1000 kg auf. Beide Autos verhaken sich.
a) Berechnen Sie die gemeinsame Endgeschwindigkeit v_E unmittelbar nach dem Auffahrunfall. Beurteilen Sie die Gefahr eines Schleudertraumas.
b) Nun soll das Auto mit einer Geschwindigkeit von $20\tfrac{km}{h}$ auf den stehenden Kleinbus auffahren. Beide verhaken sich wieder. Berechnen Sie die gemeinsame Endgeschwindigkeit v_E und beurteilen Sie die Gefahr eines Schleudertraumas für die Insassen des Busses.

Versuch A • Messung von Impulsen beim Fußball

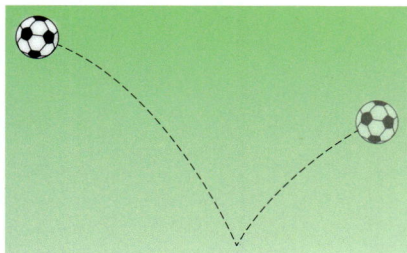

4 Springender Ball

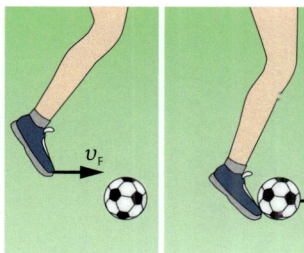

5 Geschossener Ball

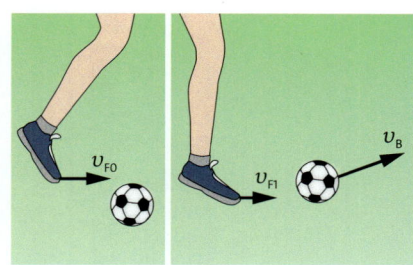

6 Abschussgeschwindigkeit

Mit Radarsensoren wurde gemessen, dass Dario Vidosic den Fußball mit $134\,\frac{km}{h}$ auf das Tor schoss. Mit den folgenden Versuchen können Sie analysieren, wie eine so hohe Geschwindigkeit möglich ist.

V1 Springender Ball

Material:
Ball, Lineal, Waage

Arbeitsauftrag:
a) Messen Sie die Masse des Balls.
b) Lassen Sie den Ball fallen und vom Boden wieder hochspringen (▸Abb. 4). Messen Sie die Fallhöhe und die maximale Steighöhe.
c) Der fallende Ball wird mit der Fallbeschleunigung $g = 9{,}8\,\frac{m}{s^2}$ beschleunigt. Die nach einer Fallstrecke s erreichte Geschwindigkeit berechnet man mit:
$v = \sqrt{2 \cdot g \cdot s}$.
Ermitteln Sie mithilfe der berechneten Geschwindigkeiten die Impulse p_1 unmittelbar vor dem Aufprall und p_2 unmittelbar danach.
d) Nun führen Sie den Versuch für verschiedene Fallhöhen durch und bestimmen Sie den mittleren relativen Erhalt des Impulses $e = \left|\frac{p_2}{p_1}\right|$ des Balls beim Aufprall, der die Elastizität charakterisiert und entsprechend e genannt wird.
e) Führen Sie den Versuch für verschiedene Bälle und Böden durch und ermitteln Sie günstige Bälle und Böden.

V2 Abgeschossener Fußball

Material:
Fußball, Kamera, Maßstab, Waage

Arbeitsauftrag:
a) Messen Sie die Masse m des Balls. Legen Sie den Ball auf den Sportplatz und platzieren Sie in Schussrichtung 1 m vor dem Ball eine Markierung als Maßstab.
Schießen Sie den Ball ab, während ein Mitschüler oder eine Mitschülerin von der Seite ein Video aufzeichnet.
b) Bestimmen Sie die Zeitspanne in Sekunden zwischen zwei aufeinanderfolgenden Bildern. Finden Sie dazu mithilfe von Herstellerangaben heraus, wie viele Bilder Ihre Kamera pro Sekunde aufnimmt und bestimmen Sie den Kehrwert.
c) Bestimmen Sie für zwei aufeinanderfolgende Einzelbilder mithilfe des Maßstabs die vom Ball zurückgelegte Strecke.
d) Bestimmen Sie die Geschwindigkeit v_{F0} des Fußes unmittelbar vor und die Geschwindigkeit v_B des Balls nach dem Schuss.
e) Ermitteln Sie den relativen Geschwindigkeitsverlust $e = \left|\frac{v_{F0}}{v_B - v_{F0}}\right|$.
f) Experimentieren Sie mit verschiedenen Bällen.

V3 Fußball-Abschussgeschwindigkeit

Material:
Fußball, Kamera, Maßstab, Waage

Arbeitsauftrag:
a) Bereiten Sie das Abschießen eines Fußballs wie im Versuch V2 vor. Schießen Sie den liegenden Ball ab und zeichnen Sie die Bewegung mit der Kamera des Smartphones auf.
b) Ermitteln Sie die Geschwindigkeit v_{F0} des Fußes unmittelbar vor dem Abschuss, die Geschwindigkeit v_{F1} des Fußes unmittelbar nach dem Abschuss sowie die Geschwindigkeit v_B des Balles unmittelbar nach dem Abschuss.
c) Überprüfen Sie mit Ihren Aufzeichnungen, dass die Abschussgeschwindigkeit v_B des Balls gleich der Endgeschwindigkeit des Fußes v_{F1} plus e-mal die Anfangsgeschwindigkeit v_{F0} des Fußes ist, also:
$v_B = v_{F1} + e \cdot v_{F0}$
d) Begründen Sie die obige Formel, indem Sie die Bewegung des Balls aus der Perspektive des Fußes beschreiben, wobei der Ball auf den Fuß mit v_{F0} zukommt und sich nach dem Schuss mit der Geschwindigkeit $e \cdot v_{F0}$ vom Fuß entfernt.
e) Berechnen Sie mit Hilfe obiger Formel die maximale Abschussgeschwindigkeit, die ein Torschütze bei einem Ball mit $e = 0{,}5$ und $v_{F0} = 90\,\frac{km}{h}$ erzielen kann.

1 Kurvenfahrt beim Autorennen

Modellierung

Beim Formel-1-Rennen in Spielberg 2017 steuerten die Piloten durch viele Kurven. Dabei fuhren sie eine möglichst optimale Route. Wie können wir diese herausfinden?

Modellentwicklung • Antworten auf diese Frage kann man finden, indem man viele Testfahrten durchführt, diese vergleicht und so die optimale Route bestimmt. Dies ist jedoch sehr aufwendig. Mit den heutigen Computern kann man Testfahrten auch simulieren. Die Methode der Computersimulation erlaubt es, komplexe Systeme und komplizierte Abläufe nach den Regeln der Physik in verschiedenen Varianten durchzuspielen und zu untersuchen. Im Experiment ist es dagegen oftmals nötig, sich auf einen Teil eines Ablaufs oder Systems zu beschränken. Daher ergänzt und erweitert dieses neue Verfahren der Modellierung mit Simulation die sonst im Physikunterricht übliche Untersuchung einer begrenzten Situation, wie beispielsweise eines Auffahrunfalls.

Wir entwickeln dieses neue Verfahren zunächst als Formel-1-Spiel. Das Spiel kann man anschließend durch den Computer simulieren.

Schrittweise Darstellung der Route • Wenn ein Rennauto auf der Rennstrecke in Spielberg (▸Abb. 2) eine Runde fährt, dann benötigt es dazu eine bestimmte Fahrtdauer. Wir suchen also eine Route mit einer möglichst kurzen Fahrtzeit. Dazu stellen wir die Zeit und die Route mithilfe von Intervallen dar. Für das Spiel wählen wir dabei recht grobe Schritte, die wir für den Computer verfeinern können. Konkret zerlegen wir die Rennstrecke (▸Abb. 2) mithilfe von Karopapier (▸Abb. 3). Dabei entspricht einer Kästchenlänge die Längeneinheit 10 m. Als Zeiteinheit wählen wir $\Delta t = 1\,\text{s}$. Entsprechend betragen die Geschwindigkeitseinheit $10\,\frac{m}{s}$ und die Beschleunigungseinheit $10\,\frac{m}{s^2}$.

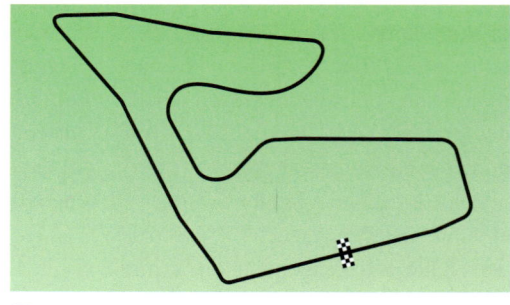

2 Rennstrecke in Spielberg, Österreich

Verhalten des Autos modellieren • Bei jedem Zeitschritt steuert der Pilot, indem er beschleunigt, bremst oder lenkt. Das modellieren wir durch die beiden Komponenten der Beschleunigung a_x und a_y. Diese nehmen jeweils den Wert $0 \frac{m}{s^2}$ oder $10 \frac{m}{s^2}$ oder $-10 \frac{m}{s^2}$ an.

Eine maximale Beschleunigung von $10 \frac{m}{s^2}$ ist realistisch. Denn die beschleunigende Kraft entspricht der Haftreibungskraft der Reifen. Diese ist weitgehend durch die Normalkraft $m \cdot g$ begrenzt. Entsprechend der Grundgleichung der Mechanik ist die beschleunigende Kraft gleich $m \cdot a$. Somit ist die Beschleunigung a weitgehend durch den Ortsfaktor g begrenzt.

Ausgehend von Geschwindigkeit und Position, die das Auto zu Beginn eines Zeitintervalls (1 s) hat, ergeben sich Position und Geschwindigkeit am Ende des Zeitintervalls (▸Abb. 4).

NEWTON'sche Mechanik im Modell • Entsprechend der Beschleunigungen beträgt die x-Komponente der Geschwindigkeitsänderung:

$$\Delta v_x = a_x \cdot \Delta t = \pm 10 \tfrac{m}{s^2} \cdot 1\,s = \pm 10 \tfrac{m}{s}.$$

oder: $\Delta v_x = a_x \cdot \Delta t = 0 \tfrac{m}{s^2} \cdot 1\,s = 0 \tfrac{m}{s}$.

Die neue x-Komponente der Geschwindigkeit beträgt daher:

$$v_x(t + \Delta t) = v_x(t) + \Delta v_x.$$

Analog gilt für die Änderung der x-Koordinate:

$$\Delta x = v_x \cdot \Delta t.$$

Die neue x-Koordinate berechnen wir wie folgt:

$$x(t + \Delta t) = x(t) + \Delta x.$$

Für die y-Koordinaten der Größen gilt Entsprechendes. Insgesamt ist ein möglicher Zug in ▸Abb. 4 gezeigt.

Spiel des Formel-1-Rennens • Wir spielen das Fahren einer Runde mit Bleistift und Papier durch, wobei ein Spieler seine Route selbst entwickelt. Eine solche Route zeigt ▸Abb. 5, wobei der Spieler mit der roten Route 43 Züge oder 43 s für einen Weg von ungefähr 1,2 km benötigte. Die reale Rekordrundenzeit beträgt 68 s bei einer Strecke von 4,3 km. Auf unserer kürzeren Rennbahn kann man nicht so schnell fahren wie auf der langen

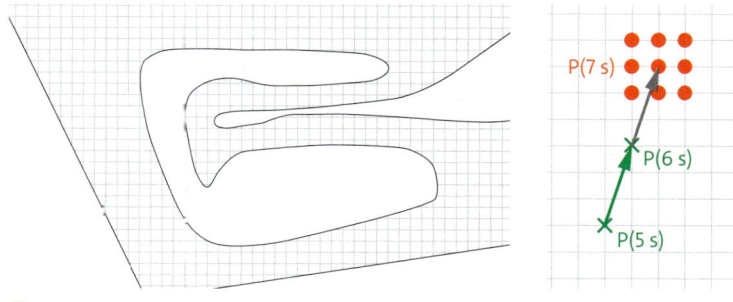

3 Zerlegung der Rennstrecke

4 Möglicher Zug

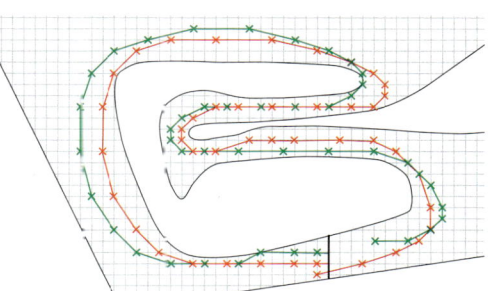

5 Modelliertes Rennen

realen Strecke. Bei einem Wettspiel fahren mehrere Spieler simultan (▸Abb. 5) und setzen im Falle einer Kollision 5 Züge aus.

1 Modellieren Sie ein Auto, das mit einer Geschwindigkeit von $100 \frac{km}{h}$ fährt und eine Vollbremsung durchführt. Ermitteln Sie
   a) die Bremsdauer,
   b) den Bremsweg.

2 Modellieren Sie ein Auto, das mit $50 \frac{km}{h}$ wendet, also seine Fahrtrichtung um 180° ändert. Ermitteln Sie
   a) die Fahrtdauer,
   b) den ungefähren Radius der entstehenden Route.

3 Ein Lkw mit einer Länge von 20 m und einer Geschwindigkeit von $60 \frac{km}{h}$ wird von einem Pkw möglichst schnell überholt. Der Pkw fährt anfangs 30 m hinter dem Lkw mit ebenfalls $60 \frac{km}{h}$. Modellieren Sie den Vorgang. Ermitteln Sie
   a) die Dauer des Überholvorgangs,
   b) die Strecke, die der Vorgang einnimmt.

4 Ein Gepard erreicht eine Beschleunigung von $10 \frac{m}{s^2}$. Modellieren Sie, wie ein Gepard beim Verfolgen der Beute eine Wende läuft. Ermitteln Sie den ungefähren Radius der Route.

Landung einer Rakete • Im Weltall arbeiten über 1000 Satelliten in Bereichen wie Kommunikation, GPS, Wetter oder Geoinformation. Ständig werden neue Satelliten mit Raketen ins All gebracht. Solche Raketen wurden stets nur einmal verwendet, bis im Jahr 2015 erstmals die Rakete Falcon 9 rückwärts landete. Die Landung einer Falcon 9 zeigt ▸Abb.1. Die Falcon 9 funktioniert ebenso wie andere Raketen – das Besondere ist der autonom geregelte Rückwärtsflug. Das spielen wir mit einer Modellierung durch.

Modellierung des Raketenflugs • Die Rakete erreichte 225 s nach dem Start die größte Höhe von 110 km, setzte dort die Nutzlast ab, begann den Sinkflug und landete weitere 225 s später. Diesen Sinkflug mit der Landung modellieren wir. Die Leermasse der Rakete beträgt 15 000 kg.

Damit die Rakete robust fliegt, gehen wir ähnlich wie bei einem Thermostaten vor: So wie wir beim Thermostaten eine Temperatur einstellen, so wählen wir hier eine Orientierungshöhe w. Wenn die tatsächliche Höhe y von w abweicht, dann üben wir mit dem Triebwerk eine **Schubkraft** F_p aus, die proportional zur Abweichung ist:

$$F_p = -k \cdot (y - w).$$

Dabei können wir den Proportionalitätsfaktor k und die Orientierungshöhe w noch frei wählen. Wir wählen diese beiden Parameter w und k so, dass die Rakete pünktlich nach 225 s und sanft mit der Geschwindigkeit $v = 0$ landet.

Wir modellieren also den zeitlichen Verlauf der Höhe y. Im höchsten Punkt ist $y = 110$ km, $v = 0\,\frac{m}{s}$ und $t = 0$. Auf die Rakete wirken die Gewichtskraft $m \cdot g$ und die Kraft F_p:

$$F = -m \cdot g - k \cdot (y - w).$$

Simulation • Wir berechnen gemäß der Grundgleichung der Mechanik die Beschleunigung:

$$a = -g - k \cdot \frac{(y - w)}{m}.$$

Hiermit ermitteln wir die Geschwindigkeit v und die Höhe y ähnlich wie beim Autorennen. Dazu verwenden wir eine Tabellenkalkulation (▸Tabelle 2). Die beiden Parameter w und k ermitteln wir durch Probieren. So erhalten wir für

1 Landung der Rakete Falcon

t	F	a	v	y
0	−127150,0	−8,476667	0,00	110 000,0
0,1	−127150,0	−8,476667	−0,85	110 000,0
0,2	−127149,8	−8,476655	−1,70	109 999,9
0,3	−127149,5	−8,476633	−2,54	109 999,7

2 Tabellenkalkulation mit $w = 120$ km und $k = 2\,\frac{N}{m}$

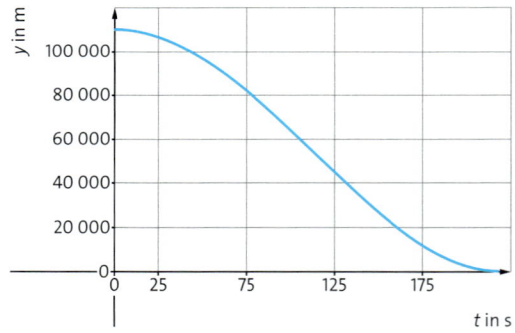

3 Autonome Landung: Höhe abhängig von der Zeit

$w = 120$ km und $k = 2\,\frac{N}{m}$ eine Bruchlandung nach etwa 200 s Flugdauer. Wir probieren weiter, bis die Rakete pünktlich nach 225 s und sanft mit $v = 0$ landet (▸Abb.3). Das funktioniert mit $k = 2{,}93\,\frac{N}{m}$ und $w = 105$ km.

1 Modellieren Sie eine sanfte Landung nach 300 s Flugdauer.

2 Bestimmen Sie die zur Landung in ▸Abb.3 maximal benötigte Schubkraft.

Material A • Analyse eines Fluges der Falcon 9

Der Flug der Rakete Falcon 9 Version v 1.1 ist in ▸Abb. 4 dargestellt.

A1 a) Beschreiben Sie den Ablauf des Fluges.
b) Die erste Stufe macht 75 % der Kosten aus. Wie wurde das beim Flug berücksichtigt?

A2 Der Verlauf der Flughöhe wurde aufgezeichnet und im $y(t)$-Diagramm in ▸Abb. 5 dargestellt. Modellieren Sie einen ähnlichen Verlauf zunächst vereinfachend, indem Sie von einer konstanten Masse von 15 000 kg ausgehen. Bestimmen Sie passende

Parameter k und w, sodass die Rakete nach 225 s ihre Gipfelhöhe von 110 km erreicht und nach weiteren 225 s sanft mit $v = 0$ landet.

A3 Untersuchen Sie für diesen Flug den Verlauf der Schubkraft.
a) Deuten Sie Maxima und Minima der Schubkraft.
b) Beschreiben Sie, wie die modellierte Rakete nach 450 s weiter fliegen würde, wenn man sie nicht am Boden abschalten würde.

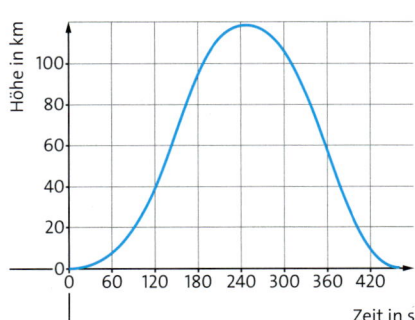

4 Flug der Falcon

Material B • Impulserhaltung bei der Rakete

Wir untersuchen nun, wie viel Treibstoff das Raketentriebwerk benötigt.

B1 a) Weil das Triebwerk mit dem Rückstoßprinzip arbeitet, analysieren wir es mit dem Prinzip der Impulserhaltung. Das Triebwerk stößt Gas mit einer Geschwindigkeit v_{Gas} aus. Dabei verringert sich die Masse m der Rakete in einem Zeitintervall Δt um eine Massendifferenz Δm. Erläutern Sie, wie Sie diesen Zusammenhang in die Modellierung einbringen können.
b) Begründen Sie folgende Gleichung: $\Delta m \cdot v_{Gas} = m \cdot \Delta v$.

B2 Wir gehen von einer Geschwindigkeit $v_{Gas} = 2000\,\frac{m}{s}$ sowie von der Startmasse 400 t aus.
a) Ermitteln Sie für Ihre Modellierung den zeitlichen Verlauf der Masse $m(t)$.
b) Ein entsprechender Verlauf der Masse der Rakete wurde für den Fall eines langsamer austretenden Gases mit $v_{Gas} = 1500\,\frac{m}{s}$ modelliert (▸Abb. 6). Vergleichen Sie mit Ihrer Modellierung.
c) Erläutern Sie, wie sich der Verlauf der Masse ändert, wenn die Rakete beim Erreichen der Gipfelhöhe ihre Nutzlast absetzt (▸Abb. 4).

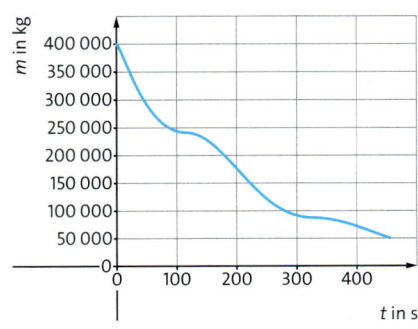

5 Flughöhenverlauf der Falcon 9

6 Verlauf der Masse $m(t)$ der Falcon 9

Material C • Verlauf der Schubkraft

Analysieren Sie für Ihre Modellierung den Verlauf der benötigten Schubkraft $F(t)$.

C1 Ermitteln Sie $F(t)$ mithilfe der Grundgleichung der Mechanik aus dem Massenverlauf $m(t)$ und der modellierten Beschleunigung $a(t)$.

a) Stellen $F(t)$ grafisch dar.
b) Erläutern Sie Minima und Maxima der Schubkraft.

C2 Erörtern Sie, ob der Treibstoffverbrauch durch einen anderen Flugverlauf gesenkt werden könnte.

0,00 s   0,15 s   0,30 s   0,45 s   0,60 s   0,75 s

1 Welcher Ball ist zuerst unten?

Fallbewegungen

Zwei unterschiedliche Bälle fallen gleichzeitig aus der zweiten Etage. Welcher der Bälle wird zuerst unten auftreffen?

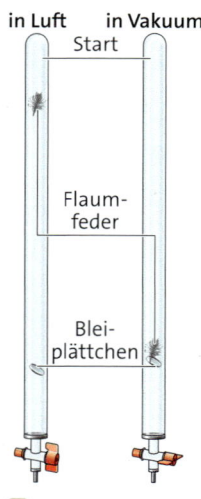

2 Fallröhre mit Luft, Fallröhre mit Vakuum

Analyse der Bewegung • Um zu überprüfen, welcher der beiden Bälle schneller ist, müssen wir zuerst klären, um was für eine Bewegung es sich handelt.

Da der Körper aus der Ruhe startet und dann schneller wird, muss es sich um eine beschleunigte Bewegung handeln. Folglich müssen Kräfte auf den Körper wirken. Als beschleunigende Kraft wirkt hier die Gewichtskraft $F_G = m \cdot g$. Wir nehmen deshalb an, dass die Masse des Körpers und der Ortsfaktor eine Rolle spielen.

Außerdem haben vermutlich die Luftreibung, die Größe und die Querschnittsfläche des Körpers sowie die Dichte der Luft einen Einfluss auf die Fallbewegung.

Vom Fallschirm wissen wir, dass die Querschnittsfläche eines fallenden Körpers einen Einfluss auf die Fallgeschwindigkeit hat, wenn Reibung mit der Luft auftritt. Die Überlegungen und Berechnungen dazu sind aber etwas komplizierter. Daher idealisieren wir den Vorgang zunächst, indem wir die Luftreibung vernachlässigen. Bei dieser Idealisierung sprechen wir vom **freien Fall.**

> Der freie Fall ist eine idealisierte Fallbewegung, bei der die Luftreibung vernachlässigt wird.

Damit können wir die Dichte der Luft, die Größe und die Querschnittsfläche des Körpers zunächst vernachlässigen. Es bleiben die Masse und der Ortsfaktor als zu untersuchende Größen.

Untersuchung des freien Falls • Wenn wir den freien Fall untersuchen wollen, dann müssen wir eine Experimentieranordnung finden, in der die Luftreibung vernachlässigt werden kann. Diese Möglichkeit bietet die in ▶Abb. 2 dargestellte Fallröhre, weil wir mit einer Vakuumpumpe die Luft herauspumpen können, sodass im Inneren der Röhre ein Vakuum entsteht.

In der Fallröhre befinden sich eine Feder und ein Bleiplättchen, die wir gleichzeitig fallen lassen. Ist die Fallröhre mit Luft gefüllt, passiert das, was wir erwarten: Das Bleiplättchen fällt schneller als die Feder (▶Abb. 2, links).

Nun pumpen wir die Luft aus der Fallröhre und wiederholen den Versuch in gleicher Weise. Was wir jetzt beobachten ist überraschend: Bleiplättchen und Feder fallen gleich schnell!

> Im Vakuum fallen alle Körper gleich schnell. Die Fallgeschwindigkeit ist von der Masse unabhängig.

Den Ortsfaktor können wir in einem Experiment in der Schule nicht signifikant variieren. Im Internet gibt es aber Videos zum Fall verschiedener Gegenstände auf dem Mond. Die Gegenstände fallen dort langsamer als auf der Erde, also ist der Ortsfaktor dort offenbar geringer.

Nun wollen wir den Ortsfaktor auf der Erde bestimmen. Da die Fallbewegung sehr schnell erfolgt, ist die Messung mit einer Handstoppuhr nicht sinnvoll. Wir vermessen die Fallbewegung daher mit der Soundkarte eines Computers.

Experiment mit der Soundkarte · Um ein PVC-Rohr wickeln wir dazu Kupferlackdraht in Form mehrerer Spulen. Die Spulen haben untereinander einen Abstand von 10 cm (▶Abb. 3).
Die Enden des Drahtes verbinden wir über einen Klinkenstecker mit dem Mikrofoneingang des Computers. Normalerweise wird hier ein Mikrofon angeschlossen, das den Schall in Spannungsimpulse umwandelt. Hier werden die Spannungsimpulse dadurch induziert, dass ein Magnet durch die Spule fällt. Wir können sie mit einem Soundanalyseprogramm aufzeichnen (▶Abb. 4).
Im Soundanalyseprogramm liest man die Zeitpunkte ab, zu denen der fallende Magnet die Spulen passiert hat. Wir übertragen die Strecke y in Abhängigkeit von der Zeit x in eine Tabellenkalkulation und führen eine Regression durch. Eine quadratische Regression der Form

$$y(x) = a_1 x^2 + a_2 x + a_3$$

liefert den besten Zusammenhang. In der Tabellenkalkulation können wir ablesen:

$$y(x) = 4{,}8 x^2 + 1{,}02 x + 0{,}002$$

Da y eine Strecke ist, haben alle drei Summanden die Dimension einer Strecke. Eine Einheitenbetrachtung zeigt: $a_1 = 4{,}8$ hat die Einheit der Beschleunigung, $a_2 = 1{,}02$ die Einheit der Geschwindigkeit und $a_3 = 0{,}002$ die Einheit der Strecke. Die Gewichtskraft wirkt als beschleunigende Kraft auf den Magneten. Wir vergleichen deshalb mit der Gleichung der beschleunigten Bewegung:

$$s = \frac{a}{2} \cdot t^2 + v_0 \cdot t + s_0.$$

Es zeigt sich, dass gilt:

$$a = 2 \cdot a_1 = 9{,}6\,\tfrac{m}{s^2};\ v_0 = a_2 = 1{,}02\,\tfrac{m}{s};\ s_0 = a_3 = 0{,}002\,m.$$

An diesen Parametern erkennen wir, dass die Geschwindigkeit beim 1. Signal, also beim Durchfallen der 1. Spule, v_0 war, die Beschleunigung betrug $9{,}6\,\tfrac{m}{s^2}$.

Bei diesem Versuch wird ein Teil der Bewegungsenergie in elektrische Energie umgewandelt. Genauere Messungen liefern für die Fallbeschleunigung einen Wert von $9{,}8\,\tfrac{m}{s^2}$. Diesen Wert kennen Sie bereits als Ortsfaktor g.

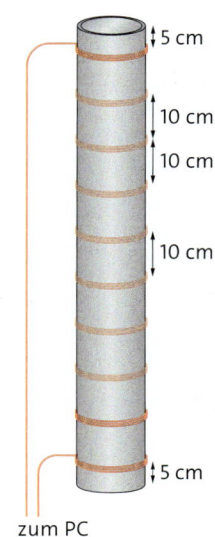

5 cm
10 cm
10 cm
10 cm
5 cm

zum PC
Eingang Mikrofon

3 Aufbau der Fallröhre

> Der freie Fall ist eine gleichmäßig beschleunigte Bewegung.
> Auf der Erde werden frei fallende Körper mit ca. $9{,}8\,\tfrac{m}{s^2}$ beschleunigt.

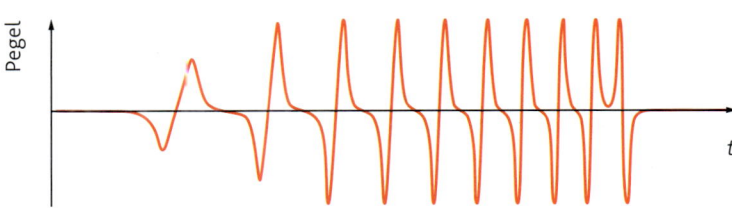

4 Aufnahme mit einem Soundanalyseprogramm

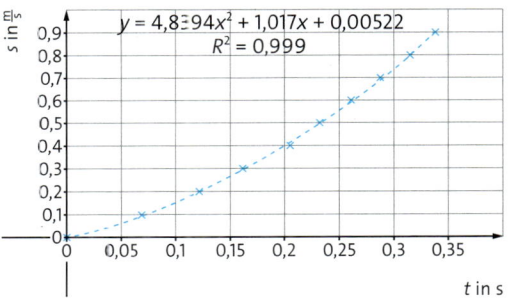

$$y = 4{,}8394 x^2 + 1{,}017 x + 0{,}00522$$
$$R^2 = 0{,}999$$

t in s

5 Messwerte und Regression

1 Fallschirmspringer

2 Fallender Kegel

Zu Beginn der Fallbewegung wird der Kegel zwar beschleunigt, die Beschleunigung wird dann aber kleiner und der Kegel bewegt sich am Ende gleichförmig weiter (▸Abb. 2).

Die Gewichtskraft, die auf den Kegel wirkt, ändert sich nicht. Es muss folglich eine zweite Kraft auf den Kegel wirken, die der Gewichtskraft entgegengerichtet ist. Diese Kraft ist die **Luftreibungskraft F_{LR}.**

Offensichtlich nimmt die Luftreibungskraft mit der Geschwindigkeit zu, bis sich ein Kräftegleichgewicht einstellt (▸Tabelle 3 und ▸Abb. 4).

Nach dem 1. NEWTON'schen Axiom bewegt sich der Körper dann mit konstanter Geschwindigkeit. Wir können die Luftreibungskraft F_{LR} nicht messen, aber wir wissen, dass sie im Kräftegleichgewicht so groß ist wie die Gewichtskraft: $F_{LR} = F_G$. Dieses Kräftegleichgewicht eröffnet die Möglichkeit der Bestimmung von F_{LR}, die im Folgenden durchgeführt wird.

t in s	v in $\frac{m}{s}$
0	0,00
0,1	1,00
0,2	1,87
0,3	2,43
0,4	2,67
0,5	2,76
0,6	2,78
0,7	2,80
0,8	2,80

3 Tabelle $v(t)$

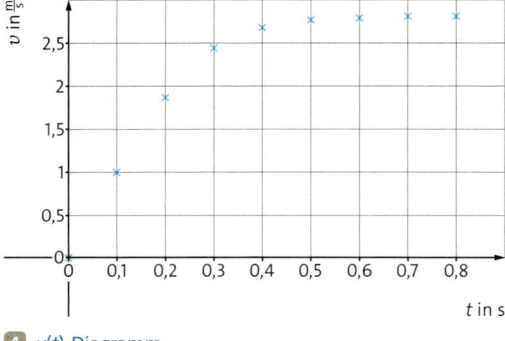

4 $v(t)$-Diagramm

Fallbewegung mit Reibung • Auf jeden Körper wirkt die Gewichtskraft F_G, die den Körper in Richtung des Erdmittelpunkts beschleunigt.

Die Vorstellung, dass alle Körper in gleicher Weise fallen, widerspricht aber unserer täglichen Erfahrung. In vielen Fällen, wenn z.B. eine Bleikugel über eine kurze Strecke fällt, bietet der freie Fall eine gute Näherung. Wenn ein Körper aber eine sehr große Oberfläche und gleichzeitig eine geringe Masse hat, wie zum Beispiel ein Blatt Papier, dann versagt diese Näherung.

Um den Fall mit Reibung zu untersuchen, verwenden wir einen Papierkegel, weil seine Größe und Masse leicht zu variieren sind und er stabil fällt.

Wir wählen für den Papierkegel einen Radius von 6 cm und eine Fallhöhe von 2 m. Die Bewegung wird mithilfe einer Videoanalyse ausgewertet (▸Abb. 2).

Die Auswertung zeigt, dass es sich nicht um eine gleichmäßig beschleunigte Bewegung handelt.

Luftreibung und Masse • Durch das Einfüllen kleiner Massestücke können wir die Masse des Kegels bei sonst unveränderten Bedingungen erhöhen. Wir nehmen die Endgeschwindigkeit v_{End} in Abhängigkeit von der Masse m auf und tragen beide Größen in eine Tabelle ein (▸Tabelle 6 A).

Die Auswertung des Experimentes liefert die Gleichung:

$v_{End} = 1{,}99 \cdot m^{0{,}49}$.

Der Exponent ist ungefähr 0,5 und wir können auf $v \sim \sqrt{m}$ schließen (▸Abb. 6 B). Dieser Zusammenhang lässt sich mit einer Linearisierung bestätigen (▸Abb. 6 C). Daraus ergibt sich, dass sich das Quadrat der Endgeschwindigkeit proportional zur Masse verhält: $v^2 \sim m$.

Luftreibung und Fallgeschwindigkeit • Die Luftreibungskraft nimmt mit steigender Geschwindigkeit zu. ▸Tabelle 6 A zeigt die aufgenommenen Messwerte. Wir wissen bereits, dass sich beim Fall mit Reibung nach einiger Zeit ein Kräftegleichgewicht zwischen Gewichtskraft und Luftreibungskraft einstellt. Wegen $F_{LR} = F_G = m \cdot g$ und $m \sim v^2$ folgt: $F_{LR} \sim v^2$.

Abhängigkeit von der Querschnittsfläche • Die Erfahrung sagt uns, dass bei zunehmender Querschnittsfläche die Fallbewegung stärker gebremst wird. Um einen mathematischen Zusammenhang festzustellen, variieren wir die Querschnittsfläche des Kegels. Die Auswertung zeigt, dass die Luftwiderstandskraft proportional zur Querschnittsfläche zunimmt: $F_{LR} \sim A$.

Luftreibung und Dichte • Wenn wir diesen Zusammenhang untersuchen, dann stellen wir fest, dass die Luftreibungskraft F_{LR} proportional zur Dichte des Mediums zunimmt: $F_{LR} \sim \rho$.

Die drei erhaltenen Proportionalitäten $F_{LR} \sim \rho$, $F_{LR} \sim A$ und $F_{LR} \sim v^2$ lassen sich zu einer Proportionalität zusammenfassen:

$$F_L \sim \rho \cdot A \cdot v^2.$$

Bis jetzt haben wir die Form des sich bewegenden Körpers nicht beachtet. Es ist aber ein Unterschied, ob der sich bewegende Körper bei gleicher Querschnittsfläche „windschnittig" ist oder nicht. Die Form des Körpers wird durch den c_W-Wert (Widerstandsbeiwert, ►Tabelle 5) beschrieben. Über eine Einheitenbetrachtung sehen wir, dass der c_W-Wert dimensionslos ist.

$$F_{LR} \sim c_W \cdot \rho \cdot A \cdot v^2.$$

Der Proportionalitätsfaktor ist $\frac{1}{2}$, das lässt sich aus Überlegungen zur kinetischen Energie des fallenden Körpers ableiten, die wir hier nicht durchführen.
Für den Betrag der Luftreibungskraft gilt also:

$$F_{LR} = \frac{1}{2} \cdot c_W \cdot \rho \cdot A \cdot v^2.$$

1 Berechnen Sie die Geschwindigkeit, mit der ein Turmspringer bei einer Sprunghöhe von 3 m (5 m, 10 m) auf dem Wasser auftrifft.

2 Berechnen Sie die Höhe, aus der ein Körper frei fallen muss, um auf eine Geschwindigkeit von $10\,\frac{km}{h}$ ($20\,\frac{km}{h}$, $30\,\frac{km}{h}$, $50\,\frac{km}{h}$) beschleunigt zu werden.

3 Berechnen Sie die maximale Geschwindigkeit, die ein Fallschirmspringer erreichen kann. Der Schirm habe einen Durchmesser von 5 m, Springer und Ausrüstung haben Gesamtmasse von 100 kg.

4 Berechnen Sie die Geschwindigkeit, die ein Regentropfen mit dem Durchmesser 3 mm erreichen kann. Sie können zur einfacheren Berechnung von einer Kugelform des Regentropfens ausgehen.

5 In Wanaka (Neuseeland) wirbt ein Unternehmen damit, mit 18 000 ft (1 ft = 0,3048 m) die höchsten Tandemsprünge und somit die längsten Freifälle anzubieten. Der freie Fall endet bei Erreichen einer Höhe von 1500 ft.
a) Berechnen Sie die Zeit, die im freien Fall zurückgelegt wird.
b) Berechnen Sie die Geschwindigkeit, die die Springer vor dem Öffnen des Fallschirms maximal erreichen können.
c) Im Tandemsprung haben Kunde, Instruktor und Ausrüstung zusammen eine Masse vom 130 kg. Berechnen Sie die erforderliche Größe des Fallschirms, wenn die Springer am Boden eine Geschwindigkeit von $3\,\frac{m}{s}$ erreichen sollen.

Körper	c_W-Wert
Kreisscheibe	1,1
Kugel	0,4
Halbkugel	1,3
Halbkugel	0,3
Stromlinien-Körper	0,05
Pkw	0,3 – 0,5
Lkw	0,6 – 1,0
Fallschirm	1,3

5 Einige c_W-Werte

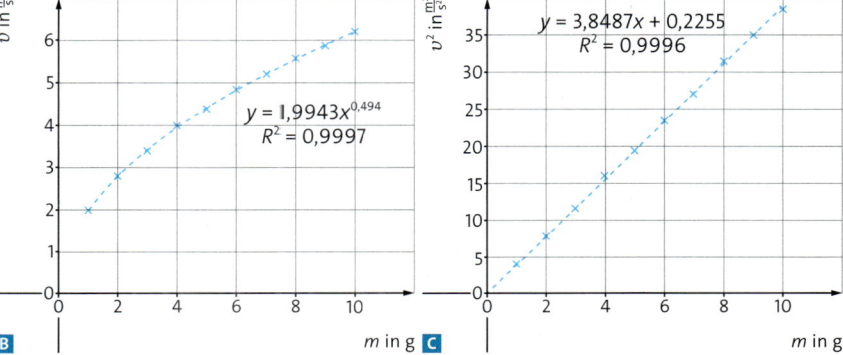

m in g	v in $\frac{m}{s}$	v^2 in $\frac{m^2}{s^2}$
1	2	4,0
2	2,8	7,8
3	3,4	11,6
4	4	16,0
5	4,4	19,4
6	4,85	23,5
7	5,2	27,0
8	5,6	31,4

A

B
$y = 1,9943x^{0,494}$
$R^2 = 0,9997$

C
$y = 3,8487x + 0,2255$
$R^2 = 0,9996$

6 **A** Messwerte $v = f(m)$, **B** Diagramm $v = f(m)$, **C** Diagramm $v^2 = f(m)$

Historie

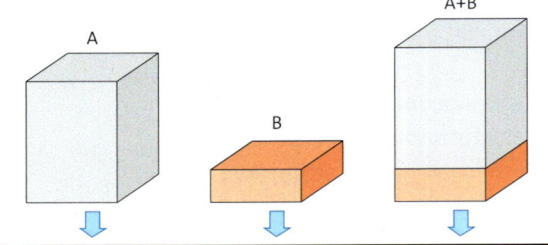

1 Gedankenexperiment

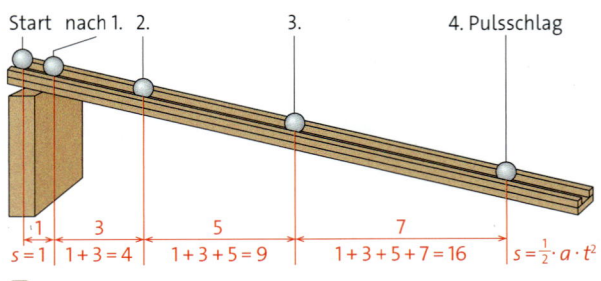

2 Galileis Fallversuche

Aristoteles • Einer der bekanntesten Universalgelehrten des Altertums war sicher ARISTOTELES. Er lebte etwa von 384 bis 322 v. Chr. und war in der Antike als Schüler von PLATON und Lehrer von ALEXANDER dem Großen eine unbestrittene Autorität. Aristoteles beobachtete die Natur, experimentierte jedoch nicht. Bewegungen klassifizierte er in zwei Gruppen: die Bewegung der Himmelskörper und die irdischen Bewegungen. Letztere wiederum unterteilte er in die Bewegung der Lebewesen, die natürlichen und die erzwungenen Bewegungen:

Lebewesen – seien es schwimmende Fische, fliegende Vögel oder einkaufende Menschen – bewegen sich selbstständig. ARISTOTELES zufolge ist diese Bewegung naturgegeben, weil es Lebewesen sind.

Ein Stein fällt nach unten, weil nach ARISTOTELES' Auffassung unten sein angestammter Platz ist. Die natürliche Bewegung ist daher für leichte Körper nach oben und für schwere nach unten gerichtet. Diese Bewegung dient der Wiederherstellung einer natürlichen Ordnung.

Ein Karren wiederum bewegt sich nur, weil eine äußere Kraft wirkt. Die natürliche Ordnung des Karrens liegt nach ARISTOTELES in der Ruhe.

Die Mechanik des ARISTOTELES hatte fast 2000 Jahre lang Bestand und wurde so auch an den Universitäten gelehrt. Doch warum dauerte es so lange, dieses Weltbild zu erschüttern? Das aristotelische Weltbild war ein in sich geschlossenes System, in dem die einzelnen Komponenten untereinander konsistent waren. So war es schwer, einen Aspekt zu widerlegen, ohne am gesamten System zu rütteln. Außerdem passten die Gesetze des ARISTOTELES zu den Beobachtungen im Alltag, auch wenn sie mit dem heutigen Wissen um das Grundgesetz der Dynamik als falsch angesehen werden müssen.

Galilei • Der italienische Universalgelehrte GALILEO GALILEI (1564 bis 1642) war einer der Ersten, die das Experiment zum Bestandteil wissenschaftlicher Untersuchungen machten. Mit dem in ▸Abb.1 dargestellten Gedankenexperiment begann er, das Weltbild des ARISTOTELES zu erschüttern:

Nach ARISTOTELES fallen schwere Körper A schneller als leichte Körper B. Wenn nun aber Körper A über Körper B liegt, dann müsste Körper B den Fall des Körpers A abbremsen. Da aber Körper A und B zusammen schwerer sind als Körper A, müssten die verbundenen Körper schneller fallen als Körper A. Körper A müsste also gleichzeitig schneller und langsamer fallen. Dieser Widerspruch in der Mechanik des ARISTOTELES inspirierte GALILEI, die Gesetze beim Fall zu untersuchen.

Um 1600 waren Zeitmessungen nur sehr ungenau möglich z.B. über den Pulsschlag. GALILEI musste also einen Weg finden, die zu untersuchende Fallbewegung zu verlangsamen, um sie mit seinen Möglichkeiten messen zu können. Statt eine Kugel senkrecht fallen zu lassen, ließ er sie in einer schrägen Fallrinne hinabrollen (▸Abb.2). Er ging davon aus, dass die Bewegung für einen Neigungswinkel von 90° dem senkrechten Fall entspräche. GALILEI wiederholte die Messungen wieder und wieder, wobei er die Neigung der Fallrinne variierte. Die Beobachtung war stets dieselbe: Die zurückgelegten Strecken verhielten sich wie die Quadrate der zugehörigen Zeiten: $s \sim t^2$.

Diese Versuche mögen vor dem Hintergrund der heutigen Möglichkeiten trivial wirken. Zur damaligen Zeit waren sie jedoch eine herausragende Leistung eines mutigen, genialen Denkers. Zudem zeigte GALILEI den Zusammenhang zwischen mathematischer Formulierung von Naturgesetzen und deren experimenteller Überprüfung auf.

Versuch A • Messung der Reaktionszeit

V1 Fallendes Lineal

Material:
Lineal (mindestens 30 cm lang) oder
Meterstab, Versuchspartner

Arbeitsauftrag:
Halten Sie die Hände wie in ▶ Abb. 3
um den Nullpunkt des Lineals. Der
Versuchspartner lässt dann das Lineal
ohne Ankündigung los und Sie versuchen, das Lineal so schnell wie möglich
zu fassen.

Notieren Sie die Strecke, die das Lineal
gefallen ist. Aus der Fallstrecke können
Sie ihre Reaktionszeit bestimmen.
a) Beschreiben Sie die Versuchsidee.
b) Berechnen Sie Ihre Reaktionszeit.
c) Wiederholen Sie den Versuch mit
dem Unterschied, dass jetzt ein
Startsignal gegeben wird. Ihre Reaktionszeit sollte jetzt deutlich kürzer
ausfallen. Begründen Sie die kürzere
Reaktionszeit.
d) Berechnen Sie die neue Reaktionszeit.

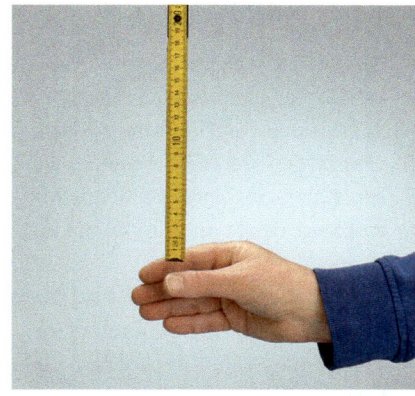
3 Fangen eines fallenden Lineals

Versuch B • Zusammenhang zwischen Fallzeit und Fallstrecke hörbar machen

V1 Knotenseil

Material:
2 dünne Seile (ca. 2,5 m), zweimal
10 Muttern (M5 oder größer – abhängig
von der Dicke des Seils), Backblech o. Ä.

Arbeitsauftrag:
Knoten Sie 10 Muttern in Abständen von
10 cm in eines der Seile. Beachten Sie,
dass durch das Verknoten der Muttern
die Seillänge reduziert wird.
Legen Sie das Backblech oder eine andere metallene Unterlage auf einen
Tisch.

Halten Sie das Seil in voller Länge über
das Backblech. Lassen Sie das Seil los.
a) Beschreiben Sie die Abstände, in
denen Sie die Aufschläge der Muttern
hören.
b) Begründen Sie Ihre Beobachtung.
c) Beschreiben Sie, wie ein Knotenseil
aussehen müsste, bei dem die Aufschläge in gleichen Zeitabständen zu
hören sind, und bauen Sie dieses aus
dem verbleibenden Material.
d) Überprüfen Sie die Zeitabstände der
Aufprallgeräusche für beide Knotenseile
mit dem Smartphone mithilfe einer
geeigneten App.

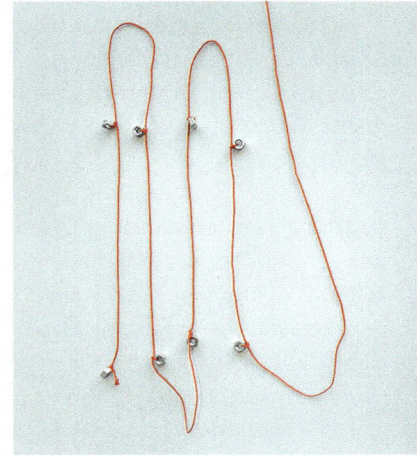
4 Knotenseil

Material A • Reaktionszeit im Straßenverkehr

In Versuch A haben Sie Ihre Reaktionszeit ermittelt. Reaktionszeiten spielen
auch im Straßenverkehr eine entschei-
dende Rolle.

A1 a) Ermitteln sie die Strecken, die
Sie innerhalb Ihrer ermittelten
Reaktionszeit mit verschiedenen
Geschwindigkeiten zurücklegen
würden (Reaktionswege).
b) Fertigen Sie mit diesen Werten
ein $s(v)$-Diagramm für Ihren Reaktionsweg an, indem Sie die Strecken
über der zugehörigen Geschwindigkeit auftragen.

A2 Zur Ermittlung des Reaktionsweges
in Metern gibt es die Faustformel
„Tachostand durch 10 mal 3".
a) Berechnen Sie die Reaktionswege
nach dieser Faustformel.
b) Beurteilen Sie die Brauchbarkeit
der Faustformel.

Analyse mithilfe von Soundkarten

Bei der Aufnahme von schnell ablaufenden Bewegungen ist die Zeitmessung häufig sehr ungenau. Mithilfe der Soundkarte eines Computers ist es jedoch möglich, Zeitmessungen mit einer höheren Genauigkeit durchzuführen. Dabei gibt es verschiedene Möglichkeiten, die Audioeingänge des Computers zu nutzen.

Eigenschaften von Soundkarten • Selbst die einfachsten Soundkarten haben eine Auflösung von 16 bit, was 65536 Stufen der Elongation entspricht (2^{16}). Dabei beträgt die Samplingrate bzw. Abtastrate 44,1 kHz. Das bedeutet, dass Messwerte in einem Abstand von 22,7 µs aufgenommen werden können. Die Soundkarte kann Wechselspannungen im Frequenzbereich von 20 Hz bis 20 kHz mit einer Spannung zwischen 5 mV und 1 V aufzeichnen.

Bei der Arbeit mit der Soundkarte ist darauf zu achten, die Grenzen der Eingangsspannung von 1 V nicht signifikant zu überschreiten. Es können sowohl im Computer integrierte Soundkarten als auch externe USB-Soundkarten genutzt werden.

Ohrhörer als Mikrofon • Dynamische Lautsprecher, wie die Ohrhörer des Smartphones, können auch umgekehrt als Mikrofon genutzt werden. So wie bei einer Stereowiedergabe verschiedene Signale auf beide Lautsprecher gelangen, so können auch getrennte Signale mit den Ohrhörern aufgenommen werden (▸Abb.1). Auf den Eingang der Soundkarte gelangen dabei Spannungssignale. Zur Aufzeichnung des Geräuschs (bspw. ein Klatschen) werden die Ohrhörer in einem bekannten Abstand positioniert. Das Geräusch erreicht die Ohrhörer zu verschiedenen Zeitpunkten, welche mithilfe eines Soundanalyseprogramms bestimmt werden können (▸Abb.2). Der Screenshot zeigt die Signale des Klatschens, dessen Geräusch mit der Zeitdifferenz Δt die Lautsprecher erreicht. Aus der bekannten Strecke Δs und der berechneten Zeit Δt kann dann die Geschwindigkeit berechnet werden.

Messungen zur Fallgeschwindigkeit • Mit einem selbst gebastelten Fallrohr können auch die Zeiten beim Fall sehr genau bestimmt werden. Der fallende Magnet verursacht in den Spulen eine elektrische Spannung, die auf den Audioeingang der Soundkarte gelegt wird.

Diese Spannungsimpulse werden im Soundanalyseprogramm dargestellt und können zeitlich sehr genau abgelesen werden (▸Abb.3).

An den Spannungsimpulsen ist sehr deutlich zu erkennen, wie der Magnet in die Spulen eintaucht und sie wieder verlässt.

Die Zeiten können aufgenommen und z. B. mit einer Regression ausgewertet werden. Bei allen gängigen Soundanalyseprogrammen können wir sowohl die zeitliche Auflösung als auch die Lautstärke anpassen.

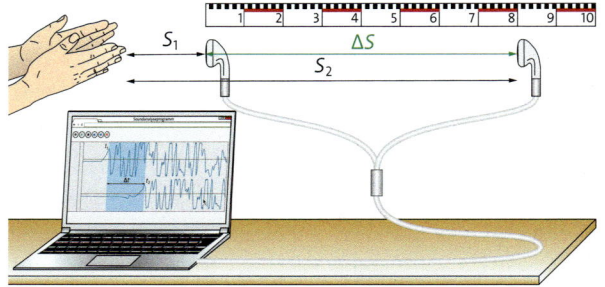

1 Experimentaufbau: Aufnahme getrennter Signale

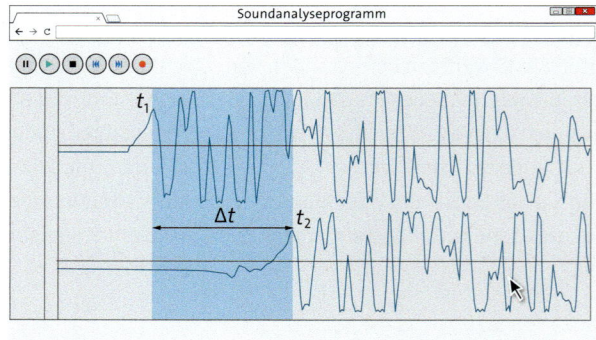

2 Screenshot: Signalaufzeichnung über die beiden Lautsprecher

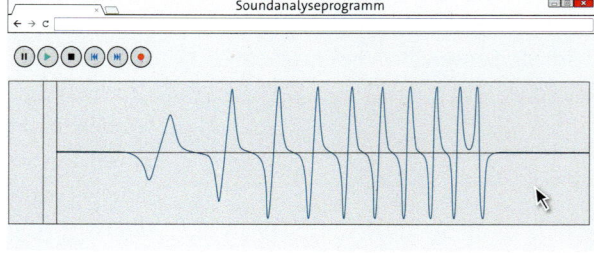

3 Screenshot: Signale des fallenden Magneten

Auswertung von Messungen – Regression

Der Fall einer Kugel (▸Abb. 4) wurde mithilfe von Lichtschranken aufgezeichnet. Die Messwerte wurden in ein Tabellenkalkulationsprogramm übertragen und grafisch dargestellt (▸Abb. 5). Mithilfe der Tabellenkalkulation ist es möglich, die Messwerte auf mathematische Zusammenhänge zu untersuchen. Ein solches Verfahren nennen wir **Regression.** Bei der Regression mit Taschenrechner oder Computer wählt man zunächst einen Regressionstyp. Es gibt verschiedene Möglichkeiten wie linear, quadratisch, kubisch, exponentiell, potenziell usw. Für die Wahl des Regressionstyps gibt es zwei wesentliche Auswahlkriterien:

* Passt die Funktion zu den Daten?
* Was ist physikalisch sinnvoll?

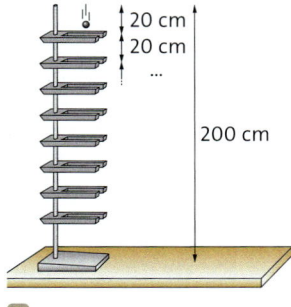

4 Experiment: Kugel fällt längs einer Strecke von Lichtschranken

Passt die Funktion zu den Daten? • Das Bestimmtheitsmaß R^2 gibt an, wie gut eine gefundene Funktion mit den Daten übereinstimmt. Es nimmt Werte von 0 bis 1 an. Je dichter das Bestimmtheitsmaß an 1 liegt, desto besser ist der gefundene Zusammenhang. Einige Taschenrechner arbeiten auch mit dem Korrelationskoeffizienten R, der Werte von −1 bis 1 annehmen kann.

Was ist physikalisch sinnvoll? • Ist eine passende Regressionsgleichung gefunden, müssen wir überlegen, ob diese auch über die Grenzen der Messwerte hinaus sinn-voll ist oder ob ein physikalischer Zusammenhang bekannt ist. Das Schließen auf Werte außerhalb des untersuchten Bereichs nennen wir **Extrapolation.**

Wir wollen dies für die Messung aus ▸Abb. 4 untersuchen. Die lineare Regression (blauer Graph in ▸Abb. 6) liefert ein akzeptables Bestimmtheitsmaß, scheint aber für erwartete Messwerte über 0,6 s permanent zu flach zu verlaufen. Auch der y-Achsenabschnitt bei −0,66 widerspricht den Erwartungen nach dem Experiment. Der Graph der exponentiellen Regression (roter Graph in ▸Abb. 6) liefert ein akzeptables Bestimmtheitsmaß, scheint aber für Messwerte über 0,6 s deutlich stärker zu steigen.

Der Graph in ▸Abb. 7 zeigt eine quadratische Regression. Das Bestimmtheitsmaß ist nahe 1 und zeigt den besten Zusammenhang zwischen Regressionsfunktion und Messdaten. Der zugehörige Funktionsterm lautet:

$$y = 4{,}84\,x^2 + 0{,}077\,x - 0{,}0082.$$

Da wir die Strecke in Abhängigkeit von der Zeit dargestellt haben, entspricht die Variable y der Strecke s und die Variable x der Zeit t. Die Gleichung erinnert an die gleichmäßig beschleunigte Bewegung:

$$s = \frac{a}{2} \cdot t^2 + v_0 \cdot t + s_0$$

Mit den Zahlenwerten erhalten wir die Beschleunigung $a = 9{,}68\,\frac{m}{s^2}$, die Anfangsgeschwindigkeit $v_0 = 0{,}077\,\frac{m}{s}$ und die Anfangshöhe $s_0 = 0{,}0082\,m$.

Mithilfe der Regression ist es möglich, mathematische Zusammenhänge zwischen gemessenen Werten zu überprüfen. Dabei liefert die Regression eine Näherung. v_0 und s_0 sind so klein, dass sie vor dem Hintergrund einer Näherung vernachlässigt werden können.

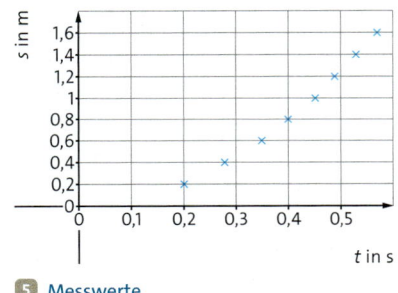

5 Messwerte

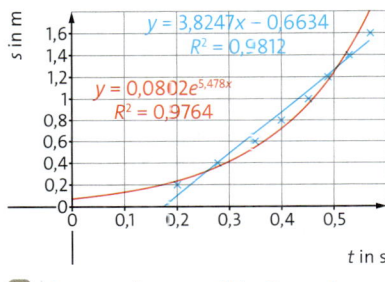

6 Lineare und exponentielle Regression

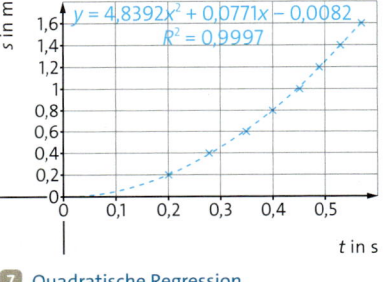

7 Quadratische Regression

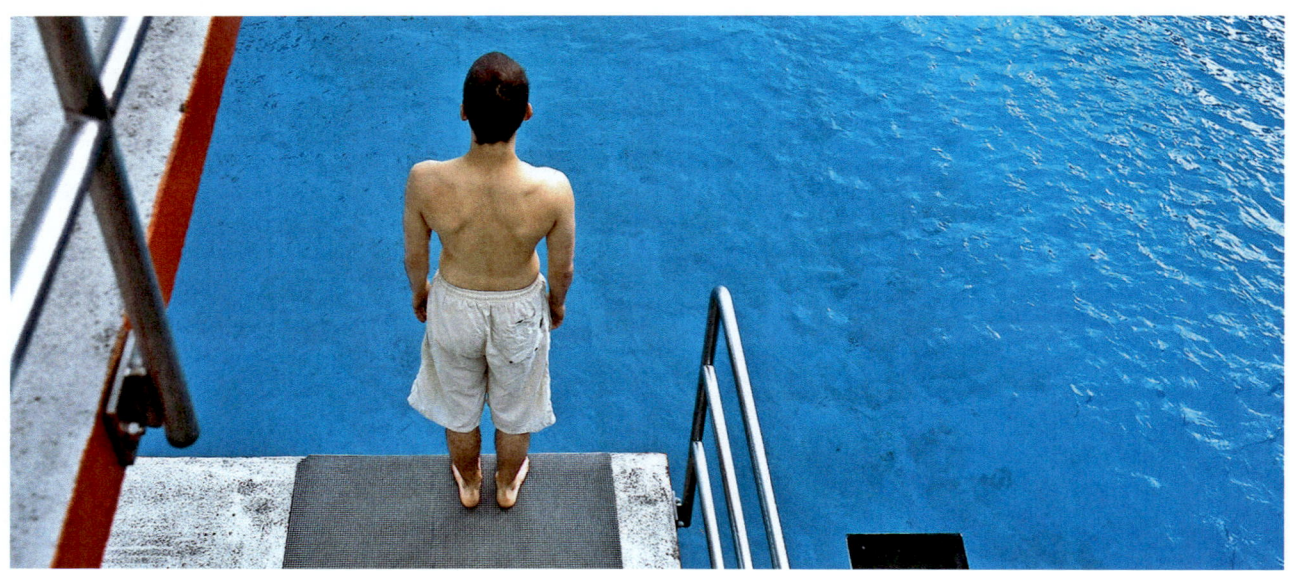

1 Turmspringer

Der waagerechte Wurf

Max steht auf dem Sprungturm. Er stellt sich die Frage, ob er länger in der Luft ist, wenn er mit einem Anlauf über den Rand des Sprungbretts läuft.

Wie bewegt sich Max? • Für die Bahn, auf der Max sich bewegt, können wir verschiedene Hypothesen aufstellen (▸Abb. 2). Bahn A wird Ihnen aus verschiedenen Zeichentrickfilmen bekannt sein. Aber auch die Bahnen B, C und D wären denkbar. Um die Hypothesen zu überprüfen, filmen wir eine vergleichbare Bewegung (▸Abb. 3). Die Stroboskopaufnahme der Kugel zeigt, dass sich ein waagerecht geworfener Körper auf einer Bahn ähnlich der in Hypothese B bewegt.

Bewegungen, bei denen ein Körper nur eine waagerechte Anfangsgeschwindigkeit besitzt, nennen wir **waagerechten Wurf.**

Ist Max länger in der Luft? • Um diese Frage zu untersuchen, bauen wir folgendes Experiment auf (▸Abb. 4). Eine Kugel A rollt über die Anlaufbahn waagerecht bis an die Abwurfkante. Wenn Kugel A die Kante passiert, dann löst sie einen Schalter aus. Dieser Schalter unterbricht den Stromkreis zur Spule, die hier als Haltemagnet für Kugel B wirkt. Kugel B beginnt daher zu fallen, wenn Kugel A die Kante passiert.

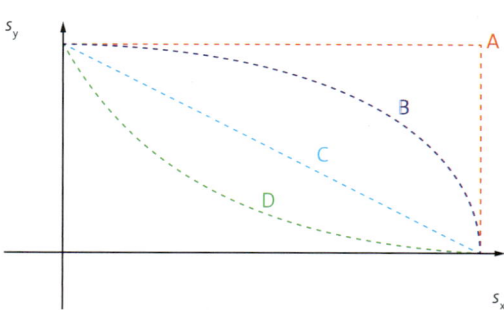

2 Hypothesen für die Bahn von Max

3 Stroboskopaufnahme eines waagerechten Wurfs

Wir beobachten, dass beide Kugeln zur gleichen Zeit auf dem Boden aufkommen. Auch wenn wir den Versuch für verschiedene Höhen und Geschwindigkeiten der Kugel A wiederholen, treffen jedes Mal beide Kugeln gleichzeitig auf.

> Eine waagerecht geworfene Kugel trifft stets gleichzeitig mit einer aus gleicher Höhe frei fallenden Kugel auf dem Boden auf.

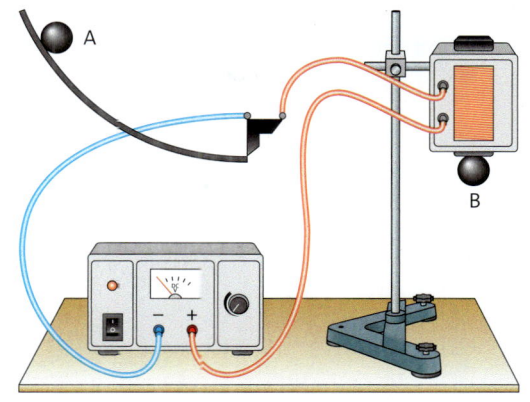

4 Experiment zur Fallzeit waagerecht geworfener und frei fallender Kugeln

Max ist also nicht länger in der Luft.

Komponentenzerlegung • Nach dem Superpositionsprinzip können wir die Wurfbewegung in zwei Teilbewegungen in x- und y-Richtung zerlegen. Das Ortsdiagramm in ▸Abb. 5 zeigt diese Zerlegung der Bahn von Kugel A.

In ▸Abb. 5 erkennen wir, dass in gleichen Zeiten gleiche Strecken in x-Richtung zurückgelegt werden. Also vollführt der Körper in x-Richtung eine gleichförmige Bewegung.
In x-Richtung gilt somit:

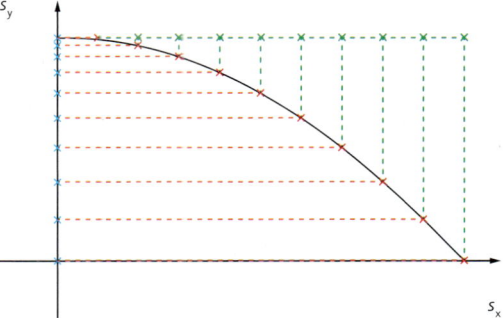

5 Ortsdiagramm der waagerecht geworfenen Kugel

$s_x = v_x \cdot t$ Strecke in x-Richtung
$v_x = v_0$ Geschwindigkeit in x-Richtung
$a_x = 0$ Beschleunigung in x-Richtung

Je länger der Körper in der Luft ist, desto größer werden in y-Richtung die Strecken zwischen zwei Marken. Es liegt also eine beschleunigte Bewegung vor. Die y-Komponente entspricht beim waagerechten Wurf dem freien Fall.

Wenn sich der Springer auf der Höhe $h_0 = 10\,\text{m}$ befindet, beginnt die Bewegung bei $s_y = 10\,\text{m}$. Die zurückgelegte Strecke wird also nach unten abgetragen und erhält deshalb ein negatives Vorzeichen. Diese nach unten zurückgelegte Strecke wird von der Starthöhe 10 m subtrahiert.
Für die Bewegung in y-Richtung gilt daher:

$$s_y = h_0 - \frac{g}{2} \cdot t^2.$$

Um ein Ortsdiagramm wie in ▸Abb. 5 zu erhalten, müssen wir die Zeit t in dieser Gleichung durch s_x ersetzen.

Wir wissen, dass gilt: $s_x = v_x \cdot t$. Stellen wir diese Gleichung für s_x nach t um und setzen das Ergebnis in die Gleichung für s_y ein, erhalten wir (wegen $v_x = v_0$):

$$s_y(s_x) = h_0 - \frac{g}{2} \cdot \frac{s_x^2}{v_0^2}$$

1 Max läuft mit einer Geschwindigkeit von $3\,\frac{\text{m}}{\text{s}}$ auf dem 10-m-Turm an.
a) Stellen Sie die Flugbahn von Max in einem $s_y(s_x)$-Diagramm dar.
b) Das quadratische Sprungbecken ist 10 m lang. Berechnen Sie die maximale Geschwindigkeit, mit der Max anlaufen darf, um noch im Becken zu landen.

2 Ein Ball wird in einer Höhe von 10 m mit einer Geschwindigkeit von $15\,\frac{\text{m}}{\text{s}}$ waagerecht abgeworfen.
a) Berechnen Sie die Strecke, die der Ball in horizontaler Richtung zurücklegt.
b) Berechnen Sie die Geschwindigkeit, mit der der Ball auf dem Boden auftrifft.
c) Berechnen Sie die erforderliche Abwurfgeschwindigkeit, wenn der Ball in horizontaler Richtung 40 m zurücklegen soll.

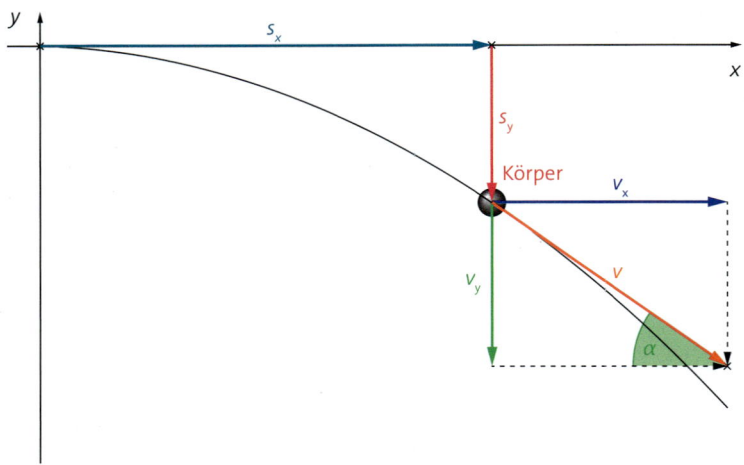

1 Geschwindigkeitskomponenten beim waagerechten Wurf

Auftreffwinkel • Unter welchem Winkel trifft ein waagerecht geworfener Körper auf dem Boden auf? Dazu schauen wir uns seine Bewegungsrichtung an. Diese erhalten wir über die Komponenten der Geschwindigkeit v_x und v_y (►Abb.1). Die Geschwindigkeitskomponenten v_x und v_y spannen ein Rechteck auf. Wenn die Geschwindigkeitskomponenten in normierter Länge gezeichnet werden, dann gibt die Diagonale im Rechteck den Betrag und die Richtung der Geschwindigkeit des Körpers an:

$$v = \sqrt{v_x{}^2 + v_y{}^2}\,.$$

Außerdem gilt:

$$\tan \alpha = \frac{v_y}{v_x}\,.$$

Normierte Länge: Dem Geschwindigkeitsvektor wird eine Länge zugeordnet, z. B. $10\,\frac{m}{s} \rightarrow 1\,cm$

Berechnung des Auftreffwinkels • Als Beispiel stellen wir uns ein Flugzeug der Bundeswehr vor, das Hilfsgüter in ein Katastrophengebiet bringt. Da in dieser Gegend keine Landebahn verfügbar ist, müssen die Hilfsgüter abgeworfen werden. Die Maschine fliegt in einer Höhe von 50,0 m mit einer Geschwindigkeit von $250\,\frac{km}{h}$.
Wie weit vor dem Ziel müssen die Hilfsgüter ausgeklinkt werden, mit welcher Geschwindigkeit und unter welchem Winkel treffen sie auf der Erde auf?
Nach dem Ausklinken fliegen die Hilfsgüter in horizontaler Richtung weiter mit der Geschwindigkeit des Flugzeugs $v_x = 250\,\frac{km}{h} = 69{,}4\,\frac{m}{s}$. Mit v_x fliegen sie so lange weiter, wie sie fallen. Wir ermitteln also zunächst die Fallzeit aus der Höhe $h = s_y$ und der Fallbeschleunigung g:

$$s_y = \frac{g}{2}\cdot t^2\,.$$

$$t = \sqrt{\frac{2s_y}{g}} = \sqrt{\frac{2\cdot 50\,m\cdot s^2}{9{,}8\,m}} \approx 3{,}19\,s\,.$$

Die zurückgelegte Strecke s_x ist dann:

$$s_x = v_x \cdot t = 69{,}4\,\tfrac{m}{s}\cdot 3{,}19\,s \approx 221\,m\,.$$

Um Auftreffwinkel und Auftreffgeschwindigkeit v_R zu bestimmen, benötigen wir noch die vertikale Geschwindigkeitskomponente v_y:

$$v_y = g\cdot t = 9{,}8\,\tfrac{m}{s^2}\cdot 3{,}19\,s = 31{,}3\,\tfrac{m}{s}\,.$$

Aus v_x und v_y berechnen wir den Auftreffwinkel α:

$$\tan \alpha = \frac{v_y}{v_x} = \frac{31{,}3\,m\cdot s}{69{,}4\,m\cdot s} = 0{,}45$$

$$\alpha = \arctan 0{,}45 = 24{,}2°\,.$$

Und schließlich die Auftreffgeschwindigkeit:

$$v = \sqrt{v_x{}^2 + v_y{}^2} = 76{,}3\,\tfrac{m}{s}\,.$$

1 In Abb. 4 der letzten Seite ist ein Experiment dargestellt, bei dem eine Kugel A über eine Anlaufbahn rollt und von dort waagerecht abfliegt. In dem Moment, wo sie die Bahn verlässt, wird der freie Fall einer Kugel B ausgelöst.
Die fallende Kugel B befindet sich im Abstand von 50 cm von der Abwurfposition. Mit welcher Geschwindigkeit v_x muss die Kugel A waagerecht abgeworfen werden, damit sich beide Kugeln 1 m unterhalb der Startposition treffen?

2 Zeichnen Sie die Bahnkurve eines Körpers, der mit einer Geschwindigkeit von $5\,\frac{m}{s}$ waagerecht aus einer Höhe von 10 m abgeworfen wurde. Zeichnen Sie die Geschwindigkeitsvektoren (v_x und v_y) nach jeweils 2 m, 4 m, 6 m, 8 m und 10 m Fallhöhe ein.

3 Das Flugzeug der Bundeswehr fliegt einen weiteren Einsatz im Katastrophengebiet. Dieses Mal fliegt es mit einer Geschwindigkeit von $320\,\frac{km}{h}$ in einer Höhe von 80 m.
a) Berechnen Sie die Abwurfposition der Hilfsgüter relativ zum gewünschten Landeort.
b) Berechnen Sie die Geschwindigkeit, mit der die Hilfsgüter auf dem Boden auftreffen, und den Auftreffwinkel.

Versuch A • Abwurfgeschwindigkeit und Abwurfhöhe

V1 Wasserstrahl

Material:
Schlauch mit Anschlussmöglichkeit an einen Wasserhahn; Gefäß, um das Wasser aufzufangen

Arbeitsauftrag:
a) Bauen Sie das in ▸Abb. 2 gezeigte Experiment auf und führen Sie die Versuche durch. Nehmen Sie Fotos der Experimente auf — genau senkrecht zum Versuch, um perspektivische Verzerrungen zu vermeiden.

Variieren Sie:
1. die Höhe des Wasserauslasses,
2. die Geschwindigkeit des Wassers, indem Sie den Wasserhahn weiter aufdrehen oder schließen.
b) Beschreiben Sie Ihre Beobachtungen in 1. und 2. und fassen Sie diese in zwei Je-desto-Sätzen zusammen.
c) Fügen Sie die angefertigten Fotos in eine geeignete Software ein und ermitteln Sie einen funktionalen Zusammenhang zwischen $s_x(h_0)$ und $s_x(v_0)$.

d) Führen Sie den Versuch bei unterschiedlich weit geöffnetem Wasserhahn durch. Berechnen Sie anhand geeigneter Messdaten die Geschwindigkeit, mit der das Wasser den Schlauch verlässt.

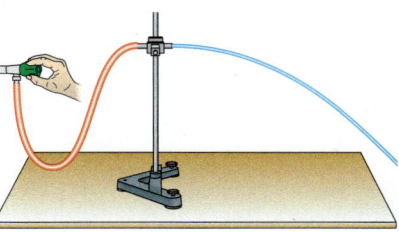

2 Versuchsaufbau zum Wasserstrahl

Versuch B • Trickreich experimentieren

V1 Rollen auf der schiefen Ebene

Material:
Kugel, gebogenes Rohr, Brett als schiefe Ebene, Winkelmesser, Lineal

Arbeitsauftrag:
Würfe laufen in der Regel sehr schnell ab. Um den Wurf genauer zu untersuchen, bedienen wir uns einer Idee von Galilei.
Dabei reduzieren wir die Geschwindigkeitskomponente, mit der die Kugel

fällt, indem wir die Kugel nicht senkrecht fallen lassen, sondern auf eine schiefe Ebene zwingen.
a) Bauen Sie den Versuch auf, wie in ▸Abb. 3 gezeigt. Das Rohr dient dazu, die Anfangsgeschwindigkeit v_0 für alle Versuchsteile konstant zu halten.
b) Variieren Sie den Anstellwinkel des Bretts und nehmen Sie die Wurfweite für mindestens 5 verschiedene Winkel auf.
c) Ermitteln Sie die Anfangsgeschwindigkeit v_0.

d) Ermitteln Sie einen mathematischen Zusammenhang zwischen der Beschleunigung, die die schräg fallende Kugel erfährt, und dem Anstellwinkel: $a = f(\alpha)$.

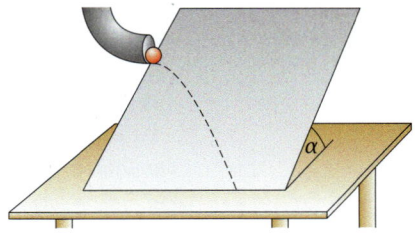

3 Kugel rollt auf einer schiefen Ebene.

Material A • Treffen zweier Kugeln

Eine waagerecht geworfene und eine frei fallende Kugel sollen sich in der Luft treffen.

A1 Beschreiben Sie den Aufbau des in ▸Abb. 4 gezeigten Versuchs und die Bedeutung der einzelnen Elemente.
A2 Beschreiben Sie, wie Sie das Experiment aufbauen müssen, damit sich beide Kugeln in der Luft treffen.

A3 Die erste Kugel rollt auf einer gekrümmten Schiene aus einer Höhe von 20 cm über dem Torzeitschalter ab. Berechnen Sie, wie weit die zweite Kugel vom Torzeitschalter entfernt hängen muss, damit sich beide Kugeln nach 10 cm, 20 cm oder 50 cm Fallstrecke in der Luft treffen.

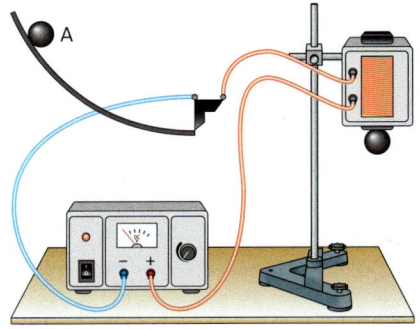

4 Versuch mit zwei Kugeln

Der schiefe Wurf

Die Sportlerin möchte die Kugel möglichst weit stoßen. Unter welchem Winkel muss sie die Kugel abstoßen?

Die maximale Wurfweite • Um möglichst weit zu werfen, muss man sich über den Einfluss der Größen Abwurfwinkel, Abwurfgeschwindigkeit und Abwurfhöhe Gedanken machen.

Wie schon bei den waagerechten Würfen vernachlässigen wir auch hier die Reibung mit der Luft. Damit können wir die Dichte der Luft sowie die Größe der Kugel vernachlässigen.

Im Wettkampf stoßen alle Teilnehmer mit Kugeln gleicher Masse. Daher vernachlässigen wir zunächst auch die Masse der Kugel. Es bleiben die Abwurfgeschwindigkeit v_0 und der Abwurfwinkel α als zu untersuchende Größen. Die Höhe, von der der Abwurf erfolgt, werden wir später berücksichtigen.

Planung eines Experiments • Wir benötigen ein Experiment, bei dem wir entweder a) nur die Geschwindigkeit oder b) nur den Abwurfwinkel variieren können, während die anderen Größen jeweils unverändert bleiben.

Für den Versuch a) wählen wir einen Wasserstrahl. Dazu spannen wir das Ende eines Wasserschlauchs in einem festen Winkel ein und variieren die Geschwindigkeit des Wassers, indem wir den Wasserhahn stärker auf- oder zudrehen (▶Abb. 2). Wie zu vermuten, zeigt das Experiment: je größer die Abwurfgeschwindigkeit, desto größer die Wurfweite.

Für den Versuch b) wählen wir eine feste Einstellung des Wasserhahns, um die Abwurfgeschwindigkeit konstant zu halten (▶Abb. 3). Jetzt variieren wir den Abwurfwinkel. Die Beobachtungen zeigen, dass die Wurfweiten bis zu einem Abwurfwinkel von 45° zunehmen. Oberhalb von 45° nehmen die Wurfweiten wieder ab.

Beträgt der optimale Abwurfwinkel für die Kugelstoßerin 45°?

Superposition • Wie schon beim waagerechten Wurf nehmen wir wieder eine Zerlegung der Bewegung in ihre s_x- und s_y-Komponenten vor. Der Körper wurde unter dem Winkel α zur Horizontalen abgeworfen. Der Abwurfwinkel hat Einfluss auf beide Komponenten der Bewegung. Zudem wirkt beim Flug auf den Körper die Gewichtskraft in y-Richtung. Daher müssen wir die Geschwindigkeit der Fallbewegung ($g \cdot t$) zum jeweiligen Zeitpunkt t von der v_y-Komponente subtrahieren. Damit ergibt sich für die Geschwindigkeitskomponenten:

$$v_x(t) = v_0 \cdot \cos \alpha,$$

$$v_y(t) = v_0 \cdot \sin \alpha - g \cdot t.$$

Für die Komponenten s_x und s_y gilt dann:

$$s_x(t) = v_0 \cdot t \cdot \cos \alpha,$$

$$s_y(t) = v_0 \cdot t \cdot \sin \alpha - \frac{g}{2} \cdot t^2.$$

Um ein **Ortsdiagramm** zu erstellen, muss s_y als Funktion von s_x dargestellt werden. Dazu stellen wir die Gleichung für s_x nach t um:

$$t = \frac{s_x}{v_0 \cdot \cos \alpha}$$

und setzen dies in s_y ein:

$$s_y = v_0 \cdot \frac{s_x}{v_0 \cdot \cos \alpha} \cdot \sin \alpha - \frac{g}{2} \cdot \frac{s_x^2}{v_0^2 \cdot \cos^2 \alpha},$$

$$s_y = s_x \cdot \tan \alpha - \frac{g}{2} \cdot \frac{s_x^2}{v_0^2 \cdot \cos^2 \alpha}.$$

Maximale Wurfweite • Die Kugel bewegt sich auf einer Parabelbahn (▸Abb.4). Dabei gibt die Komponente s_y die Höhe der Kugel an. Der Wurf beginnt und endet bei der Höhe $s_y = 0$.
$s_y(t)$ ist eine quadratische Funktion. Wenn wir $s_y = 0$ setzen und die Gleichung nach t auflösen, dann erhalten wir zwei Lösungen bzw. Nullstellen $t_1 = 0\,\text{s}$ und t_2:

$$0 = v_0 \cdot t \cdot \sin \alpha - \frac{g}{2} \cdot t^2,$$

$$t_1 = 0; \quad t_2 = \frac{2 v_0 \cdot \sin \alpha}{g}.$$

$t_1 = 0$ entspricht dem Zeitpunkt des Abwurfs, t_2 ist der Zeitpunkt des Auftreffens, die Wurfdauer. Die Wurfweite ist die Strecke s_x, die während der Wurfdauer zurückgelegt wird:

$$s_x = v_x \cdot t_2 = \frac{v_0^2 \cdot 2 \cos \alpha \cdot \sin \alpha}{g} = \frac{v_0^2 \cdot \sin 2\alpha}{g}.$$

Da die Sinusfunktion für 90° ein Maximum hat, wird s_x für $\alpha = 45°$ maximal.

Maximale Wurfhöhe • Die Parabelbahn verläuft symmetrisch zur Senkrechten durch ihr Maximum. Damit ist die maximale Höhe zum Zeitpunkt $\frac{t_2}{2}$ erreicht.

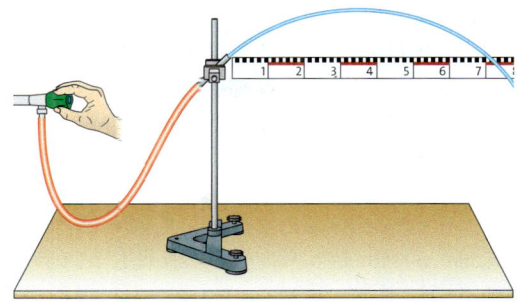

2 Variation der Abwurfgeschwindigkeit

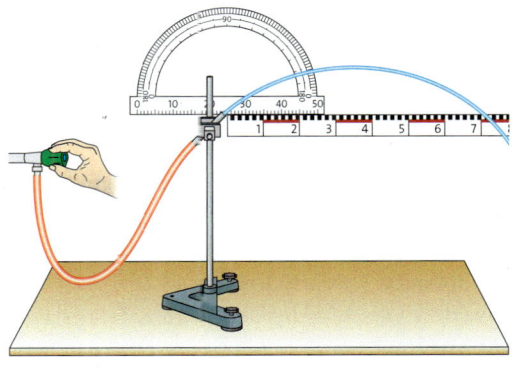

3 Variation des Abwurfwinkels

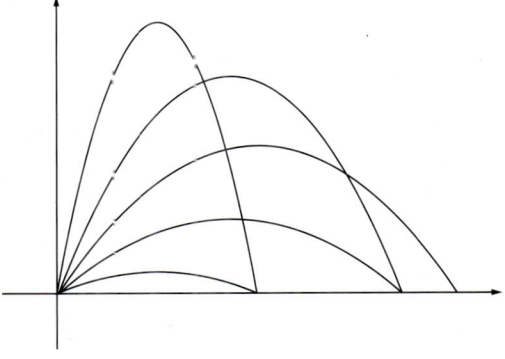

4 Wurfweiten für verschiedene Abwurfwinkel

1 Eine Kugel wird mit einer Anfangsgeschwindigkeit von $12\,\frac{m}{s}$ unter einem Winkel von 40° abgeworfen.
a) Berechnen Sie die Wurfweite.
b) Ermitteln Sie den Winkel, unter dem die Kugel auf der Erde auftrifft.
c) Berechnen Sie die maximale Höhe, die die Kugel erreicht.
d) Stellen Sie die Bewegung in einem Ortsdiagramm ($s_y(s_x)$-Diagramm) dar.

2 Berechnen Sie die Abwurfgeschwindigkeit, die nötig ist, damit die Kugel bei einem Abwurfwinkel von 45° eine Weite von 50 m erreicht.

Würfe mit Anfangshöhe • Bei den meisten schiefen Würfen sind Abwurfort und Auftreffort nicht auf einer Höhe. Bei einem realen Wurf oder beim Kugelstoßen erfolgt der Abwurf mit einer Anfangshöhe, weil der Sportler bspw. in aufrechter Haltung wirft.

Dies berücksichtigen wir im Folgenden. Zunächst verschieben wir unser Koordinatensystem (▸Abb. 1). Ändert sich dadurch der optimale Abwurfwinkel?

Vom schiefen Wurf ohne Anfangshöhe wissen wir, dass der optimale Abwurfwinkel 45° beträgt. In ▸Abb. 1 ist dieser Winkel zu erkennen, wenn man die Kugelbahn rückwärts bis zur Höhe 0 m verlängert. Weil die Flugbahn umso flacher wird, je mehr man sich dem Maximum annähert, gilt: Je höher die Abwurfstelle der Kugel, desto kleiner der optimale Abwurfwinkel.

Durch die Verschiebung des Koordinatensystems (Abwurfort = Ursprung) können wir die Gleichungen des schiefen Wurfs nutzen.

Wir betrachten ein Beispiel: Die Kugel verlässt die Hand der Kugelstoßerin mit einer Geschwindigkeit von $10 \frac{m}{s}$ im Koordinatenursprung unter einem Winkel von 40°. Der Auftreffpunkt liegt jetzt aber bei $y = -1,8$ m. Zunächst berechnen wir die Geschwindigkeitskomponenten mithilfe der bekannten Gleichungen:

$$v_x(0) = v_0 \cdot \cos \alpha \qquad v_x(0) = 7,7 \frac{m}{s},$$

$$v_y(0) = v_0 \cdot \sin \alpha - g \cdot 0\,\text{s} \qquad v_y(0) = 6,4 \frac{m}{s}.$$

Wir wissen, dass der Wurf beendet ist, wenn die Kugel den Boden, also die s_y-Koordinate $-1,8$ m, erreicht hat. Wir berechnen also zunächst die Zeit, die die Kugel bis zum Auftreffen benötigt:

$$s_y(t) = v_0 \cdot t \cdot \sin \alpha - \frac{g}{2} t^2,$$

$$s_y(t) = v_y(0) \cdot t - \frac{g}{2} t^2.$$

Einsetzen der Zahlenwerte liefert:

$$-1,8\,\text{m} = 6,4 \frac{m}{s} \cdot t - 4,9 \frac{m}{s^2} \cdot t^2.$$

Wir erkennen eine quadratische Gleichung. Die Lösung der Gleichung ergibt: $t_1 = -0,14$ s und $t_2 = 1,54$ s. Die Lösung für t_1 entfällt, da dies eine Zeit vor dem Abwurf wäre. t_2 setzen wir in die Gleichung für die s_x-Komponente des Weges ein:

$$s_x(1,54\,\text{s}) = v_x \cdot t_2 = 7,7 \frac{m}{s} \cdot 1,54\,\text{s} = 11,9\,\text{m}.$$

Die Kugel wird 11,9 m weit gestoßen. Für $\alpha = 45°$ erhält man 11,8 m, also etwas weniger.

Einfluss der Masse • Bis jetzt haben wir bei den Berechnungen die Masse nicht berücksichtigt. Wir wissen aber aus dem Sportunterricht, dass schwere Kugeln nicht so weit gestoßen werden können wie leichte. Welchen Einfluss hat die Masse der Kugel auf die Wurfweite?

Die Kugel muss vom Werfer auf die Abwurfgeschwindigkeit v_0 beschleunigt werden. Nach dem NEWTON'schen Grundgesetz gilt $F = m \cdot a$ bzw. $a = \frac{F}{m}$. Je größer die Masse ist, desto kleiner ist bei gleicher Kraft des Werfers die Beschleunigung. Daher sind die Abwurfgeschwindigkeit und somit auch die Wurfweite kleiner.

1 Ein Kugelstoßer stößt die Kugel in einer Höhe von 2,0 m mit einer Geschwindigkeit von $10 \frac{m}{s}$ ab.

a) Ermitteln Sie grafisch den optimalen Abwurfwinkel auf 1° genau.

b) Berechnen Sie für einen Abwurfwinkel von 40° die Abwurfgeschwindigkeit v_0, bei der die Kugel 10 m (15 m, 20 m) weit gestoßen werden soll.

2 Den deutschen Rekord im Kugelstoßen stellte 1988 Ulf Timmermann auf. Er stieß die Kugel aus einer Höhe von 2,10 m mit einer Geschwindigkeit von $14,55 \frac{m}{s}$ unter einem Winkel von 40° ab. Berechnen Sie die Wurfweite.

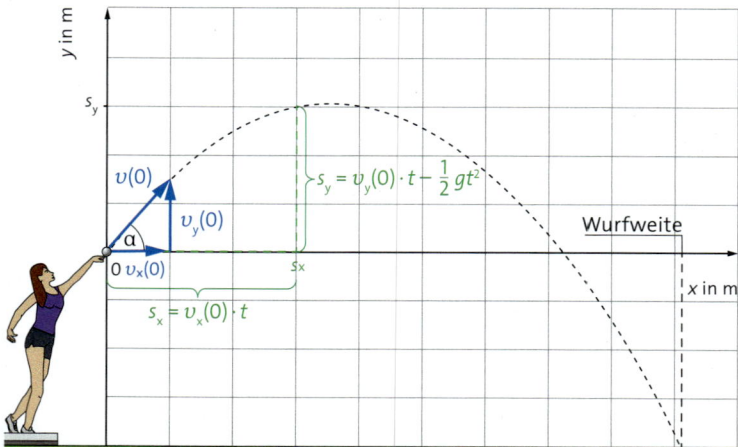

1 Wurf mit einer Anfangshöhe

Parabelflug

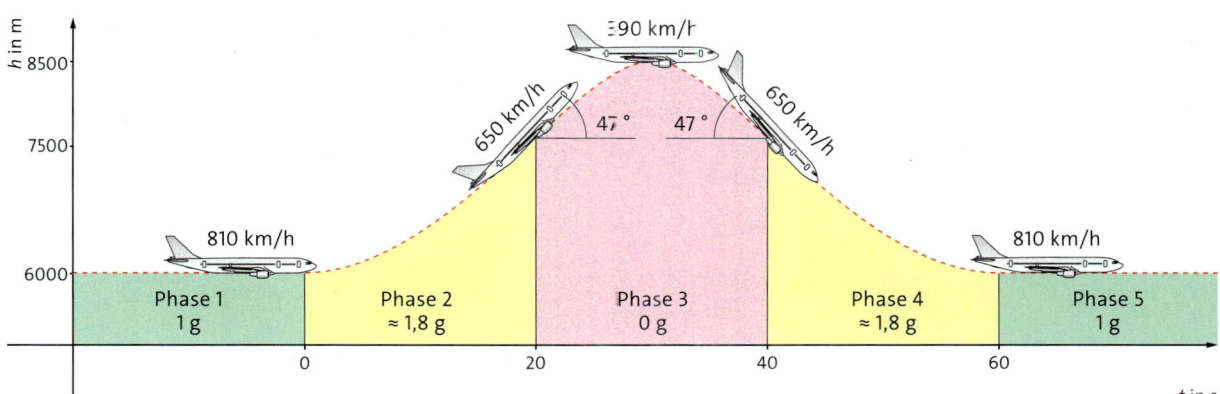

2 Phasen während des Parabelflugs

Der Parabelflug ist ein Flugmanöver, bei dem ein Flugzeug auf einer Bahn fliegt, die die Form einer nach unten geöffneten Parabel hat. Ziel des Parabelflugs ist es, für die Insassen einen Zustand nahe der Schwerelosigkeit zu erreichen, d.h. einen Zustand des freien Falls. Diese Flüge werden u.a. zur Vorbereitung auf Raumflüge, für Filmaufnahmen und Experimente durchgeführt.

In der 1. Phase des Fluges bewegt sich das Flugzeug horizontal mit einer Geschwindigkeit von ca. $810 \frac{km}{h}$. In dieser Phase wirkt auf die Insassen des Flugzeugs die normale Erdbeschleunigung von ca. $9{,}8 \frac{m}{s^2}$, also $1g$.

In der 2. Phase beginnt das Flugzeug einen Steigflug. Dabei erreicht es einen Steigungswinkel von ca. 47°. Die y-Komponente der Geschwindigkeit beträgt dabei bis zu $550 \frac{km}{h}$. Auf die Insassen wirkt jetzt fast die doppelte Gewichtskraft.

In der 3. Phase werden die Triebwerke so weit gedrosselt, dass nur noch die Luftreibungskraft ausgeglichen wird. Von hier an bewegt sich das Flugzeug annähernd auf einer Wurfparabel. Die Gewichtskraft, die die Insassen fühlen, geht gegen null.

In der 4. Phase wird der Sturzflug abgefangen. Die Schubkraftregler werden wieder auf vollen Schub gestellt und die Höhenruder fangen den Sinkflug ab. Die Gewichtskraft, die auf die Insassen wirkt, nimmt zu und erreicht im Maximum wieder fast den doppelten Wert.

In der 5. Phase geht das Flugzeug wieder in einen Horizontalflug wie in Phase 1 über.
Jetzt kann eine weitere Parabelbahn geflogen werden.

Um zu klären, warum die Insassen des Flugzeugs in der 3. Phase nahezu einen Zustand der Schwerelosigkeit erfahren, schauen wir uns den schiefen Wurf an. Ein Körper wird mit einer Geschwindigkeit v_0 unter einem Winkel α abgeworfen und bewegt sich auf einer Parabelbahn. Vom Beginn des Wurfes an fällt der Körper. Da die y-Komponente v_y der Geschwindigkeit v_0 zunächst größer ist als die Fallgeschwindigkeit, steigt er dennoch weiter, bis die Fallgeschwindigkeit den gleichen Betrag wie v_y hat. Jetzt ist das Maximum der Wurfparabel erreicht und der Körper verliert an Höhe.

Warum fühlt man sich im freien Fall im Flugzeug schwerelos? Wir spüren die Schwerkraft, weil sie uns gegen den Boden drückt. Während der Beschleunigungsphase und der Abbremsphase spüren die Passagiere den Druck gegen das Flugzeug noch stärker, weil dieses ihnen beschleunigt entgegenkommt. Zum Eingang in die 3. Phase befinden sich Flugzeug und Insassen gleichermaßen im freien Fall, die Insassen werden nicht mehr gegen die Unterlage gedrückt, weil diese mit ihnen fällt. Deshalb fühlen sie sich schwerelos.

1 Das Flugzeug geht in einer Höhe von 7500 m bei einer Geschwindigkeit von $800 \frac{km}{h}$ unter einem Winkel von 47° in die Phase 3 des Parabelflugs über.
a) Bestimmen Sie die die maximale Höhe der Parabelbahn und die Länge des Parabelflugs, wenn dieser bei der Ausgangshöhe von 7500 m beendet wird.
b) Vergleichen Sie Ihre Ergebnisse mit den Angaben in ▸Abb. 2.

Versuch A • Abwurfgeschwindigkeit und Abwurfwinkel

V1 Wasserstrahl

Material:
Wasserhahn mit Schlauch, Stativ und Ausflussröhrchen, Auffangrinne und Messzylinder, Lineal, Stoppuhr, Winkelmesser, Maßband

Arbeitsauftrag:
Bauen Sie den Versuch entsprechend ►Abb. 1 auf.
a) Bestimmen Sie die Querschnittsfläche A der Öffnung des Ausflussröhrchens.
b) Drehen Sie den Wasserhahn in einer festen Stellung für 10 s auf und messen

Sie das Volumen der in dieser Zeit ausgeflossenen Wassermenge.
c) Aus dem ausgeflossenen Volumen V des Wassers, der Querschnittsfläche A des Röhrchens und der Zeit t können Sie die Geschwindigkeit des Wasserstrahls berechnen:

$$v = \frac{V}{A \cdot t}.$$

d) Variieren Sie die Austrittsgeschwindigkeit des Wassers und den Winkel, unter dem das Wasser das Röhrchen verlässt. Beschreiben Sie Ihre Beobachtungen zur Bahn des Wasserstrahls mit einer Je-desto-Beziehung:

1. in Abhängigkeit von v_0,
2. in Abhängigkeit vom Winkel α.

e) Berechnen Sie für drei verschiedene Winkel die theoretische Wurfweite.
f) Überprüfen Sie die Ergebnisse experimentell und bewerten Sie diese.

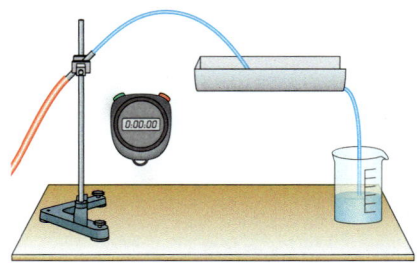

1 Versuchsaufbau zum Wasserstrahl

Versuch B • Modellieren verschiedener Ortsfaktoren

V1 Wasserstrahl

Material:
Holzplatte (min. 1 m × 1 m), Kugelkanone mit passender Kugel, Lineal und Winkelmesser

Arbeitsauftrag:
Die Versuchsidee orientiert sich an den Versuchen von Galilei mit der Fallrinne. Um im Experiment eine verkleinerte Fallbeschleunigung zu erhalten, wird der Winkel der Fallebene variiert.
a) Stellen Sie die Holzplatte zunächst senkrecht auf. Fixieren Sie die Kugelkanone auf der Holzplatte. Spannen Sie die Kugelkanone soweit, dass die Kugel bei einem Abwurfwinkel von 45° bei ca. $\frac{1}{4}$ der Plattenlänge landet. Markieren Sie an der Kugelkanone diese Position.
b) Bestimmen Sie aus dem Abwurfwinkel und der erreichten Wurfweite die Abwurfgeschwindigkeit v_0.
c) Fertigen Sie vom Abwurf der Kugel ein kurzes Video an und bestimmen Sie mithilfe einer Videoanalyse die

Abwurfgeschwindigkeit v_0. Vergleichen Sie diesen Wert mit dem aus b).
d) Variieren Sie den Winkel der Platte in Schritten von ca. 10°. Verwenden Sie die gleiche Abwurfgeschwindigkeit und messen sie die erreichten Wurfweiten.
e) Berechnen Sie aus den erhaltenen Wurfweiten die vertikale Beschleunigung a_y, die die Kugel erfährt.

f) Stellen Sie einen mathematischen Zusammenhang zwischen dem Winkel der Plattenstellung und der Vertikalbeschleunigung der Kugel her.
g) Sie wollen mit der Platte den schiefen Wurf auf dem Mond simulieren. Ermitteln Sie den Winkel, in dem die Platte stehen muss, und wiederholen Sie das Experiment.

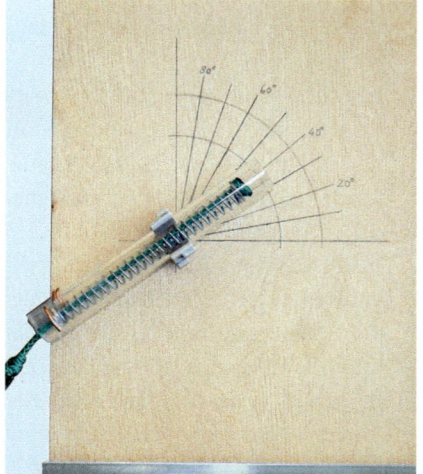

2 Versuchsaufbau mit Kugelkanone

Material A • Modellieren von Wurfprozessen

Mithilfe eines Tabellenkalkulations-programms lassen sich Wurfprozesse modellieren.
Beachten Sie, dass Tabellenkalkulationen nicht mit Winkelangaben in Grad, sondern in Bogenmaß rechnen. Die Winkel müssen also in das Bogenmaß umgerechnet werden.

Eine mögliche Syntax für s_x ist:
B4*COS(B5*PI()/180)*A9
Entsprechend für s_y:
B4*SIN(B5*PI()/180)*A9-4,9*A9^2

A1 Modellieren Sie den schiefen Wurf von Körper 1 mit Hilfe einer Tabellenkalkulation (▶Abb. 3). Sie können die Ausgangsgrößen in den grün unterlegten Feldern beliebig anpassen.

A2 Erstellen Sie die Tabelle für einen zweiten Körper und stellen Sie die Bewegung beider Körper in einem gemeinsamen $s_y(s_x)$-Diagramm dar.

A3 Passen Sie Ihr Diagramm und die Tabelle so an, dass die Werte unterhalb der s_x-Achse nicht dargestellt werden.

A4 a) Passen Sie die Tabelle so an, dass Sie auch den Ortsfaktor g variieren können.
b) Passen Sie die Tabelle so an, dass Sie auch die Abwurfhöhe variieren können.

A5 Einige Tabellenkalkulationsprogramme bieten die Möglichkeit, Schieberegler in die Tabelle zu integrieren. Mit diesem können Sie die Eingabe der Ausgangsparameter regeln. Verwenden Sie in Ihrer Tabelle ebenfalls Schieberegler.

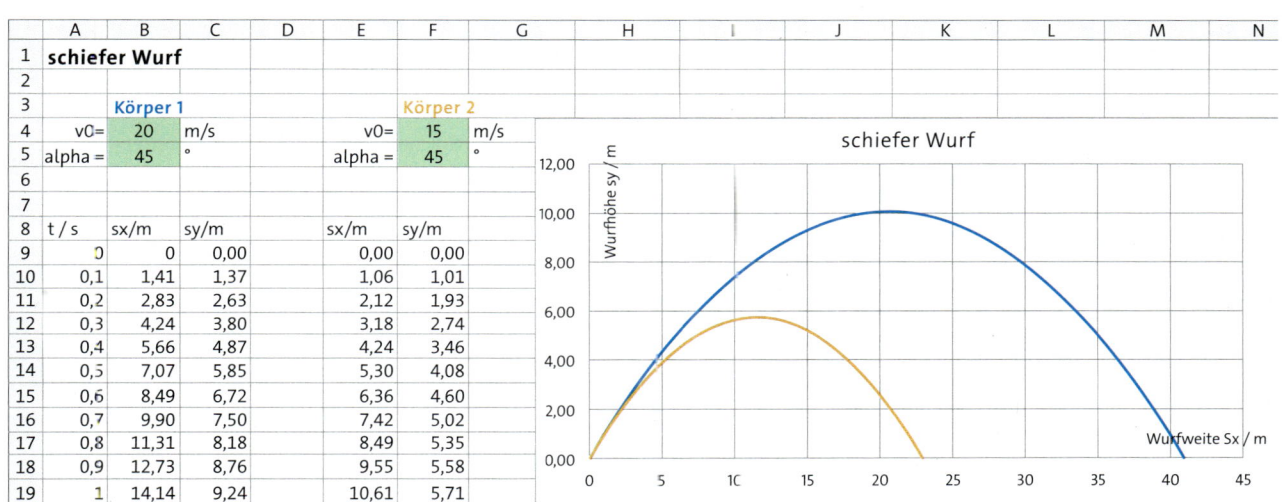

	A	B	C	D	E	F	G	H	I	J	K	L	M	N
1	**schiefer Wurf**													
2														
3		**Körper 1**				**Körper 2**								
4	v0=	20	m/s		v0=	15	m/s							
5	alpha =	45	°		alpha =	45	°							
6														
7														
8	t / s	sx/m	sy/m		sx/m	sy/m								
9	0	0	0,00		0,00	0,00								
10	0,1	1,41	1,37		1,06	1,01								
11	0,2	2,83	2,63		2,12	1,93								
12	0,3	4,24	3,80		3,18	2,74								
13	0,4	5,66	4,87		4,24	3,46								
14	0,5	7,07	5,85		5,30	4,08								
15	0,6	8,49	6,72		6,36	4,60								
16	0,7	9,90	7,50		7,42	5,02								
17	0,8	11,31	8,18		8,49	5,35								
18	0,9	12,73	8,76		9,55	5,58								
19	1	14,14	9,24		10,61	5,71								

3 Modellieren mithilfe eines Tabellenkalkulationsprogramms

Material B • Wurfgerät mit Dartpfeil

▶Abb. 4 zeigt ein Wurfgerät. Der Dartpfeil befindet sich an einem Gummiband. Das Band ist mit einem Auslösemechanismus am Zielbrett verbunden. Lässt man den Pfeil los, löst sich deshalb auch die Zielscheibe aus ihrer Halterung und fällt.

B1 Wenn man den Pfeil waagerecht in Höhe der Zielscheibe hält — bei gespanntem Gummiband — und loslässt, dann trifft der Pfeil die fallende Scheibe. Begründen Sie.

B2 Ermitteln Sie den Winkel, unter dem man den Dart-Pfeil schräg von unten oder von oben auf die Scheibe zielen müsste, damit er die Scheibe im Flug trifft. Begründen Sie.

4 Wurfgerät

1 Hammerwerfer

Kreisbewegungen beschreiben

Beim Hammerwerfen schleudert der Werfer einen 16 englische Pfund (7,26 kg) schweren Hammer, der an einem 4 Fuß (1,22 m) langen Draht befestigt ist. Dabei dreht sich der Sportler in einem Abwurfkreis mit einem Durchmesser von 7 Fuß (2,14 m) und lässt schließlich los. Wie ist es möglich, dass Spitzenathleten Wurfweiten von über 80 m erreichen?

Kenngrößen der Kreisbewegung • Zunächst müssen wir einige Größen der Kreisbewegung kennenlernen und definieren. Dabei beschränken wir uns auf die gleichförmige Kreisbewegung.

> Die Bewegung eines Körpers mit konstanter Geschwindigkeit auf einer Kreisbahn heißt gleichförmige Kreisbewegung.

ω – griech. „omega"
φ – griech. „phi"

Die Bahngeschwindigkeit v berechnet sich, wie schon von der gleichförmigen Bewegung bekannt, mit $v = \frac{\Delta s}{\Delta t}$. Welche Größen entsprechen bei einer Kreisbewegung Δt und Δs (▸Abb. 2 A)?

Die **Umlaufzeit** T ist die Zeit für einen Umlauf auf der Kreisbahn.

Die **Drehfrequenz** f ist der Kehrwert der Umlaufzeit bzw. der Quotient aus der Zahl der Umläufe n und der dafür benötigten Zeit t.

$f = \frac{1}{T} = \frac{n}{t}$.

Die Einheit von f ist: $[f] = \frac{1}{s} = 1\,Hz$ (Hertz).
Für eine Umdrehung entspricht Δs dem Kreisumfang. Es gilt also:

$v = \frac{\Delta s}{\Delta t} = \frac{2 \cdot \pi \cdot r}{T} = 2 \cdot \pi \cdot r \cdot f$

Alle Körper in ▸Abb. 2 B bewegen sich auf einer Kreisbahn mit derselben Umlaufzeit bzw. Drehfrequenz, aber die Radien ihrer Bahnen sind verschieden. Folglich sind auch ihre Bahngeschwindigkeiten verschieden. Die Änderung des Drehwinkels $\Delta\varphi$ ist aber bei allen Körpern auf der Drehscheibe gleich. Sie haben die gleiche **Winkelgeschwindigkeit** ω.

$\omega = \frac{\Delta\varphi}{\Delta t}$

Bevor wir die Winkelgeschwindigkeit genau angeben, betrachten wir den Zusammenhang von Gradmaß und Bogenmaß.

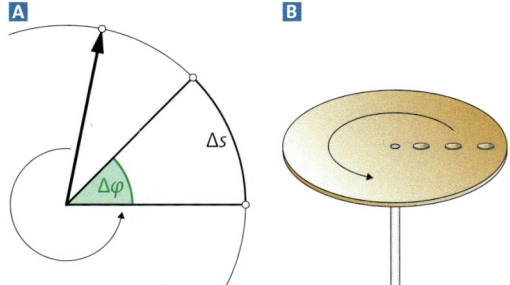

2 **A** Größen am Kreis, **B** Drehscheibe

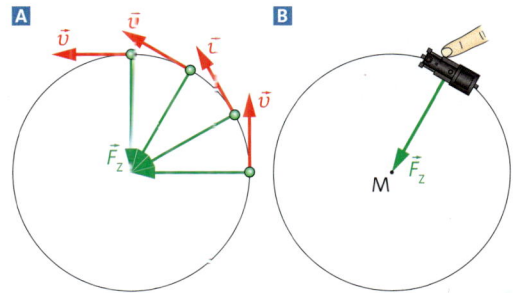

3 **A** Vektoren am Kreis, **B** Lokomotive auf Kreisbahn

Bogenmaß • Bei Kreisbewegungen ist es besonders einfach, den Winkel aus der Länge des Kreisbogens zu bestimmen. Bisher haben wir Winkel meist in Grad angegeben. Eine weitere Möglichkeit, Winkel anzugeben, ist das **Bogenmaß.** Die Länge des Kreisbogens im Einheitskreis ist dabei ein Maß für den Winkel. So entspricht $\alpha = 360°$ einem Bogenmaß von $\alpha_{rad} = 2\pi$. Damit gilt für die Winkelgeschwindigkeit:

$$\omega = \frac{\Delta\varphi}{\Delta t} = \frac{2\pi}{T} = 2\pi \cdot f.$$

Die Einheit von ω ist nicht 1 Hz, sondern $1\frac{1}{s}$.

Kräfte am Kreis • Nach dem ersten NEWTON'schen Axiom verharrt ein Körper in Ruhe oder in geradlinig gleichförmiger Bewegung, solange keine Kraft auf ihn wirkt. Nach dem Loslassen des Hammers bewegt dieser sich bei Vernachlässigung von Reibung und Gravitation geradlinig gleichförmig. Die Richtung der Geschwindigkeit entspricht also der Tangente am Kreis (▸Abb. 3 A). Was hält den Hammer aber vor dem Loslassen auf der Kreisbahn?
Dazu führen wir ein Experiment durch (▸Abb. 3 B). Eine elektrisch betriebene Modelllokomotive soll auf einer Kreisbahn fahren. Der Elektromotor realisiert jedoch eine geradlinig gleichförmige Bewegung. Damit wir die Lok auf der Kreisbahn halten, muss ständig eine zum Kreismittelpunkt gerichtete Kraft, die **Zentripetalkraft** F_z, auf die Lok wirken (▸Abb. 3 B).

> Damit sich ein Körper auf einer Kreisbahn bewegt, muss ständig eine zum Kreismittelpunkt gerichtete Kraft, die Zentripetalkraft, auf ihn wirken.

Für eine große Wurfweite muss der Hammer eine möglichst große Bahngeschwindigkeit erreichen. Diese große Geschwindigkeit erreicht der Hammerwerfer durch seine Kreisbewegung mit großem Radius und hoher Drehfrequenz.

$$v = 2\pi \cdot r \cdot f = \omega \cdot r$$

Doch warum dreht sich der Hammerwerfer nicht noch öfter? Dazu müssen wir uns die Zentripetalkraft ansehen.

Zentripetalkraft • Welche Größen haben Einfluss auf die Zentripetalkraft?
Betrachten wir das Experiment mit den Münzen auf der Drehscheibe (▸Abb. 2 B), dann sehen wir, dass die Münzen bei zunehmender Drehfrequenz nicht gleichzeitig zu rutschen beginnen. Der Radius und die Bahngeschwindigkeit müssen also Einfluss auf die Zentripetalkraft haben.
Wenn wir uns den Hammerwerfer anschauen und uns vorstellen, er würde eine Styroporkugel schleudern, dann können wir vermuten, dass auch die Masse des Hammers Einfluss auf die Kraft hat, die erforderlich ist, um den Hammer auf der Kreisbahn zu halten.

1 Die Drehscheibe (▸Abb. 2 B) dreht sich mit einer Umlaufzeit von 0,8 s. Die drei Münzen haben vom Drehpunkt einen Abstand von 5 cm, 10 cm und 15 cm. Berechnen Sie Winkelgeschwindigkeit und Bahngeschwindigkeit der Münzen.

2 Ein Hammerwerfer beschleunigt den Hammer auf eine Geschwindigkeit von $20\frac{m}{s}$. Die Summe aus Draht- und Armlänge betrage 2,0 m. Berechnen Sie die Umlaufzeit und die Drehfrequenz, die der Hammerwerfer erreichen muss.

Ein Winkel im Bogenmaß hat die Einheit rad:
360° = 2π rad.
Entsprechend gilt für die Einheit der Winkelgeschwindigkeit:
$[\omega] = \frac{rad}{s}$
rad ist jedoch eine dimensionslose Einheit und kann daher in Rechnungen durch 1 ersetzt werden.

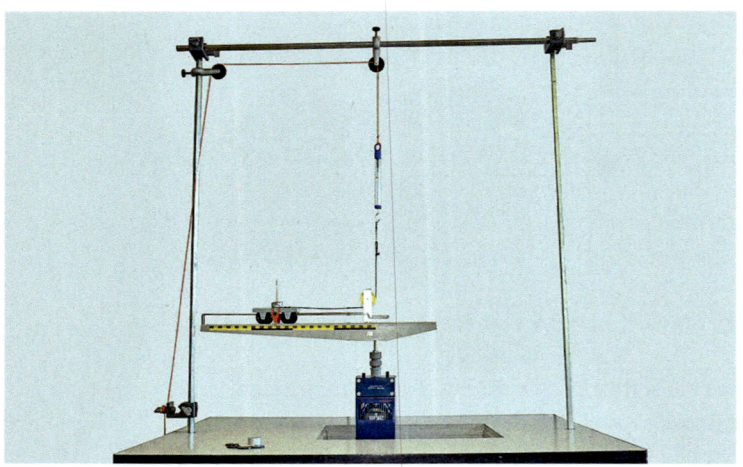

1 Zentralkraftgerät

Mit einem Zentralkraftgerät (▸Abb.1) untersuchen wir den Einfluss der Größen Masse, Geschwindigkeit und Umlaufzeit auf die Zentripetalkraft. Die Zentripetalkraft F_Z können wir am Federkraftmesser ablesen. Dieser ist über einen Faden mit einem beweglichen Wagen auf dem rotierenden Schlitten verbunden. Am Motor können wir die Drehzahl und damit die Umlaufzeit T einstellen. Über die Fadenlänge können wir den Radius r variieren. Der Wagen bietet die Möglichkeit, verschiedene Massestücke aufzusetzen.

Abhängigkeit von der Masse • Bei konstanter Umlaufzeit und konstantem Radius ($T = 1,88$ s, $r = 0,25$ m, $v = 1,00 \frac{m}{s}$) variieren wir die Masse m des Wagens. Die Messwerte in ▸Abb.2 zeigen, dass die Zentripetalkraft proportional zur Masse steigt: $F_Z \sim m$.

Abhängigkeit von der Bahngeschwindigkeit • Die Bahngeschwindigkeit ändern wir, indem wir die Drehzahl variieren. Masse und Radius halten wir konstant ($m = 0,05$ kg, $r = 0,20$ m). Die Messwerte in ▸Abb.3 zeigen, dass die Zentripetalkraft mit der Bahngeschwindigkeit zunimmt. Es gilt: $F_Z \sim v^2$.

Abhängigkeit vom Radius • Um die Abhängigkeit von F_Z vom Radius zu untersuchen, wählen wir für den Wagen eine feste Masse ($m = 0,10$ kg) und eine feste Bahngeschwindigkeit ($v = 1,00 \frac{m}{s}$). Mithilfe des Fadens variieren wir den Radius der Kreisbahn. Die Messwerte (▸Abb.4) zeigen, dass die Zentripetalkraft mit zunehmendem Radius abnimmt. Es gilt: $F_Z \sim \frac{1}{r}$.

Aus den drei gewonnenen Zusammenhängen können wir schließen:

$$F_Z \sim \frac{m \cdot v^2}{r}.$$

Durch Einsetzen der aufgenommenen Messwerte erkennen wir, dass der Proportionalitätsfaktor 1 ist. Für die Zentripetalkraft gilt somit:

$$F_Z = \frac{m \cdot v^2}{r}.$$

	F_Z in N	m in kg
1	0,20	0,05
2	0,38	0,10
3	0,58	0,15
4	0,80	0,20
5	1,00	0,25

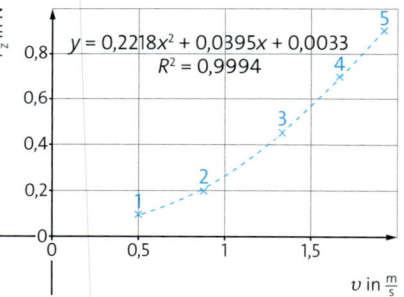

2 Abhängigkeit der Zentripetalkraft von der Masse

	F_Z in N	T in s	v in $\frac{m}{s}$
1	0,10	2,35	0,53
2	0,20	1,43	0,88
3	0,45	0,94	1,34
4	0,70	0,75	1,68
5	0,90	0,65	1,93

3 Abhängigkeit der Zentripetalkraft von der Bahngeschwindigkeit

	F_Z in N	T in s	r in m
1	1,00	0,63	0,10
2	0,65	0,94	0,15
3	0,50	1,26	0,20
4	0,40	1,57	0,25
5	0,33	1,88	0,30
6	0,28	2,20	0,35

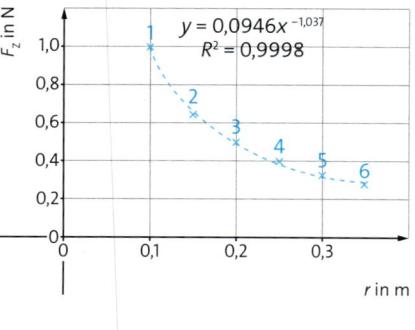

4 Abhängigkeit der Zentripetalkraft vom Radius

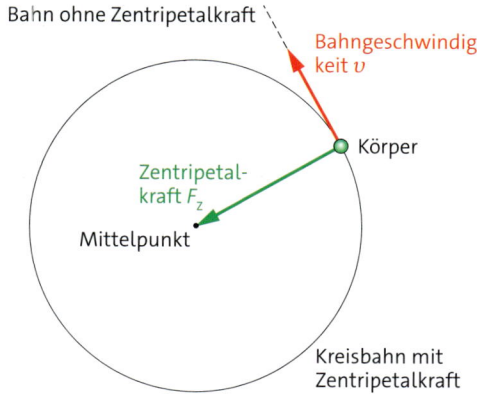

Bahn ohne Zentripetalkraft

Bahngeschwindig-keit v

Körper

Zentripetal-kraft F_Z

Mittelpunkt

Kreisbahn mit Zentripetalkraft

5 Zentripetalkraft

Zentripetalbeschleunigung • Damit sich ein Körper auf einer Kreisbahn bewegt, muss es eine zum Mittelpunkt des Kreises gerichtete Kraft, die Zentripetalkraft, geben. Nach dem NEWTON'schen Grundgesetz gilt:

$$F = m \cdot a.$$

Es muss also auch eine zum Mittelpunkt gerichtete Beschleunigung geben (▸Abb. 5). Dies ist die Zentripetalbeschleunigung a_Z:

$$\left.\begin{array}{l} F_Z = \dfrac{m \cdot v^2}{r} \\ F_Z = a_Z \cdot m \end{array}\right\} \quad a_Z = \dfrac{v^2}{r}$$

> Die Zentripetalbeschleunigung $a_Z = \frac{v^2}{r}$ wirkt senkrecht zur Bewegungsrichtung des Körpers und ist zum Kreismittelpunkt gerichtet.

Wir hatten die Frage gestellt, warum sich der Hammerwerfer nicht schneller dreht, um den Hammer auf eine noch größere Geschwindigkeit zu beschleunigen. Der Hammerwerfer muss den Hammer während der Drehung halten. Dabei muss er die Kraft F_Z aufbringen. Eine typische Abwurfgeschwindigkeit bei Weiten um 80 m beträgt ca. 25 $\frac{m}{s}$. Ein typischer Radius ergibt sich aus der Draht- und Armlänge sowie der Bewegung im Wurfkreis und beträgt ca. 2,2 m. Mit der Hammermasse von 7,26 kg ergibt sich:

$$F_Z = \frac{m \cdot v^2}{r} = \frac{7{,}26\,\text{kg} \cdot 625\frac{m^2}{s^2}}{2{,}2\,m} = 2063\,N$$

Der Hammerwerfer muss kurzzeitig also eine Kraft von ca. 2060 N aufbringen. Das schaffen nur Spitzenathleten.

1 Die Trennscheibe eines Winkelschleifers (Flex) dreht sich mit 12 500 Umdrehungen pro Minute (▸Abb. 6). Die Trennscheibe habe einen Durchmesser von 125 mm.
a) Berechnen Sie die Winkelgeschwindigkeit der Trennscheibe und die Bahngeschwindigkeit, die ein Punkt am äußeren Rand der Trennscheibe hat.
b) Berechnen Sie die Zentripetalbeschleunigung, die ein Punkt am äußeren Rand der Trennscheibe erfährt.

2 Die Erde dreht sich an einem Tag um die eigene Achse und in 365 Tagen um die Sonne. Gehen Sie bei beiden Bewegungen von einer Kreisbahn aus
Berechnen Sie die Bahngeschwindigkeit, mit der sich ein Körper auf der Erdoberfläche bewegt
a) bei der Rotation um die Erdachse,
b) bei der Rotation um die Sonne.

3 Wäscheschleudern mit einem Trommeldurchmesser von 30 cm erreichen Drehzahlen von bis zu 2400 Umdrehungen pro Minute.
a) Berechnen Sie die Geschwindigkeit, mit der sich die Trommelwand bewegt.
b) Berechnen Sie die Zentripetalbeschleunigung auf ein Wasserteilchen an der Trommelwand.
c) Berechnen Sie die Kraft, die auf ein Wasserteilchen in der Nähe der Trommelwand wirkt.

4 Berechnen Sie die minimale Geschwindigkeit, mit der eine Kugel der Masse 100 g einen Looping mit dem Durchmesser 1 m durchrollen kann.

5 Für Spielzeugautos gibt es Loopingbahnen, bei denen die Autos auf einer biegsamen Anlaufbahn beschleunigt werden. Der Looping der Bahn habe einen Durchmesser von 25 cm. Berechnen Sie die Höhe, aus der das Auto mindestens starten muss, um den Looping durchfahren zu können.

6 Funkenflug beim Winkelschleifer

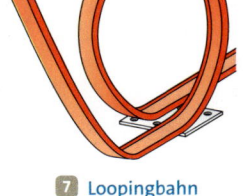

7 Loopingbahn

Versuch A • Verhalten von Körpern bei der Kreisbewegung

V1 Kräfte sichtbar machen

1 An den Deckel geklebter Korken schwebt im Wasser

Material:
Experimentiermotor, Stativmaterial, Drehscheibe, Glas, Korken, Kerze, Windlicht, Klebstoff oder Klebeband

Arbeitsauftrag:
a) Bauen Sie das Experiment entsprechend der Abbildung auf: Befestigen Sie einen Faden am Korken und kleben Sie diesen Faden an den Deckel des Glases. Der Faden sollte so lang sein, dass der Korken bei geschlossenem Deckel ca. 2 cm über dem Boden des Glases hängt. Füllen Sie das Glas mit Wasser und schließen Sie es mit dem Deckel.
Stellen Sie das Glas umgekehrt auf die Drehscheibe. Regeln Sie die Drehzahl des Motors langsam hoch, sodass das Glas nicht herunterfällt.
b) Beschreiben Sie Ihre Beobachtungen und erklären Sie diese.
c) Wiederholen Sie das Experiment mit einer brennenden Kerze. Stellen Sie die Kerze dazu in das Windlicht. Vergleichen Sie Ihre Beobachtungen und erklären Sie diese.

Versuch B • Winkelgeschwindigkeit und Beschleunigung

V1 Analyse mit dem Smartphone

Material:
Salatschleuder, Smartphone mit geeigneter App zur Aufzeichnung von Winkelgeschwindigkeit und Beschleunigung, Handtuch oder Schal

Arbeitsauftrag:
Öffnen Sie die App. Starten Sie die Messung und legen Sie das Smartphone an den Innenrand der Salatschleuder. Fixieren Sie nun das Smartphone mit dem Handtuch so, dass es bei der Rotation der Salatschleuder an der gewählten Position bleibt.

Schließen Sie den Deckel der Salatschleuder und drehen Sie diese mit verschiedenen Geschwindigkeiten. Achten Sie darauf, das Smartphone gut zu fixieren, sodass es bei dem Versuch nicht beschädigt wird.
a) Die App liefert das $a(\omega)$-Diagramm und das $a(\omega^2)$-Diagramm. Beschreiben Sie den Zusammenhang von Winkelgeschwindigkeit und Zentripetalbeschleunigung.
b) Messen Sie den Radius, auf dem sich das Smartphone in der Salatschleuder gedreht hat. Berechnen Sie aus den gewonnenen Daten die Bahngeschwindigkeit des Smartphones.
c) Überprüfen Sie den Zusammenhang von ω und a in weiteren Experimenten, z. B. während einer Kurvenfahrt.

2 Smartphone in Salatschleuder

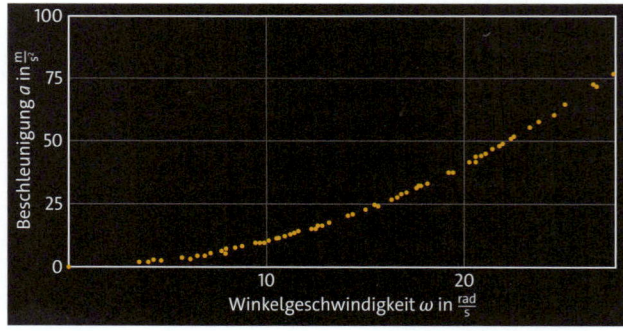

3 Messung der Beschleunigung

Material A • Höchstgeschwindigkeit bei Kreisbewegungen

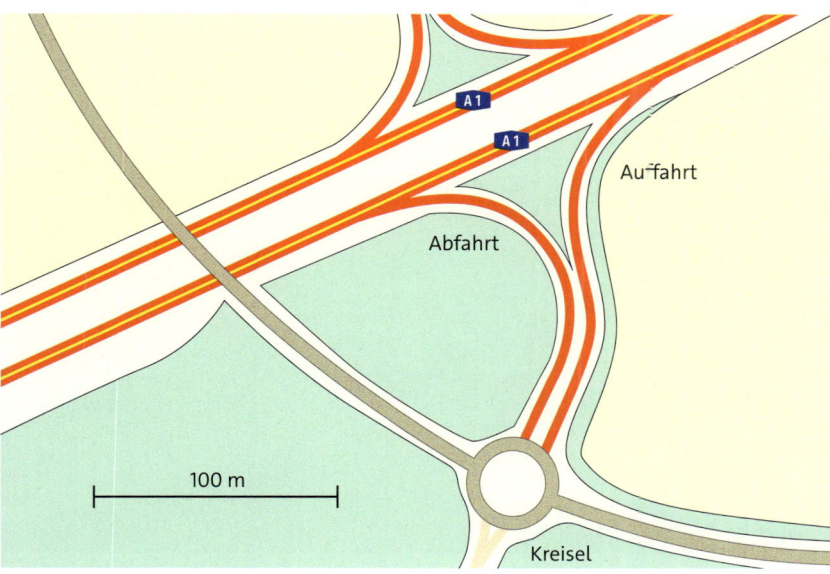

4 Autobahnabfahrt Elsdorf

▸Abb. 4 zeigt eine Abfahrt der Autobahn A1, ▸Abb. 5 zeigt das Autobahnkreuz Hannover-Ost.

A1 Berechnen Sie die maximalen Geschwindigkeiten, mit denen ein Pkw bei trockener Straße in ▸Abb. 4
a) von der Autobahn abfahren kann,
b) auf die Autobahn auffahren kann,
c) den Kreisel durchfahren kann.

A2 Wiederholen Sie ihre Berechnungen zu ▸Abb. 4
a) für eine nasse Fahrbahn,
b) für eine vereiste Fahrbahn.
c) Schlagen Sie ein jeweils geeignetes Tempolimit vor und begründen Sie ihre Entscheidung.

A3 Berechnen Sie die Geschwindigkeit, mit der ein Pkw auf trockener Straße am Autobahnkreuz in ▸Abb. 5 den Übergang von
a) Berlin nach Hamburg,
b) Dortmund nach Hamburg fahren kann.

A4 Wiederholen Sie ihre Berechnungen für
a) nasse Fahrbahn,
b) vereiste Fahrbahn.

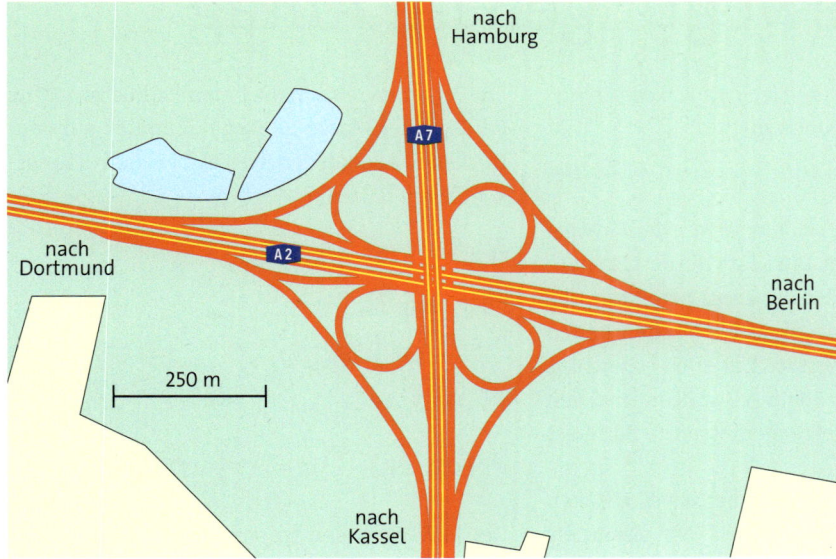

5 Autobahnkreuz Hannover-Ost

Fahrbahn	Haftreibungszahl
trocken	0,8 (0,4–1,0)
nass	0,5 (0,4–0,6)
vereist	0,1

Material B • Winkelgeschwindigkeit beim Hammerwerfen

Den Weltrekord im Hammerwerfen der Männer hält der Russe Jurij Sjedych mit einer Weite von 86,74 m. Diesen Rekord stellte er 1986 bei den Leichtathletik-Europameisterschaften in Stuttgart auf.

Gehen Sie davon aus, dass die Summe aus Drahtlänge des Hammers und Armlänge des Werfers bei ca. 2,0 m lag. Die Abwurfhöhe kann vernachlässigt werden.

B1 Berechnen Sie die Winkelgeschwindigkeit und die Umlaufzeit, die Jurij Sjedych im Moment des Abwurfs erreichen musste.

Kreisbewegungen im Alltag

Ein Pkw fährt schnell durch einen Verkehrskreisel. Was hält ihn auf der Kreisbahn?

Würden keine Kräfte wirken, würde der Pkw geradeaus weiterfahren. Die Kraft, die den Pkw auf der Kreisbahn hält, ist die Zentripetalkraft, die hier durch die Reibungskräfte zwischen Reifen und Fahrbahn realisiert ist. Daher ist es wichtig, keine abgefahrenen Reifen zu nutzen und den Fahrbahnbedingungen angemessen zu fahren.

Kurvenfahrt • Wo liegen die physikalischen Grenzen bei einer Kurvenfahrt? Wir vermuten, dass die folgenden Größen Einfluss auf die Kurvenfahrt und die mögliche Maximalgeschwindigkeit haben: Kurvenradius, Bahngeschwindigkeit, Masse des Autos, Beschaffenheit von Reifen und Straße.
Damit der Pkw in der Kurve die Spur halten kann, muss die Haftreibungskraft F_{HR} zwischen Straße und Reifen mindestens so groß wie die Zentripetalkraft sein:

$F_Z \leq F_{HR}$, wobei $F_Z = \frac{m \cdot v^2}{r}$ und $F_{HR} = \mu_{HR} \cdot F_N$.

Ein Verkehrskreisel habe einen Radius von 20 m. Ein Pkw der Masse 1000 kg durchfährt auf dem trockenen Asphalt den Kreisel. Der Haftreibungskoeffizient habe den Wert 0,9.

$$F_Z \leq F_{HR}$$

$$\frac{m \cdot v^2}{r} \leq \mu_{HR} \cdot F_G$$

$$\frac{m_{Pkw} \cdot v^2}{r} \leq \mu_{HR} \cdot m_{Pkw} \cdot g$$

$$v \leq \sqrt{\mu_{HR} \cdot g \cdot r}$$

$$v \leq \sqrt{0,9 \cdot 9,8 \frac{m}{s^2} \cdot 20\,m} \approx 13,3 \frac{m}{s} \approx 47,8 \frac{km}{h}$$

Der Pkw kann den trockenen Kreisel mit einer Maximalgeschwindigkeit von $47 \frac{km}{h}$ durchfahren. Wir erkennen in der Rechnung, dass die Masse des Pkw keinen Einfluss hat. Sie kann beim Lösen der Ungleichung gekürzt werden.

Betrachten wir einige Kurven genauer, so stellen wir fest, dass diese eine sogenannte Kurvenüberhöhung aufweisen, d. h., dass die Fahrbahn an der Innenseite tiefer liegt als an der Außenseite (▶Abb. 2). Welchen Sinn haben diese Kurvenüberhöhungen?

Hier wirken weitere Kräfte, die es ermöglichen, die Kurve schneller zu durchfahren.

Zentrifugalkraft · Häufig hört man im Zusammenhang mit Kreisbewegungen von der Zentrifugal- bzw. Fliehkraft. Diese Kraft haben Sie schon erfahren, wenn Sie sich im Auto bei einer Kurvenfahrt an die Tür gedrückt fühlten (▸Abb. 2, rotes Kräfteparallelogramm). Diese Kraft lässt sich mit dem Trägheitsprinzip erklären. Daher handelt es sich bei der Zentrifugalkraft um eine Trägheitskraft.

Zur näheren Untersuchung nehmen wir eine zweite Perspektive ein. Ein ruhender Beobachter am Straßenrand erkennt, dass die Fahrzeugwand eine nach innen gerichtete Kraft auf den Mitfahrer ausübt (▸Abb. 2, blaues Kräfteparallelogramm). Dies ist die Zentripetalkraft. Sie hält den Mitfahrer auf der Kreisbahn. Zentrifugalkraft $\vec{F}_{ZF}$ und Zentripetalkraft $\vec{F}_Z$ sind betragsmäßig gleich und entgegengesetzt gerichtet. Da die beiden Kräfte nicht in einem gemeinsamen Bezugssystem auftreten, sind es weder Gegenkräfte noch bilden sie ein Kräftegleichgewicht.

> Die Zentrifugalkraft $\vec{F}_{ZF}$ bzw. Fliehkraft ist eine Trägheitskraft. Sie ist entgegen der Zentripetalkraft gerichtet, hat den gleichen Betrag wie die Zentripetalkraft und kann nur in beschleunigten Bezugssystemen gemessen werden.

▸Abb. 2 zeigt eine überhöhte Kurve. Man erkennt, dass die Zentripetalkraft nicht ausschließlich durch die Haftreibungskraft aufgebracht werden muss. Auf den Pkw wirkt eine Trägheitskraft, die ihn stärker gegen die Fahrbahn drückt. So kann der Pkw bei der richtigen Geschwindigkeit auch ohne Reibung durch die Kurve fahren.
Die gleiche Situation beobachten wir nun aus der Perspektive des Fahrers. Am Kräfteparallelogramm in ▸Abb. 2 ist der Fall dargestellt, dass die Resultierende aus Zentrifugalkraft und Gewichtskraft gleich der Normalkraft ist. Auch aus dieser Perspektive treten keine weiteren Kräfte längs der Fahrbahn auf und der Pkw kann die Kurve reibungsfrei durchfahren.

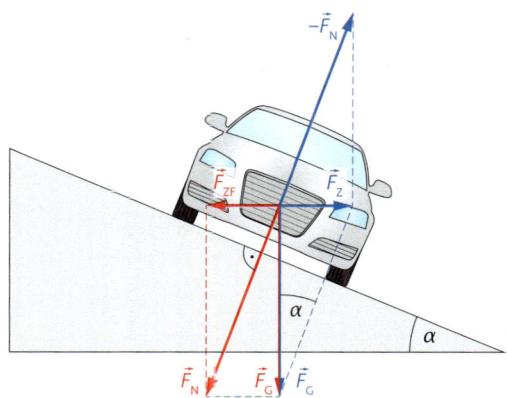

2 Kräfte bei Kurvenüberhöhung

Für welche Geschwindigkeit ist diese Bedingung erfüllt? Es gilt:

$$\vec{F}_Z = -\vec{F}_N + \vec{F}_G \text{ und } \vec{F}_{ZF} = \vec{F}_N - \vec{F}_G.$$

Wir sehen, dass $\tan \alpha = \frac{F_Z}{F_G}$.
Setzen wir die Formeln für F_Z und F_G ein, so erhalten wir:

$$\tan \alpha = \frac{m \cdot v^2}{r \cdot m \cdot g} = \frac{v^2}{r \cdot g},$$

$$v = \sqrt{r \cdot g \cdot \tan \alpha}.$$

Mit dieser Formel berechnen wir die Geschwindigkeit, mit der ein Pkw eine überhöhte Kurve reibungsfrei durchfahren kann.

1 Ein Pkw durchfährt eine Kurve mit dem Radius 50 m. Die Kurve habe eine Neigung von 10°.
a) Berechnen Sie die Geschwindigkeit, mit der der Pkw die Kurve reibungsfrei durchfahren kann.
b) Berechnen Sie die erforderliche Kurvenneigung, damit der Pkw die Kurve mit einer Geschwindigkeit von 60 $\frac{km}{h}$ durchfahren kann.

2 Bei trockener Fahrbahn kann der Pkw deutlich schneller durch die Kurve fahren.
a) Skizzieren Sie den Pkw an einer geneigten Ebene (ähnlich ▸Abb. 2). Zeichnen Sie die Vektoren der Reibungskräfte ein.
b) Ergänzen Sie die Zeichnung um den Vektor der Hangabtriebskraft.
c) Stellen Sie eine Gleichung auf, die alle zum Kreismittelpunkt gerichteten Kräfte zusammenfasst

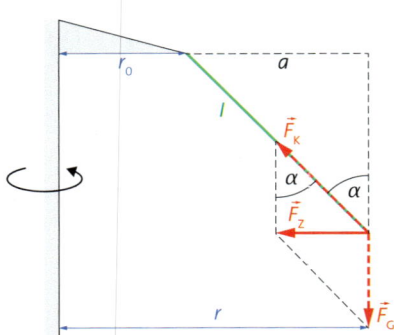

1 Kräfte am Kettenkarussell

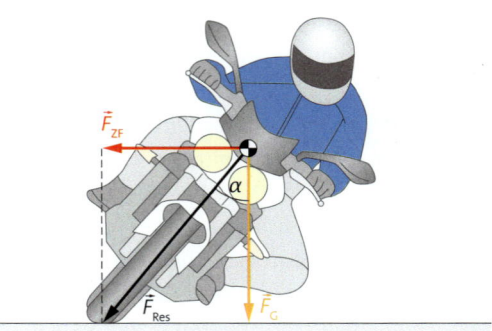

3 Kräfte aus Sicht des Motorradfahrers

2 Kettenkarussell

Kräfte am Kettenkarussell • Im Kettenkarussell bewegen sich die Sitze bei der Rotation nach außen. Welche Kräfte wirken hier?

Im Ruhezustand wirkt die Gewichtskraft $\vec{F}_G$. Setzt sich das Kettenkarussell in Bewegung, dann bewegen sich die Sitze nach außen auf eine Kreisbahn mit einem größeren Radius. Auf die Sitze wirken jetzt die nach unten gerichtete Gewichtskraft $\vec{F}_G$ und die von der Kette ausgehende Kraft $\vec{F}_K$. Die Diagonale in dem von den beiden Kräften aufgespannten Kräfteparallelogramm ist die Zentripetalkraft $\vec{F}_Z$. Nach Abb. 1 gilt:

$$\tan\alpha = \frac{F_Z}{F_G} = \frac{m \cdot v^2}{r \cdot m \cdot g} = \frac{v^2}{r \cdot g}.$$

Mithilfe dieser Beziehung können wir ermitteln, welcher Winkel α sich einstellt, wenn sich das Karussell mit einer Umlaufzeit T bewegt. Dazu ersetzen wir die Bahngeschwindigkeit v und verwenden:

$$v = \frac{2\pi \cdot r}{T}.$$

Wir erhalten:

$$\tan\alpha = \frac{v^2}{r \cdot g} = \frac{4\pi^2 \cdot r^2}{r \cdot g \cdot T^2} = \frac{4\pi^2 \cdot r}{g \cdot T^2}.$$

Wir müssen weiter berücksichtigen, dass die Kette nicht direkt an der Drehachse befestigt ist, sondern in einem Abstand r_0. Die Länge der Kette sei l. Mit $a = l \cdot \sin\alpha$ und $r = r_0 + a$ folgt schließlich:

$$\tan\alpha = \frac{4\pi^2 \cdot r}{g \cdot T^2} = \frac{4\pi^2 \cdot (r_0 + l \cdot \sin\alpha)}{g \cdot T^2}.$$

Diese Gleichung können wir nicht nach α umstellen. Sie können aber die Lösungsfunktion des Taschenrechners nutzen, um zu bekannten Werten von r_0, l und T den Winkel α ermitteln zu lassen. Für $r_0 = 8,0\,\text{m}$, $l = 5,0\,\text{m}$ und $T = 9,0\,\text{s}$ erhält man z.B. $\alpha \approx 27,1°$.

Kurvenfahrt eines Motorrads • Wir betrachten die Kurvenfahrt eines Motorrads aus der Sicht des Fahrers. Die vektorielle Summe aus Zentrifugalkraft $\vec{F}_{ZF}$ und Gewichtskraft $\vec{F}_G$ ergibt die resultierende Kraft $\vec{F}_{Res}$, mit der das Motorrad gegen die Straße gedrückt wird. Die Kräfte werden ausgehend vom Massenschwerpunkt des Systems aus Motorrad und Fahrer eingezeichnet (►Abb. 3). Wir sehen, dass: $\vec{F}_{ZF} = \vec{F}_{Res} - \vec{F}_G$.

Die Zentrifugalkraft $\vec{F}_{ZF}$ darf nicht größer werden als die Haftreibungskraft $\vec{F}_{HR}$ der Reifen, sonst verliert das Motorrad seine Haftung auf der Straße.

Welchen Einfluss hat die Schräglage auf die Kurvenfahrt? Durch die stärkere Schräglage des Motorrads verlagert der Motorradfahrer seinen Schwerpunkt nach innen und verringert so den Radius und die Bahngeschwindigkeit. Damit das Motorrad nicht kippt, muss die resultierende Kraft $\vec{F}_{Res}$ durch die Schwerpunktachse des Motorrads verlaufen.

1 Die Umlaufzeit eines Kettenkarussells betrage 4 s. Die Kette habe eine Länge von 5 m und sei im Abstand von 4 m von der Drehachse angebracht.
   a) Berechnen Sie den Winkel, um den die Sitze ausgelenkt werden.
   b) Berechnen Sie den Radius der Kreisbahn und die Bahngeschwindigkeit des Sitzes.
2 Beschreiben Sie den Einfluss der Masse der Passagiere auf den Auslenkwinkel.
3 Skizzieren Sie den Motorradfahrer aus ►Abb. 3. Nehmen Sie einen Perspektivwechsel vor und zeichnen Sie die Kräfte aus der Sicht eines ruhenden Beobachters ein. Beschreiben Sie die wirkenden Kräfte.

Material A • Berechnungen am Kettenkarussell

▶Abb. 4 zeigt die maßstäbliche Abbildung eines Kettenkarussells. Sie können ihr den Massenschwerpunkt entnehmen.

A1 **a)** Nehmen Sie alle benötigten Maße aus ▶Abb. 4 auf.
b) Bestimmen Sie aus den Daten der ▶Abb. 4 die Drehfrequenz und die Umlaufzeit des Kettenkarussells.
c) Berechnen Sie die Bahngeschwindigkeit der Person im Karussell.
d) Wiederholen Sie die Berechnungen aus A1 b) und c) für einen doppelt so großen Winkel der Auslenkung der Kette.

A2 Bei einem Kettenkarussell sei $r_0 = 8{,}0$ m; $l = 5{,}0$ m und $T = 10$ s.
a) Ermitteln Sie den Winkel der Auslenkung.
b) Berechnen Sie die Kraft, die am Aufhängepunkt angreift, wenn Sitz und Passagier zusammen eine Masse von 80 kg haben.

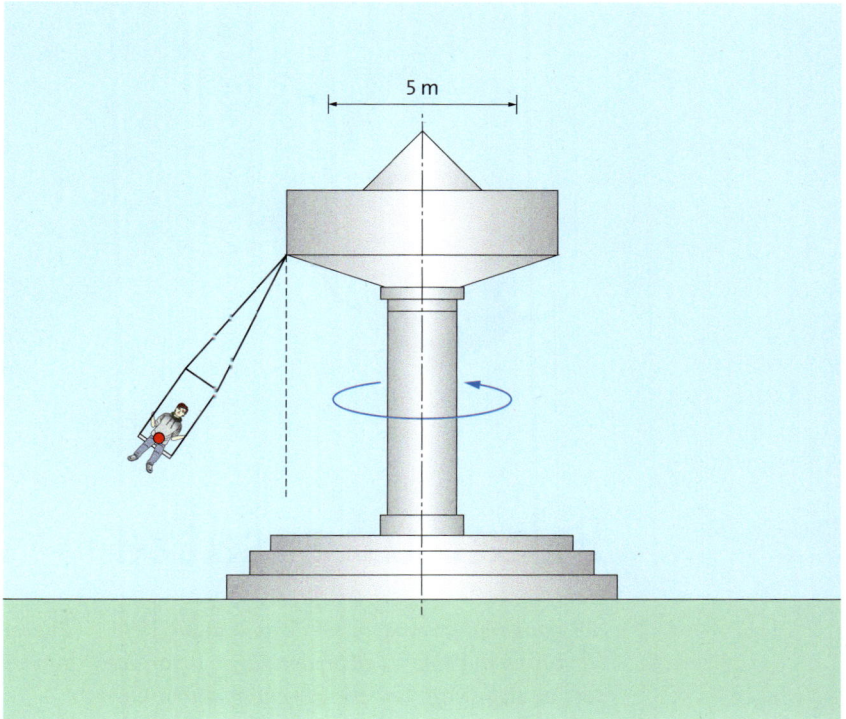

4 Kettenkarussell

Material B • Motorradfahrer in Kurven

▶Abb. 5 zeigt das sogenannte Hanging-off, eine Methode, die von geübten Rennfahrern genutzt wird, um Kurven zu durchfahren. Dies ist gefährlich und im öffentlichen Straßenverkehr nicht zulässig!

5 Methode des Hanging-off

B1 Übertragen Sie das Bild sinnvoll reduziert. Schätzen Sie die Position des Massenschwerpunkts des Systems Fahrer–Motorrad ab und zeichnen Sie diesen und die wirkenden Kräfte ein. Vergleichen Sie mit ▶Abb. 3.
B2 Beschreiben Sie, welchen Nutzen der Rennfahrer aus dem Hanging-off zieht.

Material C • Tempolimit in Kurven

In einer neuen Umgehungsstrecke hat die engste Kurve einen Innenradius von 80 m.

C1 Entscheiden Sie auf Basis einer Berechnung, ob in dieser Kurve ein Tempolimit erforderlich ist.

Fahrbahn	Haftreibungszahl (Beispielwerte)
trocken	0,8
nass	0,5
vereist	0,1

6 Reibungskoeffizienten

Erhaltungssätze

Nur ganz Mutige wagen den Sprung in die Tiefe. Sie stürzen mit einem Seil an den Füßen hinab, bis das Seil sich strafft und die Bewegung allmählich abbremst. Damit niemand zu Schaden kommt, darf das Seil nicht zu lang sein. Woher wissen die Veranstalter, wie lang es sein muss?

Höhenenergie wird auch Lageenergie genannt.
Die kinetische Energie wird auch als Bewegungsenergie bezeichnet.

Energie wird umgewandelt • Die Veranstalter wissen, dass Energie erhalten bleibt. Sie wissen auch, dass die Springerin beim Bungeesprung zunächst Höhenenergie besitzt. Während des Fallens wird diese Höhenenergie allmählich in kinetische Energie und schließlich, sobald sich das Seil spannt, in Spannenergie umgewandelt. Mit diesen Kenntnissen sind sie in der Lage, die Länge des Seils zu berechnen.

Wir schätzen die notwendige Länge eines Bungeeseils ab. Dazu betrachten wir ein System, das aus der Springerin, der Aufhängung des Seils und dem Seil selbst besteht. Die Luftreibung und die Reibung an der Seilaufhängung und im Seil können wir als sehr gering annehmen. Die Umwandlung in thermische Energie ist somit vernachlässigbar.

Energieerhaltung • Weil keine Energie nach außen abgegeben wird, bleibt die Summe der Energien konstant. In diesem Fall handelt es sich um ein energetisch **abgeschlossenes System.**

> In einem abgeschlossenen, mechanischen System bleibt die Summe der mechanischen Energien erhalten. Die gesamte mechanische Energie E_{Ges} ist also zu jedem Zeitpunkt gleich und es gilt:
> $E_{Ges} = E_H + E_{kin} + E_{Spann}$.

Mit diesem Erhaltungssatz kann man viele Fragestellungen in der Mechanik einfach lösen, ohne Genaueres über die Kräfte zu wissen, die zu einem bestimmten Zeitpunkt wirken. Er hilft uns auch, die Länge des Bungeeseils zu berechnen.

Wie lang darf das Seil sein? • Zunächst muss man sich überlegen, welche Größen bekannt sind. Dafür müssen wir einige vereinfachende Annahmen machen. Ein Bungeeseil enthält eine große Anzahl an elastischen Gummifäden. Zur Vereinfachung nehmen wir an, dass sich dieses Seil entsprechend dem HOOKE'schen Gesetz verhält. Ein typischer Wert für die „Federkonstante" D eines Bungeeseils ist $60{,}0 \, \frac{N}{m}$.

Als weitere Vereinfachung vernachlässigen wir die Masse des Gummiseils und gehen von einem freien Fall aus. Damit können wir die Fragestellung allein mit dem Energieerhaltungssatz beantworten.

Beispielhaft nehmen wir die folgenden Werte an: Die maximale Fallstrecke entspricht der Höhe $h = 80{,}0$ m der Brücke über einem Fluss. Die Springerin ist 1,70 m groß und ihre Masse beträgt 65,0 kg.

Im Zustand I, vor dem Absprung, steht sie auf dem Startpodest (▶Abb. 2). Das Seil ist an ihren Füßen befestigt. In diesem Zustand ist die Geschwindigkeit null und das Seil ist entspannt.
Damit sind die kinetische Energie und die Spannenergie null. Die Gesamtenergie im System entspricht also der Höhenenergie E_H:

$E_{Ges} = E_H = m \cdot g \cdot h$

$= 65{,}0 \, \text{kg} \cdot 9{,}8 \frac{m}{s^2} \cdot 80{,}0 \, \text{m} \approx 50\,960 \, \text{J}.$

Im Zustand II ist die Springerin so weit hinabgefallen, dass das Seil gerade noch entspannt ist. Jetzt ist die Höhe $h - l$ erreicht, wobei l die gesuchte Seillänge angibt.

Im Zustand III, wenn die Springerin am tiefsten Punkt angekommen ist, ist die gesamte Energie in Spannenergie E_{Spann} umgewandelt. Also ist die kinetische Energie null. Damit können wir für den Zustand III die Verlängerung s des Seils aus dem Energieerhaltungssatz bestimmen:

$E_{Ges} = E_{Spann}$, also:

$E_{Ges} = \frac{1}{2} \cdot D \cdot s^2.$

Lösen wir diese Gleichung nach s auf, erhalten wir:

$s = \sqrt{\dfrac{2 E_{ges}}{D}} = \sqrt{\dfrac{2 \cdot 50960 \, \text{J}}{60{,}0 \frac{N}{m}}} \approx 41{,}2 \, \text{m}.$

Die maximale Verlängerung des Seils beträgt also 41,2 m.

Die Höhe $h = 80{,}0$ m setzt sich aus der Seillänge l, der Körpergröße $l_K = 1{,}7$ m und der maximalen Verlängerung des Seils $s = 41{,}2$ m zusammen:

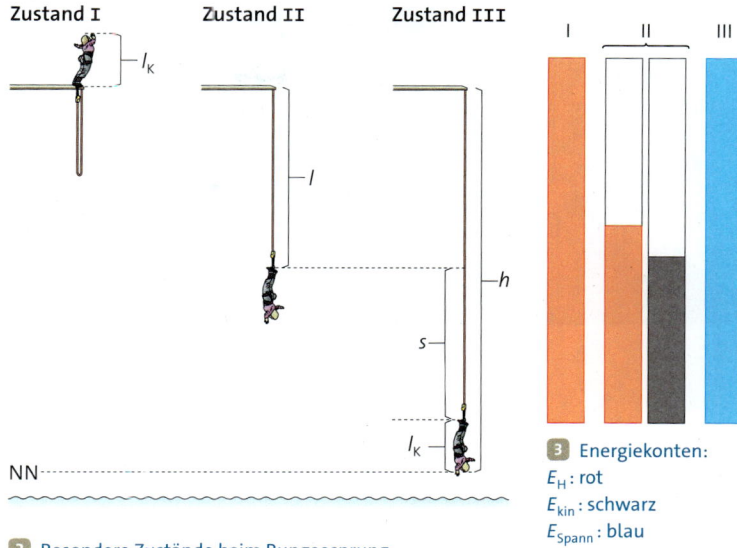

Zustand I **Zustand II** **Zustand III**

2 Besondere Zustände beim Bungeesprung

3 Energiekonten:
E_H: rot
E_{kin}: schwarz
E_{Spann}: blau

$h = s + l + l_K.$

Daraus können wir nun die erlaubte Seillänge l berechnen:

$l = h - s - l_K = 80{,}0 \, \text{m} - 41{,}2 \, \text{m} - 1{,}7 \, \text{m} = 37{,}1 \, \text{m}.$

Ein Sicherheitsabstand ist bereits enthalten, weil ein Teil der Energie in der Realität in thermische Energie umgewandelt wird. Daher wird weniger Energie in Spannenergie umgewandelt und die maximale Ausdehnung des Seils fällt geringer aus.

1 Ein 1,8 m großer Mann ($m = 80$ kg) möchte von einer 120 m hohen Brücke einen Bungeesprung wagen. Wegen der Bepflanzung in der Nähe der Brücke soll er zur Sicherheit 10 m über dem Boden den tiefsten Punkt erreichen. Das Seil hat eine Federkonstante von $60 \frac{N}{m}$. Berechnen Sie die maximal mögliche Seillänge.

2 Erstellen Sie ein Energiekontodiagramm zum Fall der Bungeespringerin. Wählen Sie dazu fünf besondere Zustände beim Bungeesprung aus und zeichnen Sie die zugehörigen Energiekonten. Betrachten Sie hier die mechanischen Energieformen.

1 Curling

2 Stöße beim Billard

Prinzip der Impulserhaltung

Prinzip der Impulserhaltung • Physik beim Curling: Wenn der Rock genannte Stein beim Curling einen anderen zentral trifft, bewegt sich der getroffene Rock in der gleichen Richtung weiter. Warum bleibt der erste Rock liegen, statt dass sich beide Steine mit einer gemeinsamen Geschwindigkeit weiterbewegen?

Die Erhaltungssätze helfen weiter • Diese Beobachtung können wir nur erklären, wenn wir berücksichtigen, dass bei diesem Vorgang nicht nur die Energie, sondern auch der Impuls erhalten bleibt. Am Anfang führen wir dem System von außen Energie zu, indem wir einen Rock über das Eis gleiten lassen. Der Rock hat somit im Moment des Loslassens kinetische Energie und damit eine Geschwindigkeit v_1. Der zweite Rock hat die Geschwindigkeit $v_2 = 0$. Im Augenblick des Zusammenstoßes werden Energie und Impuls auf den ruhenden Stein übertragen, wobei die Steine beim Curling alle die gleiche Masse haben.
Der getroffene Rock bewegt sich weiter, während der erste Rock zum Stehen kommt, also muss die Energie auf den getroffenen Stein übergegangen sein. Der Energieerhaltungssatz ist erfüllt, da wir die Reibung vernachlässigen können. Für die kinetische Energie vor und nach dem Stoß gilt (Geschwindigkeiten nach dem Stoß: v'_1, v'_2):

$$E_{kin} = \frac{1}{2} \cdot m_1 \cdot v_1^2 + \frac{1}{2} \cdot m_2 \cdot v_2^2$$
$$= \frac{1}{2} \cdot m_1 \cdot v_1'^2 + \frac{1}{2} \cdot m_2 \cdot v_2'^2$$

und $m_1 = m_2 = m$.

Wenn wir alle Massen durch m ersetzen und durch $\frac{1}{2}m$ teilen, erhalten wir:

$$v_1^2 + v_2^2 = v_1'^2 + v_2'^2$$

Die Geschwindigkeit v_2 vor dem Stoß ist bekannt: $v_2 = 0$. Also gilt:

$$v_1^2 = v_1'^2 + v_2'^2 \tag{1}$$

Wir haben eine Gleichung mit zwei Unbekannten (v'_1 und v'_2). Diese sind somit nicht eindeutig festgelegt. Es fehlt eine weitere Gleichung, die v'_1 und v'_2 enthält. Wir wissen, dass der Impuls erhalten bleibt: $p = p'$, also gilt:

$$m_1 \cdot v_1 + m_2 \cdot v_2 = m_1 \cdot v'_1 + m_2 \cdot v'_2.$$

Wenn wir wieder nutzen, dass die Massen gleich groß sind und $v_2 = 0$ einsetzen, erhalten wir:

$$v_1 = v'_1 + v'_2.$$

Damit folgt aus Gleichung 1:

$$(v'_1 + v'_2)^2 = v_1'^2 + v_2'^2 \ \text{ bzw. } \ 2 \cdot v'_1 \cdot v'_2 = 0.$$

Also muss entweder $v'_1 = 0$ oder $v'_2 = 0$ sein. Da der zweite Rock sich aufgrund des Impulsübertrages auf jeden Fall bewegen wird, kann nur $v'_1 = 0$ zutreffen. Folglich gilt:

$$v_1 = v'_1 + v'_2 = 0 + v'_2 = v'_2.$$

Der erste Rock bleibt also liegen, der zweite bewegt sich nach dem Stoß mit der Geschwindigkeit v_1.
Energieerhaltungssatz und Impulserhaltungssatz müssen auch bei allen anderen Stoßprozessen erfüllt sein, z.B. beim Billard. Dabei lassen sich mehrere Fälle unterscheiden.

Spezielle Stoßprozesse • Zum einen werden die Stöße danach unterschieden, ob die kinetische Energie beim Stoß erhalten bleibt oder nicht. Ist die kinetische Energie beim Stoß erhalten, so wie z.B. beim Curling, handelt es sich um einen **elastischen Stoß**. Wird ein Teil der kinetischen Energie in Wärme umgewandelt oder ein Körper dauerhaft verformt, liegt ein **inelastischer Stoß** vor.
Zum anderen wird nach den Bewegungsrichtungen unterschieden. Bewegen sich die beiden Körper vor und nach dem Stoß längs ein- und derselben Geraden durch ihre Schwerpunkte, handelt es sich um einen geraden **zentralen Stoß**. Andernfalls liegt ein **dezentraler Stoß** vor.

Nachfolgend sollen einiger dieser speziellen Stoßprozesse genauer betrachtet werden.

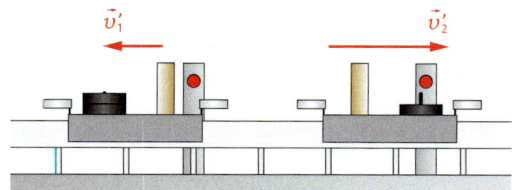

3 Luftkissenfahrbahn mit zwei Gleitern

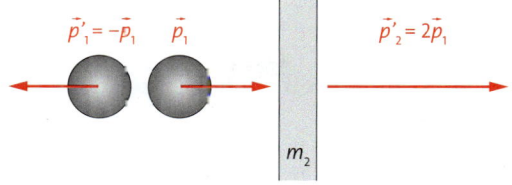

4 Impulsübertragung bei der Reflexion an einer Wand

Zentraler elastischer Stoß • Auf einer Luftkissenfahrbahn (▸Abb.3) stoßen zwei Gleiter elastisch aufeinander. Die Gleiter haben unterschiedliche Massen und Anfangsgeschwindigkeiten. Wegen der Impulserhaltung gilt:

$$m_1 \cdot v_1 + m_2 \cdot v_2 = m_1 \cdot v'_1 + m_2 \cdot v'_2.$$

Für die Geschwindigkeiten v'_1 und v'_2 nach dem Stoß gilt:

$$v'_1 = \frac{(m_1 - m_2) \cdot v_1 + 2m_2 \cdot v_2}{m_1 + m_2},$$

$$v'_2 = \frac{(m_2 - m_1) \cdot v_2 + 2m_1 \cdot v_1}{m_1 + m_2}.$$

Diese Gleichungen werden mit der Impulserhaltung und der Energieerhaltung später begründet (METHODE: Herleitung der Geschwindigkeiten nach dem zentralen elastischen Stoß).
Sind beide Massen gleich groß, ergibt sich:

$$v'_1 = v_2 \text{ und } v'_2 = v_1.$$

Stößt ein Körper mit einer großen Masse m_1 gegen einen ruhenden Körper mit sehr viel geringerer Masse m_2, kann man m_2 vernachlässigen. Der angestoßene Körper bewegt sich mit doppelter Geschwindigkeit $v'_2 = 2v_1$ weiter. Dies nutzt man z.B. beim Abschlag mit dem Golfschläger.

Senkrechte Reflexion an einer Wand • Ein weiterer Spezialfall ist die Reflexion an einer Wand. Wenn wir einen Flummi gegen eine Wand werfen, liegt ein elastischer Stoß vor. Der Flummi wird in die Gegenrichtung gelenkt. Die Geschwindigkeit und der Impuls haben nach dem Stoß die entgegengesetzte Richtung. Da die Wand im Vergleich zum Flummi jedoch eine sehr große Masse hat ($m_2 \gg m_1$), bleibt ihre Geschwindigkeit nach dem Stoß null. Die Impulserhaltung gilt natürlich auch hier. Es gilt:

$$p_1 = m_1 \cdot v_1 \text{ und:}$$

$$p'_1 = m_1 \cdot v'_1 = -m_1 \cdot v_1 = -p_1.$$

Außerdem folgt wegen der Impulserhaltung:

$$p_1 = p'_1 + p'_2 = -p_1 + p'_2, \text{ somit } p'_2 = 2p_1.$$

Die Wand nimmt also einen Impuls auf, der doppelt so groß ist wie der des Flummis.

Unelastischer Stoß • Wenn nach dem Stoß beide Körper aneinanderhaften, liegt ein inelastischer Stoß vor. Beide Körper haben dann nach dem Stoß eine gemeinsame Geschwindigkeit v'. Der Impulserhaltungssatz liefert:

$$m_1 \cdot v_1 + m_2 \cdot v_2 = (m_1 + m_2) \cdot v'.$$

Für die gemeinsame Geschwindigkeit gilt also:

$$v' = \frac{m_1 \cdot v_1 + m_2 \cdot v_2}{m_1 + m_2}.$$

Dezentrale Stöße • Die meisten Stöße sind nicht zentral. Sie können dezentrale Stöße zum Beispiel beim Billard beobachten. Die Impulse kann man dennoch bestimmen. Wenn eine Kugel nicht zentral auf eine andere stößt, lassen sich die Vektoren jeweils in zwei zueinander senkrechte Komponenten zerlegen (▸Abb.5). Für die eine Komponente ergibt sich dann ein zentraler Stoß, für den die bekannten Gleichungen gelten, und die dazu senkrechte Komponente ändert sich nicht.

1 Zeigen Sie, dass beim Golf die Geschwindigkeit des Schlägers nach dem Stoß die gleiche ist wie vor dem Stoß.

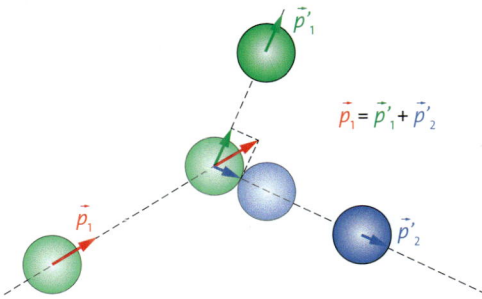

5 Die grüne Kugel stößt dezentral auf die ruhende blaue Kugel.

91

:::: **METHODE** :::

Herleitung der Geschwindigkeiten nach dem zentralen elastischen Stoß

Wir suchen die Geschwindigkeiten v'_1 und v'_2 nach dem Stoß. Wir haben für diese bereits eine Formel kennengelernt.

Zu zeigen ist, dass folgende Formeln gelten:

$$v'_1 = \frac{(m_1 - m_2) \cdot v_1 + 2m_2 \cdot v_2}{m_1 + m_2},$$

$$v'_2 = \frac{(m_2 - m_1) \cdot v_2 + 2m_1 \cdot v_1}{m_1 + m_2}.$$

Dafür nutzen wir den **Energieerhaltungssatz:**

$$\frac{1}{2} \cdot m_1 \cdot v_1^2 + \frac{1}{2} \cdot m_2 \cdot v_2^2 = \frac{1}{2} \cdot m_1 \cdot v_1'^2 + \frac{1}{2} \cdot m_2 \cdot v_2'^2, \qquad (1)$$

und den **Impulserhaltungssatz:**

$$m_1 \cdot v_1 + m_2 \cdot v_2 = m_1 \cdot v'_1 + m_2 \cdot v'_2. \qquad (2)$$

Da beide Gleichungen zusammen erfüllt sein müssen, bilden sie ein Gleichungssystem. Dieses lösen wir durch geschicktes Umformen der Gleichungen.

Betrachten wir zunächst den Energieerhaltungssatz und multiplizieren diesen mit 2, so erhalten wir:

$$m_1 \cdot v_1^2 + m_2 \cdot v_2^2 = m_1 \cdot v_1'^2 + m_2 \cdot v_2'^2.$$

Indem wir auf beiden Seiten dieser Gleichung $m_1 \cdot v_2'^2$ und $m_2 \cdot v_2^2$ subtrahieren, erhalten wir:

$$m_1 \cdot v_1^2 - m_1 \cdot v_1'^2 = m_2 \cdot v_2'^2 - m_2 \cdot v_2^2.$$

Ausklammern liefert:

$$m_1(v_1^2 - v_1'^2) = m_2(v_2'^2 - v_2^2).$$

Nutzen der 3. binomischen Formel führt schließlich auf:

$$m_1(v_1 + v'_1)(v_1 - v'_1) = m_2(v'_2 + v_2)(v'_2 - v_2). \qquad (3)$$

Nun wenden wir uns dem Impulserhaltungssatz zu und subtrahieren $m_1 \cdot v'_1$ und $m_2 \cdot v_2$. Wir erhalten:

$$m_1 \cdot v_1 - m_1 \cdot v'_1 = m_2 \cdot v'_2 - m_2 \cdot v_2.$$

Ausklammern liefert:

$$m_1(v_1 - v'_1) = m_2(v'_2 - v_2).$$

Diese Gleichheit nutzen wir aus und ersetzen in Gleichung (3) $m_1(v_1 - v'_1)$ durch $m_2(v'_2 - v_2)$.
Anschließend teilen wir durch $m_2(v'_2 - v_2)$ und erhalten:

$$(v_1 + v'_1) = (v'_2 + v_2).$$

Es gilt also auch:

$$v'_2 = v_1 + v'_1 - v_2. \qquad (4)$$

Diese Gleichung (4) nutzen wir wiederum und setzen ihre rechte Seite für v'_2 in den Impulserhaltungssatz (2) ein:

$$m_1 \cdot v_1 + m_2 \cdot v_2 = m_1 \cdot v'_1 + m_2(v_1 + v'_1 - v_2).$$

Wir multiplizieren aus und erhalten:

$$m_1 \cdot v_1 + m_2 \cdot v_2 = m_1 \cdot v'_1 + m_2 \cdot v_1 + m_2 \cdot v'_1 - m_2 \cdot v_2.$$

Diese Gleichung stellen wir so um, dass alle (und nur) die Summanden mit dem Faktor v'_1 auf der rechten Seite des Gleichheitszeichens stehen.

Durch Subtraktion von $m_2 \cdot v_1$ und Addition von $m_2 \cdot v_2$ ergibt sich:

$$m_1 \cdot v_1 + 2m_2 \cdot v_2 - m_2 \cdot v_1 = m_1 \cdot v'_1 + m_2 \cdot v'_1.$$

Durch Ausklammern erhalten wir:

$$(m_1 - m_2)v_1 + 2m_2 \cdot v_2 = (m_1 + m_2)v'_1.$$

Im letzten Schritt teilen wir durch $(m_1 + m_2)$ und erhalten die gewünschte Gleichung:

$$\frac{(m_1 - m_2) \cdot v_1 + 2m_2 \cdot v_2}{m_1 + m_2} = v'_1$$

1 Führen Sie die Herleitung entsprechend für

$$v'_2 = \frac{(m_2 - m_1) \cdot v_2 + 2m_1 \cdot v_1}{m_1 + m_2}$$

durch.

2 Ein Medizinball ($m = 3\,\text{kg}$) wird mit $4\,\frac{\text{m}}{\text{s}}$ gegen einen ruhenden Basketball ($m = 0{,}6\,\text{kg}$) geschossen. Berechnen Sie die Geschwindigkeiten nach dem Stoß.

3 Eine Kugel mit der Geschwindigkeit v_1 stößt gegen eine ruhende Kugel ($v_2 = 0$).
Berechnen Sie die Geschwindigkeiten nach dem Stoß für beide Kugeln für folgende Fälle:
a) Kugel 1 ist genauso schwer wie die ruhende Kugel 2.
b) Kugel 1 ist sehr viel leichter als die ruhende Kugel 2, d.h., m_1 ist gegenüber m_2 vernachlässigbar.
c) Kugel 1 ist sehr viel schwerer als die ruhende Kugel 2, d.h., m_2 ist gegenüber m_1 vernachlässigbar.

Versuch A • Energieumwandlung bei einem Pendel

V1 Bewegungsenergie beim Fadenpendel

Material:
Stativmaterial, Schnur, Pendelkörper, Lichtschranke, Waage, Messwerterfassungssystem

Arbeitsauftrag:
Befestigen Sie die Schnur mit dem Pendelkörper an einer waagerechten Stativstange. Positionieren Sie die Lichtschranke so, dass der Pendelkörper im tiefsten Punkt die Lichtschranke passiert (▸Abb.1A).

a) Lassen Sie das Fadenpendel in unterschiedlichen Höhen starten. Bestimmen Sie jeweils die Geschwindigkeit im tiefsten Punkt.
Berechnen Sie jeweils die Höhenenergie und die kinetische Energie.

Vergleichen Sie die Werte und diskutieren Sie Ihr Ergebnis.
b) Verändern Sie den Versuchsaufbau wie in ▸Abb.1B. Messen Sie, welche Höhe das Pendel auf der rechten Seite erreicht. Erklären Sie.

1 **A** Geschwindigkeitsmessung beim Pendel, **B** mit zusätzlicher Stange

Material A • Notfallspuren

A1 An ausgedehnten Hangstrecken mit starkem Gefälle befinden sich häufig Notfallspuren (▸Abb. 2). Auf ihnen können Fahrzeuge, deren Bremsen versagen, zum Stillstand gebracht werden.
a) Beschreiben Sie, wie eine solche Notfallspur gebaut ist.
b) Geben Sie an, welche Energieumwandlungen beim Abbremsen des Fahrzeugs stattfinden.

c) Ein Lkw fährt mit $90 \frac{km}{h}$, als seine Bremsen versagen. Er nutzt eine Notfallspur mit 10 % Steigung. Berechnen Sie unter der Annahme, dass die Bewegungsenergie reibungsfrei in Höhenenergie umgewandelt wird, nach welcher Strecke der Lkw zum Stehen kommt.
d) Begründen Sie, warum in der Regel ein tiefes Kiesbett als Bodenbelag eingesetzt wird.

2 Notfallspur an der Autobahn

Material B • Energie und Impuls beim Sport

B1 Ein Sportler mit einer Masse von 85 kg überquert beim Stabhochsprung eine Höhe von 6 m.
a) Geben Sie an, welche Energieformen hierbei auftreten.
b) Berechnen Sie die maximale Höhenenergie des Springers.
c) Schätzen Sie ab, welche Geschwindigkeit der Stabhochspringer beim Anlauf ungefähr erreichen kann. Bestimmen Sie seine Bewegungsenergie und vergleichen Sie sie mit der Höhenenergie. Erklären Sie mögliche Unterschiede.
B2 Ein Kanufahrer verliert sein Paddel, sein Kanu liegt bewegungslos auf einem See, 3600 m vom Ufer entfernt. Das Kanu hat eine Masse von 20 kg, der Paddler eine von 75 kg. Auf seinen 5 kg schweren Packsack kann er verzichten.

a) Erläutern Sie, welche Möglichkeit der Paddler hat, ans Ufer zu gelangen, wenn er nicht schwimmen kann.
b) In 20 Minuten ist es dunkel. Kann der Paddler realistischerweise das Ufer vorher erreichen?

3 Beim Stabhochsprung.

1 Springender Ball

Lösungsstrategie: Bilanzieren

Wenn man einen Tennisball fallen lässt, springt er (▶Abb. 1). Beobachtet man den Ball genauer, so stellt man fest, dass er während seiner Sprünge die Starthöhe nicht wieder erreicht. Woran liegt das?

Energieumwandlung beim springenden Ball • Vor dem Loslassen hat der Ball Höhenenergie, aber keine kinetische Energie. Während der Fallbewegung wandelt sich die Höhenenergie

in kinetische Energie um. Wenn der Ball auf den Boden trifft, wird er abgebremst. Dabei verformt er sich und seine kinetische Energie wandelt sich in Spannenergie um. Anschließend bildet sich die Verformung wieder zurück und die gespeicherte Spannenergie wandelt sich wieder in kinetische Energie um. Während der Ball steigt, wird ein Teil der kinetischen Energie wieder in Höhenenergie umgewandelt. Am höchsten Punkt hat der Ball keine kinetische Energie mehr und seine Höhenenergie erreicht ein Maximum. Nun beginnt der Umwandlungsprozess von vorn.

Energie bleibt erhalten • Während sich der Ball durch die Luft bewegt, wandelt sich auch ein Teil seiner kinetischen Energie durch Reibung in thermische Energie um. Diese thermische Energie verteilt sich in der Umgebung und der Ball springt nicht mehr so hoch wie zu Beginn. Die Energie ist zwar noch vorhanden, aber nicht mehr so leicht nutzbar. Deshalb sprechen wir davon, dass die Energie entwertet ist.

Wir sehen uns die besonderen Zustände beim springenden Ball im **Kontomodell** (▶Abb. 2) an.

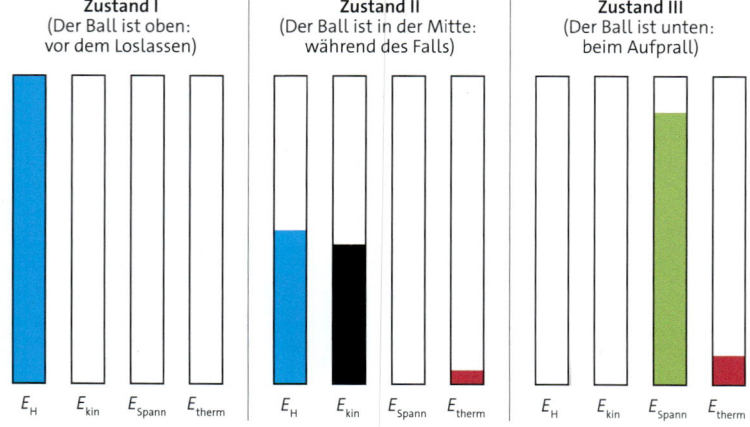

Zustand I
(Der Ball ist oben: vor dem Loslassen)

Zustand II
(Der Ball ist in der Mitte: während des Falls)

Zustand III
(Der Ball ist unten: beim Aufprall)

E_H E_{kin} E_{Spann} E_{therm}

E_H E_{kin} E_{Spann} E_{therm}

E_H E_{kin} E_{Spann} E_{therm}

2 Kontomodell des springenden Balls

Bevor der Ball losgelassen wird, ist sein Energiekonto der Höhenenergie E_H vollständig gefüllt, während des Fallens wandelt sich Höhenenergie in kinetische Energie um. Beide Energiekonten ergeben aber erst zusammen mit der Energie auf dem Konto der thermischen Energie E_{therm} wieder den Wert der anfänglichen Höhenenergie. Auch beim Aufprall auf den Boden wird das Energiekonto E_{therm} weiter gefüllt.

Energiebilanz • Für verschiedene Zustände während der Ballbewegung bilden wir die Summe aller auftretenden Energieformen. Nach dem Energieerhaltungssatz bleibt diese Summe in ei-

nem abgeschlossenen System erhalten. Wir haben somit eine Bilanz der Energien aufgestellt. Verändert sich der Betrag einer Energieform beim Übergang von einem Zustand in einen anderen, so müssen sich die Beträge der übrigen Energieformen entsprechend ändern, sodass die Summe vor und nach dem Übergang gleich ist. Die Methode der Energiebilanz kann für viele Vorgänge in der Mechanik eingesetzt werden, um auch dann weitere Größen berechnen zu können, wenn man nur wenig Information über ein System hat. Allerdings handelt es sich meist um Näherungen, da man oft vereinfachende Annahmen macht, wie z.B. die Reibungsfreiheit.

:::: **BEISPIEL** :::

Bilanzieren beim Bouncen

Aufgabe • Die Hersteller der Sprungstelzen für das Bouncen geben an, dass Sprintgeschwindigkeiten bis zu $45\,\frac{km}{h}$ erreicht werden können. Die Federkonstanten von Sprungstelzen sind unterschiedlich, da sie für die Masse des Nutzers angepasst sein müssen. Die Federkonstante unserer Sprungstelze kann mit $100\,\frac{N}{cm}$ abgeschätzt werden. Bisher wurden Höhen von 2 m und Weiten von 5 m erreicht. Es wird auch von 3 m Höhe berichtet. Beim Bouncen kann der Sportler nicht direkt aus dem Sprint in die Höhe springen, sondern wird unter einem bestimmten Winkel abspringen. Wir betrachten hier die Komponente der nach oben gerichteten Bewegung. In ▸Abb.3 B ist die vektorielle Zerlegung der maximalen Geschwindigkeit in die x- und y-Komponente zu sehen.

a) Berechnen Sie die maximale Sprunghöhe der Sprungstelzen unter Annahme eines senkrechten Absprungs für $v_0 = 45\,\frac{km}{h}$.

b) Berechnen Sie aus der bekannten maximalen Sprunghöhe von 3 m die Absprunggeschwindigkeit in y-Richtung und den Absprungwinkel α. Gehen Sie bei der Masse des Sportlers von 60 kg aus.

Lösung • **a)** Unter Vernachlässigung der Reibung gilt, dass die kinetische Energie vollständig in Höhenenergie umgewandelt wird: $E_H = E_{kin}$,
also: $m \cdot g \cdot h = \frac{1}{2} \cdot m \cdot v_0^2$.
An dieser Gleichung erkennt man, dass die maximale Sprunghöhe von der Masse des Sportlers unabhängig ist, da die Masse auf beiden Seiten der Gleichung steht.

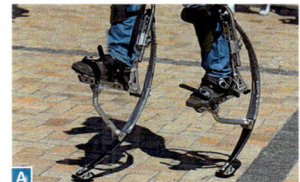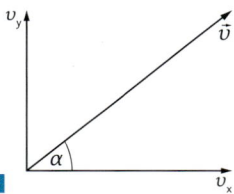

3 A Bouncer, B Zerlegung der maximalen Geschwindigkeit

Teilen durch m führt auf:
$$g \cdot h = \frac{1}{2} \cdot v_0^2 \qquad\qquad | :g$$
$$h = \frac{1}{2} \cdot \frac{v_0^2}{g} = \frac{\left(45\,\frac{km}{h}\right)^2}{2 \cdot 9{,}8\,\frac{m}{s^2}} = \frac{\left(12{,}5\,\frac{m}{s}\right)^2}{2 \cdot 9{,}8\,\frac{m}{s^2}} \approx 7{,}97\,\text{m}\,.$$

Die theoretische maximale Sprunghöhe beträgt also fast 8 m.

b) Wenn wir eine Höhe von 3 m annehmen, können wir die Geschwindigkeit in y-Richtung beim Absprung berechnen:
$$v_{Cy} = \sqrt{2 \cdot g \cdot h} = \sqrt{2 \cdot 9{,}8\,\frac{m}{s^2} \cdot 3\,\text{m}} \approx 7{,}67\,\frac{m}{s}\,.$$

Also gilt für die Geschwindigkeit in y-Richtung:
$v_{Cy} \approx 27{,}6\,\frac{km}{h}$.
Um den Absprungwinkel zu berechnen, nutzen wir die Beziehung aus ▸Abb.3 B:

$$\sin\alpha = \frac{v_{0y}}{|\vec{v_0}|} \approx \frac{27{,}6\,\frac{km}{h}}{45\,\frac{km}{h}} \approx 0{,}613\,.$$

Der Absprungwinkel α beträgt also etwa 37,8°.

Bilanzieren mit dem Energiekontenmodell

Man kann die Energieerhaltung nutzen, um verschiedene Zustände in einem System zu untersuchen. Zunächst muss man sich einen Überblick über die Beiträge der verschiedenen Energieformen verschaffen. Dabei hilft es, jeder Energieform ein eigenes Konto zuzuweisen. Die Energiemenge bzw. den Kontostand einer jeden Energieform veranschaulichen wir in unserem Energiekontenmodell durch eine Säule für jede Energieform. Die Höhe der Säulen entspricht der Gesamtenergie. Je nach Zustand des Systems sind die Säulen für jede Energieform mehr oder weniger gefüllt.

Wir wenden dies auf ein Federpendel an: Zu Beginn ist die Feder entspannt und die Masse in Ruhe (▸Abb.1A). Die Gesamtenergie befindet sich im Konto der Höhenenergie, dieses ist vollständig gefüllt. Die Konten für Bewegungs- und Spannenergie sind dagegen leer. Wenn wir die Masse loslassen, bewegt sie sich nach unten und dehnt die Feder. Die Energie im Höhenenergiekonto nimmt ab, auf die Konten von Bewegungs- und Spannenergie wird „eingezahlt" (▸Abb.1B). Dieser Prozess setzt sich fort, bis nur noch das Spannenergiekonto gefüllt ist (▸Abb.1C). Dann kehrt sich der Prozess um.

Aufstellen der Energiebilanz • Die Beiträge der einzelnen Konten summieren sich zur Gesamtenergie. Hier lautet die Bilanz (im reibungsfreien Fall, also $E_{therm} = 0$):

$E_{ges} = E_H + E_{kin} + E_{Spann}$.

Bestimmen der Gesamtenergie • Als Nächstes betrachten wir einen Zustand, bei dem nur Energieformen auftreten, deren Beträge wir aus gemessenen Größen berechnen können. Dazu eignet sich der Zustand in ▸Abb.1A. Für die von uns gewählte Masse $m = 100\,g$ beträgt die gemessene Höhe oberhalb der maximalen Auslenkung $h = 10\,cm$. Für die Gesamtenergie gilt dann:

$E_{Ges} = E_H = m \cdot g \cdot h$

$= 0{,}1\,kg \cdot 9{,}8\,\frac{N}{kg} \cdot 0{,}1\,m = 0{,}098\,Nm = 0{,}098\,J$.

Rechnen mit der Energiebilanz • Mithilfe der Energiebilanz können wir jetzt verschiedene Größen, z.B. die Federkonstante bestimmen: In ▸Abb.1C wäre das Konto der Spannenergie vollständig gefüllt. Für die Spannenergie gilt daher:

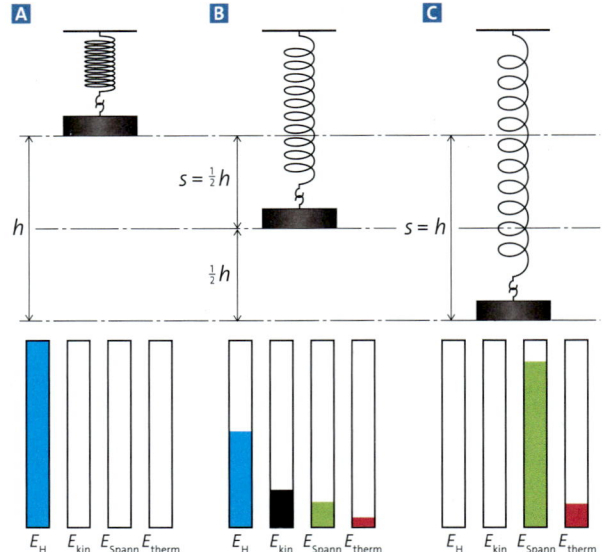

1 Energiekonten bei der Bewegung eines Federpendels

$E_{Ges} = E_{Spann} = \frac{1}{2} \cdot D \cdot s^2$.

Damit erhalten wir:

$D = \frac{2 \cdot E_{Ges}}{s^2} = \frac{2 \cdot 0{,}098\,Nm}{(0{,}1\,m)^2} = 19{,}6\,\frac{N}{m}$.

Jetzt kennen wir so viele Größen des Systems, dass wir die Kontostände aller Energiekonten für jeden Zustand berechnen können. Wir wählen z.B. den Zeitpunkt in ▸Abb.1B. Dort ist die Auslenkung $s = 0{,}5 \cdot h = 5\,cm$ und die Höhe oberhalb der maximalen Auslenkung ist $0{,}5 \cdot h = 5\,cm$. Wir stellen unsere Energiebilanz nach E_{kin} um und erhalten:

$E_{kin} = E_{Ges} - E_H - E_{Spann} = E_{Ges} - m \cdot g \cdot h - \frac{1}{2} \cdot D \cdot s^2$

$= 0{,}098\,J - 0{,}1\,kg \cdot 9{,}8\,\frac{m}{s^2} \cdot 0{,}05\,m - \frac{1}{2} \cdot 19{,}62\,\frac{N}{m} \cdot (0{,}05\,m)^2$

$\approx 0{,}098\,J - 0{,}049\,J - 0{,}0245\,J = 0{,}0245\,J$

1 Zeichnen und berechnen Sie den Kontostand für einen Zustand analog zu ▸Abb.1, in dem die Auslenkung der Feder $s = 0{,}75 \cdot h$ beträgt.

2 Ein Ball wird mit einer Geschwindigkeit von $10\,\frac{m}{s}$ senkrecht nach oben geworfen. Stellen Sie eine Energiebilanz auf und bestimmen Sie die Höhe, die der Ball maximal erreichen kann. Zeigen Sie, dass die erreichte Höhe unabhängig von der Masse ist.

Versuch A • Energieerhaltung

V1 Energie beim springenden Ball

Material:
Basketball, Tennisball, Fußball, Tischtennisball, Meterstab, Messwerterfassungssystem

Arbeitsauftrag:
Lässt man einen Ball aus 1,5 m Höhe fallen, dann erreicht er nach dem Aufprall auf den Boden diese Ausgangshöhe nicht mehr. Ein Teil der Energie wird in Spannenergie umgewandelt.

a) Überlegen Sie, wie Sie die Energieumwandlung in Spannenergie beim Basketball mithilfe eines Meterstabs oder eines Messwerterfassungssystems abschätzen können. Führen Sie entsprechende Versuche durch und berechnen Sie die Energie, die bei einem Aufprall in Spannenergie umgewandelt wird.
b) Vergleichen Sie die Energieumwandlung bei verschiedenen Fällen. Diskutieren Sie die Ergebnisse.

Material A • Energieformen beim Federpendel

In ▸Abb. 2 sind die Anteile der mechanischen Energieformen an der Gesamtenergie beim Federpendel in Abhängigkeit von der Ausdehnung der Feder dargestellt. Bei der Auslenkung C z. B. hat die Höhenenergie (auch: Lageenergie) einen Anteil von 50 %, die Bewegungsenergie und die Spannenergie haben jeweils einen Anteil von 25 % an der Gesamtenergie.

A1 a) Skizzieren Sie die Zustände eines Federpendels, die jeweils zu den Auslenkungen A bis E gehören.
b) Geben Sie die Anteile der Energieformen für die jeweiligen Auslenkungen A, B, D und E an.
A2 Erstellen Sie ein entsprechendes Diagramm für die Bewegung eines Federpendels, dessen Feder im oberen Umkehrpunkt nicht vollständig entspannt ist.

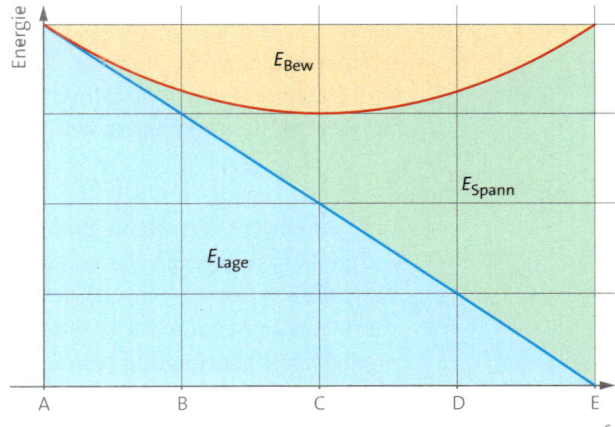

2 Mechanische Energieformen beim Federpendel

Material B • Auf dem Jahrmarkt

B1 Auf dem Jahrmarkt gibt es eine Achterbahn mit einem Looping, der einen Durchmesser von 10 m hat (▸Abb. 3). Der Wagen wird bis zum Punkt A hochgezogen und setzt sich dort von selbst in Bewegung.
a) Stellen Sie für den Punkt B eine Energiebilanz auf.
b) Berechnen Sie, in welcher Höhe der Wagen mindestens starten muss, damit er sicher durch den Looping kommt. Hinweis: Im Punkt B muss die Zentripetalkraft mindestens so groß wie die Gewichtskraft auf den Wagen sein.
c) Die in b) berechnete Mindesthöhe reicht in der Realität nicht aus. Begründen Sie.

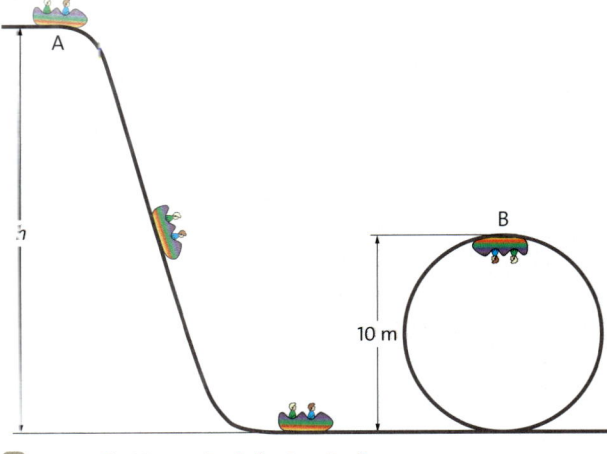

3 Kommt der Wagen durch den Looping?

Bewegungen und Kräfte

Geschwindigkeit: Die mittlere Geschwindigkeit ist der Quotient aus einer Strecke Δs und dem dafür benötigten Zeitintervall Δt:

$$\overline{v} = \frac{\Delta s}{\Delta t}.$$

Je kleiner Δt ist, desto genauer beschreibt $\overline{v}$ die **momentane** Geschwindigkeit $v(t)$ zu einem Zeitpunkt t. Die momentane Geschwindigkeit ist gegeben durch die Steigung der Tangente, die den $s(t)$-Graphen an der Stelle t berührt.
Bei einer **gleichförmigen Bewegung** ist die Geschwindigkeit konstant (▸Abb.1). Es gilt:

$$s(t) = s_0 + v \cdot t,$$

s_0 : Ort zum Zeitpunkt $t = 0\,\mathrm{s}$.

Beschleunigung: Die **mittlere** Beschleunigung ist der Quotient aus der Geschwindigkeitsänderung Δv und dem benötigten Zeitintervall Δt:

$$\overline{a} = \frac{\Delta v}{\Delta t}.$$

Die **momentane** Beschleunigung $a(t)$ zu einem Zeitpunkt t ist gegeben durch die Steigung der Tangente, die den $v(t)$-Graphen an der Stelle t berührt. Eine Bewegung mit konstanter Beschleunigung heißt **gleichmäßig beschleunigte Bewegung** (▸Abb.2). Dafür gilt:

$$v(t) = v_0 + a \cdot t,$$

$$s(t) = s_0 + v_0 \cdot t + \frac{1}{2}a \cdot t^2.$$

v_0 : Anfangsgeschwindigkeit für $t = 0\,\mathrm{s}$

Trägheitsprinzip: Ein Körper behält seine geradlinig gleichförmige Bewegung bei – oder er bleibt in Ruhe –, solange keine Kraft auf ihn ausgeübt wird. Dieses Prinzip bezeichnet man als das 1. NEWTON'sche Axiom.

Grundgleichung der Mechanik: Wird eine Kraft $\vec{F}$ auf einen Körper der Masse m ausgeübt, erfährt er eine Beschleunigung $\vec{a}$ und es gilt:

$$\vec{F} = m \cdot \vec{a}.$$

Diesen Zusammenhang bezeichnet man als das 2. NEWTON'sche Axiom.

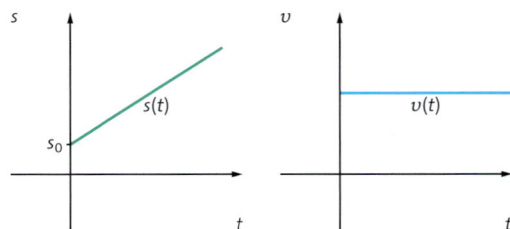

1 $s(t)$- und $v(t)$-Diagramm einer gleichförmigen Bewegung

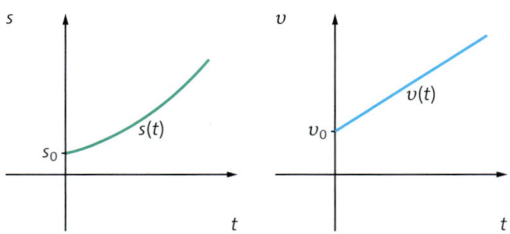

2 $s(t)$- und $v(t)$-Diagramm einer gleichmäßig beschleunigten Bewegung

Wechselwirkungsprinzip: Wenn ein Körper A eine Kraft $\vec{F}_{AB}$ auf einen zweiten Körper B ausübt, dann übt gleichzeitig der Körper B eine Gegenkraft $\vec{F}_{BA}$ auf den Körper A aus.
Dabei gilt: $\vec{F}_{AB} = -\vec{F}_{BA}$.
Diesen Zusammenhang bezeichnet man als das 3. NEWTON'sche Axiom.

Reibungskräfte: Wenn ein Körper an einem anderen haftet, entlang gleitet oder rollt oder sich durch Luft bewegt, dann treten die folgenden Reibungskräfte auf:
Die **Haftreibungskraft** F_{HR} ist das Produkt aus dem Haftreibungskoeffizienten μ_{HR} und der Normalkraft F_N, kurz: $F_{HR} = \mu_{HR} \cdot F_N$.
Die **Gleitreibungskraft** F_{GR} ist das Produkt aus dem Gleitreibungskoeffizienten μ_{GR} und der Normalkraft F_N, kurz: $F_{GR} = \mu_{GR} \cdot F_N$.
Die **Rollreibungskraft** F_{RR} ist das Produkt aus dem Rollreibungskoeffizienten μ_{RR} und der Normalkraft F_N, kurz: $F_{RR} = \mu_{RR} \cdot F_N$.
Für die **Luftreibungskraft** F_{LR} gilt:

$$F_{LR} = \frac{1}{2} \cdot c_W \cdot \rho \cdot A \cdot v^2.$$

c_W = Widerstandsbeiwert
ρ = Dichte der Luft
A = Querschnittsfläche des Körpers
v = Geschwindigkeit des Körpers
Luftreibung wirkt bspw. zwischen der Luft und einem fallenden Körper.

Fall-, Wurf- und Kreisbewegungen

Der freie Fall ist eine Fallbewegung ohne Luftreibung, d.h. gleichmäßig beschleunigt. Die Fallgeschwindigkeit ist von der Masse unabhängig. Auf der Erde beträgt die Fallbeschleunigung $9{,}8\,\frac{m}{s^2}$.

Würfe: Beim **waagerechten Wurf** überlagern sich eine gleichförmige Bewegung in x-Richtung und der freie Fall in y-Richtung. Eine waagerecht geworfene Kugel trifft stets **gleichzeitig** mit einer aus gleicher Höhe frei fallenden Kugel auf dem Boden auf. Die parabelförmige Bahn beim **schiefen Wurf** entsteht durch die Überlagerung einer gleichförmigen Bewegung in Abwurfrichtung und des freien Falls. Bei einer Anfangshöhe von 0 m erreicht man die größte Wurfweite bei einem Abwurfwinkel von 45°.

Kreisbewegungen: Bei einer Kreisbewegung hält die zum Mittelpunkt gerichtete **Zentripetalkraft** den Körper auf der Kreisbahn. Bei einer gleichförmigen Kreisbewegung gilt für die **Bahngeschwindigkeit v**:

$$v = \frac{2\pi \cdot r}{T} = 2\pi \cdot r \cdot f.$$

r = Radius der Kreisbahn
T = Umlaufzeit
f = Frequenz

Die **Winkelgeschwindigkeit** ω gibt an, welches Kreissegment ($\Delta\varphi$) in einer bestimmten Zeit Δt überstrichen wird:

$$\omega = \frac{\Delta\varphi}{\Delta t}.$$

Energie und Impuls als Erhaltungsgrößen

Prinzip der Energieerhaltung: In einem abgeschlossenen, mechanischen System bleibt die Summe der mechanischen Energien erhalten. Die gesamte mechanische Energie E_{Ges} ist also zu jedem Zeitpunkt gleich.

Prinzip der Impulserhaltung: In einem abgeschlossenen System ist der Impuls erhalten. Der **Impuls $\vec{p}$** ist das Produkt aus Masse m und Geschwindigkeit $\vec{v}$: $\vec{p} = m \cdot \vec{v}$.

Überprüfen Sie sich selbst:

Kann ich …

- die mittlere und die momentane Geschwindigkeit aus einem $s(t)$-Diagramm ermitteln? (▸S.9)

- Verfahren zur Berechnung der momentanen Geschwindigkeit anwenden? (▸S.11)

- den Begriff der gleichförmigen Bewegung erläutern? (▸S.10)

- mittlere und momentane Beschleunigung aus einem $v(t)$-Diagramm ermitteln? (▸S.15)

- aus einem $v(t)$-Diagramm die zu einem Zeitpunkt t zurückgelegte Strecke bestimmen? (▸S.16)

- aus einem $a(t)$-Diagramm die zu einem Zeitpunkt t erreichte Geschwindigkeit bestimmen? (▸S.17)

- den Zusammenhang zwischen Kraft, Masse und Beschleunigung angeben, erläutern und anwenden? (▸S.23)

- das Trägheitsprinzip erläutern und Alltagsphänomene damit erklären? (▸S.34)

- die Einflüsse von Reibungskräften erläutern und berechnen? (▸S.40)

- erklären, aus welchen Bewegungen sich der waagerechte Wurf zusammensetzt? (▸S.70)

- den Unterschied zwischen Fallbewegungen mit und ohne Reibung erklären? (▸S.60)

- Wurfweiten und Wurfhöhen beim schiefen Wurf berechnen? (▸S.74)

- für eine Kreisbewegung Bahngeschwindigkeit und Winkelgeschwindigkeit berechnen? (▸S.78)

- angeben, von welchen Größen die Zentripetalkraft abhängig ist? (▸S.80)

- das Energiekontenmodell anwenden? (▸S.96)

- die Endgeschwindigkeiten bei elastischen zentralen Stößen mithilfe der Erhaltungssätze der Energie und des Impulses angeben? (▸S.88)

Akustik

Schall und Schallgeschwindigkeit

Spricht eine der Personen in ▸Abb. 1 leise in den Flüsterspiegel, so kann die andere jedes Wort verstehen. Auf eine Antwort muss sie aber etwas länger warten. Wie kann das sein?

Schall • Um die Eingangsfrage klären zu können, müssen wir uns genauer mit Schall befassen. Aber was ist das eigentlich? Ständig hören Sie etwas – Angenehmes wie Ihre Lieblingsmusik oder Unangenehmes wie den Krach einer Baustelle. All die Signale oder Geräusche, die das Ohr erreichen, nennen wir Schall. Wenn Sie ein Instrument spielen, dann wissen Sie, wie wichtig es ist, den „richtigen Ton zu treffen". Im Gespräch erkennen Sie bereits am Klang einer Stimme, welche Stimmung gerade herrscht. Der schrille Ton der Polizeisirene warnt Sie: Sie sind aufmerksam und „ganz Ohr". Begriffe wie hoch/tief, laut/leise, angenehm/schrill drücken persönliches Empfinden aus, können durch die Physik aber genauer erklärt werden.

Schallquellen und -empfänger • Damit wir etwas hören können, muss der Schall durch eine Schallquelle wie unsere Stimmlippen erzeugt und anschließend zum Schallempfänger, z. B. zu unseren Ohren, übertragen werden.

Betrachten wir zunächst die Schallerzeugung: Wenn Sie ein langes Lineal mit der einen Hand oberhalb einer Tischkante gut festhalten und mit der anderen Hand anzupfen, dann hören Sie einen Ton. Gleichzeitig sehen Sie, wie das Lineal auf und ab schwingt (▸Abb. 2).

Je länger der schwingende Teil des Lineals ist, umso langsamer bewegt er sich. Ist er zu lang, ist die Bewegung zwar gut zu erkennen, einen klaren Ton hört man aber nicht. Verkürzt man den schwingenden Teil des Lineals wieder, dann wird der Ton höher und deutlich hörbar. Nur ist die Bewegung dann immer schlechter zu sehen.

2 Das Lineal schwingt auf und ab.

Schall ist also stets mit Schwingungen verbunden, auch wenn diese oft so schnell sind, dass unsere Augen die Bewegung nicht wahrnehmen können. So können wir beispielsweise die Schwingung einer angeschlagenen Stimmgabel nicht sehen. Halten wir die Zinken aber in ein Glas Wasser, dann wird ihre Schwingung durch das spritzende Wasser offensichtlich (▶Abb. 4).

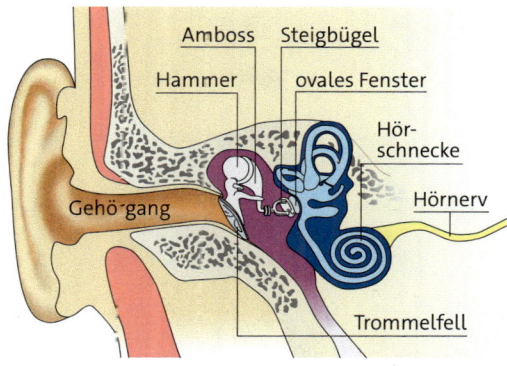

3 Aufbau des menschlichen Ohrs

Damit ein hörbarer Ton entsteht, muss ein Gegenstand schnell schwingen.

Wird Schall wahrgenommen, dann wird ein Teil des Schallempfängers in Schwingungen versetzt, das kann z. B. die Membran eines Mikrofons sein oder unser Trommelfell. Diese Schwingung wird dann in Signale übersetzt, die weiterverarbeitet werden können.

Im Ohr (▶Abb. 3) werden die Schwingungen des Trommelfells über die Gehörknöchelchen Hammer, Amboss und Steigbügel auf das Innenohr übertragen und dabei bis zu 20-fach verstärkt. In der flüssigkeitsgefüllten Hörschnecke befinden sich etwa 16 000 Sinneszellen mit feinen Härchen. Während der Schall die Hörschnecke durchläuft, werden diese Härchen hin- und hergebogen. Je tiefer der Ton ist, desto weiter innen in der Hörschnecke sprechen die Sinneszellen an und senden elektrische Signale an das Gehirn, wo diese verarbeitet werden.

Schall braucht einen Träger • Normalerweise befindet sich zwischen der Schallquelle und dem Schallempfänger Luft. Vermutlich haben Sie aber auch schon andere Formen der Schallübertragung erlebt, z. B. unter Wasser beim Tauchen oder wenn jemand gegen ein Heizungsrohr klopft. Dabei übertragen feste Stoffe den Schall meist besser als Gase. Dies können Sie ausprobieren, wenn ihr Sitznachbar von unten an die Tischplatte klopft und Sie dabei einmal in normaler Sitzposition danach lauschen und ein zweites Mal, während Ihr Kopf mit dem Ohr auf der Tischplatte liegt.

Die unterschiedlich gute Ausbreitung des Schalls in den verschiedenen Stoffen lässt vermuten, dass ein Trägermedium für die Ausbreitung des Schalls wichtig ist. Zur Klärung untersuchen wir, ob sich der Schall auch ohne einen solchen Träger ausbreiten kann. Dazu befestigen wir eine elektrische Klingel unter eine Glasglocke (▶Abb. 5). Während die Luft abgepumpt wird, hören wir, wie das Klingeln immer leiser wird, bis es kaum noch zu wahrzunehmen ist. Im luftleeren Raum kann sich der Schall also nicht ausbreiten.

Schall kann sich nur in einem Schallträger ausbreiten. Sowohl Gase als auch Flüssigkeiten und Festkörper können den Schall übertragen.

4 Die Stimmgabel lässt das Wasser spritzen.

1 Beschreiben Sie, was Sie hören und sehen, wenn Sie mit einem angefeuchteten Finger über den Rand eines dünnwandigen Glases streichen. Formulieren Sie eine Vermutung, welche Teile schwingen.

2 Wenn Sie sich die Nase zuhalten und Luft in die Nase hineindrücken, erhöht sich auch der Druck im Mittelohr. Geben Sie begründet an, wie sich Ihr Hören dadurch verändert.

5 Ohne Luft hört man die Klingel nicht.

1 Die Luft vor dem Lautsprecher schwingt.

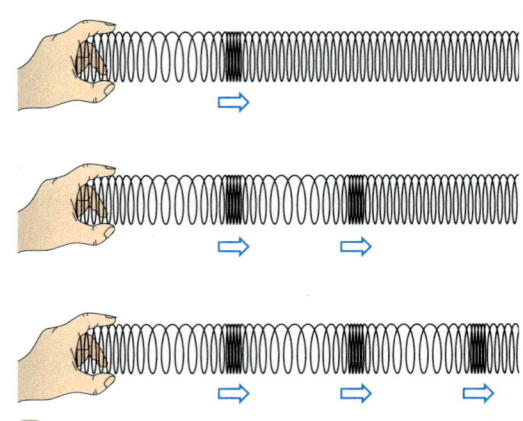

3 Veranschaulichung der Ausbreitung von Schall

Was geschieht im Schallträger? • Zur Untersuchung der Schallübertragung stellen wir eine brennende Kerze vor eine schwingende Lautsprechermembran (▶Abb. 1). Wir beobachten u. a., dass die Kerzenflamme auseinandergezogen wird. Das erklärt sich folgendermaßen: Wenn eine Lautsprechermembran hin- und herschwingt, dann wird die Luft vor der Membran abwechselnd zusammengedrückt und auseinandergezogen. Dabei schwingt die Luft selbst wie die Membran hin und her. Durch die schnellen Bewegungen der Luft wird die Flamme in die Breite gezogen.

Wir veranschaulichen die Schallausbreitung mit einer Spiralfeder (▶Abb. 3): Bewegen wir ein Ende der Spirale mit der Hand schnell hin und her, entstehen abwechselnd Verdichtungen und Verdünnungen in der Spirale. Diese Verdichtungen und Verdünnungen wandern von links nach rechts durch die Spirale. Die Schallausbreitung in Luft stellen wir uns ähnlich vor: Schwingt eine Lautsprechermembran hin und her, entstehen in der Luft vor der Membran abwechselnd Verdichtungen und Verdünnungen. Diese breiten sich durch die Luft in den Raum aus.

Wie schnell ist der Schall? • Wenn wir bei einem 100-m-Sprint an der Ziellinie stehen und nur auf den Knall der Startklappe achten, dann wirkt es, als würden die Läufer zu früh starten (▶Abb. 2). Wenn wir aber darauf achten, wann wir das Zusammenschlagen der Startklappe sehen, haben wir nicht den Eindruck eines Fehlstarts. Wir an der Ziellinie hören den Knall offenkundig später als die Läufer. Der Schall braucht Zeit, um sich auszubreiten.

Um die Schallgeschwindigkeit zu bestimmen, stellen wir die Situation beim 100-m-Lauf mit einem genaueren Messverfahren nach. Dazu verwenden wir zwei Mikrofone und eine sehr genaue elektronische Stoppuhr (▶Abb. 4).

Sobald der Schall nach Zusammenschlagen der Startklappe Mikrofon 1 erreicht, wird die Uhr gestartet. Wenn er Mikrofon 2 erreicht, wird die Uhr wieder gestoppt. Für die Strecke von 1,0 m benötigt der Schall in unserem Experiment eine Zeit von 0,0029 s. In einer Sekunde legt der Schall demnach etwa 345 m zurück. Die genaue Schallgeschwindigkeit hängt v. a. von der Temperatur ab.

2 Eine Startklappe gibt das Startsignal.

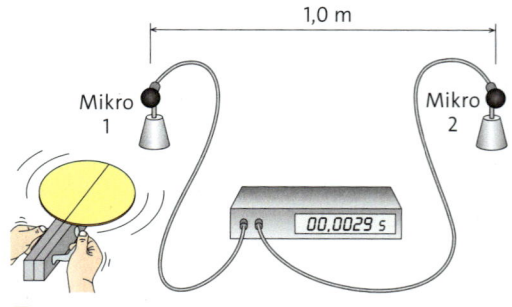

4 Messung der Schallgeschwindigkeit

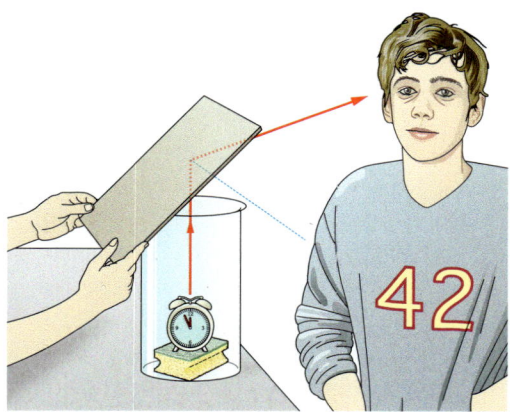

5 Reflexion von Schall

7 Beugung von Schall

Der Schall breitet sich in Luft gleichförmig mit einer Geschwindigkeit von etwa 340 Metern pro Sekunde aus.

Schall wird reflektiert • Ruft man in den Bergen aus größerer Entfernung vor einer glatten Bergwand laut einen Namen, dann hört man ihn kurz danach noch einmal als Echo. Offenbar wirft die Bergwand den Schall zurück.

Auch dies untersuchen wir genauer in einem Experiment. Legen Sie dazu eine tickende Uhr auf ein Stück Schwamm in ein hohes Glas. Wenn Sie Ihr Ohr über das Glas halten, können Sie das leise Ticken hören. Stellen Sie sich jedoch neben das Glas, können Sie das Ticken der Uhr nicht mehr hören. Wenn aber eine zweite Person eine glatte Platte über das Glas hält und diese langsam neigt, dann können Sie das Ticken bei einer bestimmten Position und Neigung der Platte wieder gut hören (▶Abb. 5). Der Schall trifft also auf die Platte und ändert dann seine Ausbreitungsrichtung so, dass er Ihr Ohr trifft. Der Schall wird an der Platte reflektiert.

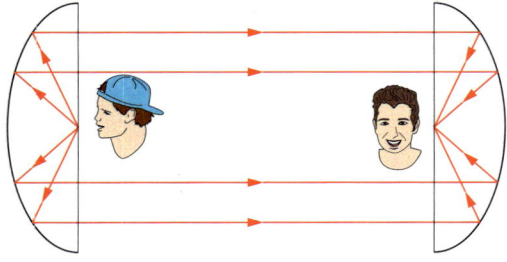

6 Schallausbreitung am Flüsterspiegel

Trifft Schall auf eine glatte Fläche, wird er reflektiert. Ein Echo entsteht, wenn der Schall nach Reflexion an großen, entfernten Hindernissen wieder den Sender erreicht.

Trifft der Schall nun auf eine gekrümmte Oberfläche wie bei den eingangs betrachteten Flüsterspiegeln, so ändert sich seine Ausbreitungsrichtung entlang der Krümmung (▶Abb. 6). Dadurch wird der Schall so ähnlich gebündelt wie Radiowellen an einer Satellitenschüssel. Die dadurch hervorgerufene Verstärkung lässt die im anderen Spiegel geflüsterten Worte verständlich werden – wenn auch mit zeitlicher Verzögerung infolge der Laufzeiten des Schalls.

Schall wird gebeugt • Damit Sie etwas hören können, muss die Schallquelle noch nicht einmal sichtbar sein. Eine Ursache dafür kann die Reflexion sein. Eine andere lässt sich beobachten, wenn Sie sich wie in ▶Abb. 7 neben die Tür des Klassenzimmers stellen, die nur einen Spalt breit geöffnet ist. Wenn nun eine Person im Klassenraum Ihren Namen ruft, dann hören Sie dies, obwohl Sie die Person nicht sehen. Der Schall breitet sich um die Ecke aus – er wird gebeugt.

1 Recherchieren Sie die Temperaturabhängigkeit der Schallgeschwindigkeiten in Luft und erklären Sie diese im Teilchenmodell.
2 Erläutern Sie an einem Beispiel die Drei-Sekunden-Regel für Gewitter.

Versuch A • Schallerzeugung

V1 Quietschender Luftballon

Material:
Luftballon

Arbeitsauftrag:
a) Blasen Sie einen Luftballon auf und ziehen Sie dann die Ballonöffnung mit den Fingern zu einem dünnen Schlitz auseinander, sodass die Luft quietschend entweichen kann.

Beschreiben Sie, wie Sie unterschiedliche Töne erzeugen können.
b) Stellen Sie eine Vermutung darüber an, was bei der Schallerzeugung schwingt.

V2 Flaschenklang

Material:
Glasflasche, Wasser

Arbeitsauftrag:
a) Füllen Sie eine Glasflasche mit Wasser (nicht ganz voll). Blasen Sie nun schräg in die Flaschenöffnung hinein, sodass ein Ton entsteht. Formulieren Sie eine Vermutung dazu, wie der Ton entsteht.
b) Ändern Sie die Wassermenge in der Flasche und beschreiben Sie, wie sich der Ton ändert.

Versuch B • Schallausbreitung in verschiedenen Schallträgern

V1 Löffel an der Schnur

Material:
Suppenlöffel, Schnur (ca. 1 m)

Arbeitsauftrag:
a) Knoten Sie den Löffel in die Mitte der Schnur. Wickeln Sie die Enden der Schnur um je einen Zeigefinger und stecken Sie die Finger in die Ohren. Lassen sie den Löffel gegen eine Tischkante pendeln. Beschreiben Sie, was Sie hören.
b) Erklären Sie Ihre Beobachtungen.

V2 Verschiedene Schallträger

Material:
Tickende Uhr, Blech, Holzbrett, Styropor, Papierblock, Schaumstoff, Tisch

Arbeitsauftrag:
a) Untersuchen Sie, wie die verschiedenen Stoffe das Ticken der Uhr übertragen. Legen Sie dazu die Uhr auf die verschiedenen Unterlagen auf den Tisch. Legen Sie Ihren Kopf auf den Tisch, sodass sich Ihr Ohr im Abstand von 1 m von der Uhr befindet. Notieren Sie Ihre Beobachtungen.
b) Ziehen Sie Schlussfolgerungen.

V3 Messung der Schallgeschwindigkeit in Luft

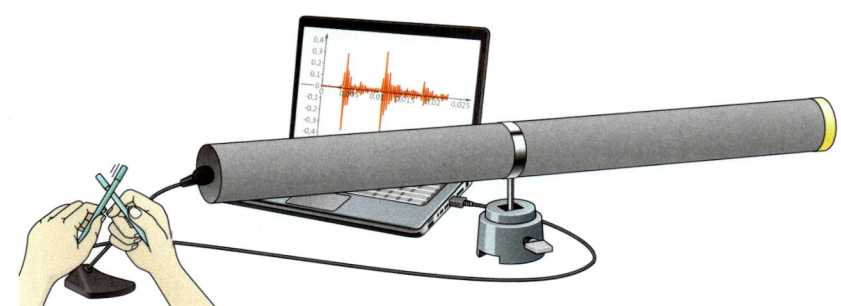

1 Messung der Schallgeschwindigkeit

Material:
Papprohr (ca. 1 m lang, ca. 10 cm im Durchmesser) mit Deckel, Lineal, Computer mit Soundanalyseprogramm, Mikrofon, zwei Stäbe (z. B. kleine Stativstangen)

Arbeitsauftrag:
a) Bauen Sie den Versuch wie in ▸Abb. 1 auf. Verschließen Sie eine Seite des Papprohrs mit einem Deckel und stellen Sie das Mikrofon genau vor das offene Ende des Rohrs.
b) Messen Sie die Länge des Rohrs. Starten Sie die Aufnahme im Soundanalyseprogramm. Erzeugen Sie ein kurzes Schallsignal, indem Sie die zwei Stäbe einmal aneinanderschlagen.

c) Lesen Sie den zeitlichen Abstand zwischen dem direkt gemessenen Signal und dem am Ende des Rohrs reflektierten Signal im Diagramm des Soundanalyseprogramms ab (▸Abb. 2).
d) Führen Sie mehrere Messungen durch und berechnen Sie daraus den Mittelwert der Schallgeschwindigkeit. Vergleichen Sie Ihr Ergebnis mit dem Literaturwert.

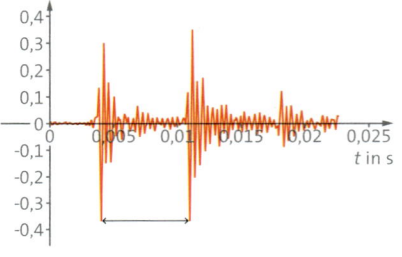

2 Gemessenes Signal

Material A • Aus der Tierwelt

3 Fledermaus auf der Jagd

Fledermäuse jagen nachts. Sie stoßen sehr hohe Töne aus, die für uns nicht hörbar sind. Eine Fledermaus kann diese hohen Töne aber sehr gut hören. Sie werden sowohl an Gegenständen als auch an Insekten reflektiert.

Die Fledermaus nimmt die reflektierten Töne wahr und kann so Hindernissen ausweichen oder dem Insekt folgen.

A1 Überlegen Sie, woran die Fledermaus erkennen kann, dass sich das Insekt von ihr wegbewegt. Erläutern Sie dies anhand einer Bildfolge.

Material B • Untersuchung mit Schallwellen

Bei der Materialprüfung mit Ultraschall wird ein Schallkopf genutzt, der Schallwellen aussendet und die Echos detektiert. Ultraschallwellen durchdringen viele Stoffe gut, werden an Grenzflächen zu Luft aber fast vollständig re-flektiert. Um zu vermeiden, dass es bereits bei Eintritt des Ultraschalls in das Werkstück zu Reflexionen an Lufteinschlüssen zwischen Schallkopf und Werkstück kommt, wird ein Gel auf den Schallkopf gegeben. Treffen die Schall-wellen dann im Werkstück auf einen Riss, eine fehlerhafte Schweißnaht oder sonstige Lufteinschlüsse, so werden sie daran reflektiert (▶Abb. 4). Ein Vergleich der verschiedenen Laufzeiten liefert die Lage der Fehlstellen.

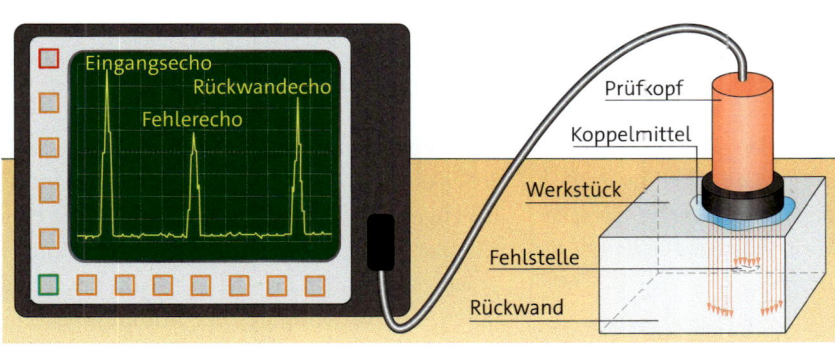

Eingangsecho
Rückwandecho
Fehlerecho

Prüfkopf
Koppelmittel
Werkstück
Fehlstelle
Rückwand

4 Materialprüfung mit Ultraschall

B1 In einem Werkstück aus Edelstahl beträgt die Schallgeschwindigkeit $5,66 \cdot 10^3 \frac{m}{s}$.
a) Bei dem Oszilloskop in ▶Abb. 4 steht die Breite eines Kästchens für 0,1 µs. Ermitteln Sie die Dicke des Blechs und die Entfernung des Risses vom Schallkopf.
b) Bei einer anderen zeitlichen Auflösung erhält man ein weiteres Echo: Laufzeit 1,8 µs. Erklären Sie.

Material C • Schallgeschwindigkeit

Die beiden Jugendlichen in ▶Abb. 5 führen ein Experiment zur Bestimmung der Schallgeschwindigkeit durch. Neben ihnen liegt jeweils ein Smartphone, bei dem eine App mit akustischer Stoppuhr geöffnet ist. Diese wird durch ein akustisches Signal gestartet und durch ein weiteres gestoppt. Bei einem Abstand von 5 m zwischen den Smartphones zeigt die eine Stoppuhr am Ende 0,739 s an, die andere 0,713 s.

5 Schallgeschwindigkeit klatschend ermitteln

C1 Erklären Sie, wie die beiden so die Schallgeschwindigkeit ermitteln können.

C2 Begründen Sie, warum die Reaktionszeit der Personen bei dieser Art der Messung keinen Einfluss auf die Ergebnisse hat.

C3 Erstellen Sie ein $s(t)$-Diagramm zu den gegebenen Messwerten.

C4 **a)** Bestimmen Sie aus den Messwerten die Schallgeschwindigkeit.
b) Vergleichen Sie Ihr Ergebnis mit einem realistischen Literaturwert. Geben Sie mögliche Fehlerquellen an.

1 Hüpfende Tropfen

Schall untersuchen

Die Tropfen in ▸Abb. 1 hüpfen über der Membran eines Lautsprechers auf und ab – und zwar umso höher, je lauter die Töne sind, die der Lautsprecher abgibt. Auch die Tonhöhe ändert das Verhalten der Tropfen. Wie kommt das?

Schall in Zeitlupe • Um zu untersuchen, was an der Lautsprechermembran passiert, verbinden wir den Lautsprecher mit einem Frequenzgenerator und stellen diesen so ein, dass ein tiefer Brummton zu hören ist. Fasst man jetzt vorsichtig auf die Membran, fühlt man, wie sie vibriert. Geben wir einige Reiskörner auf die Membran, werden diese infolge der Schwingung ebenfalls in Bewegung versetzt und beginnen wie die Wassertropfen in ▸Abb.1 zu hüpfen. Die schnelle Schwingung der Membran selbst wird sichtbar, wenn Sie sie mit einem Smartphone filmen und den Film in Zeitlupe anschauen.

Aufzeichnung von Schall • Eine einfache Möglichkeit, Schall aufzuzeichnen, bietet eine Schreibstimmgabel (▸Abb.2). Um sie zum Klin-

gen zu bringen, schlägt man gegen einen ihrer Schenkel. Nun zieht man die Feder der Stimmgabel zügig und möglichst gleichmäßig über eine Glasplatte, die zuvor über einer Kerzenflamme geschwärzt wurde. Es zeigt sich, dass der Schall durch eine Schwingung der Stimmgabel entsteht.

Möglicherweise erinnert Sie der Verlauf der Schwingung an die Sinusfunktion. Noch offensichtlicher wird dies, wenn wir die Töne mithilfe eines Oszilloskops aufzeichnen, das an ein Mikrofon angeschlossen ist (▸Abb.3). Schwingungen mit einem sinusförmigen Verlauf bezeichnet man als **harmonische Schwingungen**.

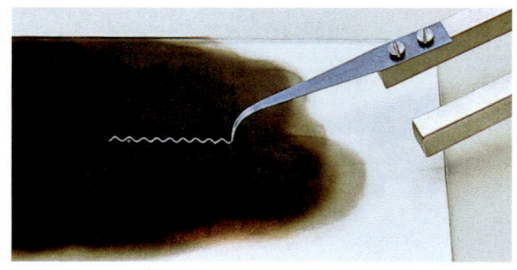

2 Schreibstimmgabel

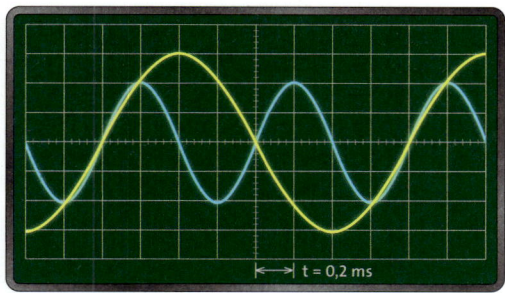

3 Schwingungsbild zweier Töne am Oszilloskop

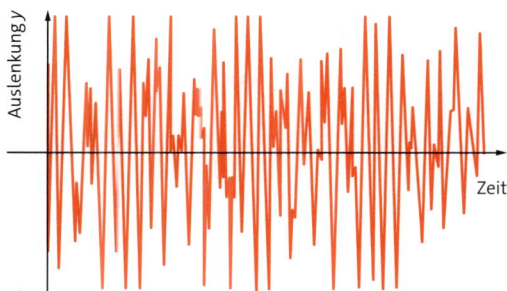

5 Schwingungsbild eines Geräusches

Töne sind harmonische Schwingungen • Wie wir bereits wissen, enthält jede Schallquelle Bauteile, die hin- und herschwingen und so die Luft in Schwingungen versetzen. Durch Stöße zwischen den Luftmolekülen setzen sich die Schwingungen weiter fort und der Schall breitet sich aus. Handelt es sich dabei um harmonische Schwingungen im Hörbereich unserer Ohren, nehmen wir sie als **Töne** wahr. Weist die aufgezeichnete Schwingung dagegen keinerlei Regelmäßigkeit auf, dann sprechen wir von einem Geräusch (▸Abb. 5). Zusammenfassend wird der Begriff „Schall" genutzt.

Beschreibung von Schwingungen • Verfolgen wir einen einzelnen Punkt der schwingenden Lautsprechermembran im Laufe der Zeit, so bewegt sich dieser periodisch hin und her. Dabei ändert sich seine Entfernung von der Ruhelage, also der Position, die er einnimmt, wenn der Lautsprecher ausgeschaltet ist. Den momentanen Abstand des betrachteten Punktes von der Ruhelage bezeichnen wir dabei als Auslenkung y, die maximale Auslenkung der Schwingung wird **Amplitude** y_{max} genannt (▸Abb. 4).
Die Zeit, die der betrachtete Punkt für eine vollständige Schwingung benötigt, bis er also wieder am Ausgangspunkt seiner Bewegung ankommt

und diese sich wiederholt, ist die Schwingungsdauer T. Sie wird in Sekunden gemessen. Der bekanntere Begriff der **Frequenz** f mit der Einheit Hertz gibt die zugehörige Anzahl der Schwingungen pro Sekunde an:

$$f = \frac{1}{T} \text{ mit } [T] = 1\,\text{s} \text{ und } [f] = 1\frac{1}{s} = 1\,\text{Hz}.$$

Verändern Sie jetzt die Lautstärke bzw. die Tonhöhe am Frequenzgenerator und untersuchen die daraus folgenden Veränderungen, ergeben sich zwei Zusammenhänge, die bereits in ähnlicher Form an den Wassertropfen zu erkennen waren:
1. Ist ein Ton lauter als ein anderer, dann ist auch seine Amplitude größer.
2. Ist ein Ton höher als ein anderer, dann gibt es mehr Schwingungen pro Sekunde.

> Je größer die Amplitude einer Schwingung ist, desto lauter hört man den Ton.
> Je größer die Frequenz einer Schwingung ist, desto höher ist der erzeugte Ton.

1 Erläutern Sie, worin sich zwei Spuren einer Schreibstimmgabel unterscheiden, wenn sie unterschiedlich
 a) stark angeschlagen wurde,
 b) schnell gezogen wurde.
2 Ermitteln Sie die Frequenzen der in ▸Abb. 3 dargestellten Schwingungen. Ein Kästchen steht dabei für eine Zeitspanne von 0,2 ms.
3 **a)** Skizzieren Sie das $y(t)$-Diagramm eines beliebigen Tons.
 b) Tragen Sie die Graphen zweier weiterer Töne ein. Dabei soll der eine im Vergleich zu a) die doppelte Amplitude besitzen und der andere die doppelte Frequenz.

Häufig wird die Schwingungsdauer auch als Periodendauer bezeichnet.

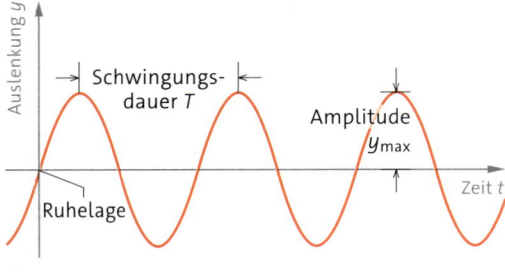

4 $y(t)$-Diagramm eines Tons

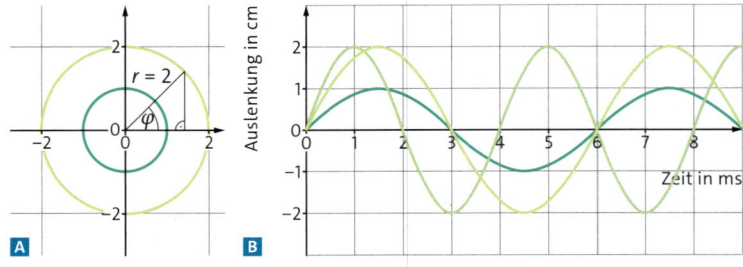

1 A Bogenmaß, B unterschiedliche Schwingungen

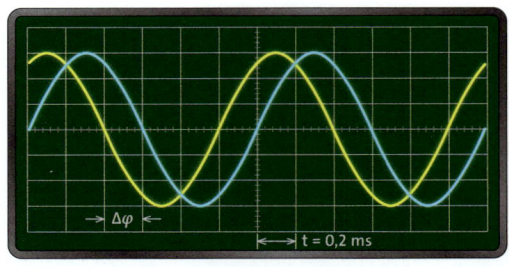

2 Schwingungen mit Phasenverschiebung

Mathematische Beschreibung • Unsere Beobachtungen nutzen wir, um die Schwingung eines Tons mit einer Sinusfunktion darzustellen:

$$y(t) = y_{max} \cdot \sin(2\pi f \cdot t) = y_{max} \cdot \sin\left(\frac{2\pi}{T} \cdot t\right)$$

Vergrößert man die Amplitude y_{max}, dann ist der Graph der Sinusfunktion in y-Richtung gestreckt. Wird die Frequenz f größer, dann wird er dagegen entlang der Zeitachse gestaucht.

Um den Faktor 2π zu begründen, betrachten wir ►Abb.1. Der Einheitskreis mit Radius 1 hat den Umfang 2π. Daher besitzt die Sinusfunktion für alle Vielfachen von 2π den gleichen Wert. Durch den Faktor 2π wird somit eine korrekte Periodenlänge erreicht, denn es gilt z.B. $y(T) = y(0)$. Den Faktor $\frac{2\pi}{T}$ nennt man Kreisfrequenz ω.

Allerdings starten Messungen zu beliebigen Zeitpunkten und nicht nur dann, wenn die Schwingung gerade durch die Ruhelage führt. Wie in ►Abb.2 zu erkennen ist, hat dies aber nur eine Verschiebung der Schwingung um Δt entlang der Zeitachse zur Folge – die Schwingungsgleichung wird zu $y(t) = y_{max} \cdot \sin(\omega(t + \Delta t))$. Man spricht von einer Phasenverschiebung $\Delta\varphi = \omega\Delta t$. Damit ergibt sich als Schwingungsgleichung $y(t) = y_{max} \cdot \sin(\omega t + \Delta\varphi)$.

Harmonische Schwingungen wie Töne sind sinusförmige, periodische Schwingungen. Sie lassen sich durch
$$y(t) = y_{max} \cdot \sin(\omega t + \Delta\varphi)$$
beschreiben. Dabei ist y_{max} die Amplitude, ω die Kreisfrequenz mit $\omega = \frac{2\pi}{T} = 2\pi f$ und $\Delta\varphi$ die Phasenverschiebung.

Zur Vereinfachung stellen wir die Graphen als Sinusfunktion mit $\Delta\varphi = 0$ dar.

Klang der Stimme • Wenn Sie mithilfe von Mikrofon und Oszilloskop einen Pfiff aufnehmen oder den gesungenen Vokal u, werden Sie in etwa eine Sinusschwingung erhalten, also das Schwingungsbild eines Tons. Singen Sie aber einen anderen Vokal, dann sieht das Schwingungsbild anders aus (►Abb.3), selbst wenn Sie meinen, den gleichen Ton zu singen.

Da wir mit unserem Gehör unterscheiden können, welcher Vokal gerade gesungen wird, müssen die verschiedenen Vokale ja auch unterschiedlich klingen, selbst wenn wir dieselbe Tonhöhe wahrnehmen. Wie kann das sein?

⠿⠿ BEISPIEL ⠿⠿⠿⠿⠿⠿⠿⠿⠿⠿⠿⠿⠿⠿⠿⠿⠿

Aufgabe • Stellen Sie die Schwingungsgleichungen für die beiden Schwingungen aus ►Abb.2 auf (y-Achse: Einheit 1 cm).

Mögliche Lösung • Die Kenngrößen der Schwingungen lassen sich aus dem Diagramm ablesen. Es gilt:
$y_{max} = 3\,\text{cm}$, $T = 1,2\,\text{ms}$, $\Delta t = 0,2\,\text{ms}$

$$\Delta\varphi = \frac{2\pi}{T} \cdot 0{,}2\,\text{ms} = \frac{2\pi}{(1{,}2\,\text{ms})} \cdot 0{,}2\,\text{ms} = \frac{2\pi}{6} = \frac{\pi}{3}.$$

Gibt man die Zeit t in Millisekunden an, so ergibt sich die Auslenkung in Zentimetern:

$$y_1(t) = 3\,\text{cm} \cdot \sin\left(\frac{2\pi}{1{,}2\,\text{ms}} \cdot t\right) = 2\,\text{cm} \cdot \sin\left(\frac{5}{3}\pi\frac{1}{\text{ms}} \cdot t\right)$$

$$y_2(t) = 3\,\text{cm} \cdot \sin\left(\frac{5}{3}\pi\frac{1}{\text{ms}} \cdot t + \frac{1}{3}\pi\right)$$

Die Schwingungen der Vokale a, e, i und o sind nicht harmonisch, lassen sich also nicht durch Sinusfunktionen beschreiben. Trotzdem sind es periodische Schwingungen mit einer festen Schwingungsdauer. Das komplizierte Schwingungsbild der Vokale ergibt sich, weil wir für sie mit unseren Stimmlippen gar keine einzelnen Töne, sondern Klänge erzeugen. Aus welchen Tönen der **Klang** zusammengesetzt ist, hängt jeweils von der Mund- und Zungenstellung ab (▸Abb.4). Bei verschiedenen Menschen ist diese für gleiche Vokale zwar sehr ähnlich, aber nicht genau gleich. Bei jedem klingt die Aussprache ein wenig anders.

Das $y(t)$-Diagramm eines Klanges erhalten wir, wenn wir die Schwingungen der enthaltenen Töne überlagern. Dazu addieren wir die Auslenkungen der einzelnen Schwingungen (▸Abb.3). Es fällt auf, dass die Schwingungsdauer der grün dargestellten Resultierenden der des tiefsten enthaltenen Tons entspricht. Daher wird dieser Ton als **Grundton** bezeichnet. Seine Frequenz ist die wahrgenommene Frequenz des Klangs.

> Klänge ergeben sich aus dem Zusammenspiel mehrerer Töne. Ihre Schwingungen sind nicht harmonisch, aber periodisch. Auch hier bestimmt die Frequenz der Schwingung die wahrgenommene Tonhöhe.

Sprache • Während die klingenden Vokale durch das Zusammenwirken der Stimmlippen mit dem Mund und dem Rachenraum entstehen, sind die Stimmlippen an der Bildung der Konsonanten meist nicht beteiligt.

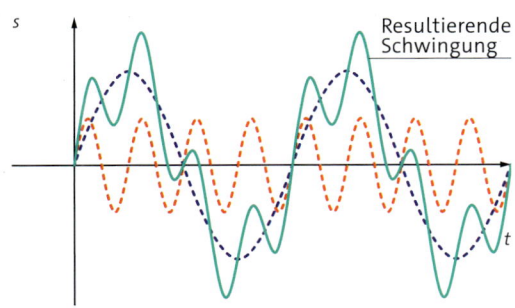

3 Überlagerung zweier Schwingungen

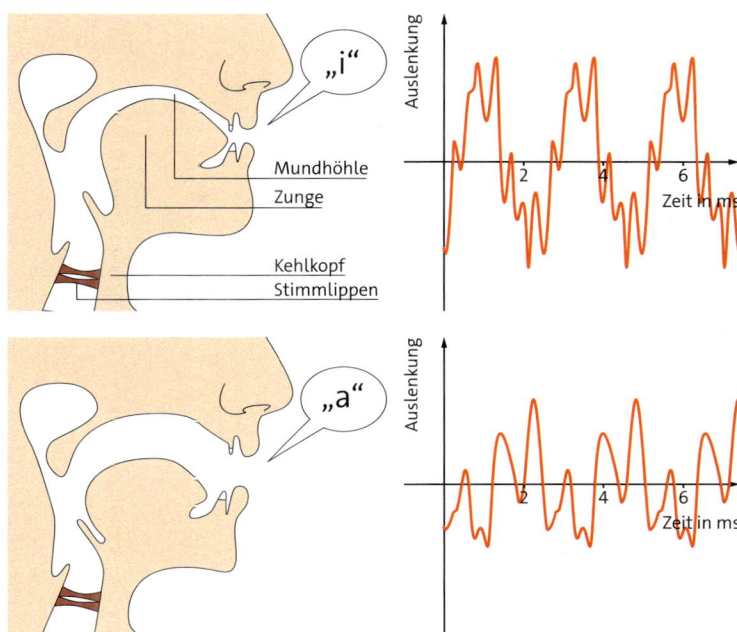

4 Unterschiedliche Mundstellungen und Schwingungsbilder bei der Erzeugung der Vokale i und a

So wird der Rachenraum bei den Konsonanten p, t, k, g und d durch Lippen, Zunge und Zähne verschlossen und dann plötzlich wieder geöffnet, sodass die Luft entweichen kann. Diese und andere Konsonanten stellen daher keine Töne oder Klänge, sondern Geräusche dar.

1 a) Ermitteln Sie die Schwingungsgleichungen für die Schwingungen aus ▸Abb.1.
b) Zeichnen Sie drei Schwingungen gleicher Amplitude und gleicher Frequenz mit $\Delta\varphi_1 = -\frac{\pi}{3}$, $\Delta\varphi_2 = 0$ und $\Delta\varphi_3 = \frac{\pi}{2}$.

2 Zeichnen Sie das $y(t)$-Diagramm einer Schwingung mit der Amplitude 3 cm, der Frequenz 500 Hz und der Phasenverschiebung $\frac{\pi}{4}$.

3 Bestimmen Sie die Frequenzen der Grundtöne zu den in ▸Abb.4 dargestellten Klängen.

4 a) Zeichnen Sie mit einem Funktionsplotter die Schwingungen dreier gleich lauter Töne ($f_1 = 200\,\text{Hz}$, $f_2 = 400\,\text{Hz}$; $f_3 = 1000\,\text{Hz}$) in ein gemeinsames Diagramm.
b) Zeichnen Sie die Summe der drei Schwingungen ein und ermitteln Sie die Frequenz des Klangs.
c) Untersuchen Sie den Einfluss der einzelnen Amplituden auf die Resultierende.

Versuch A • Schall aufzeichnen

V1 Frequenzen ermitteln

Material:
Smartphone oder Mikrofon und Oszilloskop

Arbeitsauftrag:
a) Zeichnen Sie mit dem Oszilloskop oder einer entsprechenden App auf dem Smartphone verschiedene Pfiffe oder gesungene Vokale auf.
b) Entscheiden Sie begründet, welche Ihrer Aufnahmen Töne darstellen und bei welchen es sich um Klänge handelt.
c) Ermitteln Sie jeweils die Frequenzen der Töne bzw. Klänge.

V2 „Gummibanjo"

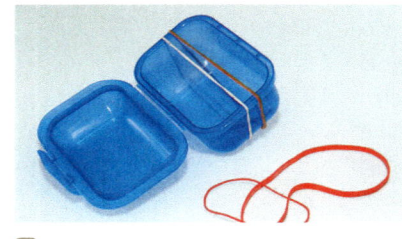
1 „Gummibanjo"

Material:
Verschiedene Gummibänder, Holz- oder Plastikschachtel, Smartphone oder Mikrofon und Oszilloskop

Arbeitsauftrag:
a) Spannen Sie ein Gummiband über die offene Schachtel. Zupfen Sie am Gummiband und zeichnen Sie die Schwingung auf. Bestimmen Sie die Frequenz des Tons oder Klangs.

b) Untersuchen Sie, auf welchen Wegen Sie mit dieser Anordnung einen möglichst hohen bzw. tiefen Klang erzeugen können.

V3 Knall

Material:
Smartphone oder Mikrofon und Oszilloskop, Brötchentüte

Arbeitsauftrag:
a) Zeichnen Sie mit dem Oszilloskop oder einer entsprechenden App auf dem Smartphone den Knall auf, der entsteht, wenn Sie eine Brötchentüte platzen lassen.
b) Geben Sie die Kennzeichen des Schwingungsbildes eines Knalls an. Gehen Sie dabei auf Gemeinsamkeiten und Unterschiede zu den Schallereignissen Ton, Klang und Geräusch ein.

Versuch B • Schwingungen darstellen

V1 Sägezahn und Rechteck

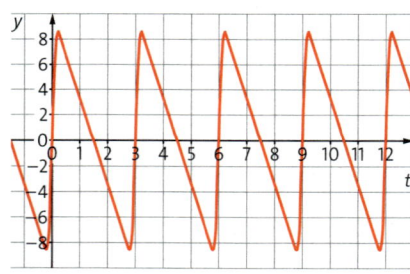
2 Sägezahn als resultierende Schwingung

Material:
Computer mit Funktionsplotter

Arbeitsauftrag:
a) Erstellen Sie die Graphen eines Grundtons ($T = 3\,s$) und der ersten neun Obertöne in einem gemeinsamen Diagramm. Diese besitzen Frequenzen, die Vielfache der Frequenz des Grundtons sind. Der erste Oberton hat dabei die doppelte Frequenz des Grundtons, der neunte die zehnfache.
Fügen Sie Schieberegler für die Amplituden dieser Schwingungen ein. Erstellen Sie außerdem die Summe dieser Schwingungen.
b) Stellen Sie $y_{max} = 6{,}2$ für den Grundton und $y_{max} = 0{,}1$ für den 9. Oberton ein. Verändern Sie die anderen Amplituden so, dass sich ein möglichst gleichförmiger Sägezahn ergibt (▶Abb. 2).
Tipp: Die Amplituden werden kontinuierlich kleiner.
c) Stellen Sie die Amplituden der geradzahligen Obertöne auf null und beschreiben Sie die erhaltene Schwingung. Eventuell müssen Sie noch ein wenig nachbessern.

V2 Schall-Memory

Material:
Smartphone

Arbeitsauftrag:
a) Zeichnen Sie mithilfe einer Oszilloskop-App verschiedene Schallereignisse auf (Töne, Klänge, Geräusche, Knallereignisse).
b) Erstellen Sie ein Memory mit den Schwingungsbildern und den Bezeichnungen der Schallquellen.

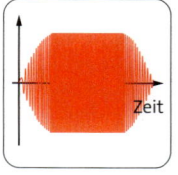
3 Schwingungs-Memory: Sirene

Material A • Weckalarm

A1 Ein Uhrenhersteller möchte einen neuen Wecker auf den Markt bringen. Für die Wahl des Wecksignals stehen ihm vier Möglichkeiten zur Verfügung.

a) Erläutern Sie, wie sich die abgebildeten Signale anhören.

b) Zeichnen Sie eine Folge von Wecksignalen mit voller und halber Lautstärke.

c) Zeichnen Sie ein Wecksignal, das nicht in der Lautstärke, sondern in der Tonhöhe variiert.

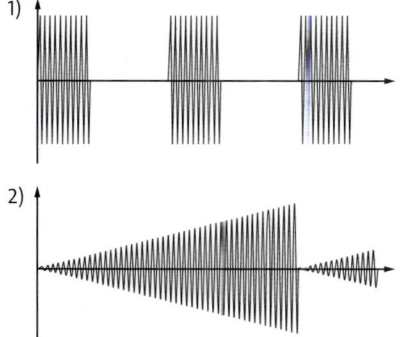
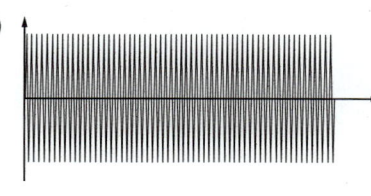

4 Mögliche Wecksignale

Material B • Laut und leise, hoch und tief

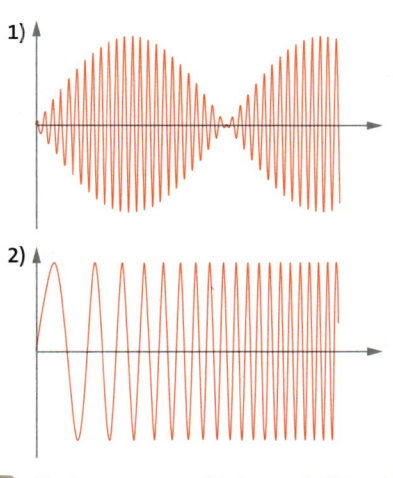
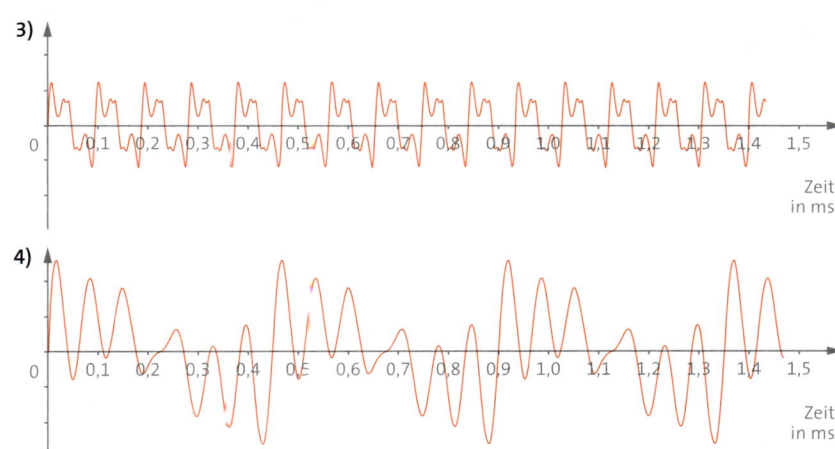

5 $y(t)$-Diagramme verschiedener Schallsignale

B1 Per Computer wurden vier verschiedene Schwingungen aufgezeichnet.

a) Beschreiben Sie die $y(t)$-Diagramme 1) und 2) unter Verwendung der Fachbegriffe. Geben Sie an, wie sich Tonhöhe und Lautstärke verändern.

b) Bestimmen Sie für die $y(t)$-Diagramme 3) und 4) die Frequenz der Klänge.

B2 Beim Tippen einer Taste des Festnetztelefons ist jeweils ein kurzer Ton hörbar.

a) Geben Sie an, wie Sie an einem $y(t)$-Diagramm erkennen können, wie viele Tasten gedrückt wurden.

b) Erläutern Sie die Funktion der unterschiedlichen Frequenzen der gedrückten Tasten.

Material C • Abhören des Herzschlags

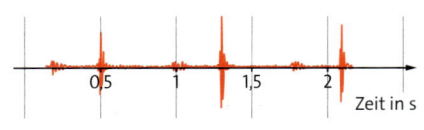

6 Herzschläge mit 1. und 2. Herzton

Bei einem gesunden Menschen sind abwechselnd der 1. und 2. Herzton zu hören (im physikalischen Sinn sind beide Geräusche) (▸Abb. 6).

C1 Recherchieren Sie die Ursachen vom 1. und 2. Herzton. Ordnen Sie in ▸Abb. 6 die beiden Herztöne zu und bestimmen Sie die Herzfrequenz.

1 Instrumente im Orchester

Musikinstrumente

Der Klang eines Orchesters lebt davon, dass verschiedene Instrumente ganz unterschiedliche Klänge haben, auch wenn vermeintlich alle den gleichen Ton spielen. Wie kommt es dazu?

JEAN-BAPTISTE JOSEPH FOURIER (1768–1830) war ein französischer Mathematiker und Physiker.

Klänge verschiedener Instrumente • Wie bei unserer Stimme erzeugen wir auch auf einem Instrument im physikalischen Sinne gar keine Töne, sondern Klänge. Sie können mit Mikrofon und Computer die Schwingungsbilder der gleichen „Töne" von verschiedenen Instrumenten aufnehmen (▸Abb. 2) und analysieren. Mittels einer **Fourieranalyse** lässt sich die Zusammensetzung eines Klangs aus verschiedenen Tönen ermitteln (▸Abb. 3).

Dabei zerlegt man den Klang mithilfe eines mathematischen Verfahrens in die zugrunde liegenden Töne. Es zeigt sich, dass der Klang bei den meisten Instrumenten einen **Grundton** enthält, der mit seiner Frequenz die Periodendauer der Schwingung und damit die wahrgenommene Tonhöhe bestimmt. Daneben gibt es mehrere **Obertöne,** deren Frequenzen ganzzahlige Vielfache der Frequenz f_0 des Grundtons sind. Der n-te Oberton hat somit die Frequenz:

$$f_n = (n + 1) \cdot f_0.$$

Die unterschiedliche Zusammensetzung und Intensität der einzelnen Obertöne führt dann zu den verschiedenen **Klangfarben** der einzelnen Instrumente.

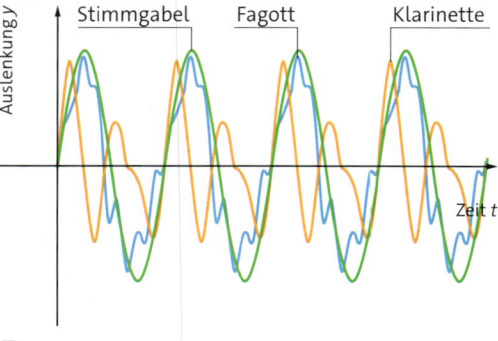

2 Alle spielen einen „Ton" mit 440 Hz.

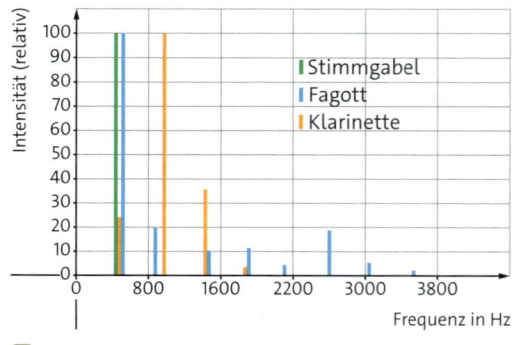

3 Fourieranalyse der drei „Töne"

Bei Schlagzeugtrommeln gibt es kaum Klänge, die sich aus klar definierten Tönen einer Obertonreihe zusammensetzen. Hier sind viele unterschiedliche Frequenzen enthalten, die zusammen keine periodischen Schwingungen mehr ergeben. Aus physikalischer Sicht erzeugt man mit einem Schlagzeug vor allem Geräusche (▸Abb. 4).

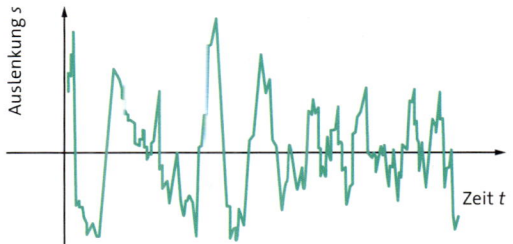

4 Eine Trommel erzeugt ein Geräusch.

Obertonreihe und Intervalle • Fehlt der Grundton in einer Folge von Obertönen, kann unser Gehirn diesen ergänzen. Wir hören den Klang dann trotzdem so, als wäre der Grundton vorhanden. Dies ist möglich, da die Periodendauer des Klangs der Schwingungsdauer des Grundtons entspricht (▸Abb. 5).

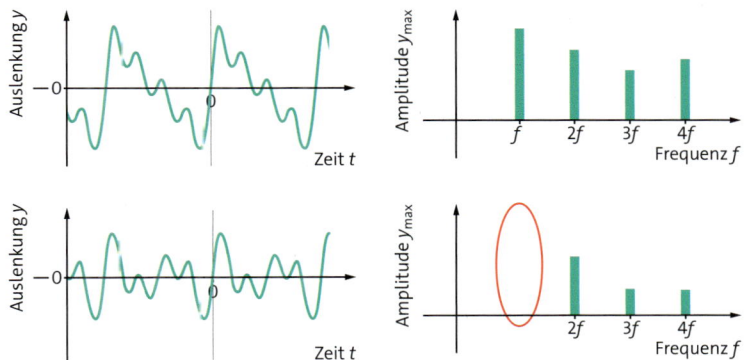

5 Mit und ohne Grundton ergibt sich die gleiche Periodendauer.

Zwischen den einzelnen Tönen der in ▸Tabelle 6 dargestellten Obertonreihe ergeben sich ganz bestimmte ganzzahlige Frequenzverhältnisse, die eine wichtige Rolle in unserer Musik spielen. Diese Verhältnisse finden sich in den Intervallen wieder, die von je zwei Tönen gebildet werden. Da wir Intervalle mit einfachen Frequenzverhältnissen als besonders wohlklingend empfinden, sind die Abstände der Töne innerhalb einer Oktave entsprechend ausgerichtet. So liegt zwischen g^1 und c^1 eine Quinte, es besteht also ein Frequenzverhältnis von 3 : 2. Der Ton d^1 liegt einen Ganzton über c^1, seine Frequenz beträgt somit

$$\frac{9}{8} \cdot 261{,}6 \, \text{Hz} = 294{,}3 \, \text{Hz}.$$

Dieses System hat allerdings zur Folge, dass die genaue Frequenz eines Tons davon abhängt, zu welcher Obertonreihe er gehört. So ergibt sich z. B. aus der Obertonreihe des C für e^2 die Frequenz 654 Hz, aus der Obertonreihe des A dagegen 660 Hz. Als Folge mussten früher Instrumente, bei denen die Töne während des Spiels nicht angeglichen werden können (wie das Klavier oder sein Vorläufer, das Cembalo), passgenau zur gewünschten Tonart gestimmt werden. Erst zu Zeiten von BACH kam das „wohltemperierte Klavier" auf. Bei ihm sind einige Intervalle leicht verstimmt, sodass alle Tonarten gleichwertig gespielt werden können.

1 Berechnen Sie die Frequenzen von d^1 und fis^2 anhand der beiden Obertonreihen des C und des A aus ▸Tabelle 6.

	Grundton	Obertöne							
Frequenz	f	2f	3f	4f	5f	6f	7f	8f	9f
Verhältnis zur vorherigen Frequenz		2:1 Oktave	3:2 Quinte	4:3 Quarte	5:4 große Terz	6:5 kleine Terz	7:6	8:7	9:8 Ganzton
Beispielton C	C	c	g	c^1	e^1	g^1	$\approx b^1$	c^2	d^2
Frequenz in Hz	65,4	130,8	196,2	261,6	327,0	392,4	457,8	523,2	588,6
Beispielton A	A	a	e^1	a^1	cis^2	e^2	$\approx g^2$	a^2	h^2
Frequenz in Hz	110,0	220,0	330,0	440,0	550,0	660,0	770,0	880,0	990,0

6 Beginn der Obertonreihe in reiner Stimmung

Überlagerung der einzelnen Schwingungen

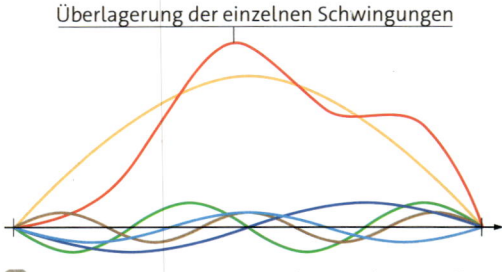

1 Schwingungen einer Saite – schematische Darstellung

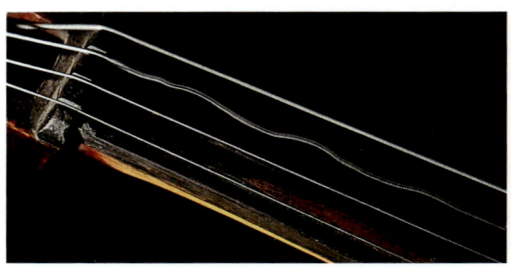

3 Momentaufnahme der Schwingung einer Saite

Erzeugen der Töne • Bei Saiteninstrumenten wie Klavier, Kontrabass oder Gitarre wird eine Saite bzw. ein Teil von ihr durch Anschlagen, Streichen oder Zupfen zum Schwingen gebracht. Dagegen wird bei Blasinstrumenten wie der Flöte oder dem Saxophon eine Luftsäule, die in einem Rohr eingeschlossen ist, in Schwingungen versetzt. In beiden Fällen entstehen Grund- und Obertöne. Daher ergibt sich eine komplexe Schwingung auf der Saite (▸Abb. 1). Die Überlagerung der Töne führt zu komplexen Schwingungen, die für die Klangfarbe des Instruments verantwortlich sind und die man an einer Kontrabass-Saite beobachten kann (▸Abb. 3).

Schwebung • Unterscheiden sich die Frequenzen einzelner Schwingungen nur geringfügig, so bildet sich eine Schwebung aus (▸Abb. 2). Diese können Sie erzeugen, wenn Sie zwei gleiche Stimmgabeln anschlagen, von denen Sie eine zuvor in der Hand angewärmt haben. Die Amplitude der Resultierenden nimmt periodisch ab und zu, was zu einem wabernden Höreindruck führt. Diesen Effekt nutzt man z. B. zum Stimmen von Saiteninstrumenten, da die damit verbundenen Schwankungen der Lautstärke gut hörbar sind.

Resonanzkörper • Damit wir die durch die Schwingungen der Saiten oder der Luftsäule entstandenen Klänge deutlich hören können, müssen Teile des Instruments mitschwingen. Auf

4 Sand sammelt sich in Bereichen, die kaum schwingen.

diese Weise wird die Anzahl der Luftmoleküle, die zum Schwingen angeregt werden, deutlich vergrößert und der Schall somit verstärkt. Diese mitschwingenden Teile werden als Resonanzkörper des Instruments bezeichnet.

Auch der Resonanzkörper hat wesentlichen Einfluss auf die Klangfarbe eines Instruments, weil er sich nicht durch alle Töne gleich gut zum Mitschwingen anregen lässt und daher nicht alle Frequenzen gleich gut verstärkt. Welche Bereiche eines Instrumentes bei den einzelnen Frequenzen besonders gut mitschwingen, lässt sich sichtbar machen, wenn man feinen Sand auf dessen Boden oder Decke streut und ihn dann auf einem Lautsprecher legt. Bei Anregung mit unterschiedlichen Frequenzen entstehen nach kurzer Zeit charakteristische Sandmuster (▸Abb. 4).

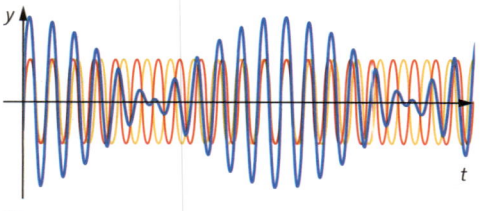

2 Entstehung einer Schwebung

1 **a)** Stellen Sie eine Schwebung mithilfe Ihres grafikfähigen Taschenrechners dar ($f_1 = 440\,\text{Hz}; f_2 = 452\,\text{Hz}$).
b) Bestimmen Sie daran die Schwebungsfrequenz f_S. Zeigen Sie, dass $f_S = |f_1 - f_2|$ gilt.
c) Schwebungen sind nur für $f_S < 20\,\text{Hz}$ wahrnehmbar. Begründen Sie.

Versuch A • Tonhöhe und Frequenz

V1 Klangspektren

Material:
Verschiedene Musikinstrumente, Smartphone mit Akustik-App

Arbeitsauftrag:
a) Spielen Sie auf den Instrumenten jeweils den gleichen „Ton". Nehmen Sie den Klang auf und bestimmen Sie die Frequenz des Grundtons.
b) Führen Sie eine Fourieranalyse durch und vergleichen Sie die erhaltenen Spektren der Instrumente. Untersuchen Sie, ob es einen Zusammenhang zwischen Ihrer persönlichen Wahrnehmung der Klangfarbe und der Intensität bestimmter Obertöne gibt.
c) Weisen Sie den rechnerischen Zusammenhang zwischen Grund- und Obertönen nach.

V2 Boomwhackers

Material:
Boomwhackers, Maßband, Smartphone oder Mikrofon und Oszilloskop

5 Boomwhackers

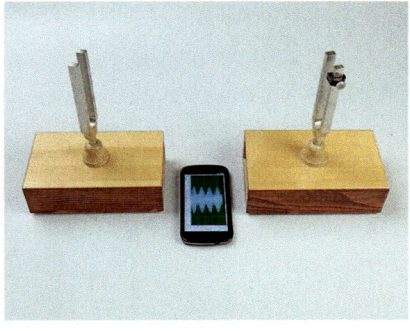
6 Aufzeichnen der Schwebungen

Arbeitsauftrag:
a) Untersuchen Sie den Zusammenhang zwischen der Länge der Plastikröhren der Boomwhackers und den zugehörigen Frequenzen.
b) Wenn Sie ein Ende einer Röhre mit einem Deckel verschließen, dann entsteht ein anderer Ton. Vergleichen Sie die Frequenzen der offenen und der geschlossenen Röhre. Wiederholen Sie dies für andere Rohrlängen. Formulieren Sie einen Ergebnissatz.

V3 Schwebungen

Material:
Zwei gleiche Stimmgabeln auf Resonanzkörpern, zugehörige Schraube, Anschlaghammer, alternativ Geige oder anderes Streichinstrument, Smartphone

Arbeitsauftrag:
a) Bringen Sie die Schraube am Ende eines Schenkels einer Stimmgabel an. Schlagen Sie beide Stimmgabeln an. Spielen Sie alternativ zwei fast identische Töne gleichzeitig auf dem Instrument. Zeichnen Sie die entstehende Schwingung mithilfe einer App auf (►Abb. 6).
b) Beschreiben Sie den Höreindruck und den aufgezeichneten Schwingungsverlauf.
c) Bestimmen Sie die Frequenz der Einhüllenden der Schwebung sowie die Frequenzen der beiden einzelnen Töne.
d) Erklären Sie, wie die Frequenz der verstimmten Stimmgabel aus der Frequenz der anderen Stimmgabel und der Schwebungsfrequenz ermittelt werden kann.

Material A • Lochsirene

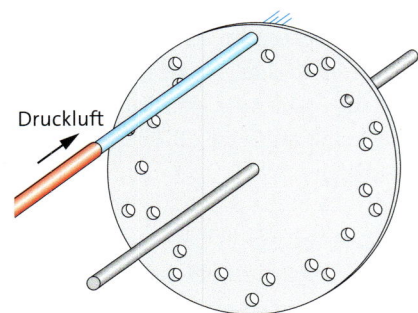

Druckluft

7 Tonerzeugung an der Lochsirene

A1 Begründen Sie, warum ein Ton zu hören ist, wenn die Scheibe der Lochsirene gedreht wird.
A2 Eine Lochsirene erzeugt einen Dreiklang (eine große und eine kleine Terz), dessen tiefster Ton durch eine Reihe mit 36 Löchern erzeugt wird.
a) Bestimmen Sie die Rotationsfrequenz der Lochsirene, wenn der tiefste Ton eine Frequenz von 540 Hz hat.

b) Berechnen Sie die Frequenzen der anderen beiden Töne und die entsprechenden Anzahlen der Löcher in den Lochreihen.
A3 a) Beschreiben Sie den Aufbau einer Lochsirene, mit der die C-Dur-Tonleiter erzeugt werden kann.
b) Erklären Sie, was zu tun ist, damit die gleiche Sirene eine Oktave höher gestimmt ist.

Schallwellen liefern Informationen

Schallwellen sind nicht nur Träger von Informationen, wenn Menschen oder Tiere miteinander kommunizieren. Sie liefern auch Informationen, die der Orientierung oder der Beschreibung des Aufbaus von Stoffen dienen. Dabei werden oft Ultraschallwellen verwendet, die wir Menschen nicht hören können, da ihre Frequenzen oberhalb von 20 kHz liegen.

Echolotortung • Motiviert vom Schicksal der Titanic, die 1912 nach dem Zusammenstoß mit einem Eisberg unterging, versuchte ALEXANDER BEHM (1880–1952) ein Eisberg-Ortungssystem zu entwickeln. Er wollte die Eisberge, von denen immer nur ein kleiner Teil aus dem Wasser ragt, mithilfe von Schallwellen unter Wasser orten. Dafür befestigte er einen Schallsender und einen Schallempfänger am Rumpf eines Schiffes unterhalb der Wasseroberfläche. Die nach vorn ausgesandten Schallwellen sollten am Eis reflektiert und vom Empfänger registriert werden. Indem die Laufzeit der Schallimpulse gemessen wurde, sollte die Entfernung des Eisbergs ermittelt werden. Doch leider wurden keine reflektierten Schallwellen registriert. Warum nicht? Untersuchungen haben später gezeigt, dass Schall nur dann gut an einem Körper reflektiert wird, wenn er sich in ihm mit höherer Geschwindigkeit ausbreitet als in seiner Umgebung. Die Schallgeschwindigkeit in Eis unterscheidet sich aber nur wenig von der in Wasser. Somit wird kaum Schall am Eis reflektiert. BEHM wusste nichts von dieser Bedingung für die Reflexion des Schalls. Er war aber von seiner Idee der Echoortung überzeugt und richtete den Schallsender auf den Meeresgrund – er erfand das **Echolot** (▸Abb.1). Heute sind Sender und Empfänger am Schiffsboden angebracht. So lässt sich die Meerestiefe oder die Position eines Fischschwarms bestimmen.

Auch Tiere orientieren sich mittels Echolotortung. Delfine können sich beispielsweise so im dunklen Wasser zurechtfinden und auf Jagd gehen. Die Melone, ein Gebilde in ihrer Stirn, bündelt die im Ultraschallbereich liegenden Laute, die vorher in den Nasengängen erzeugt wurden. Die von der Beute reflektierten Schallwellen werden in Aushöhlungen des unteren Kieferknochens empfangen. Das Gehirn zeichnet aus dem Echo ein Bild der Umgebung und erfasst Entfernung, Größe, Form und Oberflächenstruktur des Objekts.

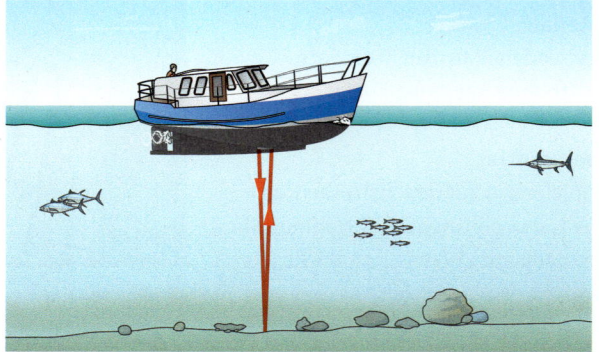
1 Echolotortung

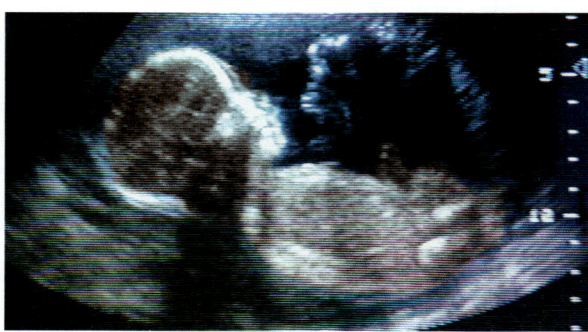
2 Ultraschallaufnahme eines Fötus

Ultraschalluntersuchungen • Bei dieser Untersuchung wird ein Schallkopf, der zugleich Sender und Empfänger ist, auf die Haut gesetzt. Ein spezielles Gel sorgt dafür, dass die ausgesandten Schallwellen ohne Reflexion auf den Körper übertragen werden. Die Schallwelle durchläuft die verschiedenen Schichten des Körpers. An jeder Grenzfläche wird ein Teil von ihr reflektiert. Die Echos werden vom Schallkopf registriert und an einen Computer übermittelt. Dabei wird der Schall an Haut, Fettgewebe, Muskeln, Organen und Knochen unterschiedlich stark reflektiert. Auf dem Bildschirm des Ultraschallgerätes erscheinen Bereiche hell, die den Schall stark reflektieren, und Bereiche dunkel, die ihn kaum oder gar nicht reflektieren. Auf diese Weise erzeugt das Gerät z.B. Bilder eines ungeborenen Kindes (▸Abb.2).

1 Im Meer breitet sich der Schall mit $1500\,\frac{m}{s}$ pro Sekunde aus. Ermitteln Sie die Meerestiefe, wenn das Signal 0,3 s nach Aussenden registriert wird.

Dopplereffekt

4 Ein Flugzeug durchbricht die Schallmauer

3 Kielwasser zweier Enten

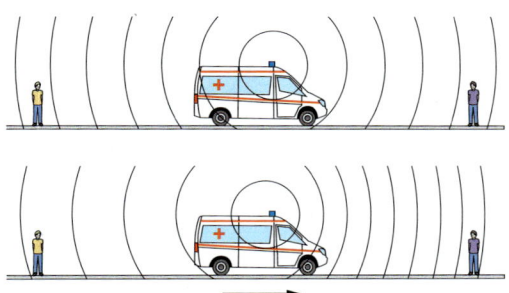

5 Änderung der Tonhöhe beim fahrenden Krankenwagen

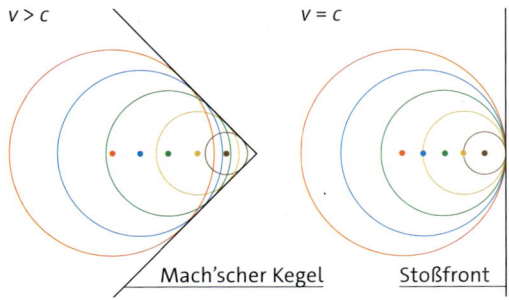

$v > c$　　　　$v = c$

Mach'scher Kegel　　　Stoßfront

6 Sich ausbildende Wellenfronten

Wenn Sender und Empfänger sich relativ zueinander bewegen, dann muss auch die Geschwindigkeit zwischen ihnen berücksichtigt werden. Dadurch verändern sich die wahrgenommenen Frequenzen. Das bekannteste Beispiel hierfür ist die Tonänderung, die zu hören ist, während ein Krankenwagen mit Martinshorn vorbeifährt. Der gehörte Ton wird dabei plötzlich tiefer.

Solange der Krankenwagen steht, breiten sich die Schallwellen des Martinshorns in alle Richtungen mit der Schallgeschwindigkeit c aus. Fährt der Krankenwagen, bewegt sich die Schallquelle. Dadurch verkürzt sich in Fahrtrichtung die Wellenlänge λ_B, der Abstand zwischen zwei Wellenfronten, während sie sich entgegen der Fahrtrichtung verlängert (▸Abb. 5).

Zur Bestimmung der durch den Beobachter wahrgenommenen Frequenz f_B betrachten wir den Fall, dass sich der Krankenwagen mit der Geschwindigkeit v auf den Beobachter zu bewegt. Die wahrgenommene Wellenlänge λ_B verkürzt sich um die Strecke:

$$\Delta x = v \cdot T_0 = \frac{v}{f_0},$$

die die Quelle in der Periodendauer T_0 zurücklegt. Es gilt dann für λ_B:

$$\lambda_B = \lambda_0 - \Delta x = \frac{c}{f_0} - \frac{v}{f_0} = \frac{c-v}{f_0}.$$

Daraus ergibt sich für die wahrgenommene Frequenz:

$$f_B = \frac{c}{\lambda_B} = \frac{f_0 \cdot c}{c-v} = \frac{f_0}{1-\frac{v}{c}}, \text{ also } f_B > f_0.$$

Bewegt sich der Krankenwagen vom Beobachter weg, dann folgt:

$$f_B = \frac{f_0}{1+\frac{v}{c}}, \text{ also } f_B < f_0.$$

Damit hört jemand, auf den ein Krankenwagen zufährt, einen Ton mit erhöhter Frequenz und im Bereich hinter dem Fahrzeug einen Ton mit niedrigerer Frequenz.

Liegt die Geschwindigkeit der Quelle oberhalb der Ausbreitungsgeschwindigkeit der Wellen ($v > c$), dann „überholt" die Quelle ihre eigenen Wellen. Hinter ihr bildet sich ein MACH'scher Kegel (▸Abb. 6), so wie hinter den Enten im Teich (▸Abb. 3). Sind beide Geschwindigkeiten gleich, laufen die Wellen vor der Quelle zu einer Stoßfront zusammen (▸Abb. 6). Am Flugzeug ist diese Stoßfront bei günstigen Wetterbedingungen durch Wolkenbildung an der Schallmauer zu erkennen (▸Abb. 4).

1 Eine Pfeife (f_0 = 2000 Hz) wird an einem 1 m langen Seil viermal pro Sekunde im Kreis geschleudert. Berechnen Sie die Werte, zwischen denen die wahrgenommene Frequenz schwankt.

1 Ein Konzert kann laut werden.

Lärm und seine Auswirkungen

Der Genuss von Livemusik hat für viele Menschen eine besondere Attraktivität. Doch bei aller Freude sollten Sie als Konzertbesucher Ihren Hörsinn nicht außer Acht lassen. Warum und ab welchen Belastungen ist es nötig, das Gehör zu schützen?

Lärm • Jede Art von Schall, die Sie als unangenehm empfinden oder die zu gesundheitlichen Schäden führen kann, wird allgemein als Lärm bezeichnet. Dazu gehören beispielsweise laute Geräusche von Maschinen und im Straßenverkehr. Aber auch Musik, die Sie nicht mögen, kann für Sie Lärm darstellen. Das Lärmempfinden ist sehr subjektiv. Unabhängig davon kann Schall aber ab einer bestimmten Lautstärke gefährlich werden.

Schalldruckpegel • Um die Auswirkungen von Schall auf das Gehör zu untersuchen, wird häufig die Messgröße **Schalldruck** Δp genutzt, gemessen in Pascal. Dieser macht eine Aussage über die Druckschwankungen in der Luft, die mit der Schallausbreitung einhergehen. Dabei ist die Differenz gegenüber dem normalen Luftdruck null, wenn die Luftmoleküle an den Umkehrpunkten

ihrer Bewegung gerade in Ruhe sind. Dazwischen entstehen infolge der Schwingungen Bereiche mit größerer Teilchendichte (größerem Druck, ▸ Abb. 2) bzw. kleinerer Teilchendichte (kleinerem Druck). Trägt man diese Druckschwankungen an einem bestimmten Ort gegen die Zeit auf, erhält man eine Sinusschwingung,

$$\Delta p(t) = \Delta p_{max} \cdot \sin(2\pi f \cdot t),$$

deren Amplitude von der Lautstärke des Tons, vom Abstand zur Schallquelle und von der Umgebung (beispielsweise im Raum oder im Freien) abhängt. Gemittelt über die Zeit ergibt sich am betrachteten Ort der effektive Schalldruck

$$\Delta p_{eff} = \frac{\Delta p_{max}}{\sqrt{2}}.$$

Unser Ohr kann Schwankungen des Schalldrucks in einer Größenordnung von 13 Zehnerpotenzen wahrnehmen. Diese erstrecken sich von der Hörschwelle bis zur Schmerzgrenze. Die Hörschwelle liegt bei etwa 20 µPa und bezieht sich auf einen Messton von 1 kHz. Sie wird als Referenzwert Δp_0 verwendet. Die Schmerzgrenze liegt bei ca. 100 Pa. Durch so großen Schalldruck sind dauerhafte Schäden des Innenohres zu erwarten.

Trommel
hohe Teilchendichte
geringe Teilchendichte

2 Ausbreitung von Schall

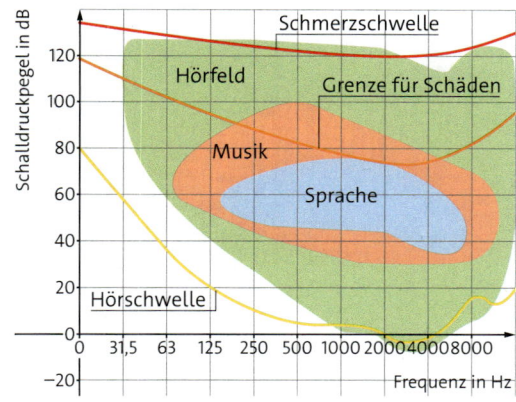

3 Hörfeld eines normal hörenden Menschen

Schallquelle	Δp_{eff} in Pa	$\dfrac{\Delta p_{eff}}{\Delta p_0}$	L_p in dB
Hörschwelle	$2 \cdot 10^{-5}$	1	0
Ruhiges Schlafzimmer	$6 \cdot 10^{-4}$	30	30
Normales Gespräch (1 m)	$6 \cdot 10^{-3}$	300	50
stark befahrene Straße	0,2	10^4	80
lautes Konzert, Disco	2	10^5	100
Martinshorn (10 m)	6	$3 \cdot 10^5$	110
Schmerzschwelle	100	$5 \cdot 10^6$	134
Düsenflugzeug (30 m)	200	10^7	140

4 Beispiele für Schallereignisse

Zum Vergleich von Schallintensitäten wie in ▸Tabelle 4 nutzt man wegen der großen Spannweite der gemessenen Schalldruck-Werte eine logarithmische Darstellung, bei der man den **Schalldruckpegel** L_p in Dezibel (dB) angibt:

$$L_p = 20 \cdot \lg\left(\frac{\Delta p_{eff}}{\Delta p_0}\right) dB.$$

Wahrgenommene Lautstärke · Unser Trommelfell wird nicht durch alle Frequenzen gleich gut zum Schwingen angeregt. Entsprechend empfinden wir Töne mit gleicher Amplitude je nach Frequenz unterschiedlich laut. Im mittleren Frequenzbereich, wo Sprache und Musik vorwiegend anzutreffen sind, ist unser Gehör am empfindlichsten (▸Abb. 3). Schallpegelmessgeräte berücksichtigen dies, indem sie die Schallsignale so filtern, dass die Eigenschaften des menschlichen Gehörs nachgeahmt werden. Man spricht dann von einer „A-Bewertung", deren Angabe in dB(A) erfolgt. Zur Beurteilung von Schallereignissen ist wichtig, dass eine zusätzliche gleichartige Schallquelle den Schallpegel nur um 3 dB(A) ansteigen lässt. Eine Verdopplung der Lautstärke nehmen Sie aber erst bei einer Zunahme um 10 dB(A) wahr.

Wirkungen von Lärm · Ob Lärm gesundheitliche Schäden verursacht, hängt maßgeblich vom Schalldruckpegel und der Einwirkdauer ab. Bei einem Knall mit einem Schalldruckpegel oberhalb der Schmerzgrenze kann ein Knalltrauma entstehen. Es kommt zur Verletzung des Trommelfells oder der Gehörknöchelchen. Gehörschäden treten aber auch dann auf, wenn wir über einen größeren Zeitraum Schalldruckpegeln ab

85 dB(A) ausgesetzt sind. Die Härchen der Sinneszellen in der Hörschnecke verkleben oder brechen sogar. Bei leichten Schäden können sich die Härchen in mehrstündigen Lärmpausen mit Schalldruckpegeln unter 70 dB(A) regenerieren. Fehlen diese Pausen oder ist die Lärmbelastung zu hoch, entstehen irreparable Schäden (▸Abb. 5). Wie der einzelne Mensch genau reagiert, ist nicht vorhersagbar. Mediziner sprechen deswegen nur von einer sicheren Hördauer, bis zu der die Wahrscheinlichkeit einer Erkrankung des Gehörs gering ist (▸Abb. 6).

Lärm wirkt sich dabei nicht nur auf unser Gehör, sondern auch auf den Gesamtorganismus aus. Lärm geringerer Lautstärke, dem wir ständig ausgesetzt sind, kann zur Beeinträchtigung des Wohlbefindens führen bis hin zu Konzentrationsstörungen, Stress, einer beschleunigten Alterung des Herz-Kreislauf-Systems und zu einem erhöhten Risiko, an Depressionen zu erkranken. Wann wir dem Lärm ausgesetzt sind, hat auch einen Einfluss auf dessen Wirkung. So wirkt sich Lärm beispielsweise während Schlaf, Entspannung und Kommunikation bei gleicher Lautstärke wesentlich stärker aus als während körperlicher Arbeit.

Wenn $10^x = a$ ist, dann gilt $\lg(a) = x$.

sich. Hördauer	dB(A)
2 h	90 (Lkw)
15 min	100 (Diskothek)
2 min	110 (Kettensäge)
7 s	120 (Donner)
0,1 s	140 (Flugzeugstart)

6 Beispiele einer sicheren Hördauer für den Betroffenen

1 Lärmschäden führen zuerst zu einer Hörminderung bei hohen Frequenzen. Begründen Sie mithilfe Ihrer Kenntnisse über das Innenohr.

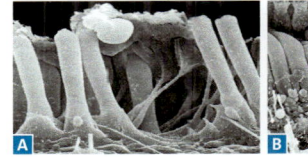

5 Sinneszellen in der Hörschnecke **A** intakt, **B** schwer geschädigt

1 Lärmschutzwand an einer Autobahn

3 Schallschluckende Oberfläche im Tonstudio

Lärmschutzmaßnahmen • Störender oder sogar gesundheitsschädigender Lärm sollte so wenig wie möglich auftreten. Dabei haben Sie drei Möglichkeiten, sich vor Lärm zu schützen:

* Verringerung des Lärms am Ort der Entstehung, beispielsweise indem Sie die Musik leiser stellen,
* Verhinderung der Schallausbreitung durch Schallschutzdämmung und -dämpfung,
* Verringerung der Auswirkungen des Lärms, beispielsweise indem Sie den Abstand zur Lärmquelle vergrößern oder Ohrstöpsel verwenden.

Passiver Schallschutz • Die beste Lärmschutzmaßnahme ist, den Lärm direkt an der Schallquelle zu verringern, z. B. durch Verwendung von Flüsterasphalt. Doch häufig ist dies nicht ausreichend möglich. Um die Ausbreitung des Schalls zu behindern, gibt es grundsätzlich zwei verschiedene Ansätze, die häufig auch kombiniert werden: Bei der **Schalldämmung** wird die Schallausbreitung in ihrer ursprünglichen Richtung z.B. durch Reflexion verringert. Schallschutzwände an Autobahnen wie in ▸Abb.1 dämmen auf diese Weise den Schall. Von **Schalldämpfung** ist die Rede, wenn die durch den Schall transportierte Energie von porösen bzw. weichen Stoffen zum Teil absorbiert wird. Dies nutzt man z. B. in Tonstudios (▸Abb.3).

Aktiver Schallschutz • Eine effektive Schalldämpfung ist nur bei Frequenzen über 200 Hz möglich, wenn die Länge der Schallwellen zur Größe der für die Dämpfung verantwortlichen Lufteinschlüsse im Material passt. Der Lärm einer Rüttelplatte, mit Frequenzen unterhalb von 100 Hz, kann so z. B. nicht gedämpft werden. Daher nutzt man in Industrie und Handwerk Kapselgehörschützer, in denen passive Dämpfung und aktiver Schallschutz kombiniert werden.

Beim aktiven Schallschutz wird Energie aufgewendet, um Schall mit Gegenschall zu kompensieren. Eingebaute Mikrofone registrieren Umgebungsgeräusche und leiten sie an die Kopfhörerelektronik weiter. Diese gibt die Signale mit umgekehrtem Vorzeichen wieder aus, sodass sich die akustisch eindringenden und die elektrisch hinzugefügten Schallanteile am Ohr weitestgehend auslöschen (▸Abb.2). Musik und Sprache, die v. a. im Frequenzbereich oberhalb von 150 Hz liegen, werden dabei qualitativ kaum beeinflusst (▸Abb.4). Auf diese Weise ist es möglich, mit dem Umfeld zu kommunizieren und Warnsignale zu hören, ohne den Gehörschutz absetzen zu müssen.

1 Auch zum ungestörten Musikhören werden Kopfhörer mit aktivem Schallschutz eingesetzt. Erklären Sie, warum das funktioniert.

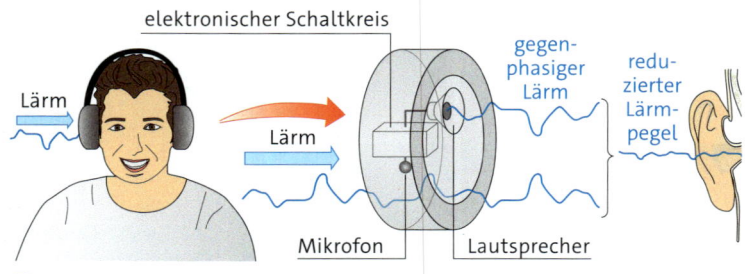

Lärm

elektronischer Schaltkreis

gegenphasiger Lärm

reduzierter Lärmpegel

Lärm

Mikrofon   Lautsprecher

2 Funktionsprinzip von Kopfhörern mit aktivem Schallschutz

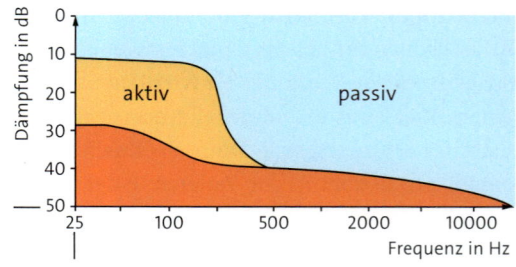

4 Reduktion des Schallpegels durch Gehörschutz

Versuch A • Schallschutz

V1 Schalldruckpegel beim Musikhören

Material:
Schallpegelmesser, Lineal, Smartphone mit Tongenerator-App, In-Ear-Kopfhörer, Bluetooth-Lautsprecherbox

Arbeitsauftrag:
a) Schließen Sie Ihren Kopfhörer an Ihr Smartphone an. Spielen Sie Ihren aktuellen Lieblingstitel in der Lautstärke ab, in der Sie normalerweise Musik hören. Messen Sie nun mithilfe des Schallpegelmessers den Schalldruckpegel.

b) Schalten Sie den Lautsprecher ein und spielen Sie den gleichen Titel nochmals ab. Wählen Sie Ihre Entfernung und die Lautstärke so, dass Sie den gleichen Schalldruckpegel erreichen wie in a). Beschreiben Sie Ihre Beobachtung.
c) Erzeugen Sie einen Ton von 1 kHz. Messen Sie den Schalldruckpegel in unterschiedlichen Abständen zwischen 2 cm und 20 cm. Fertigen Sie ein entsprechendes Diagramm an und werten Sie es aus.
d) Stellen Sie die Gefährdung durch die Verwendung von In-Ear-Kopfhörern dar und geben Sie Tipps für gehörfreundliches Musikhören.

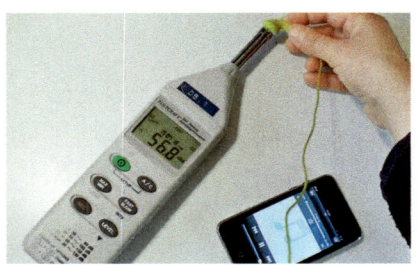

5 Schallpegelmessung bei einem Kopfhörer

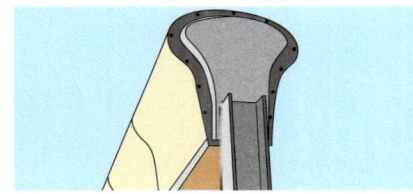

6 Optimierung von Schallschutzwänden

V2 Untersuchung im Verkehr

Material:
Smartphone mit App zur Messung von Schallpegeln und Frequenzen

Arbeitsauftrag:
a) Ermitteln Sie an einer Hauptverkehrsstraße oder an einer Autobahn das Spektrum an Frequenzen, die den Hauptteil des Verkehrslärms ausmachen. Achten Sie dabei auf unterschiedliche Fahrzeugtypen und Geschwindigkeiten.
b) Achten Sie darauf, welche Fahrzeuge Sie an einer bestimmten Stelle hören können und messen Sie dort die entsprechenden Schalldruckpegel.
c) Begründen Sie anhand Ihrer Messergebnisse die Varianten von Tempolimits in der Nähe von Ortschaften.
d) Erläutern Sie die Wirkung der in ►Abb. 6 dargestellten Abschirmeinrichtung, die auf eine Schallschutzwand aufgesetzt wird.

Material A • Hörschäden

Bei einem Hörtest wird getrennt für beide Ohren die Hörschwelle in Abhängigkeit von der Frequenz ermittelt. Die Hörminderung gegenüber einem Normalhörenden mit vergleichbarem Alter wird dann in einem Audiogramm aufgezeichnet.

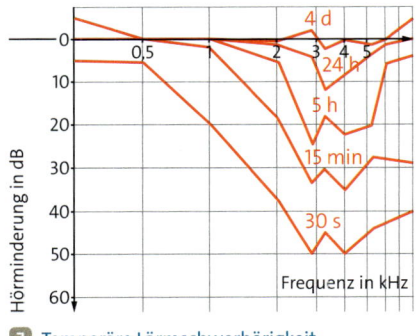

7 Temporäre Lärmschwerhörigkeit

Hannah war für 20 min einer Lärmbelastung mit 115 dB(A) ausgesetzt. In ►Abb. 7 sind fünf Audiogramme dargestellt, die zu den angegebenen Zeitpunkten nach der Lärmbelastung aufgenommen wurden.

A1 Begründen Sie die Festlegung altersspezifischer Hörschwellen.
A2 a) Beschreiben Sie die Audiogramme in ►Abb. 7 zusammenfassend.
b) Geben Sie eine begründete Vermutung ab, ob Hannahs Gehör sich vollständig regenerieren konnte.
A3 Stellen Sie unter Einbeziehung der Informationen zur sicheren Hördauer Verhaltensregeln für Discobesuche auf.

A4 a) Berechnen Sie den effektiven Schalldruck, der auf Hannah gewirkt hat.
b) Vergleichen Sie diesen Schalldruck mit einem üblichen Wert für den Luftdruck und mit dem Druck, den eine volle Streichholzschachtel auf eine Tischplatte ausübt (Länge 5,3 cm, Breite 3,7 cm, Masse 9 g).
A5 a) Die Lautstärke bzw. der Lautstärkepegel wird in der Einheit phon angegeben. Recherchieren Sie die Definition dieser Größe und ihren Zusammenhang zum Schalldruckpegel.
b) Der Lautstärkepegel ist keine relevante Messgröße. Begründen Sie.

Schall beschreiben

Schallerzeugung: Alle Schallerzeuger haben etwas gemeinsam: Sie schwingen.

Damit ein hörbarer Ton entsteht, muss ein Schallerzeuger genügend schnell und genügend stark schwingen.

Beschreibung einer Schwingung:

- Die **Periode** T bezeichnet die Zeit, die zwischen zwei gleichen Zuständen einer Schwingung verstreicht, z.B. zwischen zwei Maxima.
  $[T] = 1\,\text{s}$
- Die **Frequenz** f einer Schwingung gibt an, wie viele Schwingungsdurchgänge in einer Sekunde erfolgen. Für n Hin- und Herbewegungen, die in der Zeitspanne t erfolgen, ergibt sich die Frequenz
  $f = \frac{n}{t} = \frac{1}{T}$ mit der Einheit Hertz ($1\,\text{Hz} = \frac{1}{s}$).
- Die **Kreisfrequenz** ω ergibt sich aus der Frequenz f mal den Faktor 2π:
  $\omega = 2\pi \cdot f = \frac{2\pi}{T}$ mit $[\omega] = \frac{1}{s}$.
- Die **Amplitude** y_{max} einer Schwingung gibt die Länge der Strecke von der Ruhelage der Schwingung bis zu einem der beiden Umkehrpunkte an.
- Die **Phasenverschiebung** $\Delta\varphi$ einer Schwingung gibt eine Verschiebung entlang der Zeitachse an.
  Insgesamt lässt sich der zeitliche Verlauf einer Schwingung beschreiben durch:
  $y(t) = y_{max} \cdot \sin(\omega t + \Delta\varphi)$.

Schwingungsbilder stellen den zeitlichen Verlauf einer Schwingung im $y(t)$-Diagramm dar. Es lassen sich Frequenz und Amplitude der Schwingung ablesen sowie Arten von Schall unterscheiden: Ein **Ton** hat die sinusförmige Wellenlinie einer harmonischen Schwingung als Schwingungsbild. Das Schwingungsbild eines **Klangs** ist keine harmonische Schwingung, aber dennoch eine periodische Schwingung. Ein **Geräusch** hat ein unregelmäßiges Schwingungsbild.

Wahrnehmung und physikalische Beschreibung: Je lauter man einen Ton hört, desto größer ist die Amplitude der Schwingung.

Je höher man einen Ton hört, desto größer ist die Frequenz der Schwingung.

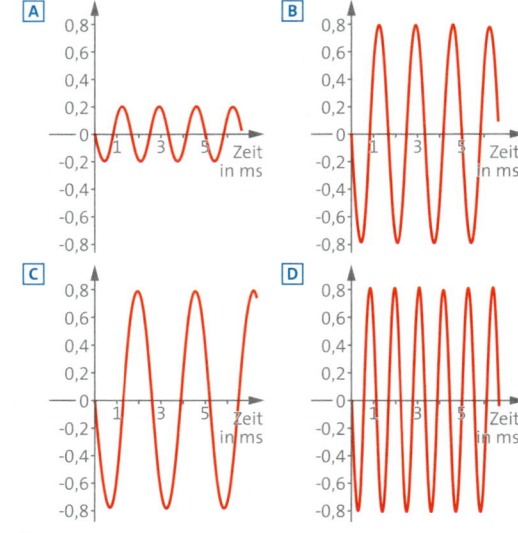

1 **A** leiser, **B** lauter, **C** tiefer, **D** hoher Ton

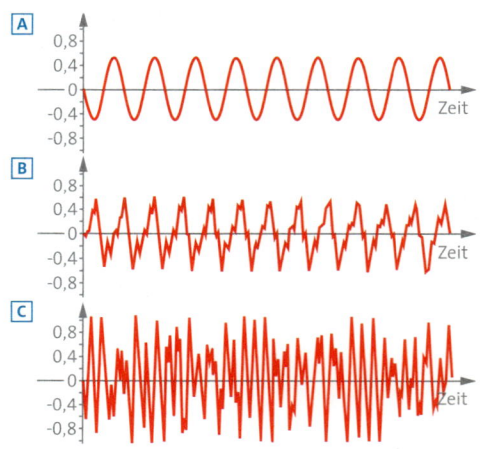

2 **A** Ton, **B** Klang, **C** Geräusch

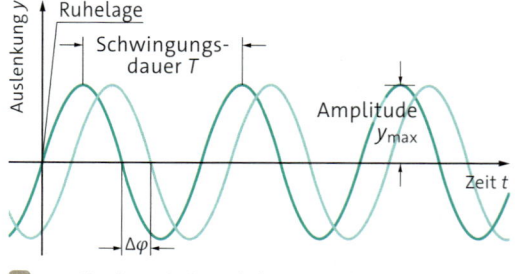

3 Amplitude, Periode und Phasenverschiebung

Schallausbreitung: Schall kann sich nur in einem Schallträger ausbreiten, wobei sich Bereiche von Verdichtungen und Verdünnungen im Material ausbreiten. Schall breitet sich in verschiedenen Materialien mit unterschiedlicher **Schallgeschwindigkeit** aus.

Schallgeschwindigkeit: Der Schall benötigt für seine Ausbreitung Zeit. In Luft breitet sich der Schall mit etwa 340 $\frac{m}{s}$ aus. Die Geschwindigkeit ist unabhängig von der Entfernung zur Schallquelle.

Wenn Schall auf eine glatte Oberfläche trifft, dann wird er **reflektiert.**
Schall kann sich auch um die Ecke ausbreiten, ohne dass er reflektiert wird. Der Schall wird **gebeugt.**

Schall im Alltag

Musikinstrumente: Wenn man mit einem Musikinstrument einen Ton spielt, dann erzeugt man physikalisch gesehen einen Klang. Dieser setzt sich aus mehreren Tönen zusammen. Der tiefste Ton heißt **Grundton,** die höheren Töne nennt man **Obertöne.** Letztere haben Frequenzen, die Vielfache der Frequenz des tiefsten Tons sind. Jedes Instrument hat eine charakteristische Klangfarbe, die durch die Intensitäten der verschiedenen Obertöne bestimmt wird.

Lärm kann schwere gesundheitsschädliche Folgen haben. Er ist deshalb möglichst zu vermeiden. Wenn dies nicht möglich ist, muss man Maßnahmen zum Schallschutz ergreifen. Bei der **Schalldämmung** wird die Schallausbreitung behindert, bei der **Schalldämpfung** wird Schall absorbiert. Zur Beurteilung einer Lärmbelastung wird der Schalldruckpegel in Dezibel (dB) gemessen.

Schall wahrnehmen: Im Ohr werden die Schwingungen des Trommelfells über die Gehörknöchelchen Hammer, Amboss und Steigbügel auf das Innenohr übertragen und dabei bis zu 20-fach verstärkt. In der flüssigkeitsgefüllten Hörschnecke befinden sich etwa 16 000 Sinneszellen mit feinen Härchen. Während der Schall die Hörschnecke durchläuft, werden diese Härchen hin- und hergebogen. Die Sinneszellen senden daraufhin elektrische Signale an das Gehirn, wo diese verarbeitet werden.

Überprüfen Sie sich selbst:

Kann ich ...

- ein Experiment nennen, das den Zusammenhang zwischen Schall und Schwingung veranschaulicht? (▸S.102)

- die Wahrnehmung von Schall im Ohr beschreiben? (▸S.103,111)

- erläutern, was bei der Schallausbreitung im Schallträger geschieht? (▸S.104)

- ein Experiment zur Bestimmung der Schallgeschwindigkeit in Luft beschreiben? (▸S.104)

- mehrere Möglichkeiten nennen, wie Schall seine Ausbreitungsrichtung ändern kann? (▸S.105)

- die physikalischen Größen nennen, mit denen eine Schwingung beschrieben wird? (▸S.109)

- aus Schwingungsbildern Frequenz und Amplitude ermitteln? (▸S.109)

- erklären, welche Bedeutung die Größen Frequenz und Amplitude für unsere Wahrnehmung des Schalls haben? (▸S.109)

- eine Gleichung aufstellen, die eine harmonische Schwingung beschreibt? (▸S.110)

- beschreiben, wie die Schwingungsbilder eines Tons, Klangs, Geräuschs und Knalls aussehen? (▸S.110 f.)

- erklären, wie Klänge aus Tönen entstehen? (▸S.111)

- beschreiben, was eine Fourieranalyse ist? (▸S.114)

- erläutern, was eine Obertonreihe ist? (▸S.115)

- das Entstehen einer Schwebung erklären und ein Beispiel nennen, wo man diese nutzt? (▸S.116)

- Beispiele für den Schalldruckpegel verschiedener Schallquellen angeben? (▸S.121)

- erläutern, welche Wirkungen Lärm haben kann? (▸S.121)

Optische Abbildung

Linsen erzeugen Bilder

Moderne Kameras erzeugen gestochen scharfe Bilder. Anders als eine Lochkamera besitzen sie eine Linse anstelle eines Lochs. Wie entsteht bei der Linse ein scharfes Bild?

Erste Bilder • Die Lochkamera hat einen großen Nachteil: Die Bilder sind entweder scharf und dunkel oder hell und unscharf. Dagegen kann eine Kamera, die mit Linsen arbeitet, Bilder erzeugen, die sowohl scharf als auch hell sind. Wie das geht, untersuchen wir mit einem Experiment wie in ▸Abb. 2.
Zwischen einer brennenden Kerze und einem Schirm befindet sich eine Linse, die wie eine Lupe geformt ist.

Auf dem Schirm sehen wir einen hellen Fleck. Verschieben wir die Linse, finden wir irgendwann einen Ort, an dem ein scharfes, helles Bild entsteht (▸Abb. 3). Wie bei der Lochkamera steht das Bild auf dem Kopf. Anders als bei der Lochkamera erhalten wir aber nur dann ein scharfes Bild, wenn wir den Abstand zwischen Kerze und Linse, die **Gegenstandsweite,** und den zwischen Linse und Schirm, die **Bildweite,** richtig wählen.

> Für einen bestimmten Abstand zwischen Gegenstand und Schirm erzeugt eine Linse an genau einem Ort ein scharfes Bild.

2 Kein scharfes Bild erkennbar

3 Scharfes Bild auf dem Schirm

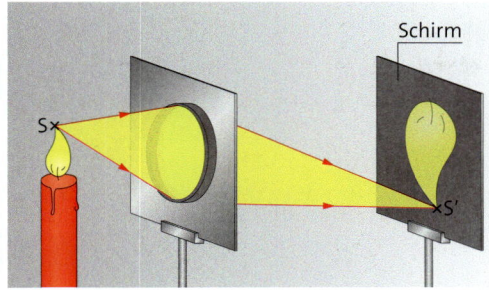

4 Ein Bild aus Punkten

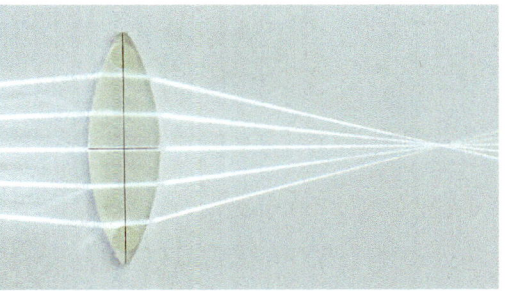

5 Licht wird in der Linse zweimal gebrochen.

Ort und Größe des Bildes • Wovon hängt es ab, an welchem Ort ein scharfes Bild entsteht? Dazu stellen wir die Linse wie in ▸Abb. 3 auf. Wenn wir nun die Kerze von der Linse wegrücken, also die Gegenstandsweite vergrößern, wird das Bild unschärfer. Ein scharfes Bild ist erst dann wieder zu sehen, wenn wir den Schirm bewegen und die Bildweite verringern. Das Bild ist dadurch kleiner geworden. Größere Bilder bei größerer Bildweite erhalten wir dagegen, wenn wir die Gegenstandsweite verringern. Wenn wir die Kerze allerdings zu nah an die Linse heranrücken, gelingt es uns nicht mehr, ein Bild auf dem Schirm zu erzeugen.

Die gleiche Überlegung gilt auch für jeden anderen Gegenstandspunkt: Für alle Gegenstandspunkte P mit gleicher Gegenstandsweite erhalten wir Bildpunkte P' mit gleicher Bildweite. Aus diesen Bildpunkten entsteht ein scharfes und helles Bild – anders als bei der Lochkamera, bei der sich ein helles Bild aus ausgedehnten Lichtflecken zusammensetzt und daher unscharf ist.

> Linsen erzeugen scharfe Bilder, indem sie für jeden Gegenstandspunkt das Licht, das auf sie trifft, in jeweils einem Bildpunkt vereinigen.

> Je größer die Gegenstandsweite ist, desto kleiner sind Bildweite und Bildgröße.
> Je kleiner die Gegenstandsweite ist, desto größer sind Bildweite und Bildgröße.
> Es gibt eine untere Grenze für die Gegenstandsweite. Ist der Abstand kleiner, ist kein Bild mehr zu sehen.

Bildentstehung im Modell • Von jedem Gegenstandspunkt der Kerze, zum Beispiel der Spitze S der Kerzenflamme, breitet sich Licht in alle Richtungen aus. Ein Teil dieses Lichts trifft auf die Linse. Die Linse ändert die Ausbreitungsrichtung dieses Lichtbündels so, dass es in einem Fleck zusammengeführt wird. Damit das Bild der Flamme scharf wird, müssen sich alle Strahlen des Bündels in einem Punkt S' vereinigen (▸Abb. 4). S' ist der Bildpunkt von S.

Der Lichtweg durch Linsen • Warum verändert eine Linse die Ausbreitungsrichtung des Lichts? Wir betrachten ein Lichtbündel, das von einem Punkt P ausgeht. In diesem Bündel verfolgen wir einzelne Lichtstrahlen, die unter verschiedenen Winkeln auf die Linse treffen (▸Abb. 5). Wir erkennen, dass das Licht sowohl beim Eindringen in die Linse als auch beim Austreten gebrochen wird. Anders als bei einem Durchgang durch eine Glasplatte sind die Lote auf den gekrümmten Oberflächen der Linse nicht parallel zueinander. Deshalb ändert die zweifache Brechung die Ausbreitungsrichtung des Lichts.

1 Vergleichen Sie die Bildentstehung bei Lochkamera und Linse.

Übliche Abkürzungen:
G: Gegenstandsgröße
B: Bildgröße
g: Gegenstandsweite
b: Bildweite

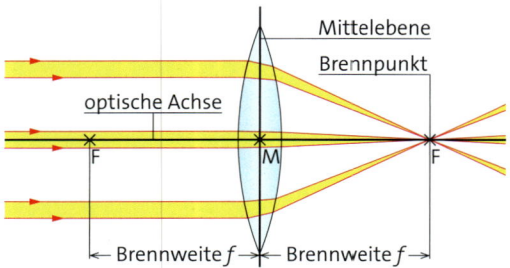

1 Brennweite und Brennpunkte

- Mittelebene und Mittelpunkt M sind durch die Symmetrie der Linse festgelegt.
- Die optische Achse ist eine Hilfsgerade.
- Sie steht senkrecht auf der Mittelebene und verläuft durch den Mittelpunkt.

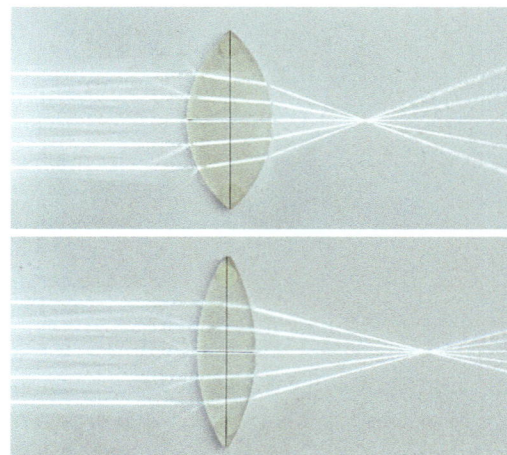

3 Die Form bestimmt die Brennweite.

Halbe Linse – halbe Kerze? • Was passiert, wenn wir eine Hälfte der Linse abdecken? Erhalten wir dann nur noch ein Bild der halben Kerze? Ein Versuch widerlegt dies: Die Kerze wird nach wie vor vollständig abgebildet, weil von jedem Punkt der Kerze Licht durch die Linse gelangt. Das Bild ist aber dunkler als zuvor, weil nur die Hälfte der Lichtmenge in den Bildpunkten vereinigt wird.

Die Brennweite • Mit einer Linse können Sie Licht in einem Punkt bündeln (▸Abb. 2). In diesem Punkt kann es so heiß werden, dass man dort ein Streichholz entzünden kann.
In einem Versuch stellen wir die Situation nach und wählen drei schmale, zur optischen Achse parallele Lichtbündel aus (▸Abb. 1). Hinter der Linse treffen die Bündel alle in einem Punkt auf der optischen Achse zusammen. Diesen Punkt bezeichnet man als **Brennpunkt** F (von lateinisch *focus*). Den Abstand des Brennpunkts zur Mittelebene der Linse nennt man die Brennweite *f*. Sie ist charakteristisch für die Linse. In der Schnittzeichnung erkennen Sie die Mittelebene der Linse als Gerade senkrecht zur optischen Achse (▸Abb. 1).

> Der Abstand des Brennpunkts zur Mittelebene einer Linse heißt Brennweite *f*.

2 Linse als Brennglas

Im Versuch zeigt sich, dass es gleichgültig ist, von welcher Seite wir die Linse beleuchten.

In beiden Fällen wird das Licht gebündelt. Es gibt also zwei Brennpunkte. Bei symmetrischen Linsen liegen sie gleich weit von der Mittelebene entfernt.

Dick oder dünn • Wir wollen nun noch untersuchen, wovon die Größe der Brennweite abhängt. In einem Versuch lassen wir dazu wieder schmale Lichtbündel parallel zur optischen Achse auf Linsen treffen (▸Abb. 3). Wir stellen fest:
Die Linse mit starker Krümmung ändert die Ausbreitungsrichtung des Lichts stärker als die Linse mit schwacher Krümmung.

> Je stärker eine Linse nach außen gekrümmt ist, desto kleiner ist ihre Brennweite.

1 Die Brennweite einer Linse ist nicht bekannt. Beschreiben Sie ein Experiment, mit dem Sie die Brennweite bestimmen können.
2 David und Niklas experimentieren mit Linsen.
a) Niklas ist unsicher, von welcher Seite aus das Licht durch die Linse treten soll. Geben Sie ihm einen Tipp.
a) David verdeckt die Linse in der Mitte mit einer Münze. Beschreiben Sie, wie sich das Bild ändert, das Niklas beobachtet.
a) Niklas verdeckt einen Teil des Gegenstands mit seiner Hand. Beschreiben Sie, was David nun beobachtet.

Versuch A • Abbildungen mit Linsen

V1 Bilder mit Linsen

Material:
Verschiedene Linsen, Kerze, Schirm

Arbeitsauftrag:
a) Stellen Sie Kerze, Linse und Schirm hintereinander auf (Abstand jeweils 25 cm). Verschieben Sie nun den Schirm, bis ein scharfes Bild entsteht.
b) Decken Sie einen Teil der Linse ab und beobachten Sie das Bild. Erläutern Sie, wie sich das Bild verändert hat.
c) Drehen Sie die Linse um und prüfen Sie, ob sich das Bild verändert hat.

V2 Gegenstandsweite und Bild

Material:
Verschiedene Linsen, Kerze, Schirm

Arbeitsauftrag:
a) Bilden Sie die Kerzenflamme mit einer Linse auf dem Schirm ab. Rücken Sie die Kerze schrittweise näher an die Linse und verschieben Sie den Schirm, bis Sie wieder ein scharfes Bild erhalten.
b) Formulieren Sie Je-desto-Sätze zum Zusammenhang von Gegenstandsweite, Bildweite und Bildgröße.
Finden Sie immer ein scharfes Bild?

V3 Brennweiten

Material:
Verschiedene Linsen, Kerze, Schirm

Arbeitsauftrag:
a) Bilden Sie die Kerzenflamme mit einer Linse ab. Setzen Sie bei gleicher Gegenstandsweite Linsen mit anderen Brennweiten ein. Verschieben Sie den Schirm, bis wieder ein scharfes Bild entsteht.
b) Formulieren Sie Je-desto-Aussagen zum Zusammenhang von Brennweite, Bildweite und Bildgröße.
Finden Sie immer ein scharfes Bild?

V4 Ungewöhnliche Linsen

Material:
durchsichtige Kugelvase, durchsichtige Flasche oder Zylinderglas, Wasser, Teelicht

Arbeitsauftrag:
a) Füllen Sie die Kugelvase mit Wasser und bilden Sie damit eine Teelichtflamme auf einem Schirm ab. Vergleichen Sie mit dem Bild durch eine Sammellinse. Untersuchen Sie auch, wie sich das Bild verändert, wenn die Vase nicht vollständig gefüllt ist.
b) Wiederholen Sie den Versuch mit der wassergefüllten Flasche. Vergleichen Sie Ihre Beobachtungen mit den Ergebnissen aus a). Untersuchen Sie auch, wie sich das Bild ändert, wenn Sie die Flasche kippen.
c) Welches Gefäß verhält sich wie eine Sammellinse? Begründen Sie.

Material A • Schusterkugel

A1 Vor der Entwicklung der elektrischen Beleuchtung mussten Handwerker abends im Schein von Kerzen bzw. Öl- oder Gaslampen arbeiten. Aber diese Lichtquellen senden nur diffuses Licht aus und beleuchten den Arbeitsplatz nicht ausreichend. Verbreitet war deshalb der Einsatz von Schusterkugeln. Erklären Sie, wie die Schusterkugel (▶Abb. 4) für eine bessere Beleuchtung sorgt.

4 Lesen mit Schusterkugel

Material B • Physik im Garten

B1 Die Klasse 7a hat die Betreuung eines Beets im Schulgarten übernommen.
a) Tim findet in Omas Gartenbuch den Tipp: „Gieße nicht bei Sonnenschein!" Überlegen Sie, welche physikalische Begründung hinter diesem Tipp steckt.
b) Frau Lauterjung beschwert sich darüber, dass leere Glasflaschen auf dem Rasen liegen. Tom findet das nicht schlimm. Finden Sie eine physikalische Begründung.

5 Tropfen an einem Grashalm

1 Das Innenleben eines Kameraobjektivs

Bilder lassen sich konstruieren

Von den Linsen in einem Objektiv hängt es ab, ob Sie mit einer Kamera gute Bilder machen können. Für die Entwicklung von Objektiven ist es notwendig, den Verlauf der Lichtbündel durch die Linsen vorherzusagen.

Besondere Lichtstrahlen • Die Bildentstehung haben wir in Experimenten untersucht und im Lichtstrahlenmodell beschrieben. Wir wissen: Licht, das von einem Gegenstandspunkt G ausgeht, wird hinter einer Linse wieder in einem Bildpunkt B zusammengeführt. Im Versuch nach ▸Abb.2 treffen drei Lichtstrahlen mit besonderen Eigenschaften auf eine Linse. In ▸Abb.3 treffen parallele Strahlen schräg auf die Linse.

Wir sehen:

1. **Parallele Strahlen** treffen sich in einem Punkt der Brennebene (▸Abb.3), insbesondere gehen sie durch den Brennpunkt, wenn sie parallel zur optischen Achse verlaufen (▸Abb.2).
2. Ein Lichtstrahl, der durch den Brennpunkt geht, der **Brennpunktstrahl,** verläuft nach der Brechung parallel zur optischen Achse (▸Abb.2).
3. Ein Lichtstrahl, der durch den Mittelpunkt der Linse verläuft, der **Mittelpunktstrahl,** ändert seine Richtung nicht (▸Abb.2).

Diese drei besonderen Lichtstrahlen in ▸Abb.2 treffen sich hinter der Linse im Punkt B. Damit haben wir den Bildpunkt B des Gegenstandspunkts G gefunden.

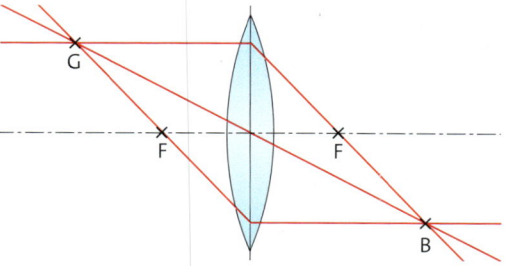

2 Drei besondere Lichtstrahlen helfen dabei, den Bildpunkt zu finden.

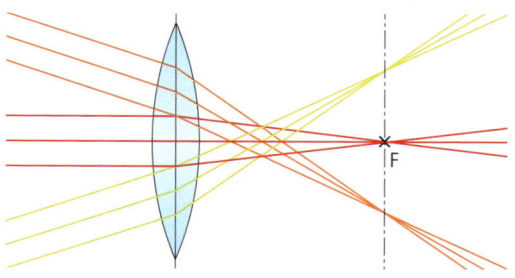

3 Parallele Strahlen treffen sich in einem Punkt der Brennebene.

Sammeln und Zerstreuen von Licht • Die Linsen, die wir bisher untersucht haben, waren in der Mitte dicker als am Rand. Sie „sammeln" parallel auftreffendes Licht in einem Punkt der Brennebene. Man nennt sie deshalb **Sammellinsen**. Es gibt aber auch Linsen, die in der Mitte dünner sind als am Rand. Wenn Lichtbündel auf eine solche Linse treffen, beobachten wir, dass auch diese die Ausbreitungsrichtung des Lichts ändert. Im Gegensatz zur Sammellinse laufen die Lichtbündel hinter dieser Linse jedoch auseinander. Man nennt sie deshalb **Zerstreuungslinse** (▸Abb. 5).

Virtuelle Bilder • Bei der Zerstreuungslinse stellen Sie fest, dass Sie mit einem Schirm nirgendwo ein Bild auffangen können. Trotzdem können Sie aus einem geeigneten Blickwinkel ein Bild des Gegenstands durch die Linse hindurch sehen. Solche Bilder nennen wir **virtuelle Bilder**. Wie reelle Bilder lassen sich auch virtuelle Bilder konstruieren (▸Abb. 4 A und METHODE „Konstruktion von Bildpunkten").

Mit Sammellinsen haben Sie bisher nur solche Bilder kennengelernt, die Sie auch auf einem Schirm sichtbar machen konnten **(reelle Bilder)**. Wenn Sie aber einen Gegenstand zwischen Brennpunkt und Linse stellen, dann entsteht auch bei der Sammellinse ein virtuelles Bild (▸Abb. 4 B).

Aufbau des Auges • Wenn Sie Ihre Augen in einem Spiegel betrachten, sehen Sie die **Regenbogenhaut** bzw. Iris. Sie kann braun, blau oder grün sein und sieht bei jedem Menschen etwas anders aus. Durch die Öffnung in ihrer Mitte, die **Pupille**, gelangt Licht in das Auge. Damit wirkt die Iris wie eine Lochblende, deren Öffnung je nach Helligkeit groß oder klein wird (▸Abb. 6).

Das Licht wird beim Eintritt ins Auge gebrochen. Für die Brechung sorgen Hornhaut und Kammerwasser, die beide vor der Iris liegen, sowie die hinter der Iris liegende Augenlinse. Alle drei bilden eine Linsenkombination mit einer Brennweite von etwa 1,7 cm. Zonulafasern befestigen die Linse am Ziliarmuskel. Der gallertartige, durchsichtige Glaskörper bildet das Innere des Auges und besteht fast ausschließlich aus Wasser.

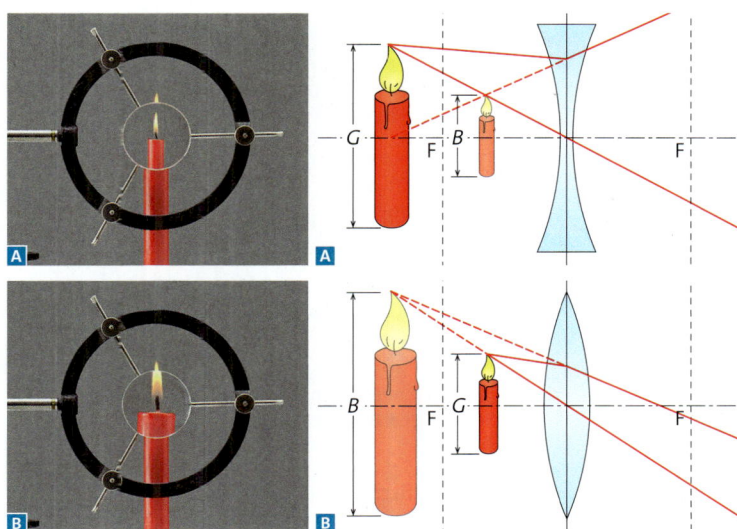

An der Innenwand des Auges liegt die **Netzhaut**. Dort entsteht ein auf dem Kopf stehendes Bild des Gegenstands. Mithilfe der vielen lichtempfindlichen Zellen in der Netzhaut werden Helligkeit und Farbe einzelner Bildpunkte detektiert und über die zum Sehnerv gebildeten Nervenfasern zum Gehirn transportiert. Lediglich im **blinden Fleck**, an dem der Sehnerv aus dem Auge austritt, befinden sich keine lichtempfindlichen Zellen. Das Gehirn interpretiert das auf dem Kopf stehende Bild, sodass wir den Gegenstand richtig herum zu sehen meinen.

Auf der Netzhaut des Auges entsteht ein auf dem Kopf stehendes Bild.

4 Blick durch Linsen und Konstruktion virtueller Bilder: **A** Zerstreuungslinse, **B** Sammellinse

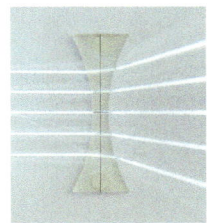

5 Eine Zerstreuungslinse weitet ein paralleles Lichtbündel auf.

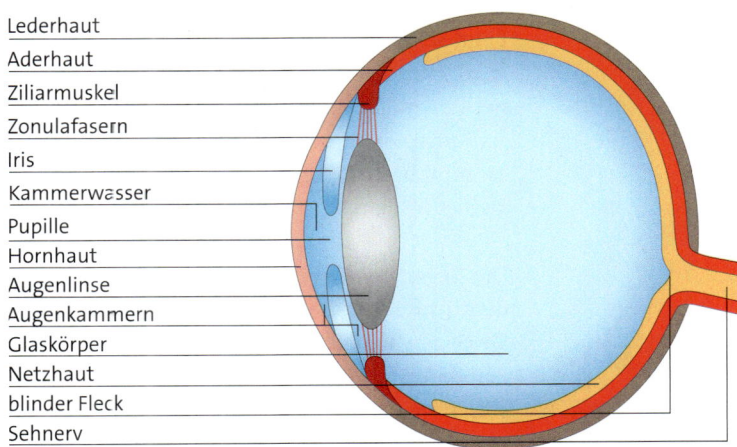

Lederhaut
Aderhaut
Ziliarmuskel
Zonulafasern
Iris
Kammerwasser
Pupille
Hornhaut
Augenlinse
Augenkammern
Glaskörper
Netzhaut
blinder Fleck
Sehnerv

6 Aufbau des Auges

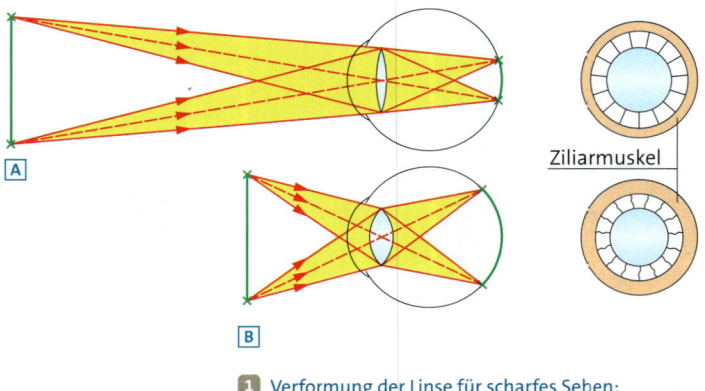

1 Verformung der Linse für scharfes Sehen:
A in der Ferne, **B** in der Nähe

Scharfe Sicht

Scharfe Sicht • Um den Strahlengang im Auge zu beschreiben, fassen wir alles, was zur Brechung beiträgt, in einem vereinfachenden Modell zu einer einzigen Linse zusammen. Die Netzhaut dient als Schirm.

Beim Sehvorgang im Auge sind sowohl die Bildweite als auch die Gegenstandsweite vorgegeben. Das Scharfstellen muss daher durch Verformen der Augenlinse erfolgen. Dabei ändert sich deren Brennweite. Diese Anpassung nennt man **Akkommodation.** Sie ermöglicht es, in verschiedenen Entfernungen scharf zu sehen.

Fern und nah • Sehen wir in die Ferne ($g > 1\,m$), ist der ringförmige Ziliarmuskel entspannt. Dadurch stehen die Zonulafasern unter Spannung und ziehen die Augenlinse straff. Diese ist dann nur schwach gekrümmt und ihre Brennweite ist groß (▸Abb.1A).

Beim Sehen in der Nähe zieht sich der Ziliarmuskel zusammen. Sein Innendurchmesser wird kleiner und die Zonulafasern sind weniger stark gespannt. Die Augenlinse zieht sich zusammen, krümmt sich stärker und ihre Brennweite wird kleiner (▸Abb.1B).

Die Gegenstandsweite von etwa 25 cm wird als **deutliche Sehweite** bezeichnet: In dieser können Sie Gegenstände ohne Überanstrengung längere Zeit betrachten. Am Nahpunkt, einer Gegenstandsweite von etwa 10 cm, erschlaffen die Zonulafasern vollständig. Bei dieser Entfernung können Sie gerade noch ein scharfes Bild sehen.

Größensehen und Sehwinkel • Sie können den Vollmond mit dem Daumen vollständig verdecken, obwohl dieser sehr viel kleiner ist als der Mond. Das liegt daran, dass beide ein gleich großes Bild auf der Netzhaut erzeugen, weil für beide Gegenstände der Winkel zwischen den Randstrahlen gleich groß ist (▸Abb.2). Dieser Winkel wird als **Sehwinkel** bezeichnet.

Bringen Sie einen Gegenstand immer näher an das Auge, vergrößert sich der Sehwinkel. Gleichzeitig wird das Bild auf der Netzhaut ebenfalls immer größer (▸Abb.3).

> Der Sehwinkel bestimmt, wie groß wir einen Gegenstand sehen.

Berechnungen • Bei bekannter Gegenstandsweite g und Brennweite f können Sie die Bildweite b und die Bildgröße B ermitteln, indem Sie den Verlauf der Lichtstrahlen konstruieren. Das ist zeitaufwendig und möglicherweise nicht genau genug. Genauer als eine Konstruktion ist eine Rechnung. Dazu nutzen wir, dass Bildgröße und Bildweite proportional zueinander sind.

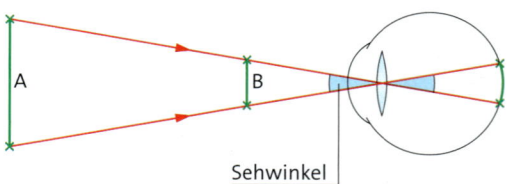

2 Gleicher Sehwinkel bei Gegenständen unterschiedlicher Größe

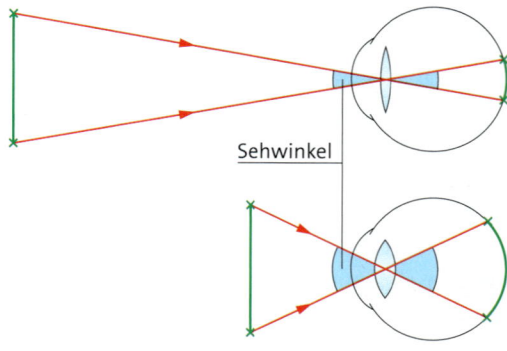

3 Sehwinkel für einen Gegenstand bei verschiedenen Gegenstandsweiten

Damit erhalten wir eine Gleichung für den **Abbildungsmaßstab** A, die für jede Linsenabbildung gilt:

$$A = \frac{B}{G} = \frac{b}{g}.$$

Aus dieser Gleichung lässt sich die **Abbildungsgleichung** ableiten, die den Zusammenhang zwischen Bildweite b, Gegenstandsweite g und der Brennweite f beschreibt:

$$\frac{1}{b} + \frac{1}{g} = \frac{1}{f}.$$

1 a) Bestimmen Sie Ihren Nahpunkt.
b) Erklären Sie, warum man nicht Daumen und Hintergrund gleichzeitig scharf sehen kann.

2 Berechnen Sie, in welcher Entfernung das 32 cm hohe Bild eines 10 cm großen Gegenstandes scharf erscheint, wenn der Gegenstand 24 cm vor der Linse steht.

:::::: **METHODE** :::

Konstruktion von Bildpunkten

Um Bildpunkte leicht konstruieren zu können, nehmen wir einige Vereinfachungen vor. Wir
a) zeichnen schmale Lichtbündel als Lichtstrahlen;
b) ersetzen die beiden Brechungen an den Grenzflächen der Linse durch eine an der Mittelebene;

c) betrachten nur besondere Lichtstrahlen und nutzen, dass der Mittelpunktstrahl seine Richtung nicht ändert und dass sich parallele Strahlen in einem gemeinsamen Punkt in der Brennebene schneiden.
Bei der im Folgenden beschriebenen Konstruktion reichen zwei Lichtstrahlen aus. Mit einem dritten Strahl kann überprüft werden, ob korrekt gezeichnet wurde.

Vorgehen:
1. Wir zeichnen optische Achse, Mittelebene, Brennpunkte, Brennebenen und Gegenstandspunkt P.
2. Wir zeichnen den Mittelpunktstrahl (schwarz in ▸Abb. 4 A). Er wird nicht abgelenkt und geht auf jeden Fall durch den Bildpunkt.
3. Um den Bildpunkt P' zu finden, benötigen wir einen zweiten Strahl, der den Mittelpunktstrahl in P' schneidet. Wir zeichnen also einen weiteren Strahl (blau in ▸Abb. 4 B), dessen Verlauf hinter der Linse wir noch nicht kennen. Wir nehmen an, dass er zu einem parallelen Lichtbündel gehört (blau schraffiert in ▸Abb. 4 C). Parallelstrahlen treffen sich in einem Punkt B der Brennebene, dies gilt auch für den zugehörigen Mittelpunktstrahl (grün in ▸Abb. 4 C).
4. Da dieser ungebrochen durch die Linse geht, können wir ihn als Hilfslinie nutzen und B ermitteln. Damit erhalten wir auch den weiteren Verlauf des blauen Strahls (▸Abb. 4 D). Der Schnittpunkt dieses blauen Strahls mit dem von P ausgehenden Mittelpunktstrahl ist der Bildpunkt P'.
Man braucht zur Konstruktion also den Mittelpunktstrahl (schwarz), den blauen Strahl und als Hilfslinie eine Parallele (grün) zu diesem.

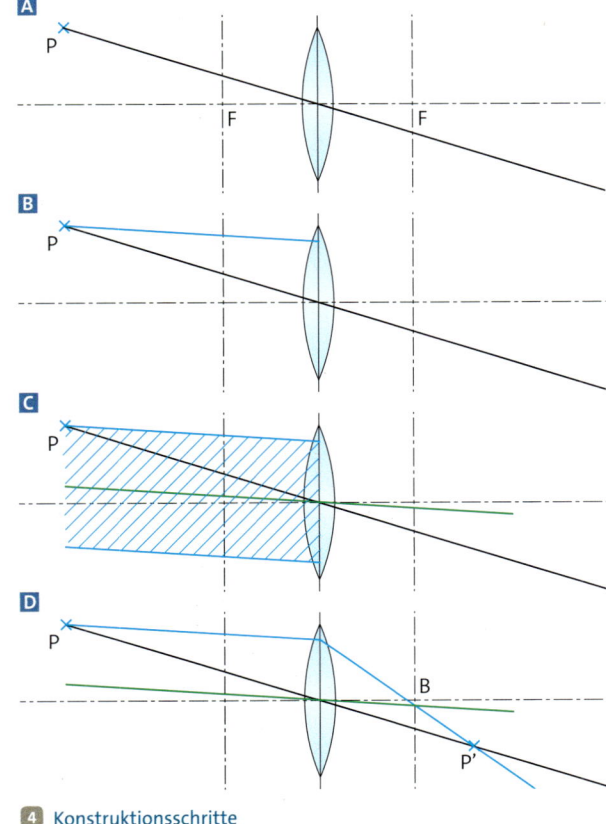

4 Konstruktionsschritte

Fehlsichtigkeit

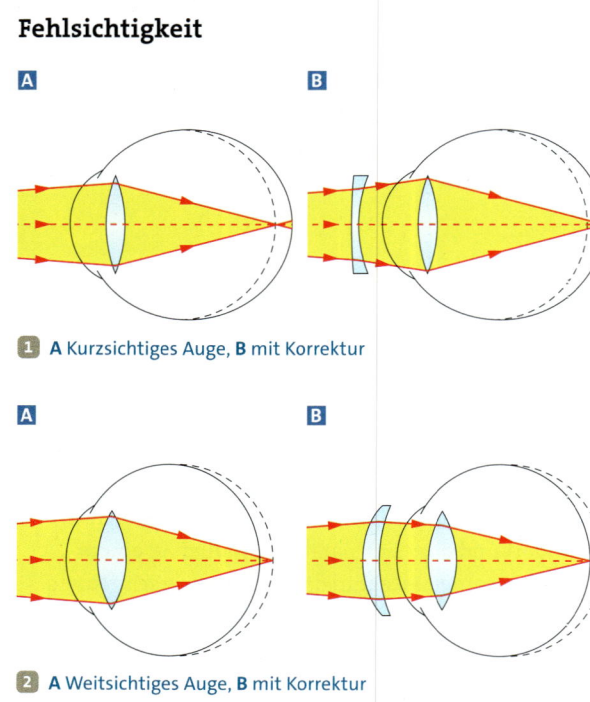

1 **A** Kurzsichtiges Auge, **B** mit Korrektur

2 **A** Weitsichtiges Auge, **B** mit Korrektur

Im fehlsichtigen Auge wird das Bild eines Gegenstands nicht scharf auf der Netzhaut abgebildet. Dies ist dann der Fall, wenn die Länge des Augapfels und die einstellbare Brennweite der Linse nicht zueinander passen. Wir betrachten zwei wichtige Fälle:

Das kurzsichtige Auge • Kurzsichtige Menschen sehen weit entfernte Gegenstände unscharf. Sie können ihre Augenlinse nicht genügend abflachen, um auf der Netzhaut ein scharfes Bild zu erzeugen. Das scharfe Bild entsteht vor der Netzhaut (▸Abb.1A). Jeder weit entfernte Gegenstandspunkt wird daher auf der Netzhaut zu einem Bildfleck, der auf mehrere lichtempfindliche Zellen trifft. Nahe Gegenstände können dagegen scharf gesehen werden, da hier keine so starke Abflachung der Linse nötig ist.

Das weitsichtige Auge • Weitsichtige Menschen sehen Gegenstände, die sich dicht vor dem Auge befinden, unscharf. Im Vergleich zum gesunden Auge kann sich die Linse nicht genügend krümmen, das scharfe Bild entsteht deswegen nicht auf, sondern etwas hinter der Netzhaut (▸Abb.2A). Gegenstände in der Ferne können weitsichtige Personen jedoch scharf sehen, da sich die Linse hierzu nicht so stark krümmen muss.

Die Funktion der Brille • Brillen sorgen dafür, dass auf der Netzhaut scharfe Bilder entstehen. Im Fall der Kurzsichtigkeit muss jeder Bildpunkt etwas weiter nach hinten verschoben werden. Das ist dann der Fall, wenn das ins Auge gelangende Licht durch die Linse der Brille etwas aufgeweitet wird. Die Korrekturlinse ist also eine Zerstreuungslinse (▸Abb.1B). Umgekehrt muss die Brille für eine weitsichtige Person dafür sorgen, dass das einfallende Licht stärker gebündelt wird. Hierfür wird eine Sammellinse eingesetzt (▸Abb.2B).

Je nachdem wie ausgeprägt die Fehlsichtigkeit ist, muss die Brille das Licht mehr oder weniger stark brechen.

Altersweitsichtigkeit • Mit zunehmendem Alter gelingt die Anpassung der Linse eines gesunden Auges im Nahbereich nicht mehr so gut. Zum Lesen ist daher eine Brille mit Sammellinsen nötig.

Kurzsichtige Menschen nutzen im Alter häufig Gleitsichtbrillen, in die Bereiche mit verschiedener Brennweite eingearbeitet sind, sodass sie sowohl nahe als auch weit entfernte Gegenstände scharf sehen können.

Die Dioptrie • Das Brechungsvermögen einer Linse wird durch den Begriff Brechkraft beschrieben. Die Brechkraft ist gleich dem Kehrwert der Brennweite und wird in der Einheit Dioptrie (1 dpt = $\frac{1}{m}$) angegeben. Bei Sammellinsen ist die Brechkraft positiv, bei Streulinsen negativ.

Laserkorrektur • Durch eine Operation lässt sich die Brechkraft der Hornhaut verändern. Dabei wird mithilfe von Laserstrahlen Gewebe abgetragen und die Krümmung der Hornhaut verändert. Dadurch ändert sich die Brechung in der Linse so, dass der Brennpunkt wieder auf der Netzhaut liegt. Leicht fehlsichtige Menschen können nach einer solchen Operation wieder ohne Brille scharf sehen.

1 Wie können Sie herausfinden, ob eine Brille einer kurz- oder weitsichtigen Person gehört? Fertigen Sie eine Skizze an.

2 Recherchieren Sie zu den verschiedenen Laseroperationen am Auge. Erstellen Sie eine Tabelle mit Vor- und Nachteilen.

Versuch A • Abstand zwischen Auge und Gegenstand

V1 Minimale Sehweite des Auges

Bei einer Sammellinse wird ein Gegenstand nur auf dem Schirm abgebildet, wenn er einen Mindestabstand zur Linse hat. Ähnliches gilt auch für das Auge. Das können Sie in einem Experiment feststellen.

Material:
Papier, Lineal

3 Bestimmung der minimalen Sehweite

Arbeitsauftrag:
Schreiben Sie verschieden große Buchstaben auf ein Blatt Papier und legen Sie das Blatt auf den Tisch. Nähern Sie sich langsam von oben dem Blatt und versuchen Sie festzustellen, bis zu welchem Abstand Sie die Buchstaben gerade noch scharf erkennen können. Messen Sie den Abstand zwischen Auge und Papier.

Material A • Optische Abbildungen mit Linsen

A1 Sie sehen sechs Fälle von optischen Abbildungen. Bei jeder Konstruktion fällt etwas Besonderes auf.
a) Verfassen Sie einen passenden Text zu den Abbildungen. Im Text sollten die Begriffe Gegenstandsweite, Bildweite, Größe des Bildes (sofern sinnvoll) sowie virtuelles bzw. reelles Bild vorkommen.

Ein Text zu Abb. 4 A könnte beispielsweise lauten:
Ein verkleinertes Bild entsteht, wenn sich der Gegenstand außerhalb der doppelten Brennweite befindet. Das Bild liegt im Bereich zwischen der Brennweite und der doppelten Brennweite der Linse.
b) In welchen Fällen entsteht kein Bildpunkt?

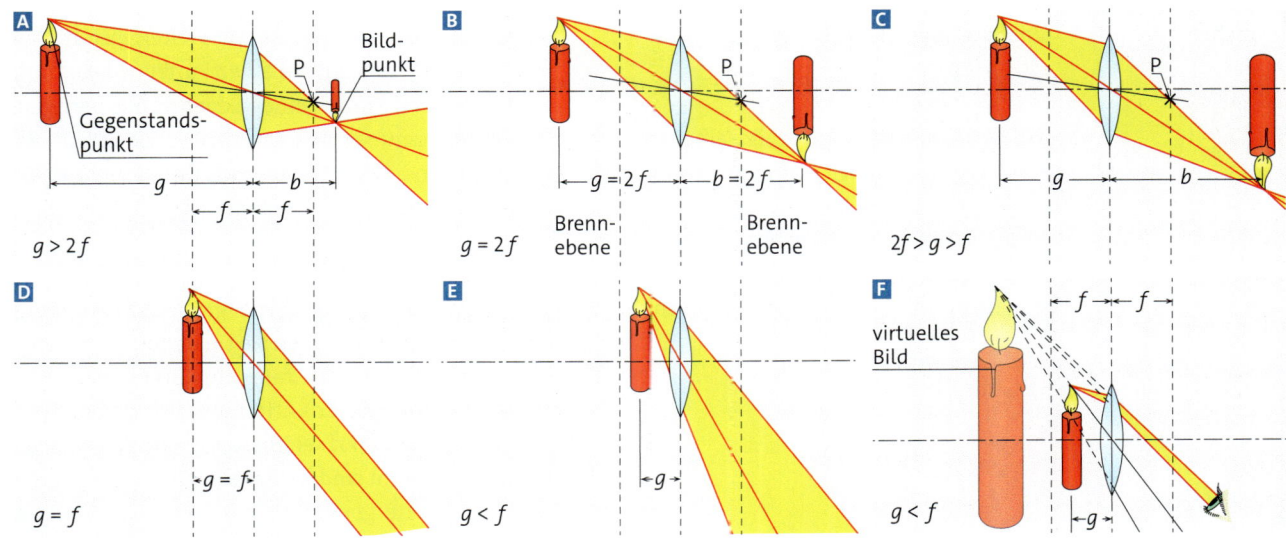

4 A–F: Entstehung von reellen, virtuellen oder gar keinen Bildern bei verschiedenen Gegenstandsweiten?

Material B • Brennweiten ermitteln

B1 Entwickeln Sie Vorschläge, wie man die Brennweite von Sammellinsen ermitteln kann:

a) mithilfe von parallelen Strahlenbündeln,

b) mithilfe der Abbildungsgleichung:
$$\frac{1}{f} = \frac{1}{b} + \frac{1}{g}.$$

1 Der Blick durch
die Lupe bringt
faszinierende
Details ans Licht.

Optische Instrumente

*Die Sesam- und Mohnkörner auf dem Brötchen sind
so klein, dass die Einzelheiten mit dem Auge allein
nicht zu erkennen sind. Warum sehen Sie beim Blick
durch die Lupe viel mehr Details?*

Die Grenze des Sehens • Einzelheiten von kleinen, nahen, aber auch von großen, weit entfernten Gegenständen können Sie kaum erkennen, weil das Bild der Gegenstände auf der Netzhaut winzig ist. In beiden Fällen ist der Sehwinkel, unter dem Sie den Gegenstand sehen, sehr klein.

Wenn der Sehwinkel zu klein ist, dann treffen Lichtbündel nahe beieinanderliegender Punkte dieselbe Sinneszelle auf der Netzhaut. Es wird also nur ein Signal ans Gehirn weitergeleitet. Das bedeutet, dass man nur einen Punkt wahrnimmt. Damit zwei Punkte eines Gegenstands getrennt wahrgenommen werden, müssen die von ihnen ausgehenden Lichtbündel auf zwei unterschiedliche lichtempfindliche Zellen im Auge treffen.

Auflösungsvermögen • Wenn Sie die Sesamkörner in ▸Abb.1 aus immer größerer Entfernung betrachten, dann sehen Sie sie irgendwann nicht mehr getrennt. Man kann die Körner aber nicht aus beliebig kurzer Entfernung betrachten, weil man sie nur scharf sehen kann, wenn sie mehr als 10 cm entfernt sind. In diesem Fall kann das Auge zwei Punkte gerade noch unterscheiden, wenn sie einen Abstand von 0,03 mm voneinander haben. Dem entspricht ein Sehwinkel von $\frac{1}{60}$ Grad. Diesen Abstand haben die Quadrate in ▸Abb.4, wenn Sie sie aus einer Entfernung von 3,5 m betrachten.

Für die Grenze, bis zu der man zwei Punkte noch auflösen kann, ist aber nicht der Abstand der beiden Punkte entscheidend, sondern der Sehwinkel, unter dem die zwei Punkte gesehen werden.

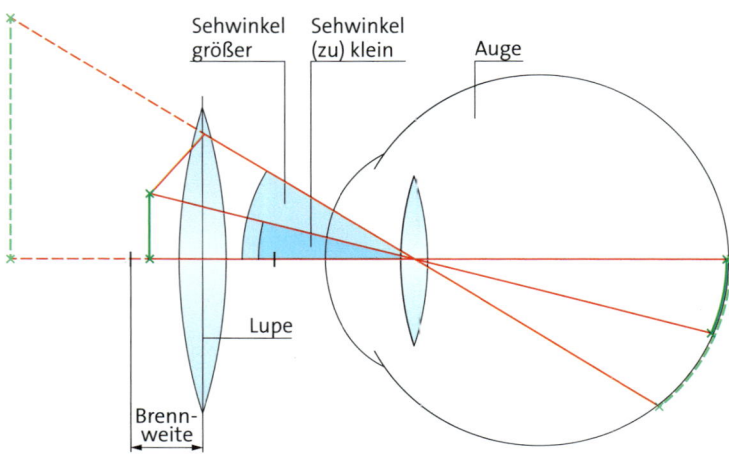

2 Sehwinkel ohne (blau) und mit Lupe (hellblau)

Um den Sehwinkel zu vergrößern, kann man eine Sammellinse nutzen (▸Abb. 2).
In diesem Fall wirkt die Sammellinse als **Lupe**.

Die Lupe • Wenn Sie Details eines Gegenstands sehen möchten, die das Auge allein nicht mehr auflösen kann, dann können Sie den Gegenstand mit einer Sammellinse vergrößert auf einem Schirm abbilden. Damit vergrößert sich der Sehwinkel, unter dem Sie die Details sehen.
Wenn Sie die Sammellinse als Lupe einsetzen, können Sie den Gegenstand ohne Schirm betrachten. Dazu bringen Sie den Gegenstand zwischen Brennpunkt und Lupe. Jetzt erzeugt die Lupe ein virtuelles vergrößertes Bild des Gegenstandes. Von diesem virtuellen Bild fällt das Licht unter einem größeren Sehwinkel auf die Netzhaut. Der Gegenstand erscheint dadurch deutlich vergrößert (▸Abb. 2). Je stärker die Lupe vergrößert, desto besser können Sie nahe beieinander liegende Punkte auflösen.
Als Maß für die Vergrößerung durch eine Lupe wird der Vergrößerungsfaktor angegeben. Er berechnet sich als Verhältnis von Bildgröße mit Lupe zu Bildgröße ohne Lupe und beträgt meist zwischen 2 und 10.

Lupen vergrößern den Sehwinkel.

Das Mikroskop • Zur Beobachtung von Kleinstlebewesen (▸Abb. 6) reicht die Vergrößerung einer Lupe nicht aus. Hier wird ein Mikroskop eingesetzt, das noch stärker vergrößern kann.
Das Mikroskop arbeitet nach dem Prinzip der zweimaligen Vergrößerung (▸Abb. 3). Die erste Linse, das Objektiv, erzeugt ein vergrößertes Bild des Gegenstands. Dieses reelle Zwischenbild wird dann mit einer Lupe, dem Okular, nochmals vergrößert. Für den Vergrößerungsfaktor des Mikroskops sind die Brennweiten der Linsen und ihre Positionen entscheidend. Damit das Zwischenbild möglichst groß wird, muss sich der Gegenstand knapp außerhalb der Brennweite des Objektivs befinden. Das Zwischenbild muss dagegen knapp innerhalb der Brennweite des Okulars liegen, damit man es durch das Okular wie durch eine Lupe betrachten kann.

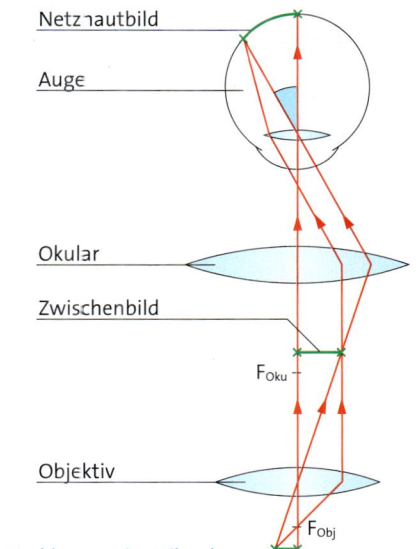

3 Strahlengang im Mikroskop

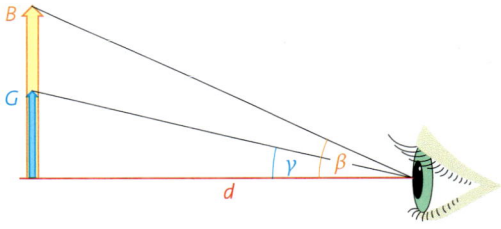

5 Vergrößerung des Sehwinkels

4 Versuch zum Auflösungsvermögen

6 Wasserfloh unter dem Mikroskop

Mit verschiedenen Objektiven und Okularen passt man die Vergrößerung an. Aus dem Produkt der einzelnen Vergrößerungsfaktoren von Objektiv und Okular ergibt sich die gesamte Vergrößerung des Geräts.
Mikroskope können etwa auf das 1000-Fache vergrößern. Diese Auflösung ist stark genug, um Zellen und Bakterien zu beobachten.

Vergrößerung • Die Vergrößerung eines optischen Instruments ergibt sich als Vergrößerung der Sehwinkel, unter dem Gegenstand und Bild betrachtet werden, genauer gesagt, als das Verhältnis der Tangens dieser Sehwinkel (▸Abb. 5):

$$V = \frac{B}{G} = \frac{d \cdot \tan\beta}{d \cdot \tan\gamma} = \frac{\tan\beta}{\tan\gamma}$$

1 Bestimmen Sie die Entfernung, aus der Sie die Quadrate in ▸Abb. 4 gerade noch auflösen können. Stellen Sie die Messwerte Ihrer Mitschüler und Mitschülerinnen grafisch dar und berichten Sie.

1 Kepler-Fernrohr

Das Fernrohr • Klein erscheinende Details von weit entfernten Gegenständen wie der Mondoberfläche kann man nicht mit der Lupe vergrößern, weil der Mond zu weit entfernt ist. Wenn es aber gelingt, ein Bild der Mondoberfläche zu erzeugen, dann kann man dieses Bild mit einer Lupe betrachten. Das astronomische oder **Kepler-Fernrohr** (▸Abb.1) besteht daher aus zwei Sammellinsen: der Objektivlinse, die ein Bild erzeugt, und der Okularlinse, die dieses Bild wie eine Lupe vergrößert. Dabei haben beide Linsen einen Abstand, der der Summe ihrer Brennweiten entspricht.

Die Hypotenusen der Dreiecke in Abb. 2 sind die Mittelpunktstrahlen.

Strahlengang im Kepler-Fernrohr • ▸Abb. 2 zeigt den Strahlengang in einem Kepler-Fernrohr. Beim Betrachten von Sternen oder auch dem Mond kommt das Licht von einer Quelle in großer Entfernung. Diese erscheint unter einem sehr kleinen Sehwinkel, was bedeutet, dass die Lichtbündel nahezu parallel in das Objektiv des Fernrohrs eintreten. Deshalb entsteht hinter dem Objektiv ein Bild in seiner Brennebene. Dieses Zwischenbild ist ein verkleinertes, auf dem Kopf stehendes, reelles Bild. Je größer die Brennweite

des Objektivs ist, desto größer wird das Zwischenbild.

Die Okularlinse wirkt wie eine Lupe und erzeugt ein virtuelles, vergrößertes Bild des Zwischenbildes. Dieses virtuelle Bild des Gegenstandes betrachtet man daher unter einem größeren Sehwinkel als den Gegenstand selbst.

Das Zwischenbild entsteht in der Brennebene des Objektivs. Damit liegt es ebenfalls in der Brennebene des Okulars. Liegt ein Gegenstand in der Brennebene einer Lupe, fallen die Lichtbündel parallel ins Auge – so, als würde das betrachtete Bild in unendlicher Entfernung liegen. Dieses „im Unendlichen" liegende Bild kann man mit entspanntem Auge betrachten.

Das Kepler-Fernrohr eignet sich für Beobachtungen, bei denen es nicht stört, dass das Bild auf dem Kopf steht und seitenverkehrt ist.

Vergrößerungsfaktor • Wir betrachten nun ▸Abb. 2, um eine Formel für die Vergrößerung des Kepler-Fernrohrs anzugeben.

Die vom Gegenstand kommenden Randstrahlen fallen unter dem Winkel γ ins Objektiv ein. Da der Gegenstand in sehr großer Entfernung liegt, ist dies auch annähernd der Sehwinkel, unter dem das Auge ihn ohne Fernrohr sieht. Das virtuelle Bild wird jedoch unter dem Winkel β gesehen, dies ist der Sehwinkel mit Fernrohr.

In Abb. 2 sehen wir zwei rechtwinklige Dreiecke. Das Zwischenbild B ist in jedem die Gegenkathete zum Sehwinkel. Die Ankatheten haben jeweils die Länge der Brennweiten. Damit gilt:

$$\tan \gamma = \frac{B}{f_1}; \tan \beta = \frac{B}{f_2}.$$

Löst man beide Gleichungen nach B auf, folgt durch Gleichsetzen:

$$\tan \gamma \cdot f_1 = \tan \beta \cdot f_2.$$

Die Vergrößerung ist damit:

$$V = \frac{\tan \beta}{\tan \gamma} = \frac{f_1}{f_2}.$$

Die Vergrößerung entspricht also dem Verhältnis der Brennweiten von Objektiv und Okular.

1 „Schiff nähert sich von rechts!" Nach dem Ausruf des Steuermanns greift der Pirat zum Kepler-Fernrohr und ist verwirrt. Was hat er gesehen? Erklären Sie.

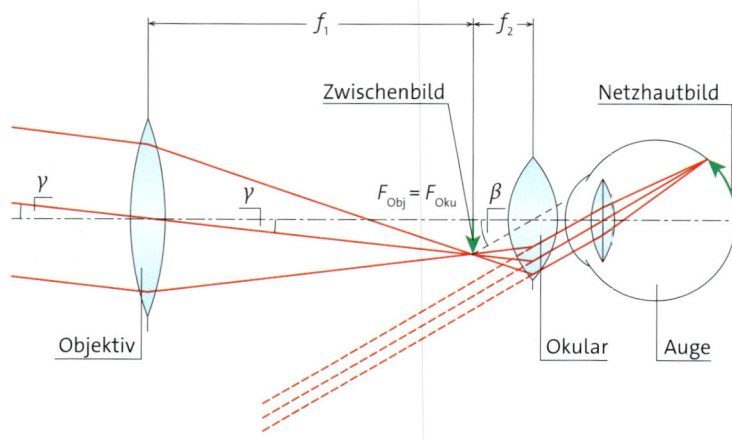

2 Strahlengang im Kepler-Fernrohr

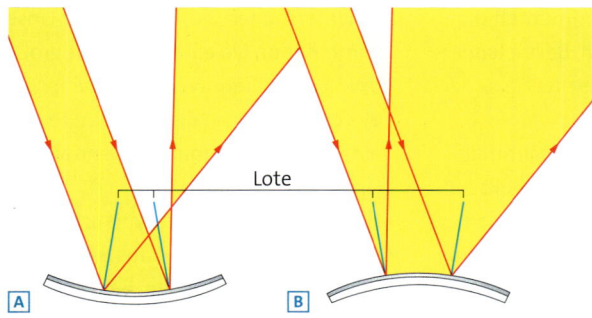 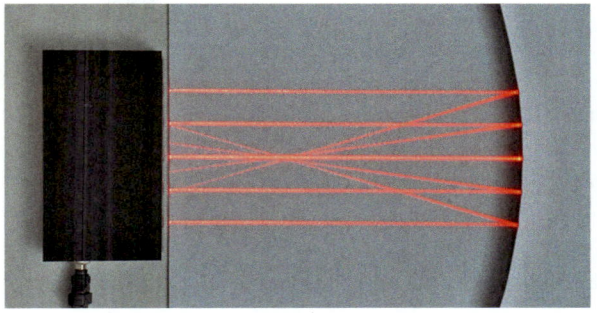

3 Licht trifft auf einen **A** Hohlspiegel, **B** Wölbspiegel

4 Brennpunkt des Hohlspiegels

Hohlspiegel und Wölbspiegel

Auch an gekrümmten Oberflächen wird Licht reflektiert. Im Gegensatz zur Reflexion an ebenen Spiegeln sind aber die Randstrahlen eines als paralleles Licht einfallenden Lichtbündels nach der Reflexion nicht mehr parallel zueinander (▸Abb. 3 A und ▸Abb. 3 B). Bei Hohlspiegeln ist die Spiegelfläche vom Gegenstand weggekrümmt, bei Wölbspiegeln verhält es sich umgekehrt.

Hohlspiegel bündeln das Licht • Die besondere Form des Hohlspiegels führt dazu, dass parallele Lichtbündel vom Spiegel so reflektiert werden, dass sie in einem Punkt, dem Brennpunkt (▸Abb. 4), zusammengeführt werden. Befindet sich ein Gegenstand nahe am Hohlspiegel, so entsteht ein aufrechtes und vergrößertes Bild. Das nutzt man bei Kosmetik- (▸Abb. 5) und Zahnarztspiegeln.

Wenn ein Hohlspiegel Sonnenlicht bündelt, steigt am Brennpunkt die Temperatur. So kann man dort etwas Brennbares entzünden. Auch Solarkocher (▸Abb. 6) und spezielle Solarkraftwerke nutzen den Effekt.

Hohlspiegel erzeugen paralleles Licht • Der Strahlengang im Solarkocher lässt sich umkehren. Deshalb enthalten viele Taschenlampen einen Hohlspiegel, in dessen Brennpunkt sich das Lämpchen befindet. Der Hohlspiegel reflektiert das vom Lämpchen auf ihn fallende Licht so, dass es die Taschenlampe als paralleles Lichtbündel verlässt und die Lampe eine große Reichweite hat

Wölbspiegel schaffen Überblick • Im Verkehr oder bei der Kontrolle im Bus oder Supermarkt (▸Abb. 7) ist es wichtig, einen möglichst großen Bereich zu überblicken. Hier werden Wölbspiegel verwendet. Sie liefern immer aufrechte, aber verkleinerte Bilder, unabhängig davon, wie weit der Gegenstand vom Spiegel entfernt ist.

1 Auch einen polierten Löffel kann man als Spiegel benutzen.
a) Untersuchen Sie, wie sich die Spiegelbilder auf der Innen- und der Außenfläche des Löffels unterscheiden.
b) Wählen Sie eine der Flächen aus und beobachten Sie, wie der Abstand zum Spiegel das Spiegelbild beeinflusst.

5 Hohlspiegel vergrößern.

6 Solarkocher: Hohlspiegel bündeln Licht.

7 Wölbspiegel geben Überblick.

Versuch A • Brennweiten im Experiment

V1 Brennweiten von Linsenkombinationen

Material:
verschiedene Linsen, z. B. einfache, alte Brillen, Lesebrillen oder Lupen, eine Lampe mit Schlitzblende

Arbeitsauftrag:
a) Sortieren Sie die Linsen in Sammellinsen und Zerstreuungslinsen.

b) Bestimmen Sie experimentell die Brennweiten der Linsen. Bei welcher Linsensorte gelingt dies nicht? Begründen Sie.
c) Wählen Sie jeweils zwei Sammellinsen aus, stellen Sie diese direkt hintereinander auf und bestimmen Sie die Brennweite der Linsenkombination. Tragen Sie die Messwerte in eine Tabelle ein.

d) Untersuchen Sie, mit welcher Linsenkombination Sie eine möglichst große bzw. kleine Brennweite erhalten.
e) Vergleichen Sie die Brennweite der einzelnen Linsen mit der Brennweite der Linsenkombination.
f) Wiederholen Sie den Versuchsteil c) mit einer Kombination aus Sammel- und Zerstreuungslinsen. Beschreiben Sie Ihre Beobachtung.

Versuch B • Optische Instrumente näher betrachtet

V1 Vergrößerung bestimmen

Material:
Sammellinse, Stativ, Lineal

Arbeitsauftrag:
Bauen Sie den Versuch wie in ▸Abb. 1 auf. Den Abstand zwischen Gegenstand und Lupe wählen Sie so, dass ein scharfes Bild entsteht.
a) Betrachten Sie mit einem Auge das Lineal und gleichzeitig mit dem anderen Auge durch die Lupe einen Gegenstand. Bestimmen Sie, wie groß Sie den Gegenstand wahrnehmen. Wiederholen Sie den Versuch ohne Lupe. Ermitteln Sie den Quotienten aus beiden Messwerten. Dieser gibt die Vergrößerung an.
b) Verändern Sie jetzt den Abstand zwischen Gegenstand und Lupe. Achten Sie dabei darauf, dass der Abstand zwischen Auge und Lupe gleich bleibt. Wiederholen Sie das Experiment aus Aufgabenteil a) mit verschiedenen Abständen.
Vergleichen Sie die Vergrößerungen.

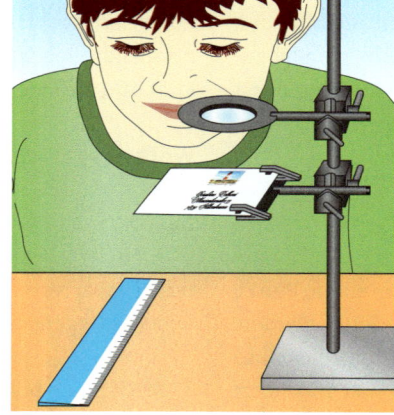

1 Bestimmung des Vergrößerungsfaktors einer Lupe

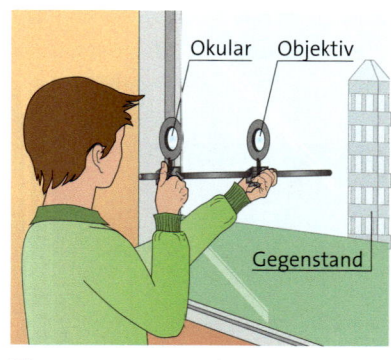

Okular   Objektiv

Gegenstand

2 Bau eines Kepler-Fernrohrs

V2 Bau eines Kepler-Fernrohrs

Material:
Sammellinsen verschiedener Brennweite, Schiene

Arbeitsauftrag:
a) Wählen Sie zwei Linsen aus und befestigen Sie sie so auf der Schiene, dass Sie einen weit entfernten Gegenstand scharf sehen. Wiederholen Sie den Versuch mit anderen Linsenkombinationen und stellen Sie fest, welche Kombinationen ein vergrößertes Bild liefern.
b) Untersuchen Sie, mit welcher Linsenkombination der Gegenstand am größten erscheint. Formulieren Sie eine Regel.
c) Drehen Sie das Fernrohr um und betrachten Sie einen nahen Gegenstand. Beschreiben Sie Ihre Beobachtung.
d) Durch das Kepler-Fernrohr sehen Sie ein umgekehrtes Bild. Erklären Sie, wie Sie mit einer weiteren Linse aufrechte Bilder erhalten.

Material A • Abbildungsgleichung

B1 Leiten Sie anhand von ▸Abb. 3 die Gleichung für den Abbildungsmaßstab und die Abbildungsgleichung her.

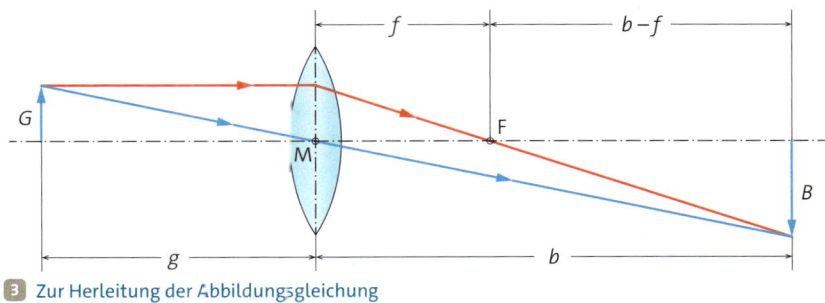

3 Zur Herleitung der Abbildungsgleichung

Material B • Konstruktionen

B1 Ein Gegenstand ist 3 cm hoch und steht 6 cm vor einer Sammellinse mit einer Brennweite von 2 cm. Konstruieren Sie das Bild.

B2 Von der Gegenstandsweite hängt das Verhältnis zwischen Gegenstandsgröße und Bildgröße ab. Zur Auswahl stehen: $g > 2f$, $g < 2f$ oder $g = 2f$. Ermitteln Sie mithilfe einer Konstruktion, für welches dieser g gilt:
  a) $B = G$, **b)** $B < G$, **c)** $B > G$.

B3 Ein Gegenstand wird abgebildet. Bei einer Gegenstandsweite von 4 cm ergibt sich eine Bildweite von 6 cm. Bestimmen Sie die Brennweite der Linse durch Konstruktion.

B4 Sie können die Genauigkeit der Konstruktion durch Rechnungen überprüfen. Dazu messen Sie z. B. die Bildweite in der Zeichnung aus B1 und verwenden die Gleichung für den Abbildungsmaßstab, um die Bildgröße zu berechnen.

B5 Für alle Linsen gilt die Abbildungsgleichung:

$$\frac{1}{f} = \frac{1}{g} + \frac{1}{b}.$$

Setzen Sie die Gegenstandsweite aus B3 ein und vergleichen Sie mit dem Ergebnis für die Brennweite f aus B3.

Material C • Der Lesestein

Die ältesten Hilfsmittel zur Vergrößerung eines nahen Gegenstands sind Lesesteine. Bereits 1000 n. Chr. wurden in Asien solche Halbkugeln aus Beryll, einem durchsichtigen Kristall, hergestellt.
Unsere Bezeichnung Brille erinnert noch heute an das ursprüngliche Material.

C1 a) Beschreiben Sie, wie man Lesesteine vermutlich verwendet hat. Nennen Sie Gemeinsamkeiten und Unterschiede im Vergleich zur Lupe.
b) Heute werden Lesesteine aus Kunststoff oder Glas in verschiedenen Formen verwendet. Überlegen Sie, welche Form für welche Anwendung geeignet ist.
c) Tim behauptet: Ein Wassertropfen wirkt wie ein Lesestein. Probieren Sie dies aus und erklären Sie.

4 Ein Lesestein vergrößert die Schrift.

Wie Bilder entstehen

Linsen: Linsen erzeugen scharfe Bilder, indem sie für jeden Gegenstandspunkt das Licht, das auf sie trifft, in jeweils einem Bildpunkt vereinigen.

Für eine bestimmte Gegenstandsweite erzeugt eine Sammellinse ein scharfes Bild bei einer bestimmten Bildweite. Dabei vereinigt sie das Licht, das von einem Gegenstandspunkt auf sie trifft, in einem Bildpunkt.

Je kleiner die **Gegenstandsweite** ist, desto größer sind **Bildweite** und Bildgröße und umgekehrt.

Brennpunkt: Sammellinsen brechen ein parallel zur optischen Achse einfallendes Lichtbündel so, dass es in einem bestimmten Punkt hinter der Linse gebündelt wird. Man nennt diesen Punkt den Brennpunkt. Der Abstand des Brennpunkts zur Mittelebene einer Linse heißt **Brennweite**. Je stärker eine Linse gekrümmt ist, desto kleiner ist ihre Brennweite.

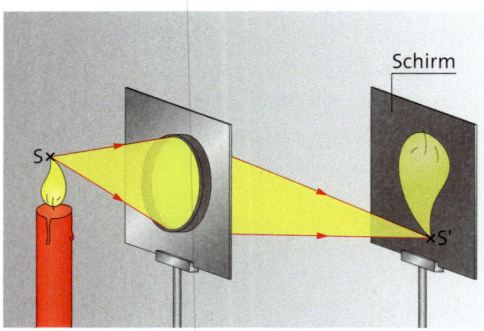

1 Ein Bild aus Punkten

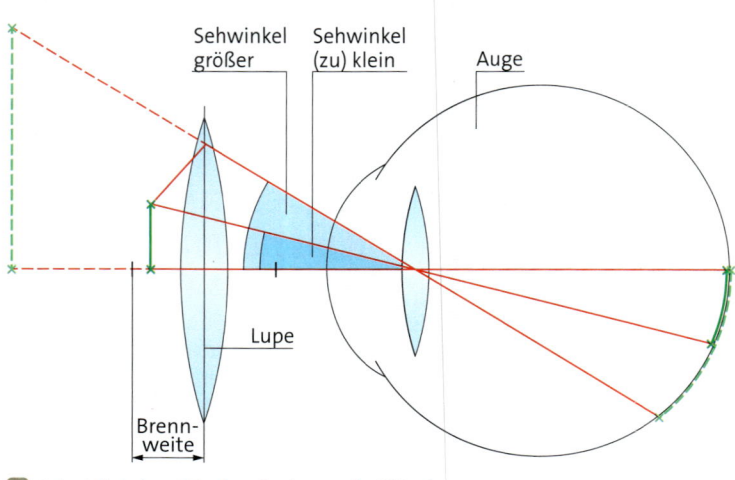

2 Sehwinkel ohne (blau) und mit Lupe (hellblau)

Besondere Lichtstrahlen:

1. **Parallele Strahlen** treffen sich in einem Punkt der Brennebene, insbesondere gehen sie durch den Brennpunkt, wenn sie parallel zur optischen Achse verlaufen.
2. Ein Lichtstrahl, der durch den Brennpunkt geht, der **Brennpunktstrahl,** verläuft nach der Brechung parallel zur optischen Achse.
3. Ein Lichtstrahl, der durch den Mittelpunkt der Linse verläuft, der **Mittelpunktstrahl,** ändert seine Richtung nicht.

Diese besonderen Lichtstrahlen kann man zur **Konstruktion** von Bildpunkten nutzen.

Abbildungsmaßstab: Der Quotient aus Bildgröße B und Gegenstandsgröße G gibt den Abbildungsmaßstab an:

$$A = \frac{B}{G} = \frac{b}{g}.$$

mit g: Gegenstandsweite und b: Bildweite.

Abbildungsgleichung: Zwischen Brennweite, Gegenstandsweite und Bildweite besteht ein fester Zusammenhang, den die Abbildungsgleichung beschreibt:

$$\frac{1}{b} + \frac{1}{g} = \frac{1}{f}$$

Bilder: Während man **reelle** Bilder auf einem Schirm auffangen kann, ist dies bei **virtuellen** Bildern nicht möglich.

Auge: Beim Sehvorgang entsteht auf der **Netzhaut** ein scharfes Bild. Dabei wird die Linse des Auges so verformt, dass ihre Brennweite zur Entfernung des Gegenstands passt.

Je größer der **Sehwinkel** ist, unter dem der Gegenstand erscheint, desto größer ist das Bild auf der Netzhaut.

Deutliche Sehweite: Die Gegenstandsweite von etwa 25 cm wird als deutliche Sehweite bezeichnet: In dieser können Sie Gegenstände ohne Überanstrengung längere Zeit betrachteten.

Sehwinkel: Der Sehwinkel bestimmt, wie groß wir Gegenstände sehen. Zwei verschieden große Gegenstände können bei passenden unterschiedlichen Entfernungen unter gleichem Sehwinkel gesehen werden und so gleich groß erscheinen. Je näher man einen Gegenstand ans Auge heranbringt, desto größer erscheint sein Sehwinkel.

Sammellinsen und Zerstreuungslinsen: Sammellinsen bündeln parallel auftreffendes Licht im Brennpunkt und sind konvex gekrümmt. Zerstreuungslinsen weiten ein auftreffendes Lichtbündel auf und sind konkav gekrümmt.

Grenzen des Sehens überwinden

Optische Instrumente wie Lupe, Fernrohr oder Mikroskop vergrößern den Sehwinkel. Das vergrößerte Bild entsteht durch verschiedene Linsen mit unterschiedlicher Brennweite. Je größer der Sehwinkel ist, desto größer ist das Bild auf der Netzhaut.

Auflösungsvermögen: Das Auflösungsvermögen bestimmt, wie weit zwei Punkte mindestens auseinander liegen müssen, um getrennt wahrgenommen zu werden. Beim menschlichen Auge sind dies $\frac{1}{60}$ Grad.

Lupe: Eine Lupe ist eine Sammellinse. Diese erzeugt ein virtuelles Bild des Gegenstandes, das man unter einem größeren Sehwinkel sieht. Dadurch sieht man ein vergrößertes Bild des Gegenstandes.

Das Mikroskop arbeitet nach dem Prinzip der zweimaligen Vergrößerung. Die erste Linse, das **Objektiv,** erzeugt ein vergrößertes Bild des Gegenstands. Dieses reelle Zwischenbild wird dann mit einer Lupe, dem **Okular,** nochmals vergrößert.

Das Kepler-Fernrohr enthält ebenfalls Objektiv und Okular, hier erzeugt das Objektiv jedoch ein verkleinertes Bild, welches dann durch das Okular betrachtet wird.

Vergrößerungsfaktor: Der Vergrößerungsfaktor bei der Lupe ergibt sich als Verhältnis der Bildgrößen mit und ohne Lupe. Beim Fernrohr ist der Vergrößerungsfaktor das Verhältnis von Objektivbrennweite zu Okularbrennweite.

Überprüfen Sie sich selbst:

Kann ich ...

* den Zusammenhang zwischen Bildweite, Bildgröße und Gegenstandsweite beschreiben? (▸S.129)

* den Unterschied zwischen Sammellinsen und Zerstreuungslinsen erklären? (▸S.135)

* erläutern, was ein virtuelles Bild ist und unter welchen Umständen eine Sammellinse ein virtuelles Bild erzeugt? (▸S.135)

* besondere Lichtstrahlen nennen und ihren Weg durch eine Sammellinse beschreiben? (▸S.135)

* die Bildentstehung bei der Sammellinse mithilfe der Begriffe Brennpunkt, Brennweite, Gegenstandsweite, Bildweite erläutern und das Bild konstruieren? (▸S.135)

* den Sehvorgang im Auge beschreiben? (▸S.133)

* erläutern, wie sich das Auge mithilfe von Ziliarmuskeln und Zonulafasern auf das scharfe Sehen in der Nähe und in der Ferne einstellt? (▸S.134)

* Beispiele für Fehlsichtigkeit beschreiben und deren Korrektur erläutern? (▸S.136)

* erläutern, wie der Sehwinkel die Wahrnehmung von Gegenständen beeinflusst? (▸S.134)

* begründen, warum die Betrachtung sehr naher Gegenstände anstrengend ist? (▸S.134)

* erklären, wie das vergrößerte Bild bei einer Lupe entsteht? (▸S.138)

* den Strahlengang im Kepler-Fernrohr beschreiben? (▸S.140)

* die Formel für den Vergrößerungsfaktor eines Kepler-Fernrohrs nennen?

* den Unterschied zwischen Hohlspiegel und Wölbspiegel erklären? (▸S.141)

* Bereiche nennen, in denen Hohlspiegel bzw. Wölbspiegel eingesetzt werden? (▸S.141)

Strahlungs-physik

1 Verschieden warme Gegenstände im Wärmebild

Strahlungsgesetze

Eine Wärmebildkamera nimmt Wärmestrahlung auf und stellt sie farbcodiert dar. Alle warmen Körper geben Wärmestrahlung ab – die heiße Tasse mehr als die Flaschen mit Zimmer- und Kühlschranktemperatur oder die Dose aus der Kühltruhe. Wie können wir das beschreiben?

Nutzung im Solarmodul • Ein Heizkörper gibt Wärme ab, die beispielsweise durch einen Solarkollektor aufgenommen und ursprünglich von der Sonne abgegeben wurde (▸Abb. 2). Man sagt, der Kollektor **absorbiert** die Strahlung. Bei blauem Himmel kann eine solche Solarthermie-Anlage pro Quadratmeter Kollektorfläche eine Leistung von 900 W gewinnen. Anscheinend ist hier die Leistung P je Flächeninhalt A wichtig. Diesen Quotienten nennt man **Leistungsdichte** $S = \frac{P}{A}$. Der Kollektor in ▸Abb. 2 absorbiert die Strahlung mit einem Wirkungsgrad von 90 %. Somit hat die einfallende Sonnenstrahlung eine Leistungsdichte von 1000 $\frac{W}{m^2}$, typisch für blauen Himmel.

> Ein Körper kann Wärmestrahlung absorbieren und dabei die Strahlungsenergie in thermische Energie umwandeln. Die pro Flächeninhalt A eintreffende Leistung P heißt Leistungsdichte $S = \frac{P}{A}$.

Emission von Wärmestrahlung • Der Arbeiter am Hochofen steuert die Strömung von flüssigem Eisen, das eine Temperatur von 1600 °C hat. Dieses sendet dabei so intensive Wärmestrahlung aus, dass der Arbeiter sich mit einem speziellen Anzug schützen muss (▸Abb. 3). Man sagt, ein warmer Körper **emittiert** Wärmestrahlung. Welche Leistungsdichte hat dabei die Wärmestrahlung, die das Eisen emittiert?

2 Solarthermie-Kollektor

Modellversuch zur Emission • Um die von flüssigem Eisen emittierte Wärmestrahlung zu bestimmen, führen wir den Modellversuch in ▸Abb. 4 durch. Dazu bringen wir zunächst die Eisenplatte in ▸Abb. 4 mithilfe eines Gasbrenners auf eine konstante Temperatur. Diese messen wir mit einem elektrischen Thermometer in Kelvin. Aufgrund ihrer Temperatur emittiert die Platte Wärmestrahlung. Deren Leistungsdichte S bestimmen wir mit einer Stoppuhr und einem Flüssigkeitsthermometer wie folgt: Wir messen die Änderung ΔT der Temperatur der Thermometerflüssigkeit pro Zeit Δt. Mithilfe der spezifischen Wärmekapazität c der Flüssigkeit ermitteln wir daraus die absorbierte Energie $\Delta E = c \cdot m \cdot \Delta T$ pro Zeit Δt, also die absorbierte Leistung P. Damit diese Leistung von einer homogen bestrahlten Fläche A absorbiert wird, umhüllen wir den unteren Bereich des Flüssigkeitsthermometers mit einem Zylinder aus Alufolie (▸Abb. 4). Somit gilt für die Leistungsdichte:

$$S = c \cdot \frac{m}{A} \cdot \frac{\Delta T}{\Delta t} \sim \frac{\Delta T}{\Delta t}.$$

Zur Durchführung der Messung bringen wir die Eisenplatte auf eine Temperatur T, hängen das Flüssigkeitsthermometer darüber und messen den Temperaturanstieg pro Zeit $\frac{\Delta T}{\Delta t}$. So führen wir eine Versuchsreihe für verschiedene Temperaturen T durch. Die Messwerte in ▸Abb. 5 zeigen, dass $\frac{\Delta T}{\Delta t}$ und somit die dazu proportionale Leistungsdichte S überproportional mit der Temperatur T zunimmt. Wir probieren verschiedene Potenzgesetze aus und finden heraus, dass $\frac{\Delta T}{\Delta t}$ und damit S proportional zu T^4 ist (▸Abb. 6):

$$S = \sigma \cdot T^4.$$

Den Proportionalitätsfaktor σ bestimmen wir mit der Masse der Flüssigkeit im Thermometer, der Querschnittsfläche und der Steigung in ▸Abb. 6.

Ein Körper mit einer absoluten Temperatur T emittiert Wärmestrahlung mit der Leistungsdichte $S = \sigma \cdot T^4$. Dieses Gesetz heißt STEFAN-BOLTZMANN-Gesetz. Die Naturkonstante σ heißt STEFAN-BOLTZMANN-Konstante, sie beträgt $\sigma = 5{,}67 \cdot 10^{-8} \frac{\text{W}}{\text{m}^2\text{K}^4}$.

3 Arbeit mit flüssigem Eisen am Hochofen

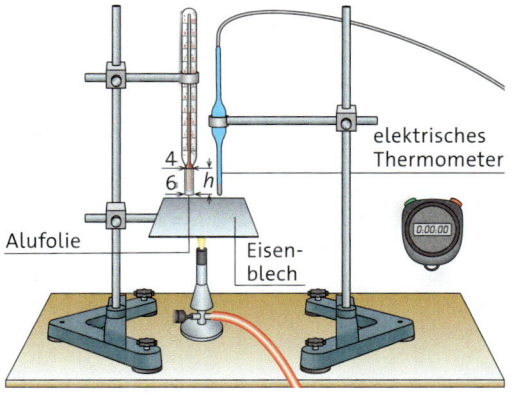

4 Modellversuch

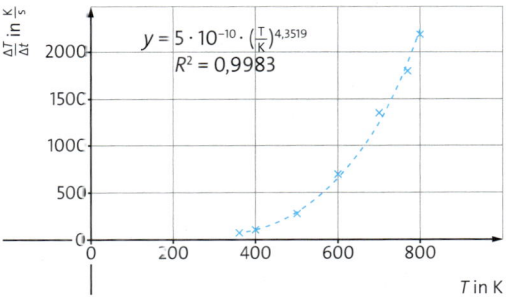

5 Leistungsdichte abhängig von der Temperatur

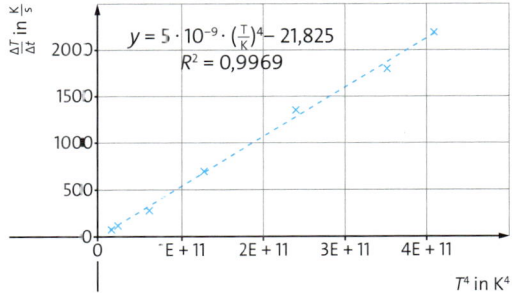

6 Lineare Regression, abhängig von T^4

1 Ermitteln Sie die Leistungsdichte eines Körpers bei 37 °C und bei 1600 °C.

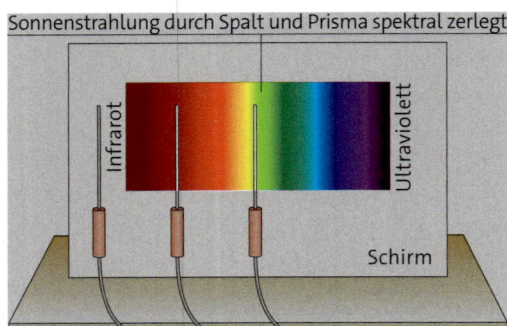

Sonnenstrahlung durch Spalt und Prisma spektral zerlegt

1 Erwärmung jenseits des roten Lichtes

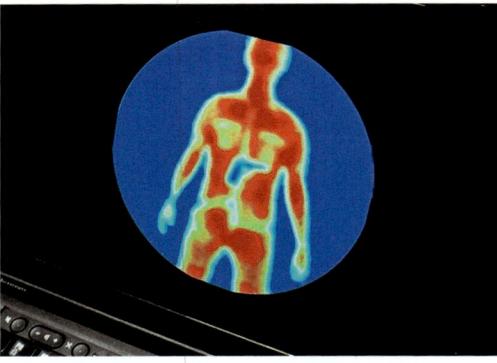

Licht, IR- und Terahertz-Strahlung sind elektromagnetische Wellen.

2 Terahertz-Strahlung zeigt eine Waffe am Körper

Farbe	f in THz
Blau	670
Grün	550
Gelb	510
Rot	450
IR	45
THz-Str.	1

3 Frequenzen von Licht, IR- und Terahertz-Strahlung

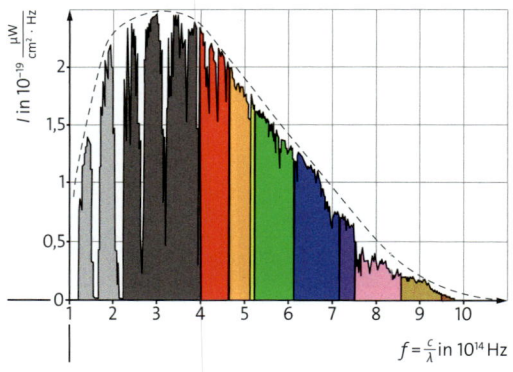

I in 10^{-19} $\frac{\mu W}{cm^2 \cdot Hz}$

$f = \frac{c}{\lambda}$ in 10^{14} Hz

4 Spektrum der Sonne

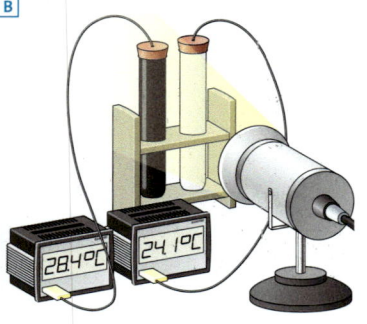

5 Reflexion und Absorption **A** im Hausbau und **B** im Experiment

Was ist Wärmestrahlung? • Welche Art Strahlung enthalten eigentlich die wärmenden Sonnenstrahlen? Das fragte sich schon der Musiker und Astronom WILHELM HERSCHEL im Jahr 1800. Dazu führte er in einem dunklen Raum das Experiment in ▸Abb.1 durch. Er projizierte Sonnenstrahlen auf einen Tisch und zerlegte sie dabei mit einem Prisma. So entstand auf dem Tisch ein kleiner Ausschnitt des Regenbogens. Hinter dem roten Bereich konnte man keine weitere Spektralfarbe sehen. Dort platzierte Herschel Thermometer. Erstaunlicherweise zeigten diese eine Erwärmung an. Anscheinend absorbierten die Thermometer eine unsichtbare Komponente der Sonnenstrahlen, die jenseits des roten Lichts liegt, die sogenannte **Infrarotstrahlung** oder kurz **IR-Strahlung.**

Den unsichtbaren Teil des Spektrums jenseits von Rot, das Infrarot, können wir mit einer Wärmebildkamera aufzeichnen. Und was kommt jenseits des IR? Die Strahlung dahinter können wir mit einer Terahertz-Kamera sichtbar machen. Solche Kameras werden an Flughäfen verwendet, um bei Fluggästen versteckte Waffen zu finden (▸Abb.2). Das funktioniert, da Kleidung die Terahertz-Strahlung durchlässt oder **transmittiert,** daher spricht man umgangssprachlich auch vom Nacktscanner.

Ein Körper kann Strahlung durchlassen, das nennt man Transmission.

Die Bezeichnung Terahertz steht für eine Billion **Hertz** oder eine Billion Schwingungen pro Sekunde, 1 THz = 10^{12} Hz. Damit wird also die **Frequenz** f der Schwingung beschrieben. Anscheinend kann man die Art der Strahlung durch deren Frequenz charakterisieren (▸Tabelle 3). So kann man genau erfassen, welche Arten Sonnenstrahlung am Erdboden eintreffen (▸Abb.4).

Licht, Infrarotstrahlung und Terahertz-Strahlung werden durch ihre Frequenz charakterisiert.

Absorption, Reflexion und Farbe · In heißeren Ländern sind die Häuser oft hell gestrichen (▶Abb. 5 A). Welchen Vorteil bietet das? Wir führen hierzu einen Versuch durch (▶Abb. 5 B). Zwei gleiche Reagenzgläser werden mit Wasser gefüllt. Ein Glas wird schwarz und das andere weiß angestrichen. Wenn beide mit einer Lampe angestrahlt werden, dann steigt die Temperatur des schwarzen Reagenzglases schneller als die des weißen. Offensichtlich kommt vom weißen Reagenzglas viel Strahlung ins Auge des Betrachters, die auf weiße Flächen eintreffende Strahlung wird kaum absorbiert, sondern hauptsächlich **reflektiert.** Daher werden weiße Häuser in der Sonne weniger warm – ein Vorteil in heißen Ländern.

> Ein Körper kann Strahlung reflektieren.

Farbe und Temperatur · In ▶Abb. 4 erkennen wir, dass das Spektrum der am Erdboden eintreffenden Sonnenstrahlen Lücken aufweist. Diese entstehen dadurch, dass Moleküle in der Atmosphäre bestimmte Frequenzen absorbieren. Ohne diese Absorption würde man das gestrichelt gezeichnete Spektrum in ▶Abb. 4 beobachten. Es stellt die Wärmestrahlung der glühenden Sonne dar. Diese Strahlung hat ihr Maximum bei 341 THz. Ähnlich hat jeder Strahler eine Frequenz f, bei der die entsprechende Intensität maximal wird. Diese Frequenz hängt wie folgt von der Temperatur T des Strahlers ab:
$f_{max} = T \cdot 0{,}059 \frac{THz}{K}$.
Diesen Zusammenhang nennt man **WIEN'sches Verschiebungsgesetz,** da sich die Frequenz f_{max} maximaler Intensität mit der Temperatur verschiebt. So liegt diese Frequenz maximaler Intensität bei flüssigem Eisen bei 110 THz, bei der Sonne bei 341 THz (▶Abb. 4) und beim menschlichen Körper bei 18 THz, alle im IR-Bereich.

> WIEN'sches Verschiebungsgesetz:
> Je heißer ein Körper ist, desto höher ist die Frequenz f_{max} maximaler Intensität seiner thermischen Strahlung. Es gilt:
> $f_{max} = T \cdot 0{,}059 \frac{THz}{K}$.

6 Glühendes Metall

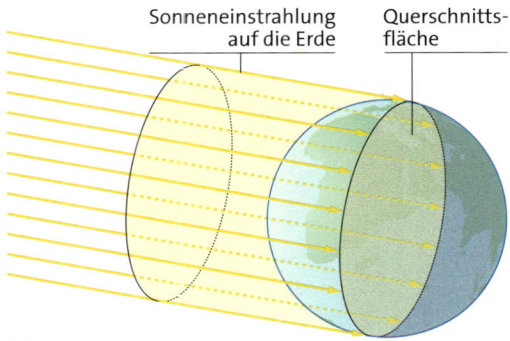

7 Solarkonstante und Leistung

Solarkonstante · Oberhalb der Erdatmosphäre ist die Leistungsdichte S der Sonnenstrahlung noch größer als am Erdboden. Denn die Atmosphäre absorbiert und reflektiert einen Teil. Die Leistungsdichte dort beträgt $S = 1370 \frac{W}{m^2}$ und wird **Solarkonstante S_E** genannt (▶Abb. 7).

Wärmestrahlung können wir nun so beschreiben: Sie wird von warmen Körpern emittiert, sie tritt jenseits des roten Lichts auf und hat entsprechende niedrigere Frequenzen.

1 Begründen Sie, warum Solarkollektoren schwarz sind.

2 Berechnen Sie für die Wärmestrahlung, welche die Erdoberfläche bei 300 K emittiert,
  a) die Leistungsdichte,
  b) die Frequenz maximaler Intensität.

3 Ermitteln Sie für Wärmestrahlung, die Eisen bei 1600°C emittiert,
  a) die Leistungsdichte,
  b) die Frequenz maximaler Intensität,
  c) die zugehörige Farbe oder Strahlungsart.
  d) die sichtbaren Farben.

4 Erläutern Sie, warum die von einer Wärmebildkamera angezeigte Temperatur auch von der Oberfläche des Strahlers abhängt.

Versuch A • Beobachtung und Messung von Strahlung

1 Schwarz und Weiß

2 Beleuchtungsstärke

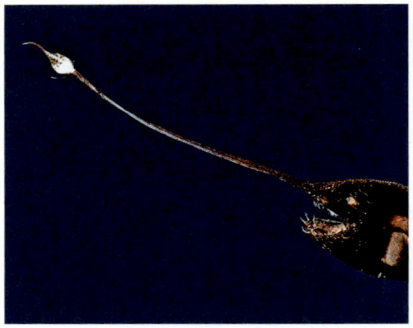

3 Nachführung

V1 Schwarz und weiß

Material:
Lampe (möglichst hell), schwarzes und weißes Papier (etwa postkartengroß), Glasplatte

Arbeitsauftrag:
a) Halten Sie das schwarze Papier etwa 1 min lang ca. 10 cm vor die Lampe. Bringen Sie die bestrahlte Seite dicht vor Ihre Wange (▸Abb. 1). Wiederholen Sie den Versuch mit dem weißen Papier. Vergleichen Sie, was Sie spüren.
b) Halten Sie die Glasplatte zwischen Lampe und Papier. Wiederholen Sie a) und vergleichen Sie.
c) Erklären Sie Ihre Beobachtungen. Verwenden Sie dabei die Begriffe: sichtbares Licht, Infrarotstrahlung, Absorption, Reflexion, Transmission, Energieaufnahme, Energieabgabe.

V2 Licht

Material:
Smartphone, Lampe, Lineal

Arbeitsauftrag:
a) Installieren Sie auf Ihrem Smartphone eine App zur Aufzeichnung der Beleuchtungsstärke E_V in Lux. Messen Sie die Beleuchtungsstärke der Beleuchtung an Ihrem Sitzplatz (▸Abb. 2).
b) Rechnen Sie die Beleuchtungsstärke mit der Faustformel $1\,\text{lx} = 1{,}4\,\frac{\text{mW}}{\text{m}^2}$ für grünes Licht in die Leistungsdichte um.

c) Ermitteln Sie so die Solarkonstante bei blauem Himmel. Messen Sie die Beleuchtungsstärke bei unterschiedlicher Bewölkung. Beurteilen Sie quantitativ die Bedeutung der Bewölkung für den Ertrag einer Solaranlage.
d) Messen Sie ebenso die Beleuchtungsstärke von Auto- und Fahrradbeleuchtungen in verschiedenen Entfernungen. Beurteilen Sie die Sichtbarkeit.

V3 Absorption

Material:
Smartphone, Farbfolien gleicher Farbe

Arbeitsauftrag:
a) Installieren Sie auf Ihrem Smartphone eine App zur Aufzeichnung der Beleuchtungsstärke E_V in Lux. Legen Sie das Phone auf den Tisch und messen Sie E_V. Legen Sie eine Farbfolie auf den Sensor und messen Sie erneut. Deuten Sie mit Absorption und Transmission.
b) Verändern Sie die Anzahl n der aufgelegten Folien und messen Sie für jedes n E_V. Wählen Sie begründet eine passende Regression aus und formulieren Sie das Ergebnis in Form eines Gesetzes.
c) Begründen Sie dieses Gesetz mithilfe der Überlegung, dass jede aufgelegte Folie einen bestimmten Anteil absorbiert.
d) Erklären Sie, weshalb es in der Tiefsee dunkel ist, obwohl Wasser im Trinkglas lichtdurchlässig ist. Erläutern Sie das Jagdverhalten des Fischs in ▸Abb. 4.

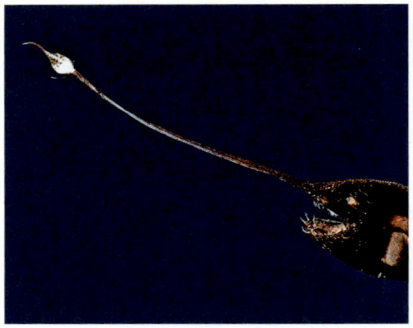

4 Anglerfisch

V4 Ausrichtung des Kollektors

Material:
Smartphone, Geodreieck, Sonne

Arbeitsauftrag:
a) Installieren Sie auf Ihrem Smartphone eine App zur Aufzeichnung der Beleuchtungsstärke E_V. Legen Sie bei blauem Himmel das Phone auf den Tisch und messen Sie die Beleuchtungsstärke des Sonnenlichts.
b) Führen Sie eine Versuchsreihe durch. Verändern Sie dabei den Winkel α, den die Sonnenstrahlen mit der Senkrechten auf dem Display einschließen.
c) Wählen Sie begründet eine Regression und formulieren Sie das Ergebnis.
d) Begründen Sie das Gesetz mithilfe der folgenden analogen Situation: Regen, der lotrecht auf einen Hang trifft, ergibt ein verringertes Niederschlagsvolumen pro Fläche.
e) Beurteilen Sie die Wirkung der Nachführung des Solarmoduls in ▸Abb. 3.

Material A • Deuten von Wärmebildern

A1 Erklären Sie, was man in ▸Abb. 5 sieht. Nutzen Sie dazu die Begriffe Emission, Absorption, Transmission und Reflexion von Wärmestrahlung.

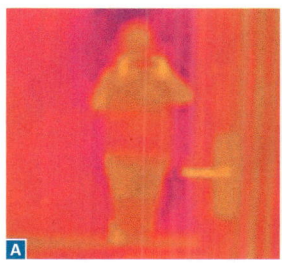  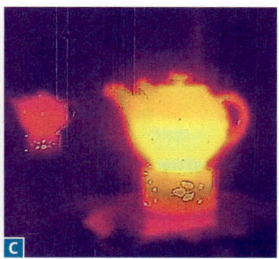

5 Personen **A** vor und **B** hinter einer Glastür, **C** Teekanne vor einem Spiegel

Material B • Fell des Eisbären

Im Wärmebild des Eisbären zeigt das Fell fast keine Wärmestrahlung ▸Abb. 6.

B1 a) Der Eisbär hat unter der Haut eine 5 bis 10 cm dicke Fettschicht. Erklären Sie, wie diese zur Verringerung der Wärmestrahlung führt.
b) Die Haut des Eisbären ist schwarz (▸Abb. 7). Erklären Sie die Funktion dieser Farbe für den Energiehaushalt des Eisbären.

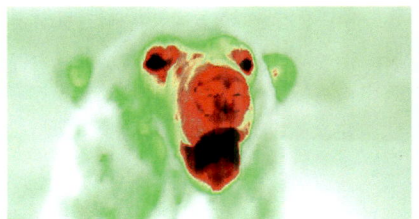

6 Wärmebild des Eisbären

7 Schwarze Haut des Eisbären

c) Die Haare des Eisbären sind transparent, teils hohl und erscheinen weiß.

Recherchieren und erklären Sie daraus resultierende Vorteile für den Eisbären.

Material C • Reflexion und Absorption von Strahlung

C1 In ▸Abb. 8 sehen Sie die Erde, fotografiert aus dem Weltall. Wolken, Ozeane, Wüsten und Flächen mit Vegetation erscheinen verschieden hell. Erklären Sie die Bedeutung für die Absorption oder Reflexion von Sonnenstrahlung.

C2 a) Beim Tauchen in flachem Wasser erscheinen Fische und Korallen farbig, wenn sie nah sind, aber bläulich, wenn sie entfernt sind (▸Abb. 9). Erklären Sie diese Beobachtung.

b) Auf vielen Fotos erscheinen entfernte Berge bläulich. Erklären Sie.
C3 Beim Tauchen in tiefem Wasser erscheinen Fische und Korallen immer bläulich, es sei denn, der Taucher beleuchtet sie künstlich (▸Abb. 10). Entwickeln Sie eine Erklärung.

8 Die Erde vom All aus fotografiert

9 Farben beim Tauchen in Flachwasser

10 Tauchen im tiefen Wasser

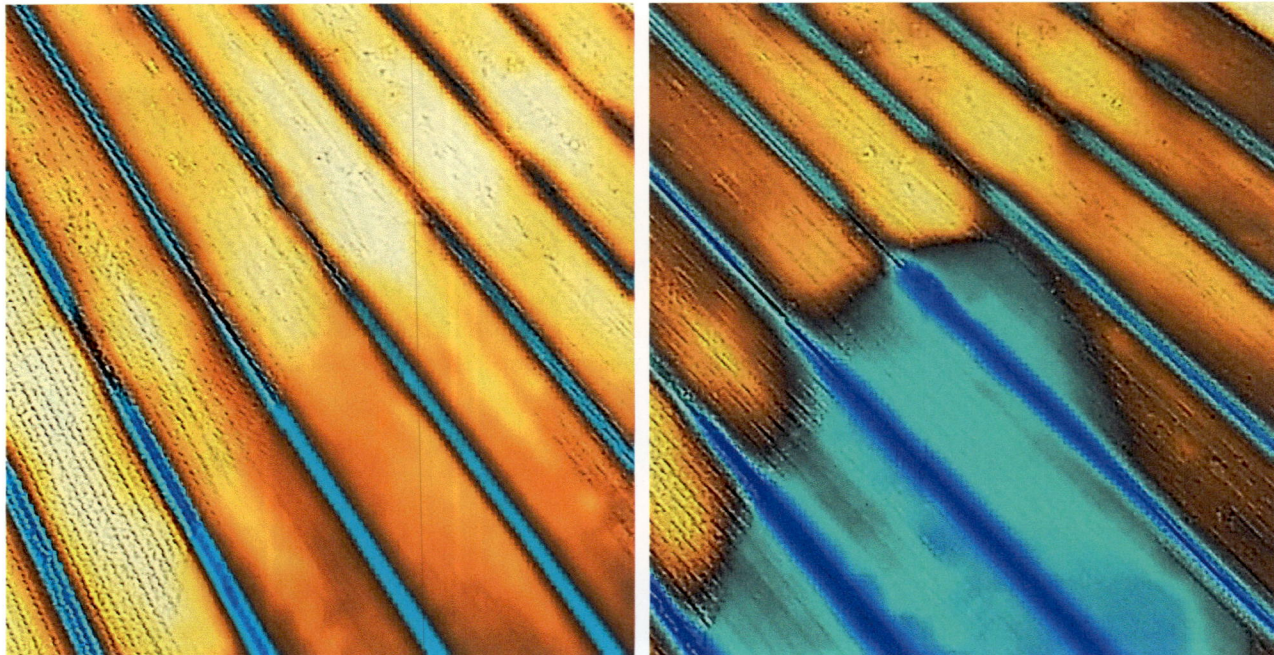

Strahlungsgleichgewicht

Ein Schatten entsteht sofort, wenn ein Gegenstand die Sonne abschirmt. Im Wärmebild kann es aber mehr als 1 Minute dauern, bis man den Schatten sieht. Wie kommt es zu den Unterschieden?

Ursachen intensiver Wärmestrahlung • Obwohl das Sonnenlicht durch eine Person oder einen Gegenstand sofort abgeschirmt wird, kommt aus der Schattenregion zunächst jedoch genauso intensive Wärmestrahlung wie aus den beleuchteten Bereichen. Welche Ursachen kommen dafür in Frage? Transmission von Wärmestrahlung einer unterirdischen Wärmequelle oder Reflexion scheiden als Ursache aus – da die Beschattung das Auftreffen von Sonnenlicht verhindert, wird auch eine Reflexion sofort unterbunden. Offenbar hat der Boden zunächst viel Sonnenstrahlung absorbiert, sich dabei erwärmt und emittiert die Strahlung anschließend wieder.

Solche Emission nennt man **Reemission**. Im Schatten tritt also zunächst noch genauso viel Reemission auf wie in den beleuchteten Regionen.

Erst, wenn das Sonnenlicht längere Zeit abgeschirmt wird, lässt die Reemission nach und der Schatten entsteht auch im Wärmebild.

Wie warm kann der Boden durch Absorption werden? • Nachts ist der Boden noch kalt. Nach Sonnenaufgang absorbiert der kalte Boden zunächst Strahlung, wird dabei wärmer und beginnt Strahlung zu reemittieren. Irgendwann ist die Leistung der absorbierten Strahlung gleich der Leistung der reemittierten Strahlung. Der Boden heizt sich dann nicht weiter auf. Diesen Zustand nennt man Strahlungsgleichgewicht oder Fließgleichgewicht. Wir ermitteln nun rechnerisch, welche Temperatur der Boden im Fließgleichgewicht überhaupt erreichen kann. Dazu gehen wir von der Leistungsdichte der zugeführten Strahlung aus. Während die Leistungsdichte oberhalb der Atmosphäre der Solarkonstante $S_E = 1370 \frac{W}{m^2}$ entspricht, kommt am Erdboden etwas weniger an. Man misst auf Meereshöhe Leistungsdichten von bis zu $S = 1000 \frac{W}{m^2}$. Wir gehen daher beim Fließgleichgewicht am warmen Boden von diesem Wert $S_{em} = 1000 \frac{W}{m^2}$ aus. Aus dieser emittierten Leistungsdichte können wir mit dem STEFAN-BOLTZMANN-Gesetz die Temperatur des Strahlers, also des Erdbodens, ermitteln. Dabei berücksichtigen wir den Breitengrad durch einen mittleren Neigungswinkel der Sonnenstrahlen. Wir wählen als Winkel 30° und verwenden $S = 1000 \frac{W}{m^2} \cdot \cos 30°$:

$$1000 \frac{W}{m^2} \cdot \cos 30° = \sigma \cdot T^4.$$

Wir lösen nach der Temperatur auf:

$$T = \left(\frac{1}{\sigma} \cdot 1000 \frac{W}{m^2} \cdot \cos 30° \right)^{0,25} \approx 351\,K \approx 79\,°C.$$

Kann der Erdboden durch die Sonnenstrahlen tatsächlich so heiß werden? In der Wüste Lut im Iran (geografische Breite ca. 30° Nord) wurde der globale Hitzerekord von 78,2 °C gemessen (▶Abb. 3). Die tatsächliche Temperatur liegt also etwas unter 79 °C. Das hat verschiedene Ursachen. Ein Grund ist, dass die eintreffende Sonnenstrahlung nicht perfekt absorbiert wird, weil der Sand dort nicht ganz dunkel ist und somit einen Teil der Strahlung reflektiert (▶Abb. 3).
Für z.B. eine Straße auf demselben Breitengrad wie die Wüste Lut sind 80 °C realistisch, da die Straße dunkler ist als der Wüstensand.

Modellversuch • Bei unserer Berechnung der Temperatur, die im Strahlungsgleichgewicht entsteht, haben wir noch gar nicht überprüft, wie schnell sich ein solches Gleichgewicht überhaupt einstellt. Dazu führen wir einen Modellversuch durch. Wir stellen eine Aluplatte auf und bestrahlen sie mit einer Lampe (▶Abb. 2). Dabei zeichnen wir die Temperatur mit einem Messwerterfassungssystem auf, beispielsweise mit einem grafikfähigen Taschenrechner mit zusätzlichem Sensor. Als Lampe wählen wir einmal eine Lampe mit 100 W und einmal eine mit 40 W. Die Messwerte in ▶Abb. 4 zeigen, dass sich schon nach ungefähr 5 Minuten ein Fließgleichgewicht einstellt. Die Temperatur im Gleichgewicht beträgt 309 K bei Bestrahlung mit der 40-W-Lampe und 322 K bei der Bestrahlung mit der 100-W-Lampe. Unser Versuch zeigt also, dass sich ein Strahlungsgleichgewicht innerhalb von wenigen Minuten einstellen kann. Somit ist klar, dass Strahlungsgleichgewichte im Sonnenlicht und im Schatten zu verschiedenen Temperaturen führen. Wir fassen zusammen:

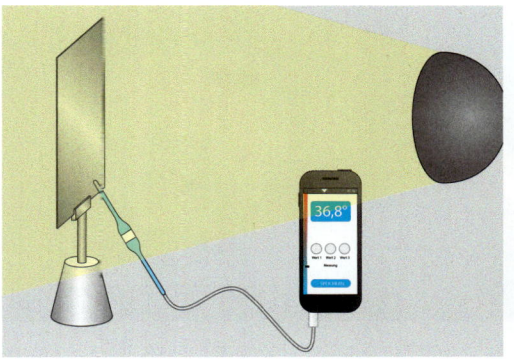

2 Modellversuch zum Strahlungsgleichgewicht

3 Wüste Lut im Iran: 78,2 °C

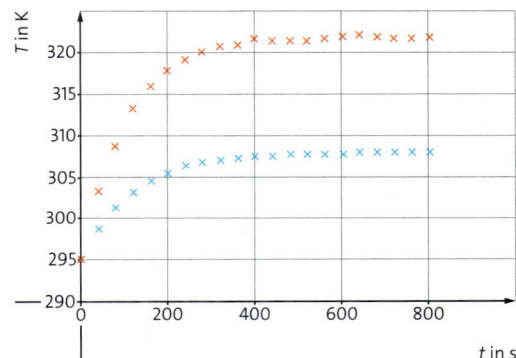

4 Entwicklung eines Strahlungsgleichgewichts

Wenn ein Körper ebenso viel Leistung absorbiert wie er emittiert, dann befindet er sich im Fließgleichgewicht oder Strahlungsgleichgewicht. Dieses kann sich schon in wenigen Minuten entwickeln.

1 Ein Elektrogrill strahlt mit einer Fläche von 0,1 m² eine Leistung von 2000 W ab. Ermitteln Sie
a) die Leistungsdichte,
b) die Temperatur des Strahlungsgleichgewichts, das ein Messer annimmt, welches mit einer Seite zum Grill hin und mit der anderen Seite vom Grill weg gerichtet ist.

2 Ein Mensch hat eine Körperoberfläche von 1 m². Ermitteln und deuten Sie
a) die Leistungsdichte der emittierten Strahlung,
b) die an einem Tag so emittierte Energie.

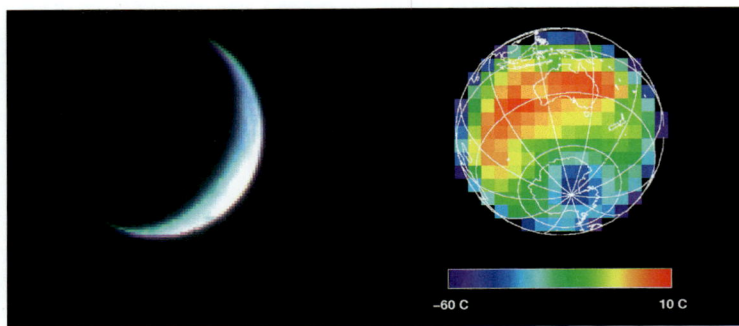

1 Nachtseite der Erde: links im sichtbaren Licht, rechts im Infraroten (IR)

–60 C   10 C

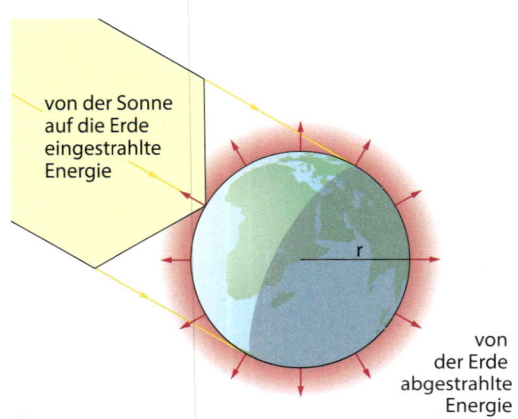

von der Sonne auf die Erde eingestrahlte Energie

r

von der Erde abgestrahlte Energie

2 Globale Absorption und Emission

Die Bahn der Erde um die Sonne hat die Form einer Ellipse, so dass der Abstand zwischen Erde und Sonne zwischen 147,1 Mio. km und 152,1 Mio. km schwankt.
Der mittlere Abstand beträgt 149,6 Mio. km. Unter dem Namen Astronomische Einheit nutzt man ihn als Längenmaß in der Astronomie.

Globales Strahlungsgleichgewicht · Die Ermittlung der lokalen Temperatur in der Wüste Lut wollen wir für die Erde auf das globale Strahlungsgleichgewicht verallgemeinern. Dazu sehen wir uns die Strahlung der Erde bei Tag und bei Nacht in ▸Abb. 1 an. Offensichtlich gibt die Erde als Ganzes auch auf der Nachtseite Strahlung ab, während sie nur auf der Tagseite Strahlung absorbiert. Daher modellieren wir die Absorption auf der Querschnittsfläche A_Q, denn dieser Flächeninhalt wird bestrahlt, und wir modellieren die Emission auf der gesamten Erdoberfläche A_E (▸Abb. 2). Dabei berücksichtigen wir, dass von der eingestrahlten Leistungsdichte S_E nur 70 % absorbiert werden, wogegen die Atmosphäre die übrigen 30 % reflektiert. Wir berechnen die Flächen A_E und A_Q mit dem mittleren Erdradius $r = 6371$ km.
Nachdem wir das Modell aufgestellt haben, untersuchen wir das resultierende Klima. Dazu ermitteln wir die zugeführte Leistung P_{zu}. Wir setzen für die Solarkonstante $S_E = 1370 \frac{W}{m^2}$ und für die Querschnittsfläche $A_Q = \pi \cdot r^2$ ein und erhalten:

$$P_{zu} = 0{,}7 \cdot S_E \cdot A_Q$$

$$= 0{,}7 \cdot 1370 \frac{W}{m^2} \cdot \pi \cdot 6\,371\,000^2\,m^2 = 122 \cdot 10^{15}\,W.$$

Im Strahlungsgleichgewicht emittiert die Erde diese Leistung mit ihrer gesamten Oberfläche A_E. Wir ermitteln die emittierte Leistungsdichte als den Quotienten aus der Leistung und der Erdoberfläche $A_E = 4 \cdot \pi \cdot r^2$:

$$S_{em} = \frac{P_{zu}}{A_E} \approx \frac{122 \cdot 10^{15}\,W}{5{,}10 \cdot 10^{14}\,m^2} \approx 239 \frac{W}{m^2}.$$

Wir bestimmen die globale Temperatur durch Anwendung des STEFAN-BOLTZMANN-Gesetzes. Wir lösen nach der Temperatur auf:

$$T = \left(\frac{S_{em}}{\sigma}\right)^{0{,}25} \approx 255\,K \approx -18\,°C.$$

Das erscheint sehr kalt. Tatsächlich beträgt die mittlere Temperatur der Erde 15 °C. Warum ist es auf der Erde wärmer als man aufgrund des einfachen Strahlungsgleichgewichts vermuten könnte? Um das zu verstehen, analysieren wir zunächst einen Planeten, der ebenfalls unerwartet warm ist, die Venus. Dazu untersuchen wir zuerst unsere Strahlungsquelle, die Sonne.

Temperatur der Sonne · Zur Ermittlung der Temperatur der Sonne gehen wir wie bisher vor, wir bestimmen die emittierte Leistungsdichte S_{em}. Hierzu ermitteln wir zunächst die von der Sonne emittierte Leistung P_{Sonne}. Wir betrachten eine Kugel um die Sonne, deren Radius R dem der Umlaufbahn der Erde um die Sonne entspricht (▸Abb. 3), und berechnen die gesamte Leistung der Strahlung, die auf dieser Kugelschale ankommt. Die Oberfläche dieser Kugel $4\pi R^2$ multiplizieren wir mit der Solarkonstanten S_E und erhalten so die Leistung:

$$P_{Sonne} = S_E \cdot 4\pi \cdot R^2 \approx 3{,}86 \cdot 10^{26}\,W.$$

Die Leistungsdichte der Sonne berechnen wir als Quotienten aus ihrer Leistung und ihrer Oberfläche, $A = 4\pi \cdot r_{Sonne}^2$ mit $r_{Sonne} = 7 \cdot 10^8$ m:

$$S_{Sonne} = \frac{P_{Sonne}}{4\pi \cdot r^2} \approx 6{,}27 \cdot 10^7 \frac{W}{m^2}.$$

Wie bisher ermitteln wir die Temperatur aus der Leistungsdichte:

$$T_{\text{Sonne}} = \left(\frac{S_{\text{Sonne}}}{\sigma}\right)^{0,25} = 5767\,\text{K}.$$

Diese Temperatur liefert auch das WIEN'sche Verschiebungsgesetz. Das ermutigt uns, die globale Temperatur mit einem Strahlungsgleichgewicht zu ermitteln.

Wie ändert eine Atmosphäre das Klima? •
Da die Venus, wie die Erde, eine dichte Atmosphäre hat, wählen wir sie als Beispiel. Wir bestimmen die absorbierte Leistungsdichte aus dem Radius der Bahn der Venus um die Sonne $R_{\text{Venus}} = 1{,}08 \cdot 10^{11}\,\text{m}$:

$$S_{\text{Venus}} = \frac{P_{\text{Sonne}}}{4\pi \cdot R_{\text{Venus}}{}^2} = \frac{3{,}86 \cdot 10^{26}\,\text{W}}{4\pi \cdot (1{,}08 \cdot 10^{11})^2\,\text{m}^2} = 2633\,\frac{\text{W}}{\text{m}^2}$$

Wie bisher ermitteln wir damit die Temperatur:

$$T = \left(\frac{S_{\text{Venus}}}{\sigma}\right)^{0,25} \approx 466\,\text{K}.$$

Die bei der Venus gemessene Temperatur liegt mit 737 K wesentlich höher. Anscheinend steigert eine dichte Atmosphäre also die Temperatur eines Planeten. Wie funktioniert das? Wir vermuten, dass Gase in der Atmosphäre die an der Planetenoberfläche emittierte IR-Strahlung nicht nach außen durchlassen, obwohl sie das eingestrahlte Licht hineinlassen. Um diese Vermutung experimentell zu untersuchen, wählen wir beispielhaft das Gas Kohlenstoffdioxid.

Absorption durch Kohlenstoffdioxid • Zur Untersuchung der Absorption von IR-Strahlung durch das lichtdurchlässige Kohlenstoffdioxid führen wir zwei Versuche durch. Wir stellen eine luft- und eine CO_2-gefüllte Flasche vor eine Lampe (▸Abb. 4). Nach einiger Zeit stellen wir fest, dass sich in der Flasche mit dem Kohlendioxid die Temperatur um wenige Grad mehr erhöht hat als in der luftgefüllten. Das CO_2 hat offenbar Wärmestrahlung absorbiert und sich stärker erwärmt. Im zweiten Versuch zeichnet eine Wärmebildkamera die IR-Strahlung zweier Kerzen auf. Vor der einen steht die luftgefüllte Flasche, vor der anderen die CO_2-gefüllte (▸Abb. 5). Die Kerze hinter der mit Kohlendioxid gefüllten Flasche ist schlechter zu sehen, es kommt also weniger Wärmestrahlung durch das CO_2 hindurch. Wir fassen zusammen:

Kohlenstoffdioxid lässt Sonnenstrahlen durch und absorbiert IR-Strahlung. Ein solches Gas, das selektiv im Infraroten absorbiert, nennt man **Treibhausgas.** Es bewirkt in der Atmosphäre eines Planeten, dass die von der Planetenoberfläche emittierte Wärmestrahlung nur teilweise ins Weltall gelangt. Dadurch verschiebt sich das Strahlungsgleichgewicht zu einer höheren Gleichgewichtstemperatur hin. Dieser Effekt heißt Treibhauseffekt.

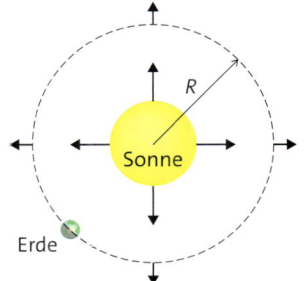

3 Wärmestrahlung bei Sonne und Erde

4 Die mit CO_2 gefüllte Flasche erwärmt sich stärker.

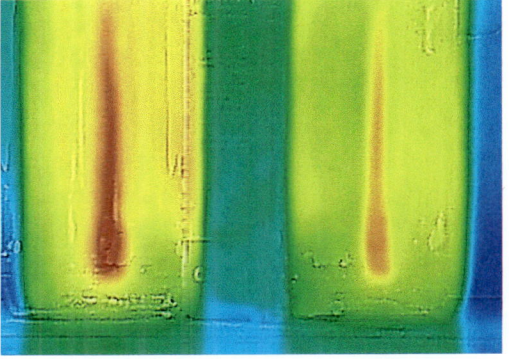

5 Wärmebild zweier Kerzen mit (rechts) und ohne (links) CO_2 zwischen Flamme und Kamera

Versuch A • Ein Modell-Experiment für den Energiehaushalt der Erde

V1 Erdatmosphäre

Material:
Zwei Joghurtbecher, Nagel, Waschbecken

Arbeitsauftrag:
a) Stechen Sie mit dem Nagel kurz über dem Boden mehrere Löcher in den Becher. Halten Sie den Becher unter den Wasserhahn. Lassen Sie das Wasser so lange laufen, bis sich im Becher eine konstante Wasserhöhe einstellt.

b) Drehen Sie den Wasserhahn unterschiedlich stark auf. Untersuchen Sie, wie sich dadurch die Wasserhöhe ändert. Im Modell entspricht der Becher der Erde. Die Wassermenge im Becher entspricht der inneren Energie auf der Erde. Finden Sie die Entsprechungen für die Temperatur auf der Erde und die von der Erde aufgenommene bzw. abgegebene Leistung.
c) Drehen Sie den Wasserhahn schwach auf. Halten Sie nun einige der Löcher im Becher zu.

Beobachten Sie, was sich dadurch ändert. Übertragen Sie Ihre Beobachtungen auf den Energiehaushalt der Erde.
d) Drehen Sie den Wasserhahn schwach auf. Fangen Sie mit dem zweiten Becher einen Teil des Wassers aus dem ersten Becher auf und schütten Sie es zurück in den ersten Becher. Wiederholen Sie dies regelmäßig. Beobachten Sie, was sich dadurch ändert. Übertragen Sie Ihre Beobachtungen auf den Energiehaushalt der Erde. Erläutern Sie, was dem zweiten Becher entspricht.

Versuch B • Strahlungsgleichgewichte ermitteln

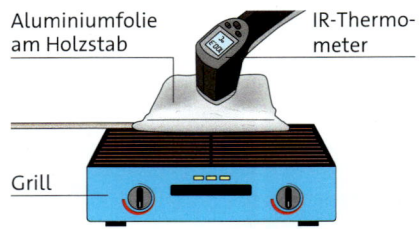

1 Fließgleichgewicht auf Alufolie

V1 Ausbreitung von Wärmestrahlung

Material:
Elektrogrill, Alufolie, IR-Thermometer

Arbeitsauftrag:
a) Halten Sie ein Stück Alufolie senkrecht zur Ausbreitungsrichtung der Strahlung des Grills und messen Sie die Temperatur auf der vom Grill abgewandten Seite (▸Abb. 1).
b) Ermitteln Sie aus der gemessenen Temperatur die Leistungsdichte der von der Alufolie emittierten Strahlung.
c) Analysieren Sie das Strahlungsgleichgewicht, das sich an der Alufolie einstellt. Ermitteln Sie daraus die Leistungsdichte der vom Grill emittierten Strahlung am Ort der Unterseite der Alufolie.

d) Untersuchen Sie die Abhängigkeit der Leistungsdichte der vom Grill emittierten Strahlung von der Entfernung. Erstellen Sie einen Graphen.
e) Deuten Sie das Experiment als Modellversuch für die Strahlungsgleichgewichte von Planeten. Erörtern Sie Ähnlichkeiten und Unterschiede.

V2 Erdatmosphäre und Kleine Eiszeit

Material:
Tabellenkalkulationsprogramm

Arbeitsauftrag:
Sie modellieren das Strahlungsgleichgewicht der Erdatmosphäre. Gehen Sie von der Masse $5 \cdot 10^{18}$ kg und der spezifischen Wärmekapazität $c = 1 \frac{kJ}{kg \cdot K}$ aus. Starten Sie eine Tabellenkalkulation.
a) Stellen Sie für den Zeitschritt $\Delta t = 10^6$ s in der ersten Spalte die Zeit t, in der zweiten die absolute Temperatur T, in der dritten die absorbierte Leistung $P_{ab} = 0{,}7 \cdot S_E \cdot \pi \cdot r^2$, in der vierten die emittierte Leistung $P_{em} = \sigma \cdot T^4 \cdot 4\pi \cdot r^2$, in der fünften die Energieänderung $\Delta E = (P_{ab} - P_{em}) \cdot \Delta t$ und in der sechsten die Temperaturänderung $\Delta T = \frac{\Delta E}{m \cdot c}$ dar.

b) Zeigen Sie, dass sich das Strahlungsgleichgewicht bei 255 K einstellt.
c) Starten Sie bei einer Temperatur von 200 K und ermitteln Sie, nach welcher Zeit sich die Temperatur 254 K eingestellt hat.
d) Erörtern Sie denkbare weitere Einflüsse auf die Zeitspanne, während der sich das Gleichgewicht einstellt.
e) Im Zeitraum 1570–1715 sank die Temperatur global um etwa 0,8 K, man spricht von der Kleinen Eiszeit. Dabei nahm die Solarkonstante um 0,2 % ab (▸Abb. 2). Starten Sie hierzu die Tabellenkalkulation wie in a).
f) Überprüfen Sie, ob die verringerte Solarkonstante alleinige Ursache für die Kleine Eiszeit gewesen sein kann.
g) Vergleichen Sie mit ▸Abb. 2 und beurteilen Sie.

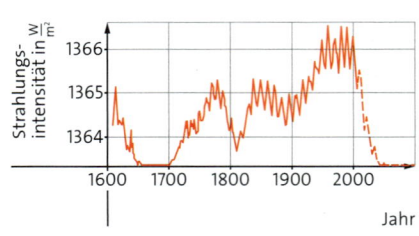

2 Strahlungsintensität in der Kleinen Eiszeit

Versuch C • Abkühlung durch Vulkanausbrüche

V1 Kleine Eiszeit

Material:
Tabellenkalkulationsprogramm

Arbeitsauftrag:
a) Eine weitere mögliche Ursache für die Kleine Eiszeit sind Vulkanausbrüche, deren Aschewolken einen Teil der Sonnenstrahlung absorbieren und diesen je zur Hälfte nach unten und oben abstrahlen. Modellieren Sie dies wie in Versuch B mit einem passenden Faktor, der den Anteil absorbierter Strahlung angibt.

b) Variieren Sie den Faktor so, dass Sie eine Abkühlung um 0,8 K erhalten.

Material A • Analyse der Eiszeitalter

In der Erdgeschichte traten Temperaturschwankungen um bis zu 3 K auf, die zu Eiszeitaltern führten (blauer Graph in ►Abb. 3). Eine vermutete Ursache ist die zyklisch auftretende Erhöhung kosmischer Strahlung. Diese führt zu Kondensationskeimen, verstärkt so die Wolkenbildung und beeinflusst die Reflexion von Sonnenstrahlung durch die Atmosphäre.

A1 Ermitteln Sie einen passenden Faktor, der den Anteil reflektierter Strahlung angibt. Erläutern sie analog das Auftreten eines warmen Zeitalters.

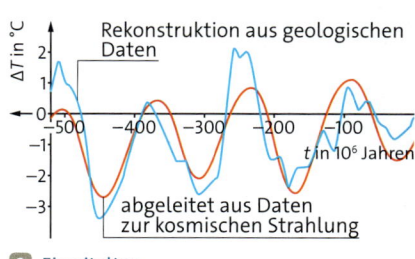

3 Eiszeitalter

Material B • Temperaturen auf der Sonne und den Planeten

B1 Die Sonne hat einen Radius von $6{,}96 \cdot 10^8$ m und eine Strahlungsleistung von $3{,}86 \cdot 10^{26}$ W. Berechnen Sie die Temperatur auf der Sonnenoberfläche mit dem Gesetz von STEFAN und BOLTZMANN.

B2 a) Venus ist $1{,}08 \cdot 10^8$ km und Mars $2{,}28 \cdot 10^8$ km von der Sonne entfernt. Berechnen Sie die Solarkonstante für Venus sowie Mars und damit jeweils die Temperatur auf diesen Planeten.

b) Aus Messungen von Raumsonden kennt man die Temperaturen auf Venus (464 °C) und Mars (–55 °C). Vergleichen Sie mit Ihren Ergebnissen aus a). Finden Sie mögliche Gründe für die auftretenden Abweichungen.

B3 Die Solarkonstante schwankt regelmäßig etwa alle 11 Jahre zwischen $1366 \frac{W}{m^2}$ und $1368 \frac{W}{m^2}$.

a) Berechnen Sie, wie stark die Temperatur des Strahlungsgleichgewichts auf der Erde dadurch schwankt.

b) Berechnen Sie, um welchen Betrag die Solarkonstante steigen müsste, um eine Temperaturerhöhung von 3 K hin zu einem warmen Zeitalter zu bewirken.

Material C • Temperaturen auf der Sonne und anderen Sternen

C1 a) ►Tabelle 4 zeigt für verschiedene Sterne deren Oberflächentemperatur. Berechnen Sie für diese jeweils die Frequenz, bei der die Intensität maximal ist, und ermitteln Sie die entsprechende Farbe.
b) Berechnen Sie die Leistungsdichte an der Oberfläche der Sterne.

c) Ermitteln Sie die Radien, bei denen die Temperatur des Strahlungsgleichgewichts die Existenz von flüssigem Wasser ermöglicht, also zwischen 0 °C und 100 °C liegt. Man spricht von der habitablen Zone.

Stern	T in K
Sirius	9940
Wega	9602
Polaris	6500
Sonne	5778
Arktur	4290
Proxima Centauri	3042

4 Oberflächentemperaturen von Sternen

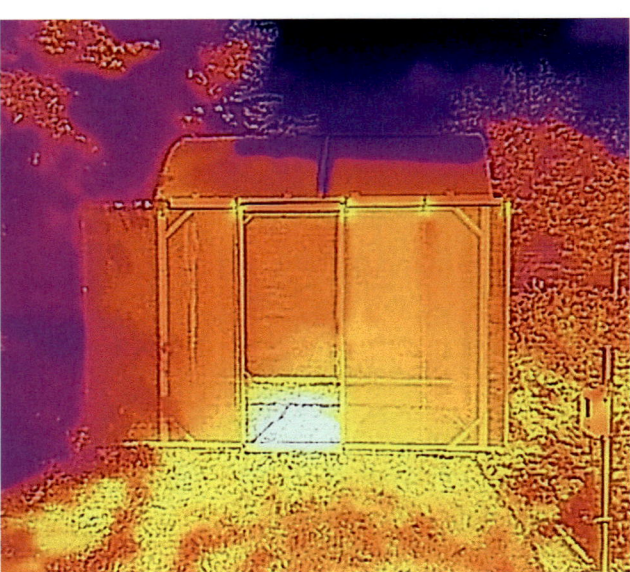

1 Im Gewächshaus ist der Boden wärmer als im Außenbereich.

Der Treibhauseffekt

Das Treibhaus enthält keine Heizung und dennoch betrug die Bodentemperatur an einem sonnigen, windigen Junitag dort 33 °C, im Außenbereich jedoch nur 17 °C. Wie funktioniert ein Treibhaus?

Energieströme beim Treibhaus • Vom Treibhaus strömt permanent thermische Energie nach außen, durch **Wärmestrahlung,** durch **Wärmeleitung** und durch Luftaustausch oder **Konvektion.** Daher muss regelmäßig Energie hineinströmen, damit es im Treibhaus relativ warm ist. Somit entwickelt sich ein Fließgleichgewicht. Auch im Garten um das Treibhaus herum stellt sich ein Fließgleichgewicht ein. Das Besondere beim Treibhaus ist, dass die Temperatur des Fließgleichgewichts etwas nach oben verschoben ist. Wie gelingt das?

Die Wände des Treibhauses sind lichtdurchlässig, damit die Sonnenstrahlen innen absorbiert werden können. Der Garten absorbiert die gleichen Sonnenstrahlen. Daher ist das Treibhaus bei der Energiezufuhr nicht im Vorteil. Aber wenn sich im Garten durch Absorption die Luft erwärmt, wird diese leicht verweht. Im Treibhaus dagegen wird die warme Luft durch die Scheiben festgehalten und die Konvektion somit wirksam reduziert. Das Treibhaus verschiebt also die Temperatur des Fließgleichgewichts nach oben, indem es die Energieabgabe durch Konvektion verringert. Zusätzlich vermindern die Scheiben die Energieabgabe durch Wärmestrahlung.

Globaler Treibhauseffekt • Funktioniert der globale Treibhauseffekt ebenso? Ja und nein. Die Konvektion der Atmosphäre ist nach oben zum All hin durch die Gravitation begrenzt und seitlich unbegrenzt. Beim globalen Treibhauseffekt wird also nicht die Konvektion verringert, wie beim Treibhaus. Aber die Atmosphäre beinhaltet Gase, welche die Sonnenstrahlen durchlassen, jedoch das vom Erdboden emittierte IR kaum herauslassen. Das Gemeinsame des Treibhauses und der Atmosphäre ist somit, dass beide die Energieabgabe verringern und so die Temperatur des Fließgleichgewichts nach oben verschieben.

Modell • Wir verfeinern unser Modell zum Fließgleichgewicht der Erde, um den Treibhauseffekt zu berücksichtigen. Wir ermitteln zunächst die Leistung der auf die Atmosphäre treffenden Sonnenstrahlen, indem wir die Querschnittsfläche πr^2 der Erde ($r = 6371$ km) mit der Solarkonstanten ($S_E = 1370 \frac{W}{m^2}$) multiplizieren:

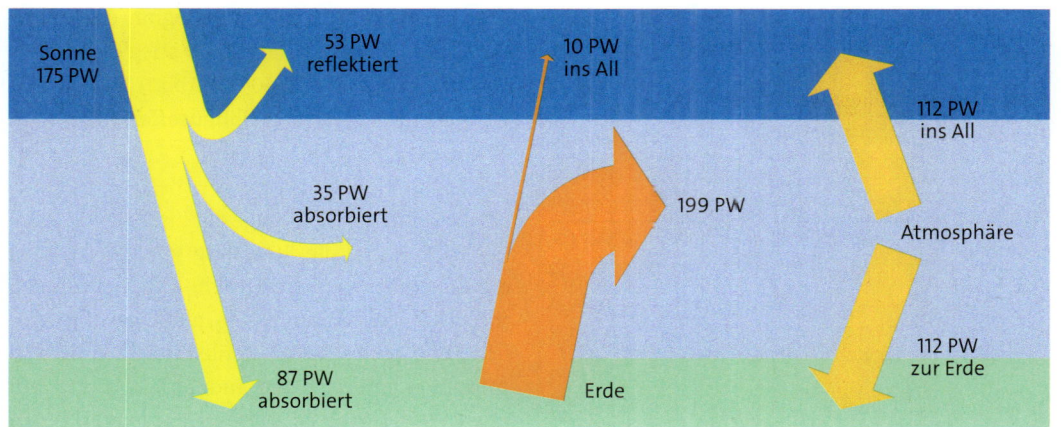

Sonne
175 PW

53 PW
reflektiert

10 PW
ins All

112 PW
ins All

35 PW
absorbiert

199 PW

Atmosphäre

87 PW
absorbiert

Erde

112 PW
zur Erde

2 Modell zum globalen Treibhauseffekt

$$P = \pi \cdot r^2 \cdot S_E = 175 \cdot 10^{15}\,\mathrm{W} \approx 175\,\mathrm{PW}\,.$$

Die Atmosphäre reflektiert hiervon 30 % und absorbiert den Anteil von 20 %, auf den Erdboden treffen also 50 % (▸Abb. 2). Zusammen nehmen die Erdatmosphäre und der Erdboden also eine Leistung von 70 % oder 122 PW auf. Im Fließgleichgewicht strahlen die Atmosphäre und die Erdoberfläche zusammen diese Leistung von 122 PW ins Weltall ab.

Vollständige Absorption · Würde die Atmosphäre die gesamte von der Erdoberfläche emittierte Leistung absorbieren, dann würde die Erdoberfläche Strahlung nicht direkt ins All emittieren. In diesem Fall würde also allein die Atmosphäre die 122 PW ins All emittieren (▸Abb. 2). Die Atmosphäre emittiert in alle Richtungen gleich, 122 PW nach oben und 122 PW nach unten. Also würde die Erdoberfläche diese von der Atmosphäre nach unten emittierte Strahlung mit der Leistung 122 PW absorbieren. Somit würde die Erdoberfläche insgesamt Strahlung mit einer Leistung von 122 PW + 87 PW = 209 PW absorbieren. Im Strahlungsgleichgewicht emittiert die Erdoberfläche die absorbierte Leistung. Wir berechnen die entsprechende Leistungsdichte, indem wir durch den Flächeninhalt $4\pi r^2$ der Erdkugel teilen:

$$S_{em} \approx \frac{209\,\mathrm{PW}}{5,10 \cdot 10^{14}\,\mathrm{m}^2} \approx 410\,\frac{\mathrm{W}}{\mathrm{m}^2}\,.$$

Wir lösen das STEFAN-BOLTZMANN-Gesetz nach der Temperatur auf und ermitteln die Temperatur der Erdoberfläche:

$$S_{em} = \sigma \cdot T^4\,,$$
$$T = \left(\frac{S_{em}}{\sigma}\right)^{0,25} \approx 291\,\mathrm{K} \approx 18\,^\circ\mathrm{C}\,.$$

Diese Temperatur ist etwas höher als die gemessene Temperatur von 15 °C. Die Ursache hierfür ist, dass die Atmosphäre nicht die komplette von der Erdoberfläche emittierte Strahlung absorbiert, sondern einen Anteil durchlässt (▸Abb. 2). Wie groß müsste dieser Anteil sein?

Teilweise Absorption · Beobachtungen zeigen, dass 10 PW der von der Erdoberfläche emittierten Strahlung direkt ins Weltall gelangen. Daher emittiert die Atmosphäre nur 122 PW − 10 PW = 112 PW ins All. Somit emittiert sie den gleichen Betrag zum Erdboden hin. Folglich absorbiert die Erdoberfläche insgesamt 112 PW + 87 PW = 199 PW (▸Abb. 2). Im Strahlungsgleichgewicht emittiert sie die gleiche Leistung. Dem entspricht die Leistungsdichte:

$$S_{em} \approx \frac{199\,\mathrm{PW}}{5,10 \cdot 10^{14}\,\mathrm{m}^2} \approx 390,02\,\frac{\mathrm{W}}{\mathrm{m}^2}\,.$$

Entsprechend dem STEFAN-BOLTZMANN-Gesetz hat die Erdoberfläche die Temperatur:

$$T = \left(\frac{S_{em}}{\sigma}\right)^{0.25} \approx 287,99\,\mathrm{K} \approx 14,84\,^\circ\mathrm{C}\,.$$

Unser Ergebnis stimmt also gut mit der beobachteten Temperatur von 15 °C überein. Die Atmosphäre steigert demnach die Temperatur von −18 °C auf 15 °C, man spricht vom **natürlichen Treibhauseffekt.** Dieser ist für uns sehr günstig, denn schon eine Abkühlung um nur 2 K würde zu einer Eiszeit führen, in der wir lieber nicht leben wollen.

Ein Petawatt oder 1 PW bezeichnet $10^{15}\,\mathrm{W}$.

Wie genau sollten wir die Temperaturen berechnen?
Die Erde hätte ohne Atmosphäre eine Temperatur von 255 K. Hinzu kommen Temperaturerhöhungen von
• etwa $\frac{1}{10}$ oder 30 K durch den natürlichen Treibhauseffekt,
• etwa $\frac{1}{100}$ oder 3 K durch ein warmes Zeitalter,
• etwa $\frac{1}{600}$ oder 0,5 K durch den derzeitigen anthropogenen Treibhauseffekt.
Wir benötigen also zwei Nachkommastellen.

„Anthropogen" bedeutet von Menschen generiert oder verursacht.

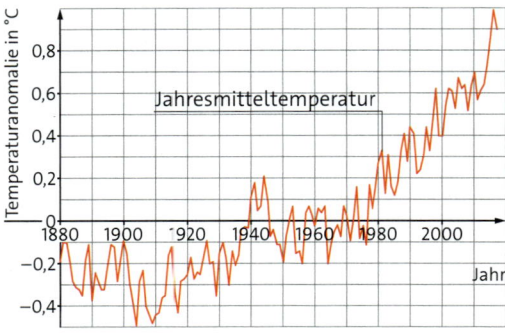

1 Entwicklung der globalen Temperatur

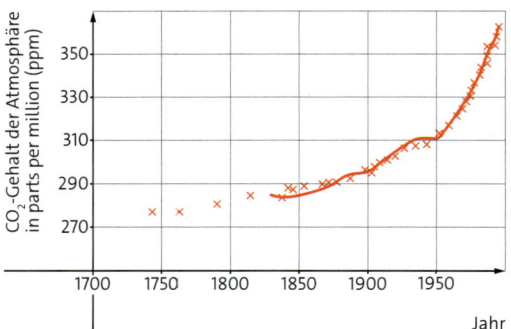

2 Entwicklung des CO_2-Anteils in der Atmosphäre

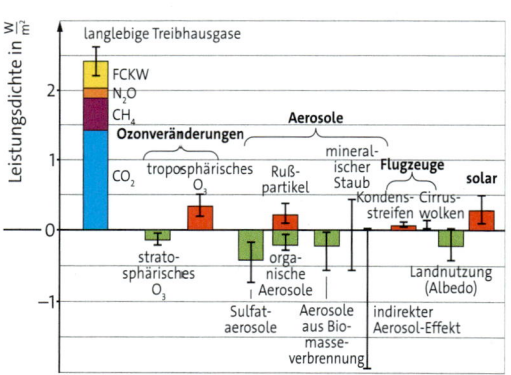

3 Einflüsse auf die Leistungsdichte von 1750 bis 2000

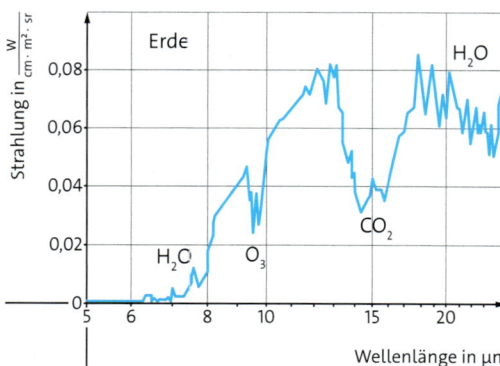

4 Treibhausgase in der Erdatmosphäre

Temperaturanstieg • Vom Beginn der Industrialisierung bis zum Jahr 2000 stieg die globale Temperatur um etwa 0,50 K (▸ Abb. 1). Man spricht vom **anthropogenen Treibhauseffekt.** Wie kam es dazu?

Die wesentliche Grundlage der bisherigen Industrialisierung ist die Ersetzung von Muskelkraft durch Verbrennungsmotoren. Diese erzeugen meist Kohlenstoffdioxid, CO_2, als Abgas. Tatsächlich stieg der Anteil an Kohlendioxid in der Atmosphäre im Zuge der Industrialisierung um etwa 29 % (▸ Abb. 2). Dieses Gas verstärkt den Treibhauseffekt, indem es die Leistungsdichte der von der Erdoberfläche emittierten Strahlung um $1,50 \frac{W}{m^2}$ steigert (▸ Abb. 3). Wir ermitteln die Wirkung, indem wir die bisher modellierte Leistungsdichte um $1,50 \frac{W}{m^2}$ steigern:

$$S_{em} = 390,02 \frac{W}{m^2} + 1,50 \frac{W}{m^2} = 391,52 \frac{W}{m^2}.$$

Entsprechend dem STEFAN-BOLTZMANN-Gesetz hat die Erdoberfläche dadurch folgende Temperatur:

$$T = \left(\frac{S_{em}}{\sigma}\right)^{0,25} = 288,27 \, K.$$

Dem entspricht eine Erwärmung um 0,28 K. Während der Industrialisierung gelangten weitere Treibhausgase in die Atmosphäre. Insgesamt steigerte sich die von der Erdoberfläche emittierte Leistung dadurch um etwa $2,70 \frac{W}{m^2}$ auf $392,72 \frac{W}{m^2}$. Nach dem STEFAN-BOLTZMANN-Gesetz hat die Erdoberfläche nun folgende Temperatur:

$$T = \left(\frac{S_{em}}{\sigma}\right)^{0,25} = 288,49 \, K.$$

Dem entspricht eine zusätzliche Erwärmung um 0,50 K. Die seit der Industrialisierung zusätzlich vorhandenen Treibhausgase erklären die beobachtete Erwärmung um 0,50 K bis zum Jahr 2000 also sehr gut. Inzwischen sind die Emissionen an Kohlenstoffdioxid und die Temperatur weiter gestiegen (▸ Abb. 1).

Bisherige Folgen • Die Treibhausgase Kohlenstoffdioxid, Ozon und Wasserdampf sind sehr klimawirksam (▸ Abb. 4). Von diesen Treibhausgasen ist Kohlenstoffdioxid für uns besonders wichtig, weil wir die Konzentration stark beeinflussen können.

Die mittlere Erdtemperatur ist im 20. Jahrhundert vor allem durch den anthropogenen Treibhauseffekt um etwa 0,5 K gestiegen. Das hört sich nach wenig an, eine Änderung um 2 K entspricht jedoch schon dem Unterschied zwischen einer Eiszeit und einer Warmzeit. Der Temperaturanstieg hat schon jetzt weitreichende Folgen: Durch das Abschmelzen des Eises (▶Abb. 5) sowie durch die Erwärmung der Meere (▶Abb. 6) und die resultierende thermische Ausdehnung ist der Meeresspiegel um mehr als 15 cm gestiegen. Für Inselstaaten und Küstenregionen wird das existenzbedrohend. Da sich mehr Energie im Klimasystem befindet, kommt es vermehrt zu extremen Wettererscheinungen, wie zahlreichere und stärkere Wirbelstürme, auch an Orten, an denen zuvor keine auftraten.

Klimaschwankungen • Von 1998 bis 2014 stieg die Temperatur nicht merklich (▶Abb. 1), sodass viele meinten, der Klimawandel sei beendet. Dies ist jedoch ein Irrtum. Eine 15 Jahre andauernde Abweichung vom Trend ist im Fall des Klimas nichts Besonderes, sie ändert nichts an der langfristigen Dynamik (▶Abb. 1).

Langfristige Lösung • Ebenso, wie kurzfristige Schwankungen wenig bedeuten, bringt auch kurzatmiges Handeln wenig. Ein langfristiger Umbau der Energiewirtschaft kann den Klimawandel nicht aufhalten, aber deutlich begrenzen (▶Abb. 7). Die Lösung ist dabei eine Umstellung der Energiewirtschaft hin zu Windenergie, Solarenergie, Elektromobilität oder Power-to-Gas. Damit würde auch ein anderes drängendes Problem gelöst: Inzwischen gibt es so viele Verbrennungsmotoren, dass der Feinstaub in vielen Städten ein ernstes Gesundheitsproblem darstellt.

Wie geht es weiter? • Das von der UNO eingerichtete IPCC hat verschiedene Szenarien der weiteren Entwicklung modelliert (▶Abb. 7): Der blaue Graph stellt die Entwicklung in einer kooperierenden Welt dar, die ressourcenschonende Technologien einführt. Der rote Graph stellt eine Entwicklung dar, bei der weiterhin fossile Rohstoffe wesentlich sind. Der grüne Graph zeigt die Entwicklung bei langsamer Einführung ressourcenschonender Technologien.

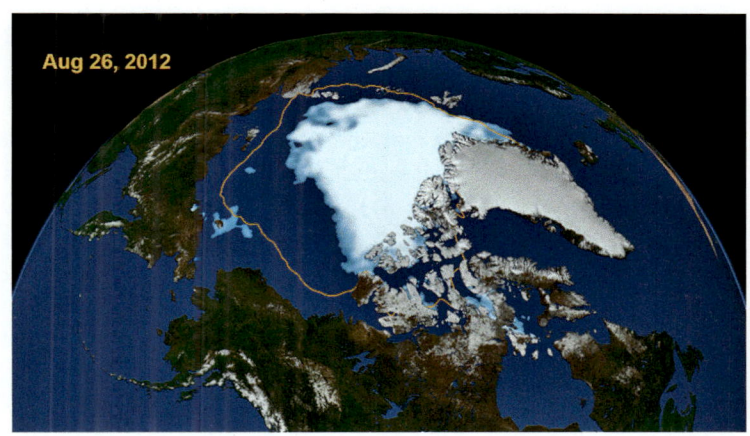

5 Schmelzen des Eises in der Arktis

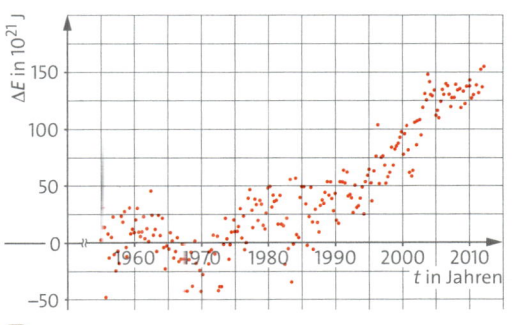

6 Entwicklung des Wärmeinhalts der Ozeane

Bisher nutzen wir noch viel Energie aus Kohle oder Erdöl. Dabei wird viel Kohlenstoffdioxid freigesetzt.

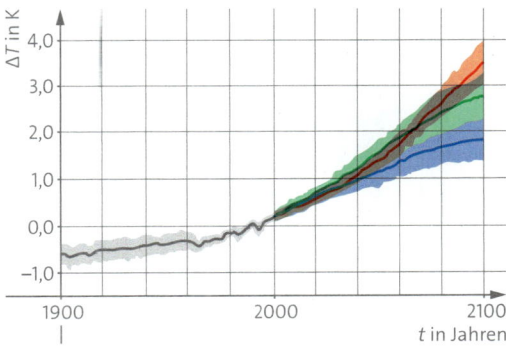

7 Verschiedene Szenarien

Bei Power-to-Gas werden kurzfristige Überschüsse an Energie durch Elektrolyse in chemische Energie von Gasen umgewandelt.

IPCC steht für Intergovernmental Panel on Climate Change.

1 Ermitteln Sie den Temperaturanstieg, der eintritt, wenn der Erdboden zusätzlich 15 $\frac{W}{m^2}$ emittiert.

2 Berechnen Sie die Temperatur, die sich auf der Erde einstellen würde, wenn der von der Atmosphäre reflektierte Anteil der Sonnenstrahlung verdoppelt würde.

3 Berechnen Sie die Temperatur, die sich auf der Erde einstellen würde, wenn nur 3 % der von der Erdoberfläche emittierten Strahlung direkt ins All gelangen würden.

Material A • Die globale Erwärmung und die Weltmeere

A1 Aufgrund der Änderung des „Ocean heat content" kann man abschätzen, dass die mittlere Meerestemperatur seit 1955 um etwa 0,1 K bis 0,2 K zugenommen hat.

a) Die mittlere Temperatur auf dem Land hat im gleichen Zeitraum um etwa 0,5 K zugenommen. Ungenaue Messungen erklären den Unterschied nicht. Stellen Sie den Zusammenhang her zwischen diesem Temperaturunterschied und den Begriffen Wärmekapazität und Konvektion.

b) Überprüfen Sie die Abschätzung durch eine Rechnung.

A2 ▸Abb. 1 zeigt die Änderung des mittleren Meeresspiegels.

a) Beschreiben Sie den Verlauf des Graphen.

b) Geben Sie mögliche Gründe für den Anstieg des Meeresspiegels an.

c) Schätzen Sie anhand des Diagramms ab, wie stark der Meeresspiegel bis 2100 ansteigt.

d) Überlegen Sie, welche Folgen dieser Anstieg für Städte wie Hamburg oder Länder wie die Niederlande haben würde.

e) Informieren Sie sich, in welchem Bereich die wissenschaftlichen Vorhersagen für den Anstieg des Meeresspiegels liegen.

A3 Der Klimawandel hat auch Folgen für die chemische Zusammensetzung des Meerwassers, vor allem den Säuregehalt. Der Text zu ▸Abb. 2 stammt im Original aus dem Jahrbuch 2013 des Umweltprogramms der Vereinten Nationen, UNEP.

a) Stellen Sie den Zusammenhang zwischen den im Text genannten Ursachen für die veränderte chemische Zusammensetzung der Meere und dem „sea butterfly" her.

b) Überlegen Sie, welche Folgen das Verschwinden dieser Tierart für andere Tierarten und den Menschen hätte.

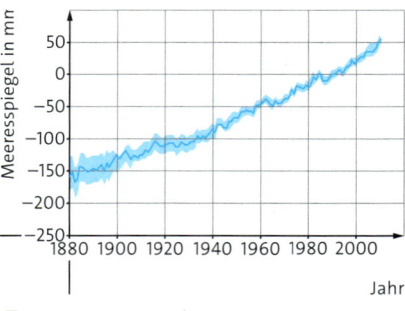

1 Anstieg des Meeresspiegels

2 „Sea butterfly" – Flügelschnecke

In den letzten 200 Jahren sind die Ozeane um 30 % saurer geworden. Hauptursache ist anthropogenes Kohlendioxid, das sich zum Teil im Ozeanwasser löst und Kohlensäure bildet. Zudem verringerte sich durch abschmelzendes Meereis der Gehalt an Calciumcarbonat, ein wichtiger Baustoff für schalenbildende Organismen. Die Flügelschnecke („Sea butterfly") ist etwa erbsengroß und eine Hauptnahrungsquelle für Lebewesen von Krill bis hin zu Walen. Setzt man die „Sea butterfly" in Seewasser mit dem Säure- und Carbonatgehalt, der für das Jahr 2100 prognostiziert wird, löst sich ihre Schale allmählich auf.

Material B • Gletscher und das Eis in Arktis und Antarktis

B1 Abb. 3 zeigt, dass Gebirgsgletscher genauso abschmelzen wie das Eis der Arktis. Das Abschmelzen der Gletscher trägt zum Anstieg des Meeresspiegels bei, aber der Rückgang des arktischen Meereises nicht, obwohl dort viel mehr Eis schmilzt. Erklären Sie.

B2 a) Um die globale Erwärmung möglichst deutlich aussehen zu lassen, eignet sich die Arktis sehr gut. Informieren Sie sich über die Gründe.

b) Anders als die Eismenge in der Arktis nimmt die Eismenge in der Antarktis zu.

Manche Leute sagen: „Das spricht dafür, dass es keine globale Erwärmung gibt." Informieren Sie sich und nehmen Sie Stellung.

3 Morteratsch-Gletscher **A** 1911, **B** 2011

Im Planspiel den Klimawandel erkunden

Situation • Auf der Erde treten Staaten, Unternehmen und Konzerne als unabhängige Akteure auf. Sie vertreten dabei ihre eigenen Interessen. Das Klima dagegen ist ein Gut, das allen gemeinsam gehört. Ist es zerstört, so haben alle den Nachteil – ein Akteur denkt aber zunächst an seinen eigenen Vorteil. Wie wirkt sich das auf das Klima aus? Das erkunden wir in einem Planspiel.

Spielregeln
Abkürzungen:
E: Anzahl der Energiesteine am Erdboden,
A: Anzahl der Energiesteine in der Atmosphäre,
K: Anzahl aller Kohlekraftwerke.

Start des Spiels:
Die Erde ist leer und jeder Spieler hat 1000 €.

Ablauf einer Runde:
Sonnenstrahlung: 5 Energiesteine kommen auf den Erdboden.
Wärmestrahlung vom Erdboden: $\frac{E^4}{2000}$ Energiesteine werden vom Erdboden in die Atmosphäre gestrahlt, solange der Vorrat reicht. (Wenn es nicht aufgeht, wird abgerundet.)
Treibhauseffekt: Kohlekraftwerke erzeugen Treibhausgase, die jeden Energiestein aus der Atmosphäre zum Erdboden zurückstrahlen können. Jeder würfelt $K \cdot A$ Mal und setzt bei jeder 6 einen Energiestein aus der Atmosphäre zum Erdboden.
Wärmestrahlung ins All: Die übrigen Energiesteine in der Atmosphäre gehen ins Weltall.
Auszahlung: Jedes Kraftwerk liefert 500 €.
Bau: Jeder kann für folgende Preise Kraftwerke bauen: Ein Kohlekraftwerk kostet 1000 €, ein ökologisch sinnvolles Kraftwerk (Ökokraftwerk) 2000 €.
Abschaltung: Jeder Spieler kann freiwillig eigene Kohlekraftwerke abschalten.
Ende des Spiels:
Überhitzung: Sobald 15 Energiesteine am Ende einer Runde auf der Erde sind, endet das Spiel sofort wegen Überhitzung, alle haben dann verloren.
Sieg: Sonst endet das Spiel nach 20 Runden und es gewinnt der Spieler mit dem meisten Bargeld.

Spielmaterial • Das Spielmaterial besteht aus dem Spielplan (▸Abb.4), 30 schwarzen Spielsteinen als Kohle-

kraftwerke, 30 weißen Spielsteinen als Ökokraftwerke, 50 roten Spielsteinen als Energiesteine, 100 Spielgeldscheinen à 500 Euro und vielen Würfeln, mit denen simultan gewürfelt wird, um Zeit zu sparen.

4 Spielplan

Dilemma • Im Spiel erlebt man das Dilemma zwischen wettbewerbs- und klimakonformem Handeln. Das Dilemma kann nur durch Kooperation gelöst werden.

Analyse des Fließgleichgewichts • Die Anzahl der Energiesteine auf der Erde in Runde m wird mit E_m bezeichnet. Im Mittel gilt: $E_{m+1} = E_m + 5 - A + r$.
Im Fließgleichgewicht ist $E_{m+1} = E_m$ und: $r = A - 5$.

Unser nächstes Ziel ist das Ermitteln der mittleren Rückstrahlung r: Die K Kraftwerke setzen K Treibhausgase frei. Diese kommen auf dem Weg Richtung All an A Energiesteinen vorbei, wodurch diese mit der Wahrscheinlichkeit $\frac{1}{6}$ zurückgeworfen werden. Daher beträgt im Mittel die Anzahl zurückgeworfener Energiesteine:
$r = \frac{K \cdot A}{6}$ oder $A = \frac{6 \cdot r}{K}$.
Auflösen ergibt: $r = \frac{5K}{6 - K}$.

Erstaunlicherweise geht die mittlere Rückstrahlung r im Fließgleichgewicht theoretisch gegen unendlich, wenn die Gesamtzahl der Kohlekraftwerke gegen 6 geht. Das heißt praktisch, dass r sehr groß wird. Aber so weit darf es nicht kommen, denn schon bei einer Rückstrahlung von 15 haben alle wegen Überhitzung verloren. Im Mittel können maximal 4 Kohlekraftwerke sicher betrieben werden, kurzfristig und mit großem Risiko verbunden können es deutlich mehr sein.

Strahlung beschreiben

Wärmestrahlung schließt sich im Spektrum jenseits des Rot an, weshalb man auch von **Infrarotstrahlung** spricht. Diese Strahlung ist unsichtbar, man kann sie aber mit Wärmebildkameras aufzeichnen.

Leistungsdichte: Den Quotienten aus der Leistung der senkrecht einfallenden Strahlung und dem Inhalt der Fläche, auf die die Strahlung einfällt, nennt man Leistungsdichte S:

$$S = \frac{P}{A}.$$

Solarkonstante heißt die Leistungsdichte der Sonnenstrahlung oberhalb der Atmosphäre. Sie beträgt $S = 1370 \frac{W}{m^2}$.

Absorption: Ein Körper kann Wärmestrahlung absorbieren und dabei die Strahlungsenergie in thermische Energie umwandeln.

Transmission: Von Transmission spricht man, wenn ein Körper Strahlung durchlässt.

Reflexion und Absorption: Oberflächen in hellen Farben reflektieren einfallende Strahlung stärker als dunkle Oberflächen. Dunkle Flächen absorbieren stärker und heizen sich daher schneller auf.

Emission von Wärmestrahlung: Warme Körper emittieren Wärmestrahlung. Die emittierte Leistungsdichte ist proportional zur 4. Potenz der Temperatur:

$$S = \sigma \cdot T^4.$$

Dies ist das **STEFAN-BOLTZMANN-Gesetz.** Der Proportionalitätsfaktor σ heißt STEFAN-BOLTZMANN-Konstante und hat den Wert $\sigma = 5{,}67 \cdot 10^{-8} \frac{W}{m^2 K^4}$.

Einfluss der Temperatur: Jeder warme Körper emittiert Wärmestrahlung. Die Frequenz, bei der die Intensität der emittierten Strahlung maximal wird, hängt von der Temperatur des Körpers ab – je heißer er ist, desto höher ist die Frequenz maximaler Strahlungsintensität.
Dies beschreibt das **WIEN'sche Verschiebungsgesetz:**

$$f_{max} = T \cdot 0{,}059 \frac{THz}{K}.$$

Reemission: Absorbiert ein Körper Strahlung, gibt er sie meist anschließend auch wieder ab. Dies nennt man Reemission.

Strahlungsgleichgewicht: Fällt Strahlung auf einen nicht besonders gekühlten Körper, absorbiert er diese. Seine Temperatur nimmt daraufhin zu, er beginnt, die aufgenommene Strahlung zu reemittieren. Dies wirkt einer Temperaturerhöhung entgegen und es stellt sich irgendwann ein Gleichgewicht zwischen absorbierter und reemittierter Strahlung ein. Man spricht von **Strahlungsgleichgewicht** oder **Fließgleichgewicht.**

Globale Temperatur: Mithilfe eines Strahlungsgleichgewichtes lässt sich die globale Temperatur der Erde berechnen. Die zugeführte Leistung berechnet man als Produkt aus der Solarkonstante und der Querschnittsfläche der Erde. Die gleiche Leistung gibt die Erde im Strahlungsgleichgewicht an ihrer gesamten Oberfläche wieder als Strahlung ab. Auf die entsprechende Leistungsdichte wird das STEFAN-BOLTZMANN-Gesetz angewendet und nach der Temperatur aufgelöst. Die so berechnete globale Temperatur beträgt −18 °C, ein Wert, der deutlich unter dem tatsächlichen von 15 °C liegt. Der Grund hierfür liegt in den **Treibhausgasen** in der Atmosphäre, die die Erde aufheizen auf ein lebensfreundliches Klima. Ohne Atmosphäre wäre die Erde um mehr als 30 °C kälter.

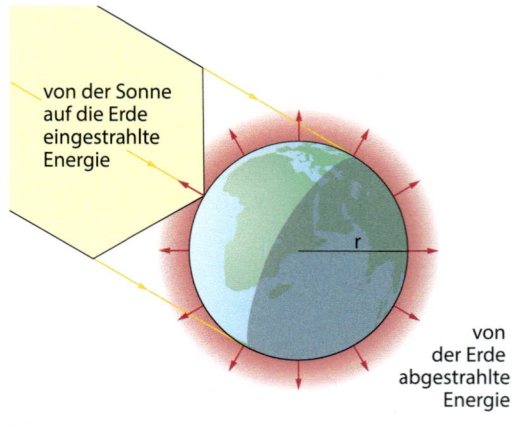

von der Sonne auf die Erde eingestrahlte Energie

r

von der Erde abgestrahlte Energie

1 Globale Absorption und Emission

Strahlung und Klima

Natürlicher Treibhauseffekt: In einem Gewächshaus ist die Temperatur im Vergleich zur Umgebungstemperatur erhöht. Das Treibhaus erhält nicht mehr Strahlung als seine Umgebung, aber seine Wände verringern die Abkühlung durch Konvektion, sodass sich eine erhöhte Gleichgewichtstemperatur einstellt.

Beim globalen Treibhauseffekt ist ebenfalls die Gleichgewichtstemperatur nach oben verschoben, weil die Energieabgabe behindert ist. Hier wird jedoch nicht die Konvektion verringert, sondern die Transmission der Wärmestrahlung. Zwar emittiert die Erde Wärmestrahlung, einige Gase (wie Kohlenstoffdioxid) absorbieren einen Teil dieser Wärmestrahlung jedoch und reemittieren diese teilweise zurück zur Erdoberfläche.

Berücksichtigt man die Absorption der Wärmestrahlung in der Atmosphäre, erhält man mithilfe des STEFAN-BOLTZMANN-Gesetzes eine globale Gleichgewichtstemperatur, die der tatsächlichen sehr nahe kommt. Erst dadurch entsteht ein lebensfreundliches Klima.

Anthropogener Treibhauseffekt: Seit im Zuge der Industrialisierung die Verbrennungsmotoren Verbreitung fanden, stieg der CO_2-Gehalt der Atmosphäre an. Als Treibhausgas verstärkt es den Treibhauseffekt, infolgedessen stieg die globale Temperatur um etwa 0,5 °C.

Folgen eines Temperaturanstiegs sind Extrem-Wetter-Erscheinungen wie häufigere Wirbelstürme oder der Anstieg des Meeresspiegels, der sowohl auf dem Abschmelzen der Inlandgletscher beruht als auch auf der thermischen Ausdehnung des Ozeanwassers.

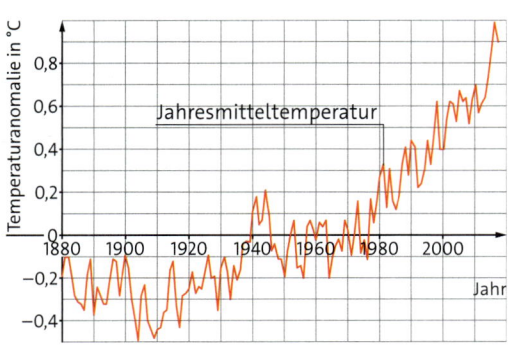

2 Entwicklung der globalen Temperatur

Überprüfen Sie sich selbst:

Kann ich ...

* erklären, wie die Größe Leistungsdichte definiert ist? (▸S.148)

* den Unterschied zwischen Emission und Reemission erläutern? (▸S.148/154)

* ein Experiment beschreiben, bei dem der Einfluss der Temperatur auf die emittierte Strahlung untersucht wird? (▸S.149)

* die Bedeutung des STEFAN-BOLTZMANN-Gesetzes in eigenen Worten erklären? (▸S.149)

* zwei Strahlungsarten nennen, die im Spektrum jenseits des Rot liegen? (▸S.150)

* erklären, warum die Terahertz-Strahlung diesen Namen hat? (▸S.150)

* beschreiben, wie sich die Farbe eines Gegenstandes auf Reflexion und Emission von Strahlung auswirkt? (▸S.151)

* ein Gesetz angeben für den Zusammenhang zwischen der Temperatur eines Körpers und der Frequenz, bei der die von ihm ausgesandte Strahlung ihre höchste Intensität hat? (▸S.151)

* erklären, warum eine Straße auch bei andauernder Sonneneinstrahlung irgendwann nicht mehr heißer wird? (▸S.154)

* die Oberflächentemperatur der Sonne mithilfe des STEFAN-BOLTZMANN-Gesetzes berechnen? (▸S.155)

* erklären, wie Treibhausgase die globale Temperatur erhöhen? (▸S.152)

* den Unterschied zwischen der Temperaturerhöhung in einem Gewächshaus und der beim globalen Treibhauseffekt erklären? (▸S.160)

* erläutern, wie der natürliche Treibhauseffekt zustande kommt und welche Bedeutung er für uns hat? (▸S.162)

* Folgen des anthropogenen Treibhauseffekts nennen? (▸S.162)

Atomphysik und Radioaktivität

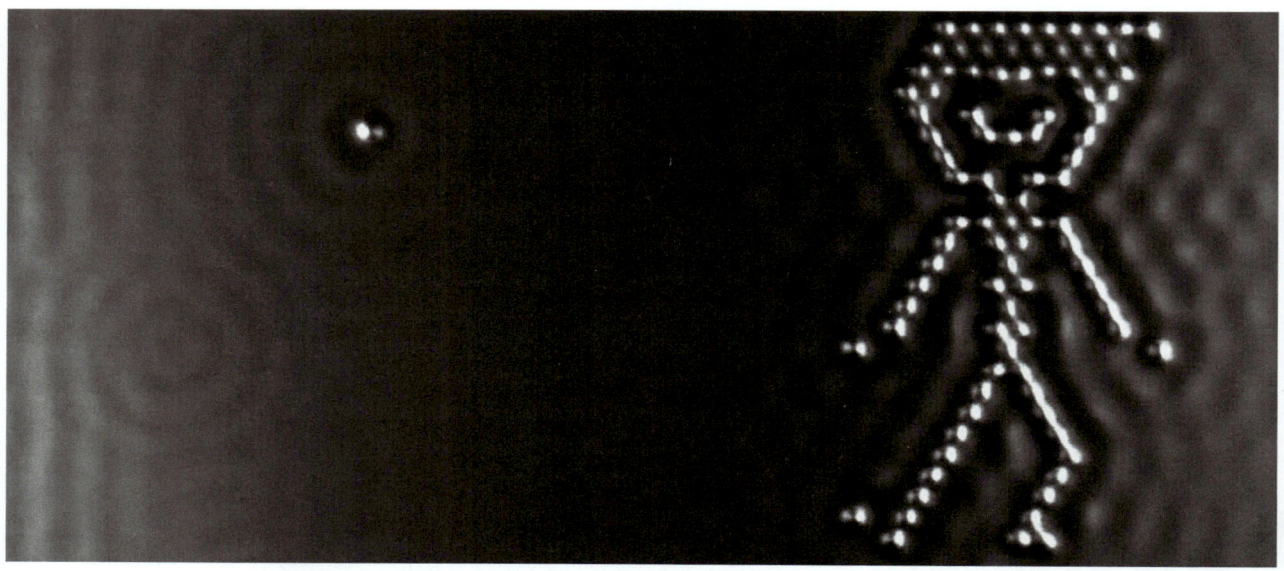

1 Ein Rastertunnel-mikroskop kann einzelne Atome bei 100-millionenfacher Vergrößerung sichtbar machen.

Atom und Elektron

Atome kann man nicht sehen. Man braucht große Apparaturen, um sie sichtbar zu machen. Noch größeren Aufwand muss man betreiben, um in ihr Inneres zu schauen.

Jedes Atom ist aus positiv und negativ geladenen Teilchen aufgebaut. Nach außen ist das Atom elektrisch neutral.

Materie ist aus Atomen aufgebaut • Die heutige Vorstellung vom Aufbau der Atome hat sich im Laufe vieler Hundert Jahre entwickelt. Abschätzungen ergeben, dass die Atome, aus denen die Materie aufgebaut ist, sehr klein sind: Die Größe eines Atoms beträgt etwa 0,000 000 000 1 m, also etwa 0,1 millionstel Millimeter! Aber woraus bestehen Atome?

Wären Atome so groß wie Kirschen, dann wäre ein dicker Apfel so groß wie unsere Erde.

Ladung im Atom • Aus Experimenten weiß man, dass alle Stoffe sowohl positiv als auch negativ geladene Teilchen enthalten. Daraus haben Physiker geschlossen, dass die Atome selbst aus positiv und negativ geladenen Teilchen bestehen.

Von außen betrachtet ist ein Atom elektrisch neutral. Das bedeutet: Die Ladungsmengen der positiv und der negativ geladenen Teilchen heben sich gegenseitig auf. Damit erhalten wir eine erste grobe Vorstellung vom Aufbau der Atome.

Kern-Hülle-Modell • Im Jahre 1909 machte ERNEST RUTHERFORD eine Entdeckung zum Aufbau des Atoms. In einer luftleer gepumpten Kammer ließ er positiv geladene Teilchen auf eine etwa 1000 Atomlagen dicke Goldfolie treffen (▸Abb. 2). Mit einem Mikroskop beobachtete er die Lichtblitze beim Auftreffen der Teilchen auf einen Leuchtschirm.

RUTHERFORD entdeckte, dass fast alle Teilchen geradlinig durch die Folie hindurchgingen, einige wenige Teilchen aber stark abgelenkt wurden. Einzelne Teilchen wurden sogar in die ursprüngliche Richtung zurückgestoßen. Er folgerte: Da die meisten Teilchen geradlinig durch die Folie hindurchgehen, muss ein Atom viel freien Raum enthalten. Darüber hinaus muss jedes Atom einen eng begrenzten, positiv geladenen Kern enthalten, von dem die wenigen stark abgelenkten Teilchen abgestoßen werden. Der weitgehend leere Bereich rund um einen Kern muss negativ geladen sein, weil das Atom sonst nicht neutral wäre.

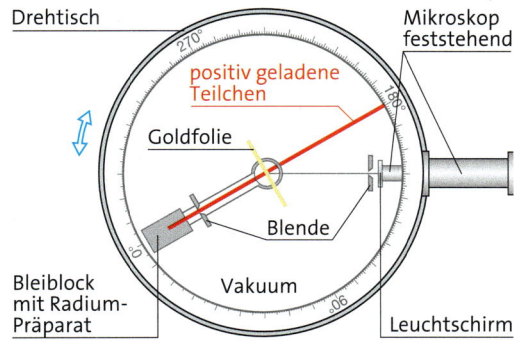

2 Streuversuch von RUTHERFORD

3 RUTHERFORDs Überlegungen zum Atom

Das Atom besteht also aus einem kleinen positiv geladenen **Atomkern** und einer negativ geladenen **Atomhülle,** für deren Ladung die darin enthaltenen Elektronen verantwortlich sind. Diese Modellvorstellung nennt man das RUTHERFORD'sche Atommodell.

> Atome bestehen aus einem kleinen positiv geladenen Atomkern und einer negativ geladenen Atomhülle. Die Atomhülle setzt sich aus Elektronen zusammen.

RUTHERFORDs Messungen ergaben zudem, dass der Durchmesser des Atomkerns etwa 10 000-mal kleiner ist als der des gesamten Atoms: Atomkern ca. 10^{-14} m, Atom ca. 10^{-10} m.

Elektronen im elektrischen Feld • Elektronen lassen sich z. B. durch Erhitzen aus ihren Atomhüllen herauslösen. Schießt man solche freien Elektronen durch das elektrische Feld zwischen zwei elektrisch geladenen Platten, werden sie von der positiv geladenen Platte angezogen, von der negativ geladenen Platte abgestoßen. Die Kräfte wirken also entgegengesetzt zur Richtung der elektrischen Feldlinien (▶Abb. 5 A). Vergrößert man die Spannung an den Platten, wird auch das elektrische Feld stärker und die Kraft auf die Elektronen wächst.

> Elektronen erfahren im elektrischen Feld Kräfte entgegengesetzt zur Richtung der elektrischen Feldlinien.

Elektronen im magnetischen Feld • Auch im magnetischen Feld werden Elektronen abgelenkt. Um dies zu untersuchen, halten wir einen Magneten in die Nähe des Elektronenstrahls. Wir sehen, dass sich der Strahl leicht ablenken lässt. Die Ursache dieser Ablenkung ist die **Lorentzkraft.** Die Lorentzkraft wirkt nur auf Elektronen, die sich bewegen. Die Elektronen werden allerdings nicht in Richtung der Magnetpole, sondern immer senkrecht zu den magnetischen Feldlinien abgelenkt (▶Abb. 5 B). Die Richtung der Lorentzkraft können Sie mit der „Drei-Finger-Regel der linken Hand" vorhersagen (▶Abb. 4).

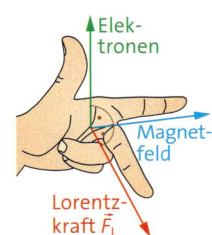

4 „Drei-Finger-Regel der linken Hand"

> Bewegte Elektronen werden im Magnetfeld durch die Lorentzkraft abgelenkt.

1 a) Geben Sie an, was geschehen muss, damit der Elektronenstrahl in ▶Abb. 5 A nach unten abgelenkt wird.
b) Erläutern Sie, wie diese Ablenkung durch den Magneten erreicht werden kann (▶Abb. 5 B).

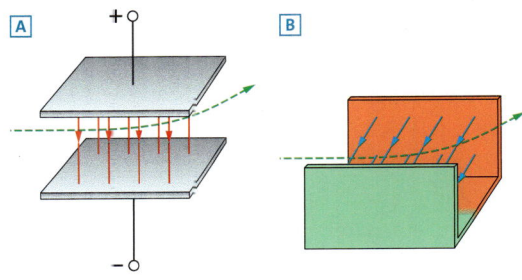

5 Ablenkung eines Elektrons im **A** elektrischen und **B** magnetischen Feld

Atommodelle

Vor 2400 Jahren begann der Philosoph **DEMOKRIT** sich vorzustellen, die Welt sei aus kleinen Teilchen aufgebaut Er ging davon aus, dass diese Teilchen unteilbar sind und nannte sie Atome, von *atomos* (griech.): unteilbar. Im antiken Atommodell sind diese Atome durch Haken verbunden und je nach den Eigenschaften des jeweiligen Stoffs geformt. Atome harter, rauer Materialien sind z.B. hart und kantig.

Aufgrund der Fortschritte in der Chemie entwickelte **JOHN DALTON** im Jahr 1803 ein Modell von unteilbaren Teilchen, die je nach Zugehörigkeit zu einem chemischen Element eine bestimmte Masse tragen. Die Erkenntnis, dass in elektrisch neutraler Materie negativ geladene Elektronen vorhanden sind, führte 1903 **JOSEPH JOHN THOMSON** zu der Annahme, dass die Atome gleichmäßig positiv geladen sind und sich die Elektronen darin verteilen wie Rosinen in einem Kuchen (▶Abb.3).

1911 entwickelte **ERNEST RUTHERFORD** das schon beschriebene Kern-Hülle-Modell, nachdem er festgestellt hatte, dass Atomkerne durch eine Goldfolie hindurchfliegen können. Zwei Jahre später entwickelte **NIELS BOHR** diese Vorstellung weiter: In seinem Modell kreisen die Elektronen auf Bahnen um den Atomkern.

Aus der Quantenmechanik ergab sich ab 1928, dass sich Elektronen nicht auf eindeutigen Bahnen bewegen, son-

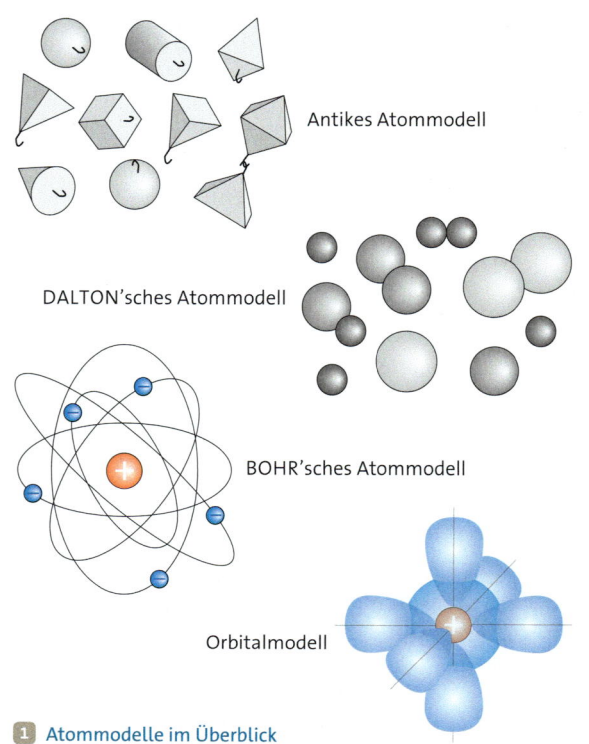

Antikes Atommodell

DALTON'sches Atommodell

BOHR'sches Atommodell

Orbitalmodell

1 Atommodelle im Überblick

dern nur Aufenthaltswahrscheinlichkeiten in bestimmten Bereichen um den Atomkern haben (Orbitalmodell).

Präfixe und Exponentialschreibweise

Physiker müssen mit Zahlen auf unterschiedlichsten Größenskalen umgehen, um die Welt zu beschreiben. Der Durchmesser eines Atoms z.B. beträgt 0,000 000 0001 m, der unserer Galaxie, der Milchstraße, 1 000 000 000 000 000 000 000 m. Die vielen Nullen kosten Platz und man verzählt sich leicht. Daher benutzt man eine Darstellung, die die Nullen durch Vorsilben, die **Präfixe,** zusammenfasst: wie „kilo" in Kilogramm oder „milli" in Millimeter. Das Präfix „Kilo" entspricht einem Faktor 1000, das Präfix „Milli" einem Faktor 0,001. Damit kann man je drei Nullen einsparen. Für jedes Präfix existieren eine ausgeschriebene Form (z.B.: „Kilo" in Kilometer) und eine Abkürzung (z.B. „k" in km).

Eine andere Schreibweise, die Nullen vermeidet, ist die **Exponentialschreibweise:** Man schreibt die Zahl als Produkt eines kleinen Faktors und einer Potenz von 10. Für jede Null wird deren Exponent erhöht. 2000 m sind also $2 \cdot 10^3$ m, 5 km werden zu $5 \cdot 10^3$ m. Bei Zahlen kleiner eins werden die Exponenten negativ: 0,003 m sind z.B. $3 \cdot 10^{-3}$ m oder 3 mm. Die Präfixe und Exponenten von nano bis (10^{-9}) bis giga (10^9) finden Sie im Anhang des Buchs.

Ein Faktor 10 wird auch **Größenordnung** genannt. Ein Millimeter ($1 \cdot 10^{-3}$ m) und ein Kilometer ($1 \cdot 10^3$ m) unterscheiden sich also um sechs Größenordnungen.

Versuch A • Atomgröße abschätzen

V1 Dicke eines Ölfilms

Material:
große Wanne, Wasser, Bärlappsporen, Petroleumbenzin, etwas Olivenöl, Pipette, Schutzbrille

Arbeitsauftrag:
Setzen Sie die Schutzbrille auf. Füllen Sie die Wanne mit Wasser und verteilen Sie vier Messerspitzen Bärlappsporen gleichmäßig und dünn auf der Wasseroberfläche, sobald sie zur Ruhe gekommen ist. Vermischen Sie nun drei Tropfen Olivenöl mit 50 ml Petroleumbenzin. *Achtung: Das Benzin ist leicht entzündlich!*

a) Schätzen Sie zunächst das Volumen eines Tropfens ab. Gehen Sie davon aus, dass ein Tropfen ein Volumen von etwa $\frac{1}{45}$ ml hat und berechnen Sie das Ölvolumen in einem Tropfen des Gemischs.

b) Bringen sie mit der Pipette einen Tropfen der Öl-Benzin-Lösung aus geringer Höhe auf die Mitte der Wasseroberfläche.
Die Lösung verdrängt die Bärlappsporen, bis nach 2–3 Minuten eine ungefähr kreisförmige Fläche entstanden ist, die sich nicht mehr verändert. Nach dieser Zeit ist auch das Benzin verdampft.

c) Berechnen Sie mit dem Durchmesser des Kreises die Dicke des Ölfilms.

d) Es konnte noch nie ein dünnerer Ölfilm festgestellt werden. Erläutern Sie, warum das dafür sprechen könnte, dass der Ölfilm die Dicke eines Moleküls hat.

e) Schätzen Sie den Durchmesser eines Atoms ab. Berücksichtigen Sie dabei, dass ein Ölmolekül aus mehreren Atomen besteht.

2 Ölfleckversuch mit Bärlappsporen

Material A • Atommodell

Im Atommodell von THOMSON sind die Atome ganz ausgefüllt (▸Abb. 3).

A1 Beschreiben Sie, was RUTHERFORD in seinem Streuexperiment beobachtet hätte, wenn Atome so aufgebaut wären, wie THOMSON es annahm.
Übertragen Sie die Skizze und ergänzen Sie mögliche Teilchenbahnen. Begründen Sie.

A2 RUTHERFORD beobachtete zum Teil eine starke Ablenkung der positiv geladenen Teilchen. Zeichnen Sie eine Atomanordnung wie in ▸Abb. 3 nach dem RUTHERFORD'schen Atommodell. Skizzieren Sie darin die Bahnen von Teilchen, die:
– sich direkt auf einen Atomkern zubewegen,
– beim Durchgang durch die Folie stark abgelenkt werden,
– schwach abgelenkt werden,
– nicht abgelenkt werden.

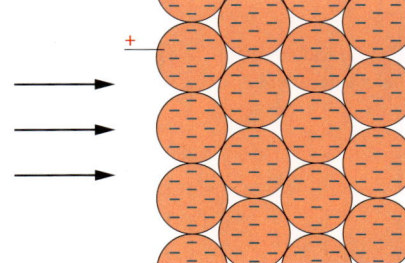

3 THOMSONs „Rosinenkuchenmodell"

Material B • Teilchenbahnen

In einer Nebelkammer hinterlassen schnelle Teilchen Spuren.

B1 Die Nebelkammer befindet sich in einem Magnetfeld. Die Feldlinien zeigen senkrecht ins Buch hinein. Was können Sie über die Ladung der Teilchen sagen?

4 Teilchen in der Nebelkammer

B2 Erläutern sie Gründe für die verschiedenen Radien der Bahnen.

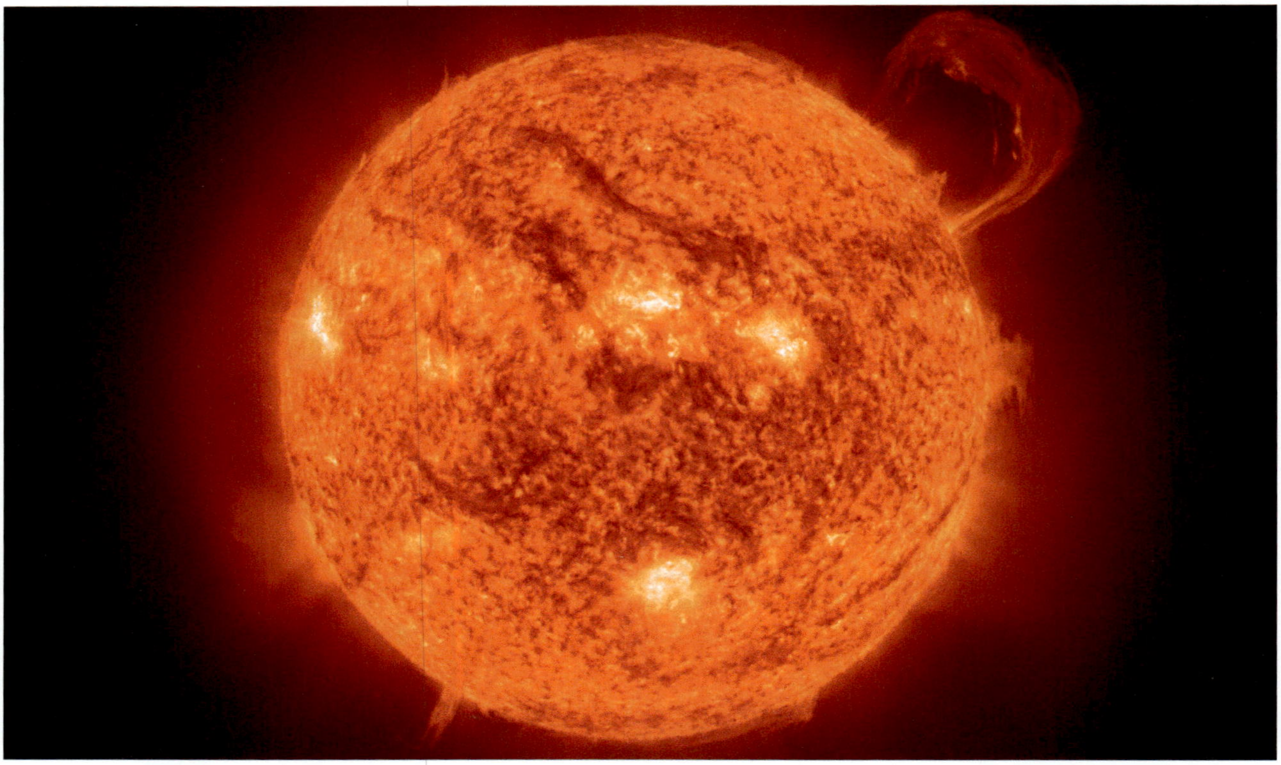

1 Ultraviolettaufnahme der Sonne

Der Atomkern hat eine Struktur

In der Sonne wie auch in allen anderen Sternen entstehen unter extremen Bedingungen aus leichten Elementen schwerere Elemente. Die Gesetze der Chemie scheinen hier aufgehoben zu sein. Könnte der alte Traum, aus Blei Gold herzustellen, vielleicht doch Realität werden?

Ein „Blick" in den Atomkern • An der Sonnenoberfläche herrschen „kühle" 6000 °C, im Zentrum der Sonne beträgt die Temperatur jedoch mehrere Millionen Grad. Bei solchen extremen Bedingungen kommt es zu Stoffumwandlungen, die nicht mehr mithilfe der Chemie erklärbar sind. Die hohen Temperaturen zeigen, welche gewaltige Energie für solche Reaktionen erforderlich ist. Man spricht hier von Kernreaktionen, weil die Atomkerne „umgebaut" werden. Das geht deshalb, weil sie selbst aus noch kleineren Bausteinen zusammengesetzt sind. Woher weiß man das eigentlich?

Atomkerne sind so klein, dass sie sich nicht direkt untersuchen lassen. Darum erforschen Physiker ihren Aufbau mit gewaltigen Maschinen. Sie lassen z. B. schnelle Elektronen auf die Kerne prallen und beobachten, was dabei passiert. ▸Abb. 2 zeigt einen modernen Elektronenbeschleuniger, bei dem genau das geschieht. Das Ziel solcher Experimente sind Erkenntnisse darüber, woraus die Atomkerne bestehen.

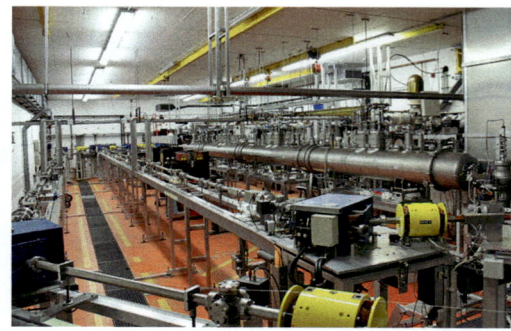

2 Elektronenbeschleuniger DALINAC, TU Darmstadt

Eine Vorstellung vom Atomkern • Die Experimente legen folgende Vorstellung nahe: Atomkerne sind aus zwei Bausteinen aufgebaut, **Protonen** und **Neutronen**. Protonen sind elektrisch geladen. Ihre Ladungsmenge ist genauso groß wie die der Elektronen, Protonen sind jedoch positiv geladen. Neutronen sind ungeladen, also elektrisch neutral. Eine Modellvorstellung vom Aufbau der Atomkerne ist in ▸Abb. 3 dargestellt.

 Proton  Neutron

Heliumkern:

Kohlenstoffkern:

 2 Protonen 2 Neutronen

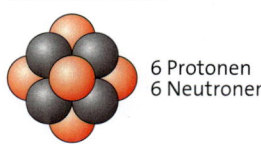 6 Protonen 6 Neutronen

3 Modellvorstellung der Atomkerne von He und C

> Atomkerne bestehen aus elektrisch positiv geladenen Protonen und elektrisch neutralen Neutronen.

Um Atomkerne zu beschreiben, gibt es in der Physik eine Symbolschreibweise. Vor dem Symbol des chemischen Elements steht oben die Summe aus der Anzahl der Protonen und der Anzahl der Neutronen. Diese Summe heißt **Nukleonenzahl**. Unterhalb der Nukleonenzahl wird die Anzahl der Protonen angegeben. Nach der **Protonenzahl** ist das Periodensystem der Elemente geordnet, deshalb heißt die Protonenzahl auch Ordnungszahl. Die Anzahl der Protonen stimmt also mit der Position eines Elements im Periodensystem überein (▸Abb. 4). Für die beiden Kerne aus ▸Abb. 3 lautet die Symbolschreibweise $^{4}_{2}$He und $^{12}_{6}$C.

Hauptgruppe				
III	IV	V	VI	VII
5 10,81 **B**	**6** 12,01 **C**	**7** 14,01 **N**	**8** 16,00 **O**	**9** 19,00 **F**
13 26,98 **Al**	**14** 28,09 **Si**	**15** 30,97 **P**	**16** 32,07 **S**	**17** 35,45 **Cl**

4 Ausschnitt aus dem Periodensystem der Elemente

Der Begriff „Nukleonen" stammt ab von *nucleus* (lat.): Kern.

> Die Symbolschreibweise für Atomkerne ist:
> $^{\text{Nukleonenzahl}}_{\text{Protonenzahl}}$Elementsymbol.

Ein vollständiges Atom hat genauso viele Elektronen in der Hülle, wie es Protonen im Kern hat. Es ist insgesamt elektrisch neutral.

Was hält den Atomkern zusammen • Von gleichnamig geladenen Körpern wissen Sie, dass sie sich abstoßen. Eigentlich müssten die Protonen im Kern daher „auseinanderfliegen". Es muss also eine anziehende Kraft geben, die größer ist als die elektrische Kraft. Diese Kraft wird **Kernkraft** genannt. Sie überwiegt die abstoßende elektrische Kraft aber nur dann, wenn sich die Protonen sehr nahe kommen. Die Kernkraft hat eine ausgesprochen kurze Reichweite, sodass sich

ihre anziehende Wirkung nur auf benachbarte Protonen und Neutronen erstreckt. Atomkerne müssen sich bis auf diesen Abstand annähern, damit sie zu einem Kern verschmelzen können. Bei der extrem hohen Temperatur und dem extrem großen Druck, wie sie in der Sonne und in anderen Sternen herrschen, kommen sich die Kerne so nahe, dass sie verschmelzen und neue Elemente bilden können.

> Zwischen den Protonen im Atomkern wirkt die Kernkraft. Sie ist bei sehr kleinem Teilchenabstand größer als die abstoßende elektrische Kraft.

1 a) Geben Sie für die folgenden Atomkerne jeweils an, wie viele Protonen und Neutronen sie enthalten: $^{1}_{1}$X, $^{60}_{27}$X, $^{137}_{55}$X, $^{238}_{92}$X.
b) Geben Sie an, um welche Elemente es sich handelt, und ergänzen Sie die Symbole.

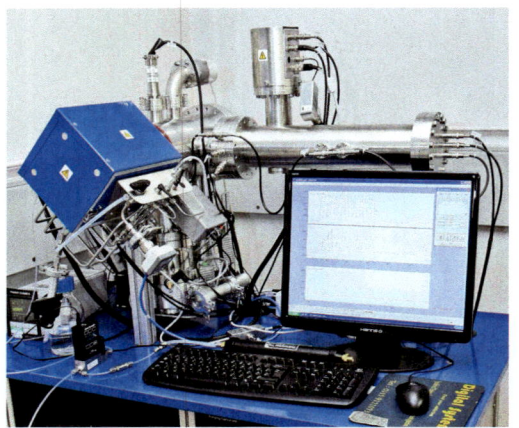

1 Massenspektrometer zur Analyse von Atemluft

Gleich und doch nicht gleich – Isotope •
Eine der genauesten Methoden, um Massen zu bestimmen, ist die Messung mithilfe eines Massenspektrometers (▶Abb.1). Damit können sogar die Massen von Atomen präzise bestimmt werden. Bei solchen Messungen hat sich gezeigt, dass die Massen von Atomen desselben Elements nicht alle genau die gleichen Werte haben. Wie kommt das?

Hätten z.B. alle Kohlenstoffkerne gleich viele Protonen und Neutronen, dann wäre der Wert für die Atommasse immer gleich. Zwar ist das bei mehr als 99 % aller Kohlenstoffatome der Fall, diese enthalten sechs Neutronen. Aber in der Natur gibt es auch Kohlenstoffkerne mit mehr oder weniger als sechs Neutronen. Auch bei allen anderen Elementen gibt es Atome mit unterschiedlicher Neutronenzahl. Atome, die sich im Kern nur in der Anzahl der Neutronen unterscheiden, nennt man **Isotope.**

Isotope lassen sich mit chemischen Methoden nicht unterscheiden. Denn in chemischen Reaktionen verhalten sich verschiedene Isotope desselben Elements immer gleich. Im Periodensystem der Elemente werden Isotope deshalb nicht unterschieden. Wenn es auf die Kernstruktur ankommt, benötigt man daher eine andere Darstellung. Eine solche Darstellung ist die **Nuklidkarte.** Sie stellt alle verschiedenen Kerne systematisch dar. **Nuklide** sind Atomkerne gleicher Protonenzahl, deren Neutronenzahl ebenfalls übereinstimmt. Während das Periodensystem alle zurzeit bekannten 118 Elemente enthält, findet man in der Nuklidkarte weit über 2000 Nuklide.

> Atomkerne mit einer bestimmten Anzahl von Protonen und einer bestimmten Anzahl von Neutronen nennt man Nuklide. Nuklide gleicher Protonenzahl, aber unterschiedlicher Neutronenzahl heißen Isotope.

▶Abb.2 zeigt einen Ausschnitt der Nuklidkarte. Darin ist auch der Kohlenstoff mit zwei verschiedenen Nukliden enthalten. Die Bezeichnung „C-12" bedeutet, dass dieser Kern die Nukleonenzahl 12 hat. Weil die Atomkerne des Kohlenstoffs immer sechs Protonen enthalten, muss die Neutronenanzahl von C-12 also sechs betragen. Ein Beispiel für ein schwereres Kohlenstoff-Nuklid ist $^{13}_{6}$C. Dieser Kern enthält wiederum sechs Protonen, aber sieben Neutronen. Man bezeichnet ihn auch mit C-13.

1 **a)** Entnehmen Sie dem Ausschnitt der Nuklidkarte in ▶Abb.2 die Beispiele O-16, O-18, N-15 und B-11. Notieren Sie, um welche Elemente es sich jeweils handelt.
b) Geben Sie für die in Aufgabenteil a) genannten Nuklide die Symbolschreibweise an.
2 **a)** Welche der folgenden Nuklide haben
a) die gleiche Protonenzahl,
b) die gleiche Nukleonenzahl,
c) die gleiche Anzahl an Neutronen?
$^{12}_{6}$C, $^{14}_{7}$N, $^{13}_{6}$C, $^{16}_{8}$O, $^{15}_{7}$N, $^{18}_{8}$O, $^{14}_{6}$C

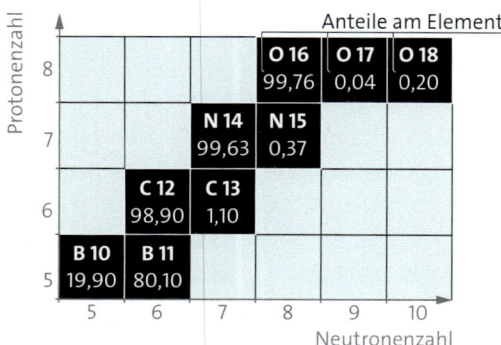

2 Ausschnitt aus der Nuklidkarte (stabile Nuklide)

Versuch A • Modellversuch zum Aufbau eines Atomkerns

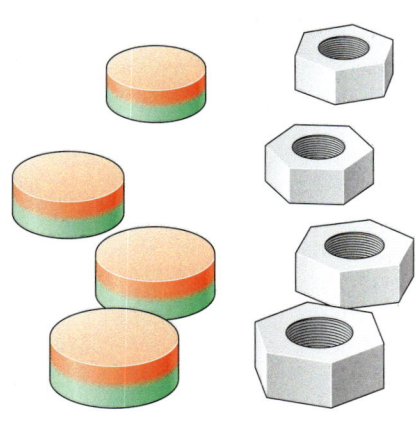

3 Modell für den Atomkern

V1 Modellieren von Kernteilchen

Material:
einige scheibenförmige Magnete, Stahlmuttern (etwa so groß wie die Magnete)

Arbeitsauftrag:
a) Bringen Sie die Magnete jeweils mit dem gleichen Pol nach oben auf einer ebenen Oberfläche möglichst nahe zueinander. Beschreiben Sie Ihre Beobachtung.
b) Nutzen Sie jetzt die Stahlmuttern, um die Magnete näher zueinander zu bringen. Vergleichen Sie mit der Beobachtung aus Aufgabenteil a).
c) Erläutern sie, welche Teile im Modellversuch die Rolle der Protonen in einem Atomkern übernehmen, welche die der Neutronen.
d) Nutzen Sie das Modell, um einen Wasserstoff- und einen Sauerstoffkern zu bauen.
e) Bewerten Sie den Modellversuch dahingehend, was mit ihm gut, was schlecht oder gar nicht erklärt werden kann.

Material A • Systematische Darstellung zum Aufbau der Atome

A1 a) Übertragen und ergänzen Sie die Tabelle (neutrale Atome). Nutzen Sie das Periodensystem der Elemente.

b) Überlegen Sie, welche Informationen über den Aufbau von Atomkernen das Periodensystem der Elemente nicht gibt.

Name der Atomsorte	Symbol des Nuklids	Anzahl der Nukleonen	Anzahl der Protonen	Anzahl der Neutronen	Anzahl der Elektronen
	$^{16}_{8}\text{O}$				
Natrium				12	
				14	13
		30			14
Quecksilber		200			
			80	124	
	$^{238}_{92}\text{U}$				
		241	94		

Material B • Wasserstoff ist nicht gleich Wasserstoff

Wasserstoff kommt in drei Nukliden vor (▶Abb. 4):
A normaler Wasserstoff,
B schwerer Wasserstoff (Deuterium),
C überschwerer Wasserstoff (Tritium)

B1 a) Geben Sie jeweils die Symbolschreibweise an.
b) Zeichnen Sie einen Ausschnitt der Nuklidkarte, der die drei Wasserstoffsorten enthält.
c) Wie viele Elektronen besitzt ein neutrales Tritium-Atom?

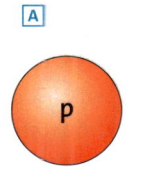 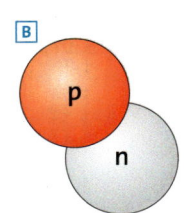 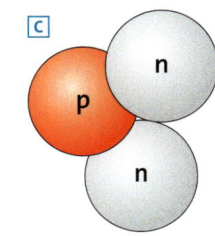

4 Drei Nuklide des Wasserstoffs

1 Ein Physiker betrachtet die Spuren ionisierender Strahlung in einer Blasenkammer.

Ionisierende Strahlung

Licht können wir sehen. Die Wärmestrahlung der Sonne spüren wir auf der Haut. Aber wir sind auch von Strahlung umgeben, die wir nicht wahrnehmen und die nur mit hohem technischem Aufwand sichtbar gemacht werden kann.

Eine unsichtbare Strahlung • In den „Wunderjahren der Physik" 1895/96 wurden zwei neue Strahlungsarten entdeckt. Die erste, zu Beginn noch X-Strahlung genannt, ist uns heute als Röntgenstrahlung bekannt. Mit dieser Bezeichnung wird ihr Entdecker WILHELM CONRAD RÖNTGEN geehrt. Röntgenstrahlung lässt sich auf der Erde mit technischen Geräten künstlich erzeugen. Sie entsteht aber auch durch natürliche Prozesse z. B. in Sternen.

Die zweite Strahlungsart wurde von HENRI BECQUEREL entdeckt. Sie wird von einigen natürlichen Stoffen ausgesendet. Stoffe, die solch eine Strahlung aussenden, nennt man **radioaktiv.**

Röntgenstrahlung und die von BECQUEREL entdeckte Strahlung – man spricht von **radioaktiver Strahlung** – können wir mit unseren Sinnen nicht wahrnehmen. Dennoch können beide Strahlungsarten Organe schädigen. So musste BECQUEREL nach seiner Entdeckung und der Arbeit mit radioaktiven Stoffen bald Verbrennungsmerkmale auf seiner Haut feststellen.

Heute kennt man den Zusammenhang zwischen den von BECQUEREL und RÖNTGEN entdeckten Strahlungsarten und möglichen Erkrankungen gut. Es gibt Möglichkeiten, das Risiko solcher Schäden gering zu halten (▸Abb. 2).

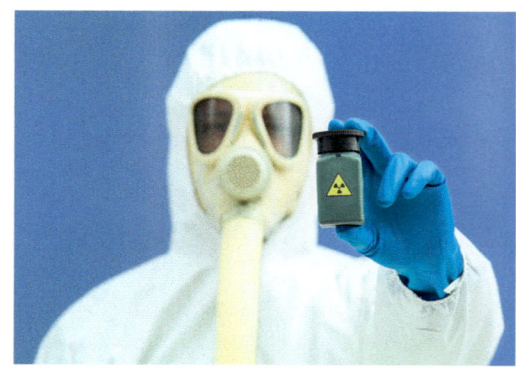

2 Radioaktive Stoffe werden in speziellen Behältern gelagert und mit Warnhinweisen versehen.

Ionisation von Luft durch einen radioaktiven Stoff

4 „Spuren" in der Nebelkammer

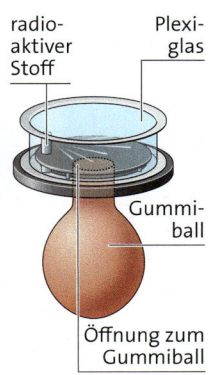

radioaktiver Stoff

Plexiglas

Gummiball

Öffnung zum Gummiball

5 Aufbau einer Nebelkammer

Ionisation • Normalerweise sind Atome elektrisch neutral, d.h., sie haben gleich viel positiv geladene Protonen und negativ geladene Elektronen. Durch äußere Einflüsse lassen sich jedoch Elektronen aus dem Atom herauslösen. Aus dem elektrisch neutralen Atom wird dadurch ein positiv geladenes **Ion**. Dieser Vorgang heißt **Ionisation**. Durch Abtrennen von Elektronen entstehen positive, durch Anlagern von Elektronen negative Ionen.

> Das Abtrennen oder Anlagern von Elektronen an zuvor elektrisch neutrale Atome nennt man Ionisation.
> Bei ionisierten Atomen stimmen Protonen- und Elektronenzahl nicht überein.

Ionisation erfolgt auf verschiedene Weise. Bringen wir eine brennende Kerze zwischen zwei elektrisch geladene Metallplatten, so beobachten wir an einem angeschlossenen Elektroskop eine Entladung. Zwischen den Metallplatten befindet sich Luft – normalerweise ein schlechter elektrischer Leiter. Aber in der heißen Kerzenflamme entstehen positive Ionen und freie Elektronen. Sie gelangen zwischen die Metallplatten, machen die Luft dort leitfähig und das Elektroskop entlädt sich.

Eine andere Art der Ionisation von Luft zeigt das Experiment in ▸Abb.3: Ein Draht wird wenige Millimeter oberhalb einer Metallplatte gespannt. Draht und Metallplatte sind mit den Anschlüs

sen eines Hochspannungsnetzgeräts verbunden. Bringt man einen radioaktiven Stoff in die Nähe des Drahts, dann wird die Luft dort leitfähig und es sind Funken zwischen Draht und Metallplatte zu erkennen.

Auch Nebelkammern machen die Wirkung ionisierender Strahlung sichtbar (▸Abb.4 und ▸Abb.5). Wenn die Strahlung in die mit Alkoholdampf gefüllte Nebelkammer gelangt, werden einige Moleküle des Dampfs ionisiert. An den entstandenen Ionen kondensiert der Dampf und es bilden sich feine Tröpfchen, die als Nebelspuren sichtbar sind.

Gefahr durch ionisierende Strahlung • Sowohl Röntgenstrahlung als auch die Strahlung radioaktiver Stoffe kann Moleküle in unserem Körper ionisieren. Daraus können sich chemische und biologische Veränderungen in Zellen und Organen ergeben.

> Sowohl Röntgenstrahlung als auch die Strahlung radioaktiver Stoffe kann Atome oder Moleküle ionisieren. Dies kann bei Lebewesen zu biologischen Veränderungen und Schäden an den Organen führen.

1 **a)** Fertigen Sie eine Skizze des Versuchs in ▸Abb.3 an. Nehmen Sie an, dass die elektrische Ladung des Drahts positiv ist.
b) Beschreiben Sie, was nach der Ionisation von Stickstoffmolekülen in der Luft geschieht.

Der Begriff „Ion" kommt aus dem Griechischen und bedeutet so viel wie „wandernd/gehend".

Die Gefahr durch radioaktive Stoffe liegt in der ionisierenden Wirkung ihrer Strahlung.

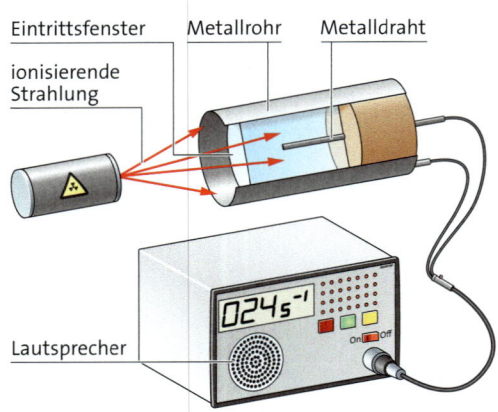

Eintrittsfenster　　Metallrohr　　Metalldraht

ionisierende
Strahlung

Lautsprecher

1 Aufbau eines Geiger-Müller-Zählrohrs

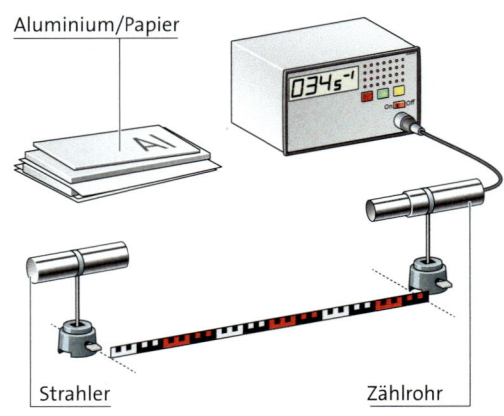

Aluminium/Papier

Strahler　　　　　　　　　　　　　Zählrohr

2 Wie weit reicht die ionisierende Strahlung?

Messen mit Zählrohren • Zählrohre nutzen die ionisierende Wirkung von Strahlung. Sie sind mit einem Gas von geringem Druck gefüllt. Durch ein hauchdünnes Eintrittsfenster gelangt die Strahlung in das Rohr hinein und ionisiert das Gas (▸Abb.1).

Ähnlich wie bei dem Experiment mit dem Draht und der Metallplatte wird zwischen dem Metallrohr und dem Draht im Inneren des Zählrohrs eine Hochspannung angelegt. Die im Gas entstehenden Elektronen und Ionen werden durch elektrische Kräfte so stark beschleunigt, dass sie selbst weitere Gasatome ionisieren. Sie können sich den Vorgang wie eine „elektrische Lawine" vorstellen, durch die es zu einer starken Entladung kommt.

Durch die Entladung ändert sich kurzzeitig die Spannung am Zählrohr. Ein angeschlossener Lautsprecher macht diese Veränderung als „Knacken" hörbar. Gleichzeitig werden die Spannungsänderungen von einer Zähleinrichtung registriert. Die Anzahl der Spannungsänderungen, also der Knackgeräusche, pro Zeiteinheit heißt **Zählrate**.

> Zählrohre nutzen die ionisierende
> Wirkung von Strahlung in Gasen.
> Die Zahl der registrierten Signale
> pro Zeiteinheit heißt Zählrate.

Nullrate • In unserer Umgebung gibt es immer ionisierende Strahlung. Das erkennt man daran, dass ein Zählrohr auch dann Signale registriert, wenn sich weder ein radioaktives Präparat noch eine Quelle von Röntgenstrahlung in seiner Nähe befindet. Die Anzahl dieser Signale pro Zeiteinheit heißt **Nullrate.** Für Messungen an radioaktiven Präparaten muss man zunächst die Nullrate bestimmen und sie dann von der ermittelten Zählrate abziehen.

> In unserer Umwelt gibt es ständig ionisie-
> rende Strahlung. Diese Strahlung wird von
> einem Zählrohr als Nullrate registriert.

Zählrate und Abstand • Mithilfe von Zählrohren lässt sich ionisierende Strahlung genauer untersuchen. Dabei können wir von folgendem Zusammenhang ausgehen: Je größer die Zählrate ist, desto stärker ist die ionisierende Strahlung. In einem ersten Experiment wird die Reichweite ionisierender Strahlung, z.B. des radioaktiven Stoffs Ra-226, bestimmt (▸Abb.2). Dafür muss zunächst die Nullrate gemessen werden. Dann wird die Zählrate für verschiedene Abstände ermittelt. Man erhält das Ergebnis:

> Je kleiner der Abstand zwischen Zählrohr
> und Strahlungsquelle ist, desto größer ist
> die Zählrate.

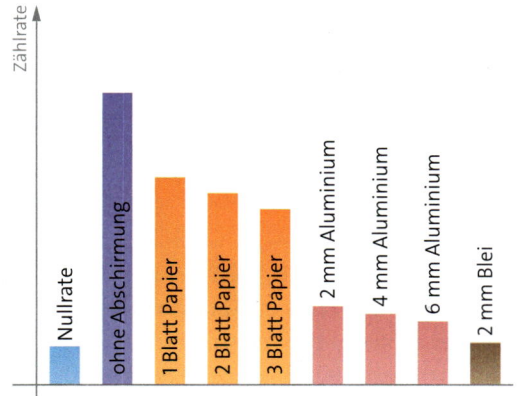

Zählrate

Nullrate · ohne Abschirmung · 1 Blatt Papier · 2 Blatt Papier · 3 Blatt Papier · 2 mm Aluminium · 4 mm Aluminium · 6 mm Aluminium · 2 mm Blei

3 Durchdringungsvermögen der Strahlung von Ra-226

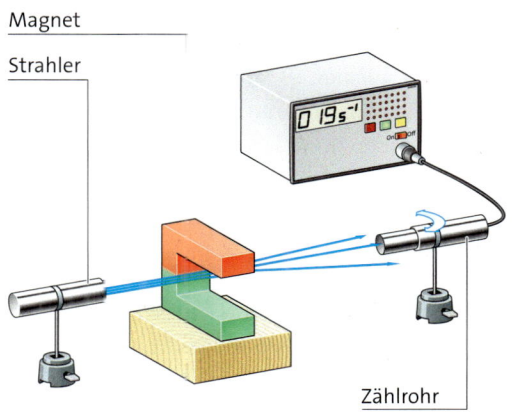

Magnet
Strahler
Zählrohr

4 Ablenkung von ionisierender Strahlung im Magnetfeld

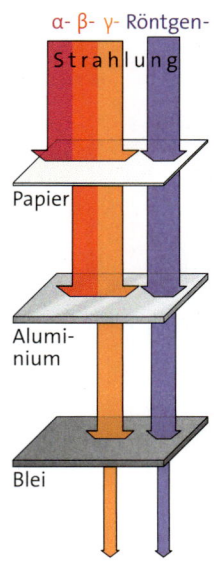

α- β- γ- Röntgen-
Strahlung
Papier
Alumi-
nium
Blei

5 Durchdringungs-
vermögen ionisieren-
der Strahlung

Ursache für die Ablen-
kung von elektrisch
geladenen Teilchen
in Magnetfeldern ist
die Lorentzkraft.

Abschirmung von Strahlung · In einer zweiten Experimentierreihe untersuchen wir, ob und wie gut verschiedene Materialien mit unterschiedlichen Schichtdicken die ionisierende Strahlung abschirmen. Dafür positionieren wir Platten aus verschiedenen Metallen, Kunststoffen oder auch Papier zwischen Zählrohr und jeweiliger Strahlungsquelle. ▸Abb. 3 zeigt die Versuchsergebnisse für einen Ra-226-Strahler: Bringt man ein Blatt Papier zwischen Zählrohr und Strahler, dann nimmt die Zählrate deutlich ab. Weitere Papierlagen verringern die Zählrate nur noch wenig. Bringt man eine Aluminiumplatte von 2 mm Dicke in den Strahlengang, dann nimmt die Zählrate erneut stark ab. Bei weiteren Aluminiumplatten geht die Zählrate wieder nur wenig zurück. Noch bessere Abschirmung gelingt mit Bleiplatten. Auch Röntgenstrahlung lässt sich am besten mit Blei abschirmen.

Ionisierende Strahlung kann verschiedene
Materialien durchdringen. Dabei wird sie
unterschiedlich stark abgeschwächt.

Ionisierende Strahlung im Magnetfeld ·
Das Abschirmungsexperiment deutet darauf hin, dass von radioaktiven Stoffen unterschiedliche Arten ionisierender Strahlung ausgehen. In einem dritten Experiment untersuchen wir deshalb, ob sich diese Strahlung in einem Magnetfeld ablenken lässt. Dafür bringen wir zwischen

Zählrohr und Strahler ein Magnetfeld (▸Abb. 4). Das bewegliche Zählrohr kann Strahlung aus verschiedenen Richtungen registrieren. Dabei zeigt sich, dass die Strahlung einiger radioaktiver Stoffe im Magnetfeld abgelenkt wird. Es gibt aber auch radioaktive Stoffe, deren Strahlung sich ebenso wie Röntgenstrahlung durch Magnetfelder nicht beeinflussen lässt. Man kann somit vermuten, dass es Strahlungsarten gibt, die elektrische Ladung tragen. Ionisierende Strahlung, die sich in Magnetfeldern nicht ablenken lässt, trägt keine elektrische Ladung.

Aus den Ergebnissen dieser Experimente können wir schließen, dass von radioaktiven Stoffen verschiedene Arten ionisierender Strahlung ausgehen. Diese nennt man **Alphastrahlung** (α-Strahlung), **Betastrahlung** (β-Strahlung) und **Gammastrahlung** (γ-Strahlung).

1 Die Messung eines Strahlers mit dem Zählrohr ergibt 120 in 30 s. Die Nullrate beträgt 200 in 10 min. Geben Sie die von dem Strahler erzeugte Zählrate an.

2 In welche Richtung müsste das Zählrohr aus ▸Abb. 4 verschoben werden, um Strahlung zu messen, die elektrisch positiv bzw. negativ geladen ist? Skizzieren Sie.

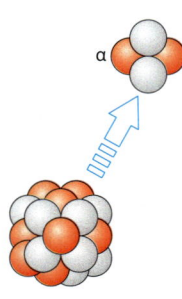

1 Alphastrahler

2 Betastrahler

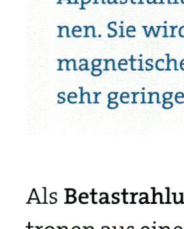

3 Gammastrahler

So wie die Protonenzahl die Anzahl positiver Ladungen angibt, steht die −1 beim Elektron für eine negative Ladung. Auf beiden Seiten der Gleichung steht somit gleich viel Ladung.

Ionisierende Strahlung im Modell • Als **Alphastrahlung** wird das Aussenden von Heliumkernen bezeichnet (▸Abb. 1). Das physikalische Symbol für Heliumkerne $_2^4\mathrm{He}$ kennen Sie bereits. In Symbolschreibweise kann die Kernumwandlung eines Alphastrahlers, z. B. Ra-226, so beschrieben werden:

$$_{88}^{226}\mathrm{Ra} \rightarrow {}_{86}^{222}\mathrm{Rn} + {}_2^4\mathrm{He}.$$

Aus dem Radium ist ein neues Element, das Radon, entstanden. Der Heliumkern wurde abgestrahlt. Sie können erkennen, dass die Protonen- und Neutronenzahlen beim Alphazerfall insgesamt erhalten bleiben.

Heliumkerne sind elektrisch positiv geladen. Deshalb wird diese Strahlung in elektrischen und magnetischen Feldern abgelenkt. Alphastrahlung hat ein sehr geringes Durchdringungsvermögen. Bereits mit einem Blatt Papier kann sie vollständig abgeschirmt werden.

> Alphastrahlung besteht aus Heliumkernen. Sie wird im elektrischen und im magnetischen Feld abgelenkt. Sie hat ein sehr geringes Durchdringungsvermögen.

Als **Betastrahlung** wird das Aussenden von Elektronen aus einem Atomkern bezeichnet (▸Abb. 2). Wie kann aber ein positiv geladener Kern Elektronen aussenden? Im Atomkern eines Betastrahlers wird ein Neutron in ein Proton und ein Elektron umgewandelt. Das Elektron wird abgestrahlt, das Proton bleibt im Kern:

$$_0^1\mathrm{n} \rightarrow {}_1^1\mathrm{p} + {}_{-1}^0\mathrm{e}.$$

Ein Beispiel ist das Caesium-Nuklid Cs-137:

$$_{55}^{137}\mathrm{Cs} \rightarrow {}_{56}^{137}\mathrm{Ba} + {}_{-1}^0\mathrm{e}.$$

Die Gleichung zeigt, dass sich auch Betastrahler in neue Elemente umwandeln. In dem Beispiel entsteht aus Caesium das Element Barium sowie Betastrahlung. Auch beim Betazerfall bleibt die Ladungsmenge insgesamt erhalten.

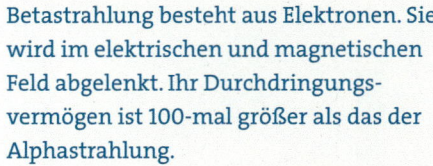

> Betastrahlung besteht aus Elektronen. Sie wird im elektrischen und magnetischen Feld abgelenkt. Ihr Durchdringungsvermögen ist 100-mal größer als das der Alphastrahlung.

Sowohl bei Alpha- als auch bei Betastrahlung werden bei der Umwandlung von Atomkernen Teilchen abgestrahlt. Im Unterschied dazu ist die **Gammastrahlung** keine Teilchenstrahlung (▸Abb. 3). Deshalb ändern sich auch weder die Protonen- noch die Nukleonenzahl, wie das folgende Beispiel zeigt:

$$_{86}^{222}\mathrm{Ra} \rightarrow {}_{86}^{222}\mathrm{Ra} + \gamma.$$

Gammastrahlung ist wie das Licht eine elektromagnetische Strahlung. Sie entsteht im Atomkern und kann Atome ionisieren. Gammastrahlung tritt häufig gemeinsam mit Alpha- oder Betastrahlung auf.

Gammastrahlung hat ein wesentlich höheres Durchdringungsvermögen als Alpha- oder Betastrahlung. Sie durchdringt sogar Blei oder meterdicke Wände aus Beton. In den Experimenten zur Strahlung in magnetischen und elektrischen Feldern lässt sich Gammastrahlung nicht ablenken, da sie nicht aus elektrisch geladenen Teilchen besteht.

> Gammastrahlung ist eine elektromagnetische Strahlung. Weder in elektrischen noch in magnetischen Feldern wird sie abgelenkt. Gammastrahlung hat ein hohes Durchdringungsvermögen.

Röntgenstrahlung ist wie Gammastrahlung und Licht eine elektromagnetische Strahlung. Sie besitzt aber weniger Energie als Gammastrahlung und entsteht nicht im Atomkern, sondern in der Atomhülle oder wenn freie Elektronen stark beschleunigt bzw. abgebremst werden.

1 Erläutern Sie Unterschiede und Gemeinsamkeiten der vier Strahlungsarten.

Versuch A • Natürliche Radioaktivität in Gebäuden

V1 Messung der Radioaktivität

Material:
Luftballon, Bindfaden, Wolltuch oder Folie für Tageslichtprojektor, Zählrohr, Stoppuhr.

Arbeitsauftrag:
a) Bestimmen Sie zu Beginn des Versuchs mit dem Zählrohr die Nullrate (30 s).
b) Reiben Sie den aufgeblasenen Luftballon mit dem Wolltuch oder der Folie. Er ist jetzt elektrisch geladen. Hängen Sie den Ballon an der Raumdecke auf. Achten Sie darauf, dass der Ballon sich nicht entladen kann, und lassen Sie ihn für ca. 30 min dort hängen.

c) Nehmen Sie den Ballon ab, lassen Sie die Luft heraus und bringen Sie die leere Ballonhülle sofort direkt vor das Eintrittsfenster des Zählrohrs. Bestimmen Sie die Zählrate (30 s).

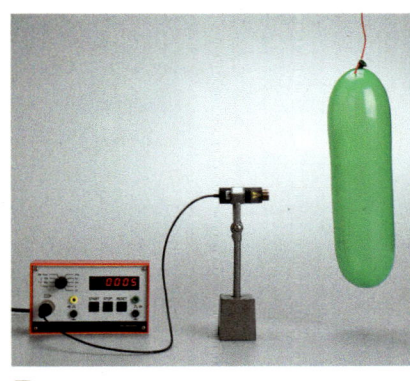

4 Versuch zur Umweltradioaktivität

d) Wiederholen Sie die Messung der Zählrate unmittelbar danach. Halten Sie jetzt aber ein Blatt Papier zwischen Zählrohr und Ballonhaut.
e) Wiederholen Sie die Messungen aus den Aufgabenteilen c) und d) nach 10 min.
f) Ziehen Sie von allen Messwerten jeweils die Nullrate ab und stellen Sie die Ergebnisse übersichtlich in einer Tabelle dar.
g) Interpretieren Sie Ihre Ergebnisse. Stellen Sie eine Vermutung über die Strahlenart auf. Erklären Sie, warum es wichtig ist, zur Messung die Luft aus dem Ballon herauszulassen.

Material A • Röntgenbilder – Diagnose mithilfe von Röntgenstrahlung

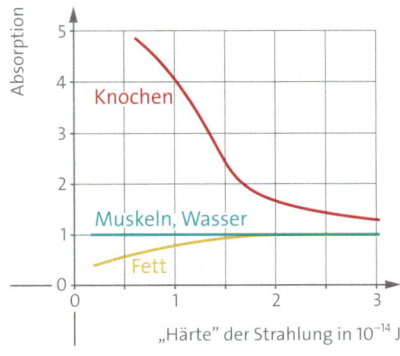

5 Absorption im Vergleich zu der von Wasser

Mit Röntgenstrahlung lassen sich Bilder vom Körperinneren aufnehmen, weil Knochen und Gewebe Röntgenstrahlung unterschiedlich gut hindurchlassen. Wie stark Fett, Knochen und Muskeln Röntgenstrahlung absorbieren, hängt von der Strahlungsenergie ab.

A1 a) „Harte" (energiereiche) Röntgenstrahlung ermöglicht kurze Belichtungszeiten.

Betrachten Sie ►Abb. 5 und begründen Sie, wie hart die Strahlung gewählt werden sollte, wenn Knochen bzw. Organe untersucht werden sollen.
b) Der Darm lässt sich von dem Gewebe, das ihn umgibt, kaum unterscheiden. Deshalb spritzt man dem Patienten ein Kontrastmittel. Welche Eigenschaften muss das Kontrastmittel haben?

Material B • Strahlung im elektrischen Feld

B1 Mischstrahler senden gleichzeitig Alpha-, Beta- und Gammastrahlung aus. ►Abb. 6 zeigt die Wege der Strahlung eines Mischstrahlers im elektrischen Feld. Ordnen Sie den Strahlungsarten den zugehörigen Weg zu. Begründen Sie Ihre Entscheidung.

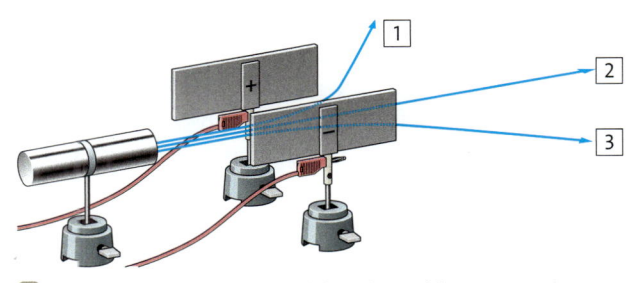

6 Ablenkung von Strahlung im elektrischen Feld

Natürliche und zivilisatorische Strahlung

1 MAGIC-Teleskop auf La Palma: Detektor für kosmische Strahlen

Ein Zählrohr weist auch dann Strahlung nach, wenn kein radioaktives Präparat in der Nähe ist. Diese gemessenen Zerfälle bezeichnet man als Nullrate. Woher kommen diese Zerfälle? Physiker unterscheiden zwischen der natürlichen Strahlung (kosmische und terrestrische Strahlung) und der zivilisatorischen Strahlung.

Kosmische Strahlung • Ständig prasseln von der Sonne und anderen Sternen stammende Teilchen auf die Erde ein, die sogenannte primäre kosmische Strahlung. Häufig handelt es sich dabei um besonders energiereiche Protonen, die auf die Erdatmosphäre treffen und dort Atomkerne zertrümmern. Dabei entstehen neue Kerne und Teilchen, die wiederum andere Kerne zertrümmern können – und zwar so lange, bis die ursprüngliche Bewegungsenergie umgewandelt ist. Bei diesem Prozess wird auch immer wieder elektromagnetische Strahlung frei. Die so entstandene ionisierende Strahlung nennt man sekundäre kosmische Strahlung. Sie lässt sich am Erdboden nachweisen (▶Abb.1).

Bei den Reaktionen in der Atmosphäre werden unter anderem Radionuklide erzeugt. Denn wenn die Kerne stabiler Isotope wie Stickstoff-14 oder Sauerstoff-16 ein Neutron einfangen, sind die entstehenden Nuklide meist radioaktiv. So entstehen auch die radioaktiven Isotope Kohlenstoff-14 (C-14) und Wasserstoff-3 (H-3).

Kohlenstoff ist in allen Lebewesen enthalten. Er wird z.B. mit der Nahrung aufgenommen. So enthält jeder Organismus neben dem stabilen C-12 auch Anteile des radioaktiven C-14. Diese Tatsache wird für die Altersbestimmung von Höhlenmalereien oder Mumien genutzt.

H-3 wird auch als Tritium oder überschwerer Wasserstoff bezeichnet und kommt zu 99% gebunden im Wasser vor. Er ist einer der Gründe, weshalb unser Meerwasser strahlt – wenn auch nur mit einer geringen Aktivität. Hauptsächlich strahlt unser Meerwasser aber, weil es Kalium-40 enthält.

Terrestrische Strahlung • Die natürliche ionisierende Strahlung stammt nicht allein aus dem Weltall. Auch unsere Erde besteht zum Teil aus radioaktiven Stoffen. Diese bildeten sich bei der Entstehung der Erde und besitzen eine sehr lange Halbwertszeit in der Größenordnung des Alters unserer Erde. Denn Radionuklide mit kleineren Halbwertszeiten sind im Laufe der Erdgeschichte bereits zerfallen. Zu den noch vorhandenen Radionukliden gehören Kalium, Thorium, Uran und dessen Zerfallsprodukte Radium und Radon. Das Edelgas Radon kann aus dem Erdboden austreten und in die Luft gelangen. Gut nachweisbar ist dieser Alphastrahler z.B. in schlecht gelüfteten Kellerräumen.

Zivilisatorische Strahlenquellen • Neben den natürlichen Quellen ionisierender Strahlung gibt es auch vom Menschen geschaffene, künstliche Strahlenquellen. Sie dienen zur Konservierung von Lebensmitteln, zur Materialprüfung, zur medizinischen Diagnostik und Therapie, zur Energiegewinnung in Kernkraftwerken und zum Einsatz in Kernwaffen.

Reaktorunfälle und Kernwaffentests führen dazu, dass sich radioaktive Nuklide sowohl im Erdboden als auch in der Luft anreichern und über Nahrung und Atmung aufgenommen werden. Das kann zu schweren gesundheitlichen Schäden führen.

Zu den schwersten Reaktorunfällen zählen diejenigen in Tschernobyl 1986 und in Fukushima 2011. In beiden Fällen ist die nahe gelegene Umwelt so stark belastet, dass sie für sehr lange Zeit unbewohnbar geworden ist.

1 Das Bundesamt für Strahlenschutz liefert Informationen zur Strahlenbelastung für die Menschen in Deutschland. Finden Sie heraus, wie groß die Strahlenbelastung durch Radon und Lebensmittel in Ihrer Region ist.

Das Geiger-Müller-Zählrohr

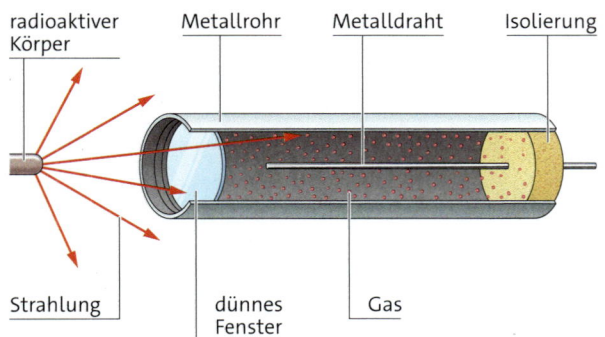

2 Aufbau eines Geiger-Müller Zählrohrs

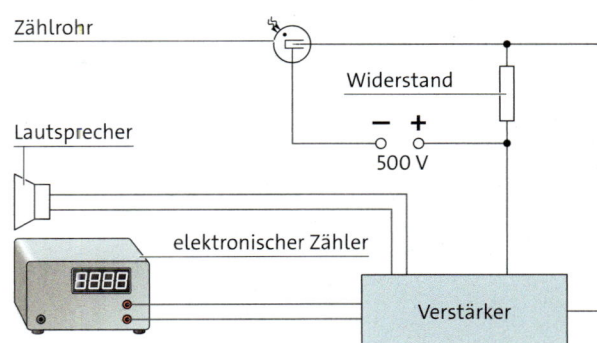

3 Schaltskizze zum Geiger-Müller-Zählrohr

Ein Geiger-Müller-Zählrohr dient zum Nachweis von Strahlung, und zwar für alle drei Strahlungsarten.

Aufbau eines Geiger-Müller-Zählrohres • Das Zählrohr ist ein Metallrohr, in dem sich in der Mitte ein Draht befindet (▸Abb. 2). Dieser Draht ist vom Rohr elektrisch isoliert. Zwischen Metallrohr und Draht liegt eine hohe Spannung von 200 V bis 600 V an, wobei der Draht positiv und das Metallrohr negativ geladen ist. Man nennt das Metallrohr Kathode und den Draht Anode.

Das Geiger-Müller-Zählrohr ist mit Edelgas gefüllt. Vorne am Rohr befindet sich ein dünnes Fenster. Das Fenster hält das Gas im Zählrohr, lässt aber die verschiedenen Strahlungsarten hindurch.

Funktionsweise des Geiger-Müller-Zählrohres • Die Strahlung gelangt durch das Fenster in das Zählrohr und ionisiert Gasatome. Dabei entstehen Elektron-Ion-Paare. Die frei gewordenen Elektronen werden von der Anode angezogen, während die positiven Ionen von der Kathode angezogen werden. So gelangen die positiven Ionen zum Metallrohr. Die Elektronen werden auf dem Weg zur Anode stark beschleunigt. Dabei stoßen sie mit anderen Gasatomen zusammen und geben einen Teil ihrer Bewegungsenergie an die Atome ab, sodass neue Elektron-Ion-Paare entstehen. Auf diese Weise entsteht eine Elektronenlawine, die sich zur Anode bewegt. Durch das Zählrohr und den in Reihe geschalteten Widerstand fließt also kurzzeitig ein Strom.

Dieser Strom verursacht einen kurzzeitigen Spannungsabfall, der verstärkt und anschließend vom Zähler registriert wird (▸Abb. 3).
Zusätzlich zum Zähler oder statt des Zählers kann man einen Lautsprecher anschließen, der den kurzzeitigen Spannungsabfall – man sagt auch Spannungsimpuls – hörbar macht (▸Abb. 3).

Totzeit des Geiger-Müller-Zählrohres • Während die Elektronen zum Metalldraht gelangen, bewegen sich die positiven Ionen zum Metallrohr. Da die Elektronen aber eine viel kleinere Masse haben als die Ionen, gelangen sie schneller zum Draht als die Ionen zum Metallrohr. Wenn sich aber zu viele positive Ionen im Gas befinden, können die Elektronen nicht mehr bis zum Draht durchdringen. Erst wenn alle positiven Ionen am Metallrohr angekommen sind, können die Elektronen wieder zum Metalldraht gelangen. Den Zeitraum, in dem keine weiteren ionisierten Atome registriert werden können, nennt man Totzeit. Ein typischer Wert für die Totzeit ist 100 µs. Die angezeigte Zählrate ist ein qualitativer Nachweis von Strahlung. Um quantitative Messungen möglich zu machen, müsste man die Totzeit und die Nullrate berücksichtigen.

1 Begründen Sie geometrisch die Aussage: Bei zweifacher Entfernung beträgt die Zählrate $\frac{1}{4}$ ihres ursprünglichen Werts.
2 Beschreiben Sie die Vor- und Nachteile von Nebelkammer und Geiger-Müller-Zählrohr.

1 Urgeschichtliche
Höhlenmalerei

Radioaktiver Zerfall

*Bereits in der Steinzeit schufen Menschen Kunst-
werke. In Höhlen waren die Malereien geschützt
vor Licht und Witterung und konnten so 15 000
oder gar 30 000 Jahre überdauern. Woher kennt
man ihr Alter?*

Die C-14-Methode • Die Farbstoffe von Höhlenmalereien sind oft aus Tierknochen und Pflan-
zenteilen hergestellt worden. Sie enthalten die
Kohlenstoffnuklide C-12 und C-14. C-14 ist radioaktiv und wandelt sich unter Aussendung von Betastrahlung in Stickstoff, N-14, um. Solange ein Organismus lebt, nimmt er mit der Nahrung ständig
neue C-14-Nuklide zu sich. Daher bleibt das Verhältnis von C-12 und C-14 im Organismus stabil.
Wenn der Organismus stirbt, nimmt er kein
radioaktives C-14 mehr auf. Die Menge an
C-14-Nukliden nimmt wegen des radioaktiven
Zerfalls ab. Dadurch ändert sich das Verhältnis
von C-12 zu C-14. Wissenschaftler können dieses
Verhältnis bestimmen und daraus Rückschlüsse
auf das Alter einer organischen Substanz ziehen.
▸ Abb. 2 zeigt, wie der Anteil noch nicht zerfalle-
ner C-14-Nuklide im Laufe der Zeit abnimmt.

Die Halbwertszeit • Nach 5730 Jahren ist die
Anzahl von C-14-Nukliden auf die Hälfte der Aus-
gangsmenge zurückgegangen. Nach 11 460 Jahren, also der doppelten Zeitspanne, sind nur noch
25 % vorhanden. Die Anzahl der C-14-Nuklide hat
sich also erneut halbiert. Nach weiteren 5730 Jahren sind nur noch 12,5 % der ursprünglichen Anzahl vorhanden, was eine weitere Halbierung bedeutet (▸ Abb. 2). Entsprechend hat die Menge von
N-14 zugenommen. Der Stickstoff ist allerdings
gasförmig und entweicht weitgehend aus der
Probe.

Die in ▸ Abb. 2 dargestellte Gesetzmäßigkeit gilt
auch für alle anderen radioaktiven Nuklide. Nur
misst man bei der Untersuchung anderer radioaktiver Stoffe andere Zeitspannen für eine Halbierung und erhält andere Zerfallsprodukte.

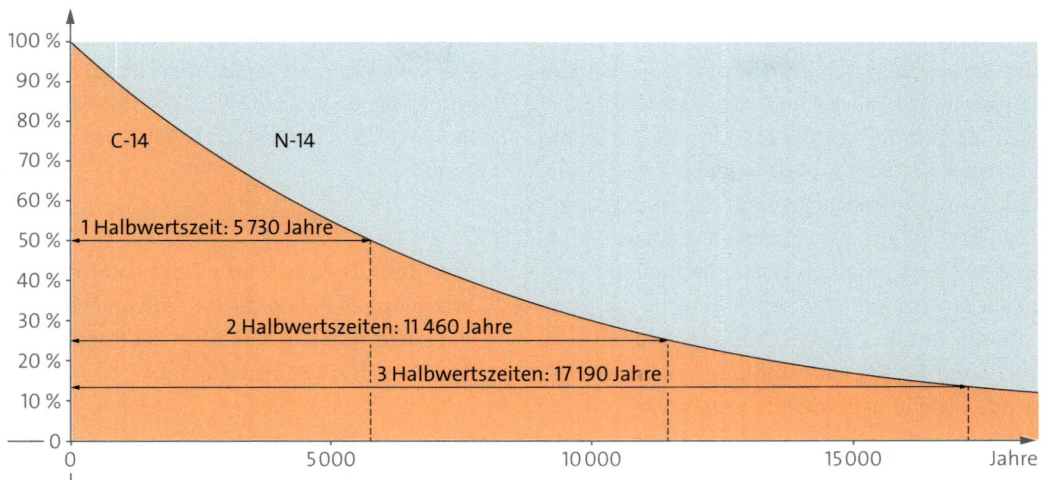

Nuklid	Halb-wertszeit
B-12	20 ms
Rn-220	55,6 s
C-14	5730 a
Pu-239	24110 a
K-40	$1,277 \cdot 10^9$ a

3 Halbwertszeiten einiger radioaktiver Stoffe

2 Der Anteil nicht umgewandelter C-14-Kerne in einer Probe (idealisierte Darstellung).

Die Zeitspanne, in der die Hälfte einer radioaktiven Probe zerfällt, heißt **Halbwertszeit** $T_{1/2}$. Sie ist so charakteristisch wie ein Fingerabdruck: Jedes radioaktive Nuklid hat eine andere Halbwertszeit. Halbwertszeiten können von Sekundenbruchteilen bis zu Hunderten von Milliarden Jahren reichen (▸Tabelle 3).

> Die Halbwertszeit $T_{1/2}$ ist die Zeitspanne, in der die Hälfte der Menge eines radioaktiven Stoffs zerfällt. $T_{1/2}$ ist eine charakteristische Größe für instabile Atomkerne.

Zerfälle kann man nicht durch eine Veränderung physikalischer Größen wie Temperatur oder Druck beeinflussen. Der Zerfall eines Kerns geschieht immer zufällig. Niemand kann voraussagen, wann ein bestimmter Kern zerfällt.
Die Halbwertszeit ist eine rein statistische Größe. Aussagen auf der Grundlage der Halbwertszeit sind somit erst dann zuverlässig, wenn eine große Anzahl von Kernen betrachtet wird.

Aktivität • Die Anzahl aller Kernzerfälle eines Stoffs in einer bestimmten Zeitspanne nennt man Aktivität. Wenn in einer Sekunde 100 Kerne umgewandelt werden, beträgt die Aktivität 100 Becquerel, denn die Einheit $\frac{1}{s}$ wird in der Kernphysik als **1 Becquerel (1 Bq)** bezeichnet.

> Die Aktivität gibt die Anzahl der radioaktiven Zerfälle einer Stoffmenge pro Zeiteinheit an.
> Die Einheit ist $1\,Bq = \frac{1}{s}$.

Zählrohre weisen Kernzerfälle nach. Mit ihnen lässt sich die Aktivität abschätzen: Jedes Signal des Zählrohrs entspricht dem radioaktiven Zerfall eines Kerns. Deshalb hängt die gemessene Zählrate von der Anzahl der vorhandenen radioaktiven Kerne und ihrer Halbwertszeit ab.
Wenn man nun bei der Analyse einer Probe mit tierischen oder pflanzlichen Anteilen, beispielsweise Farbpartikeln einer Höhlenmalerei, eine verringerte Zählrate und damit eine verringerte Aktivität feststellt, dann lässt sich daraus das Alter der Probe bestimmen. ▸Abb. 2 zeigt, dass eine Probe etwa 5730 Jahre alt ist, wenn sich die Hälfte der enthaltenen C-14-Nuklide umgewandelt hat. Die Altersbestimmung auf Grundlage der Halbwertszeit ist bei sehr kleinen Proben allerdings unsicher, weil der Zerfall der Kerne zufällig geschieht und die Zählrate daher statistischen Schwankungen unterliegt.

1 In den Skelettknochen einer Moorleiche lassen sich noch 80 % der ursprünglichen C-14-Kerne nachweisen. Ermitteln Sie das ungefähre Alter der Moorleiche.

Das Becquerel ist eine SI-Einheit und trägt diesen Namen zu Ehren von ANTOINE HENRI BECQUEREL, einem der Entdecker der Radioaktivität.

Zerfallsreihen • Viele radioaktive Nuklide kommen in der Natur vor – sie umgeben uns ständig. Sie wandeln sich um, indem sie Alpha- oder Betastrahlung aussenden. Oft entsteht dabei auch noch Gammastrahlung. Das im Gas Radon enthaltene Nuklid Rn-220 wandelt sich z.B. um, indem es Alphateilchen aussendet. Ein Alphateilchen besteht aus zwei Protonen und zwei Neutronen. Somit muss nach der Umwandlung ein neuer Stoff entstanden sein, dessen Nukleonenzahl um vier und dessen Ordnungszahl um zwei verringert ist. Die Umwandlung kann durch folgende Gleichung beschrieben werden:

$$^{220}_{86}\text{Rn} \rightarrow {}^{216}_{84}\text{Po} + {}^{4}_{2}\text{He}.$$

Das entstehende Poloniumnuklid Po-216 ist selbst radioaktiv und wandelt sich ebenfalls um und so weiter. Auf diese Weise sind natürliche radioaktive Nuklide in Zerfallsreihen eingebunden. An ihrem Ende steht jeweils ein stabiles Bleinuklid, das sich nicht mehr weiter umwandelt.

In der Natur kommen drei solcher Zerfallsreihen vor. Ein Beispiel, die Thorium-Reihe, ist in ▸Abb.1 dargestellt. Sie nimmt ihren Ausgangspunkt beim Nuklid Th-232 und bricht beim Bleinuklid

Pb-208 ab. Dieses Nuklid ist stabil, es zerfällt also nicht weiter.

Die beiden weiteren natürlichen Zerfallsreihen beginnen beim Urannuklid U-238 (Uran-Radium-Reihe) und beim Urannuklid U-235 (Uran-Actinium-Reihe).

> Eine Zerfallsreihe ist eine Folge von Umwandlungen radioaktiver Kerne und endet bei einem stabilen Nuklid. In der Natur kommen drei Zerfallsreihen vor.

1 $^{238}_{92}$U ist ein Alphastrahler. Welches Nuklid folgt damit in der Uran-Actinium-Reihe? Geben Sie die Umwandlungsgleichung an.

2 Die Uran-Radium-Reihe endet bei dem stabilen Nuklid $^{206}_{82}$Pb, das gleich zwei Vorgängernuklide hat: einen Alphastrahler und einen Betastrahler. Geben Sie die beiden Vorgängernuklide in der Zerfallsreihe an.

3 Geben Sie eine Vermutung über die Halbwertszeiten der Ausgangsnuklide der Zerfallsreihen an. Begründen Sie Ihre Vermutung.

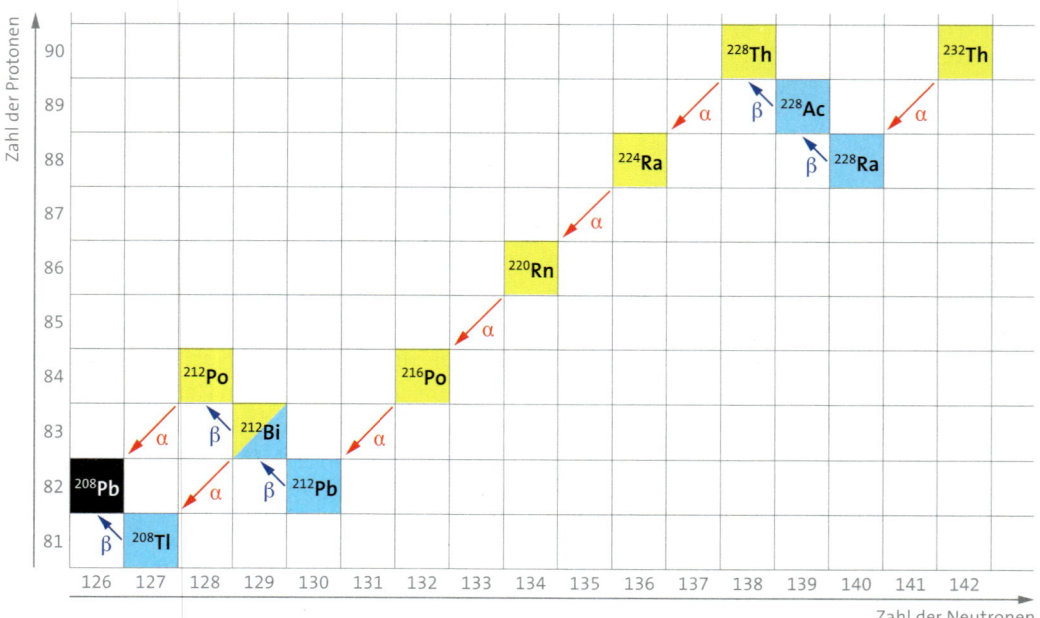

1 Thorium-Zerfallsreihe

Versuch A • Modellversuch „Reißnagelzerfall"

V1 Zerfallsgesetz anschaulich

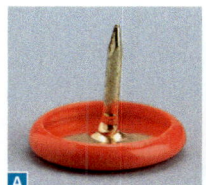

2 Reißnagel: **A** „nicht zerfallen", **B** „zerfallen"

Material:
100 Reißnägel oder mehr

Arbeitsauftrag:
Zunächst vereinbaren wir: Reißnägel, die auf dem Rücken liegen, gelten als „nicht zerfallen", gekippte Reißnägel gelten als „zerfallen" (▸Abb. 2).

a) Legen Sie die Reißnägel in einen Behälter, schütteln Sie diesen und entleeren ihn auf einer freien Fläche. Sortieren Sie alle „zerfallenen" Reißnägel aus und notieren Sie ihre Anzahl. Wiederholen Sie den Versuch mit den jeweils verbliebenen Reißnägeln so oft, bis alle Reißnägel „zerfallen" sind.
b) Tragen Sie Ihre „Messwerte" in ▸Tabelle 4 ein. Erstellen Sie aus den Werten ein Säulendiagramm.
c) Geben Sie an, welche Vorgänge oder Größen im Modellexperiment der Halbwertszeit und der Aktivität bei einem radioaktiven Zerfall entsprechen. Was entspricht einer Zeiteinheit?
d) Bestimmen Sie die „Halbwertszeit" Ihres Reißnagelzerfalls.

e) Die Vereinbarung über „zerfallene" Reißnägel wird genau umgekehrt getroffen. Ermitteln Sie, wie sich die Halbwertszeit in Ihrem Versuch ändert.

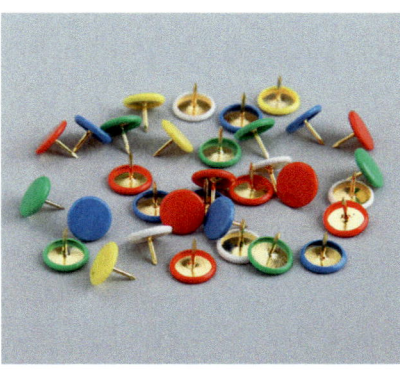

3 „Zerfallene" Reißnägel scheiden aus.

Anzahl der Würfe	0	1	2	3	4	5	6	...
Anzahl „zerfallener Reißnägel"	0							
Anzahl „nicht zerfallener" Reißnägel	100							

4 Tabelle der „Messwerte"

Material A • Np-237-Reihe

Seit dem Entstehen der Erde vor etwa 4,6 Milliarden Jahren existieren drei natürliche Zerfallsreihen. Theoretisch sollte es noch eine vierte Zerfallsreihe geben. Sie müsste mit dem Nuklid Np-237 beginnen. Jedoch kommt diese Zerfallsreihe in der Natur nicht vor.

A1 a) Geben Sie mithilfe der Nuklidkarte die vollständige Zerfallsreihe ausgehend von Np-237 an.
Hinweis: Das letzte Nuklid dieser Reihe ist das stabile Bi-209.
b) Begründen Sie, dass die Np-237-Zerfallsreihe in der Natur nicht existiert.
Hinweis: Beachten Sie die Halbwertszeiten der Zerfallsprodukte.

Material B • Eine Gleichung für den Zerfall

B1 Ra-226 zerfällt mit einer Halbwertszeit von 1600 Jahren.
a) Bestimmen Sie, nach wie viel Jahren noch ein Achtel der ursprünglichen Menge Ra-226 vorhanden ist.
b) Berechnen Sie, welcher Anteil nach 80 000 Jahren noch vorhanden ist.
B2 Wenn Sie die Anzahl der Kerne einer radioaktiven Stoffprobe für einen bestimmten Zeitpunkt und auch die Halbwertszeit kennen, dann können Sie die Anzahl der Kerne für jeden beliebigen Zeitpunkt t berechnen. Wir bezeichnen die Anzahl der Kerne, die zu einem Zeitpunkt t vorhanden sind, mit $N(t)$. Für den Startzeitpunkt $t = 0\,s$ nennen wir

die Anzahl N_0. Die Halbwertszeit $T_{1/2}$ kennen Sie schon. $N(t)$ ist dann:

$$N(t) = N_0 \cdot \left(\frac{1}{2}\right)^{\frac{t}{T_{1/2}}}$$

Diese Gleichung wird Zerfallsgesetz genannt.
Das Alter der Höhlenmalereien in Altamira in Spanien wurde mit der C-14-Methode auf 10 000 Jahre bestimmt.
Berechnen Sie mit dem Zerfallsgesetz, welcher Anteil des ursprünglich vorhandenen C-14 nach 10 000 Jahren noch vorhanden ist ($T_{1/2}$ von C-14: 5730 Jahre).

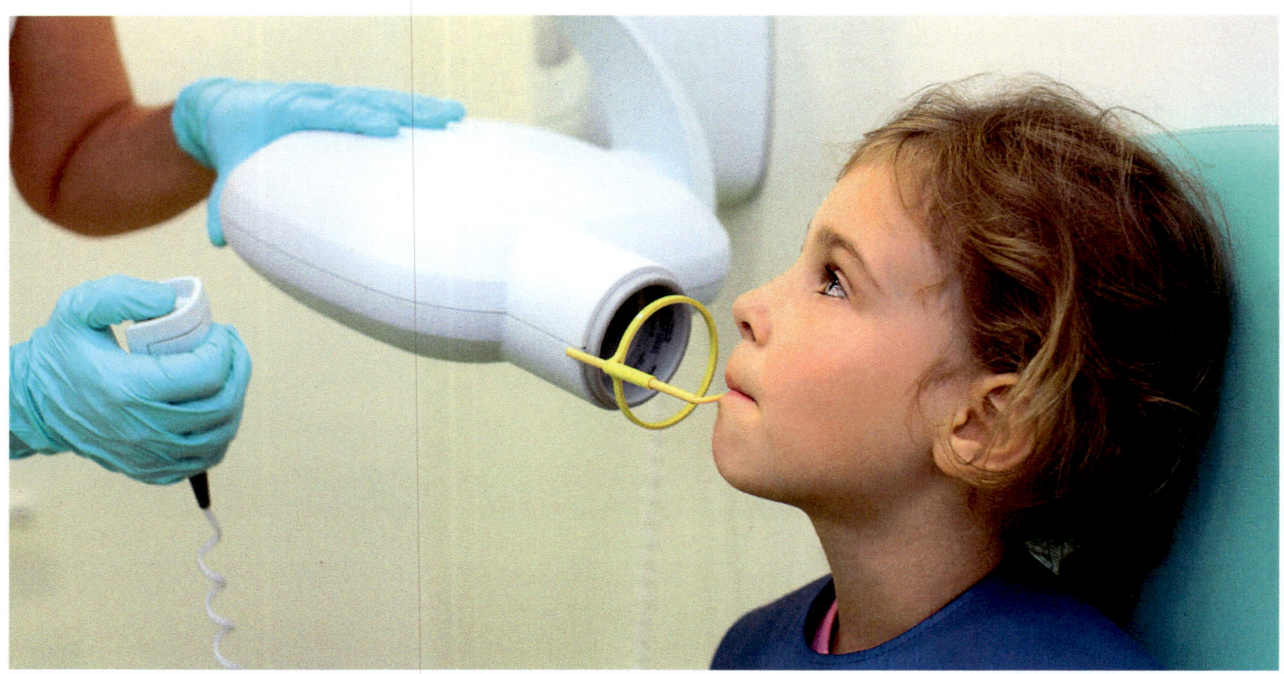

1 Röntgenaufnahme beim Zahnarzt

Wirkungen von Strahlung

Vielleicht kennen Sie das: In der Zahnarztpraxis wird eine Röntgenaufnahme von den Zähnen gemacht. Im Bild oben trägt die Patientin eine blaue Bleiweste. Warum ist diese Schutzmaßnahme wichtig?

Im Englischen spricht man heute noch von *x-rays*.

Wirkung ionisierender Strahlung • Ein Jahr vor der Entdeckung der natürlichen Radioaktivität stieß WILHELM CONRAD RÖNTGEN 1895 auf eine bis dahin unbekannte Strahlung. Er nannte sie „X-Strahlung". Diese Strahlung wirkt ebenso wie die Alpha-, Beta- und Gammastrahlung ionisierend und wird heute Röntgenstrahlung genannt. Sie begegnet uns z.B. bei der Röntgenaufnahme unserer Zähne.
Wie Gammastrahlung ist auch Röntgenstrahlung eine elektromagnetische Strahlung und durchdringt verschiedene Stoffe unterschiedlich gut. Schnell erkannte man ihren Nutzen für die Medizin. Jedoch dauerte es Jahrzehnte, bis man auch eine Gefährdung der Gesundheit durch unkontrollierte und sorglose Röntgenbestrahlung des Körpers feststellte (▶Abb. 2).

Heute weiß man, dass ionisierende Strahlung Moleküle in unserem Körper zerstören kann. Denn als Folge der Ionisation kommt es zu chemischen Reaktionen im bestrahlten Körperteil. So werden beispielsweise im Wassermolekül (H_2O) die Hüllen der Atome verändert und dadurch die chemischen Bindungen umgebaut. Es entsteht Wasserstoffperoxid (H_2O_2), ein Zellgift, das bereits in recht geringer Konzentration schädlich ist.

Als biologische Folge der Ionisation kann es zu Schäden am Erbgut, der DNA, kommen. In der Folge können nicht mehr alle Zellbestandteile wie vorgesehen hergestellt werden. Die betroffenen Zellen zeigen dann ein verändertes biologisches Verhalten.

Alpha-, Beta-, Gamma- und Röntgenstrahlung ionisieren Moleküle im menschlichen Körper. Dabei kann die DNA und damit die Erbinformation beschädigt werden.

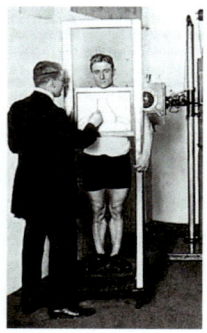

2 Röntgenaufnahme vor über 100 Jahren

Wege ionisierender Strahlung in den Körper • Die natürliche Strahlung in unserer Umwelt stammt aus der Luft, aus dem Boden oder aus Baumaterialien wie Ziegelsteinen. Außerdem gelangen über die Nahrungskette und mit der Atmung radioaktive Substanzen in unseren Körper. Damit werden wir Menschen selbst auch zu Strahlenquellen. Die Wege der Strahlung in unseren Körper zeigt ▸ Abb. 4.

Wir müssen hier allerdings zwischen den verschiedenen Strahlungsarten unterscheiden. Alphastrahlung wird bereits durch ein Blatt Papier oder die äußerste Schicht der menschlichen Haut abgeschirmt. Diese Strahlung wird aber dann gefährlich, wenn sie über die Atmung oder mit der Nahrung in unseren Körper gelangt.

Betastrahlung wie auch Gamma- und Röntgenstrahlung kann Kleidung und Haut durchdringen. Sie gelangt also direkt von außen in den Körper. Damit z.B. bei einer Röntgenuntersuchung nur die für die Diagnose notwendige Körperregion durchstrahlt wird, muss der restliche Körper mit einem gut abschirmenden Material geschützt werden. Diese Funktion übernimmt die Bleiweste in ▸ Abb. 1.

Strahlenschäden • Das Leben auf der Erde entwickelte sich von Beginn an unter den Bedingungen natürlicher Radioaktivität. Deshalb kann unser Organismus geschädigte Zellen erkennen und sogar reparieren. Wird dieses natürliche Abwehrsystem jedoch überfordert, kommt es zu Strahlenschäden.

Das Ausmaß und die Art der Schädigung hängen von mehreren Faktoren ab. Grundsätzlich gilt: Je stärker die Strahlung ist und je länger die Bestrahlung andauert, desto schwerwiegender sind die Strahlenschäden. Es kommt auch darauf an, welche Organe oder Gewebearten bestrahlt werden. Eine Einteilung der Organempfindlichkeiten finden Sie in ▸ Abb. 3.

Darüber hinaus ist die biologische Wirkung abhängig von der Art der Strahlung.

Die biologische Wirkung von ionisierender Strahlung hängt von der Intensität, der Dauer und der Art der Strahlung sowie von der Empfindlichkeit des bestrahlten Organs ab.

Die Wahrscheinlichkeit des Auftretens von Strahlenschäden und ihr Ausmaß ist aber auch abhängig von individuellen Faktoren wie dem Immunsystem.

Wenn Körperzellen von der ionisierenden Strahlung betroffen sind, können Veränderungen des Blutbildes, Organschäden oder Krebs entstehen. Man spricht von **somatischen Schäden.**

Sind allerdings Keimzellen betroffen, kann dies beim Bestrahlten zur Sterilität oder bei seinen Nachkommen zu **genetischen Schäden** wie Fehlbildungen, z.B. Gaumenspalten, und Erbkrankheiten wie dem Down-Syndrom führen.

Somatische Strahlenschäden treten beim einzelnen Individuum auf.
Bei genetischen Strahlenschäden wirken sich die biologischen Veränderungen erst bei den Nachkommen aus.

Strahlenempfindlichkeit
hoch

Fortpflanzungs-organe

rotes Knochen-mark, Dickdarm, Lunge, Magen

Blase, Brust, Leber, Speiseröhre, Schilddrüse

Knochen-oberfläche, Muskeln

Strahlen-empfindlichkeit
niedrig

3 Strahlenempfind-lichkeit von Organen und Gewebearten

Direkte äußere Strahlung aus der Luft

Aufnahme von Strahlungsquellen mit der Atemluft

Aufnahme von Strahlungsquellen mit der Nahrung

Direkte äußere Strahlung aus dem Boden

4 Wege ionisierender Strahlung in den Körper

1 Einfaches Dosimeter für den Personenschutz

2 Symbol zur Warnung vor radioaktiven Stoffen und ionisierender Strahlung

Die Energiedosis • Um das Risiko für **Strahlenschäden** beurteilen zu können, benötigen wir eine Größe, die die Wirkung von Strahlung im Körper beschreibt. Die Energiedosis gibt allgemein an, wie viel Energie ein Kilogramm eines Stoffes durch Strahlung aufnimmt. Die Einheit der Energiedosis ist $1\frac{J}{kg}$. Mit Dosimetern kann man die Energiedosis einer Strahlung messen (▸Abb.1).

Bei lebenden Zellen ist es von Bedeutung, durch welche Art von Strahlung die Energie aufgenommen wird. Untersucht man nämlich die Strahlenschäden in der Lunge nach dem Einatmen einer radioaktiven Substanz, dann zeigen sich bei Alphastrahlung viel schwerwiegendere Strahlenschäden als bei Betastrahlung. Um die unterschiedliche Wirkung verschiedener Strahlungsarten zu berücksichtigen, ordnet man jeder Strahlungsart einen Qualitätsfaktor zu (▸Tabelle 3). Das Produkt aus Energiedosis und Qualitätsfaktor heißt **Äquivalentdosis.** Ihre Einheit ist ein **Sievert** ($1\,Sv = 1\frac{J}{kg}$).

Für die schädigende Wirkung von Strahlung ist es zudem entscheidend, von welchen Organen die Strahlung aufgenommen wird. So richtet Strahlung im Lungengewebe deutlich mehr Schäden an als z.B. auf der Hautoberfläche.

Art der Strahlung	Qualitätsfaktor	
Gammastrahlung	1	**Beispiel:** Für eine Energiedosis von $1\frac{mJ}{kg}$, die allein durch Alphastrahlung bewirkt wird, entspricht die Äquivalentdosis 20 mSv.
Betastrahlung	1	
Protonenstrahlung	10	
Alphastrahlung	20	

3 Einige Qualitätsfaktoren

Tätigkeit	Strahlenbelastung
Röntgenaufnahme der Halswirbelsäule	ca. 0,2 mSv
Computertomographie des Bauchraums	ca. 1,4 mSv
Flugreise von Frankfurt nach San Francisco	ca. 0,07 mSv
Rauchen einer Zigarette (Lunge)	ca. 0,014 mSv
Jährliche effektive Dosis aufgrund naürlicher Strahlungsquellen	ca. 2,4 mSv

4 Strahlenbelastung bei verschiedenen Tätigkeiten

Experten gehen davon aus, dass eine Strahlenbelastung von 2,4 mSv pro Jahr beim Menschen kein erhöhtes Risiko für eine Strahlenkrankheit darstellt. Empfängt ein Mensch jedoch innerhalb kurzer Zeit eine Dosis von über 4 Sv, also ungefähr das 1700-Fache von 2,4 mSv, dann ist die Wahrscheinlichkeit einer Erkrankung mit Todesfolge sehr groß.

> Die Äquivalentdosis gibt Auskunft über biologische Strahlenwirkungen. Die Einheit ist ein Sievert (1 Sv).

Schutz vor Strahlung • Für ein möglichst geringes gesundheitliches Risiko durch ionisierende Strahlung müssen bestimmte Regeln eingehalten werden. Sie lauten:
1. Die Aktivität des benutzten Stoffs soll so gering wie möglich gehalten werden.
2. Die Zeit, in der Menschen ionisierender Strahlung ausgesetzt sind, ist auf das absolut notwendige Minimum zu begrenzen.
3. Der Abstand zwischen Mensch und Strahlenquelle soll so groß wie möglich sein.
4. Die Strahlung soll so gut wie möglich abgeschirmt werden.
5. Die Aufnahme radioaktiver Substanzen in den Körper soll möglichst vermieden werden.
Diese Regeln lassen sich als „5-A-Regel" des Strahlenschutzes kurz zusammenfassen:

- **A**ktivität verringern
- **A**ufenthaltsdauer verringern
- **A**bstand vergrößern
- **A**bschirmung erhöhen
- **A**ufnahme vermeiden

1 Recherchieren Sie im Internet den maximal erlaubten Wert der beruflich bedingten Strahlenbelastung pro Jahr.
Beurteilen Sie anhand von ▸Tabelle 4 die Strahlenbelastung für eine Person, die beruflich zweimal im Monat von Frankfurt nach San Francisco und zurück reist.

Material A • Künstliche (zivilisatorische) und natürliche Radioaktivität

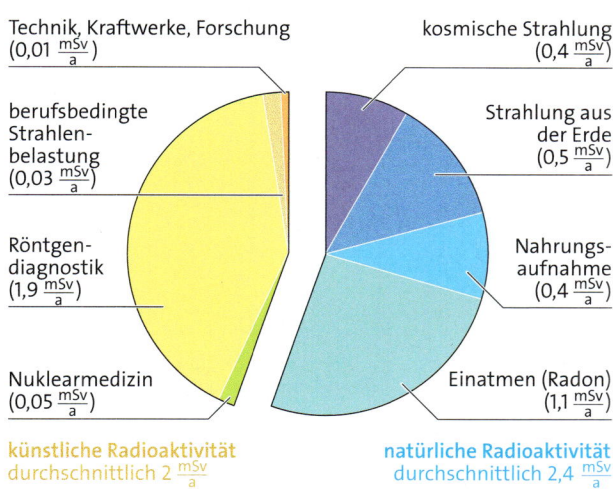

Technik, Kraftwerke, Forschung (0,01 $\frac{mSv}{a}$)

berufsbedingte Strahlenbelastung (0,03 $\frac{mSv}{a}$)

Röntgendiagnostik (1,9 $\frac{mSv}{a}$)

Nuklearmedizin (0,05 $\frac{mSv}{a}$)

kosmische Strahlung (0,4 $\frac{mSv}{a}$)

Strahlung aus der Erde (0,5 $\frac{mSv}{a}$)

Nahrungsaufnahme (0,4 $\frac{mSv}{a}$)

Einatmen (Radon) (1,1 $\frac{mSv}{a}$)

künstliche Radioaktivität durchschnittlich 2 $\frac{mSv}{a}$

natürliche Radioaktivität durchschnittlich 2,4 $\frac{mSv}{a}$

5 Durchschnittliche jährliche Äquivalenzdosis

Das Diagramm zeigt die Werte für die effektive Äquivalentdosis aufgrund der natürlichen und der künstlichen Radioaktivität. Dabei handelt es sich um Durchschnittswerte, die individuell stark schwanken können. Die tatsächliche Strahlenbelastung eines Menschen hängt von verschiedenen Faktoren ab, z. B. von Wohnort, Beruf und Lebensweise.

A1 Für Flüge in normaler Reisehöhe (12 km) wird aufgrund der kosmischen Strahlung eine zusätzliche Belastung von 0,005 $\frac{mSv}{h}$ angenommen. Bestimmen Sie daraus für einen Flug von Frankfurt nach New York – Flugdauer ca. 8 Stunden – den Anteil an der durchschnittlichen jährlichen Gesamtstrahlenbelastung.

A2 Berechnen Sie, nach wie vielen Flugstunden das Bordpersonal die durchschnittliche berufsbedingte Strahlenbelastung erreicht hat.

Material B • Auch der Stoffwechsel spielt eine Rolle – Die biologische Halbwertszeit

Für eine Bewertung des Risikos von Schäden durch Radioaktivität aus Umwelt und Technik oder durch medizinische Anwendungen ist die Halbwertszeit eine wichtige Größe. Sie macht eine Aussage darüber, wie schnell die Strahlung einer radioaktiven Substanz abklingt.

Für radiologische Untersuchungen (z. B. Szintigrafien) wird dem Patienten eine radioaktive Substanz verabreicht. Dann befindet sich die Strahlenquelle im Körper. Nun kommt es auch darauf an, wie schnell sie biologisch abgebaut bzw. ausgeschieden wird. Man spricht hierbei von der biologischen **Halbwertszeit** T_{biol}. Aus dieser wird dann mit der physikalischen Halbwertszeit T_{phys} zusammen eine neue Größe berechnet, in der sowohl der biologische als auch der physikalische Effekt berücksichtigt wird: die effektive **Halbwertszeit** T_{eff}. Diese lässt sich so berechnen:

$$T_{eff} = \frac{T_{phys} \cdot T_{biol}}{T_{phys} + T_{biol}}.$$

Nuklid	Symbol	Strahlung	T_{phys}	T_{biol}	T_{eff}
Tritium	$^{3}_{1}H$	β	12,3 a	12 d	12 d
Phosphor-32	$^{32}_{15}P$	β	14,2 d	3 a	14 d
Kalium-40	$^{40}_{19}K$	β, γ	$1,3 \cdot 10^{9}$ a	58 d	
Strontium-89	$^{89}_{38}Sr$	β, γ	50,5 d	49 a	
Technetium-99m	$^{99}_{43}Tc$	β, γ	6 h	6–24 h	
Iod-131	$^{131}_{53}I$	β, γ	8 d	80 d	
Caesium-137	$^{137}_{55}Cs$	β, γ	30,2 a	110 d	
Radium-226	$^{226}_{88}Ra$	α, γ	1600 a	45 a	

6 Halbwertszeiten

Gelangt z. B. Tritium (H-3) in unseren Körper, dann ist einerseits die große physikalische Halbwertszeit sehr ungünstig. Andererseits wird Tritium im Körper recht schnell abgebaut, hat also eine kleine biologische Halbwertszeit. Anders ist es z. B. bei dem Nuklid Phosphor-32, das auch in der Medizin verwendet wird. Hier verläuft der biologische Abbauprozess langsam. Dafür ist die physikalische Halbwertszeit relativ klein.

B1 Berechnen Sie die in ▸Tabelle 6 fehlenden Werte der effektiven Halbwertszeit.

B2 Für die radiologische Untersuchung der Schilddrüse wurde den Patienten früher Iod-131 verabreicht. Heute wird dafür das Nuklid Technetium-99m verwendet. Geben Sie einen Vorteil der Verwendung von Tc-99m an.

Strahlenmedizin

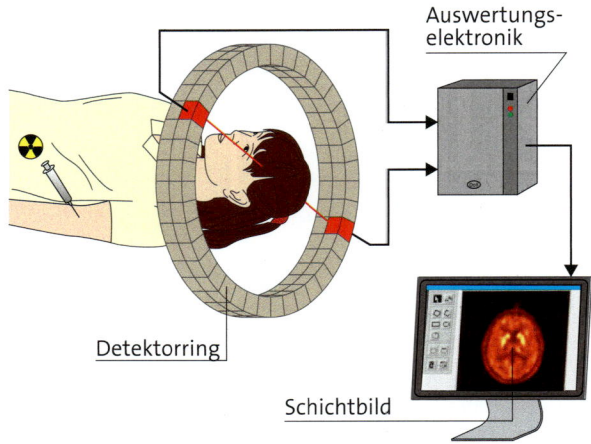

1 Positronen-Emissions-Tomografie

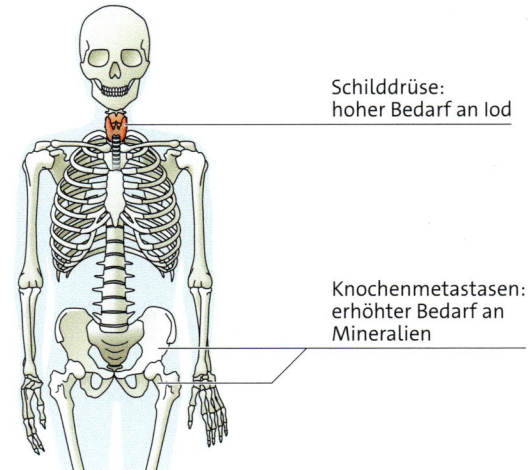

2 PET kann erhöhten Stoffwechselbedarf nachweisen.

Jährlich erkranken in Deutschland mehr als 500 000 Menschen an **Krebs.** Bei ihnen vermehren sich Zellen unkontrolliert, es bilden sich Tumoren. Glücklicherweise sind die Ärzte heutzutage in der Lage, viele Arten von Krebs zu heilen. Schwierig wird die Therapie jedoch, wenn der Krebs spät erkannt wird. Das gilt insbesondere dann, wenn der Primärtumor bereits gestreut hat, wenn sich also schon Krebszellen im Körper verbreitet haben. Man spricht von **Metastasenbildung.**

Diagnose • Wenn der Arzt Tumoren oder Krebs vermutet, werden häufig bildgebende Verfahren angewendet, um in den Körper des Patienten zu blicken, ohne diesen aufschneiden zu müssen. Die wichtigsten bildgebenden Verfahren sind neben der Sonografie die mit ionisierender Strahlung arbeitende Röntgendiagnostik (inklusive der Computertomografie) und die Positronen-Emissions-Tomografie.

Die Sonografie, umgangssprachlich Ultraschalluntersuchung genannt, wird am häufigsten angewendet. Hierbei werden Schallwellen in den Körper geschickt, die an verschiedenen Gewebearten unterschiedlich stark reflektiert und von einem Detektor gemessen werden.

Bei der **Röntgendiagnostik** dagegen werden Röntgenstrahlen durch den Körper geschickt und auf der anderen Seite detektiert. Dabei absorbieren Körpergewebe und Knochen die Röntgenstrahlung unterschiedlich gut, sodass verschieden viel Strahlung auf der Rückseite ankommt. Dadurch entsteht eine Art Foto vom Körperinneren.

Die **Computertomografie** nimmt hierbei eine besondere Rolle ein. Hierbei wird nicht nur ein einzelnes Bild vom Körper gemacht, sondern gleich mehrere aus unterschiedlichen Positionen. Diese Bilder werden dann von einem Computer zusammengefügt, sodass aus den Daten eine dreidimensionale Darstellung vom Körperinneren aus verschiedenen Blickwinkeln errechnet werden kann.

Für die **Positronen-Emissions-Tomografie** (kurz: PET) muss der Patient ein radioaktives Medikament einnehmen, beispielsweise Fluor-18. Die chemischen Eigenschaften des Präparats legen fest, wie es sich im Körper verteilt. Der Tomograf misst die Strahlung, die entsteht, wenn das im Körper verteilte Medikament zerfällt (►Abb.1). Aus diesen Informationen erzeugt ein Computer Schnittbilder des Körpers. Mithilfe dieser Bilder stellt ein Arzt fest, an welchen Stellen im Körper das Medikament zerfällt, und kann daraus Schlüsse über die Funktion von Stoffwechsel und Organen ziehen.

Tumorzellen haben meistens einen aktiveren Stoffwechsel, deshalb nehmen sie mehr von dem Medikament auf, als es für das betroffene Organ typisch wäre, und können daran erkannt werden.

Therapie • Damit Tumoren nicht unkontrolliert weiterwachsen, werden häufig sogenannte „Chemotherapien" angewendet: Dem Patienten werden Stoffe verabreicht, die Zellen mit einer hohen Teilungsrate angreifen und zerstören. Aber nicht nur Tumorzellen teilen sich schnell, sondern auch einige gesunde Zellen wie Haarwurzeln und Blutbildungszellen im Knochenmark. Deshalb fallen den meisten Patienten während einer Chemotherapie die Haare aus. Aber auch andere Nebenwirkungen wie Übelkeit und Erbrechen können auftreten. Um gezielter gegen Tumoren vorgehen zu können, nutzen Mediziner deshalb auch ionisierende Strahlung. Wenn dabei radioaktive Stoffe zum Einsatz kommen, spricht man von **Radionuklidtherapie.** Dabei werden dem Patienten radioaktive Isotope in die Blutbahn injiziert. Diese Radionuklide gelangen zu den Tumorzellen und vernichten diese.

Wirkung • Für die Bestrahlung von Metastasen oder Tumoren nutzt man meist Betastrahler. Die Reichweite der Betastrahlung liegt im Körper bei einigen Millimetern bis Zentimetern. Für die Bekämpfung besonders strahlenresistenter Krebszellen verwendet man aber auch Alphastrahler. Die Reichweite von Alphastrahlung beträgt im Körper nur wenige zehn Mikrometer, also nur einige Zelldurchmesser. Alphateilchen schädigen umliegendes Gewebe somit kaum, wechselwirken dafür umso stärker mit den Tumorzellen: Sie zertrümmern Moleküle und zerstören dabei wichtige Bestandteile der bestrahlten Zellen wie Enzyme und DNA: Die betroffenen Zellen sterben ab.

Wenn die Mediziner die Radionuklide in die Blutbahn spritzen, müssen sie das Risiko, andere Körperzellen zu schädigen, möglichst gering halten. Denn radioaktive Strahlung zerstört gesunde ebenso wie kranke Körperzellen. Wie schaffen es die Mediziner, die radioaktiven Substanzen an die richtigen Stellen im Körper zu transportieren?

Eine Methode nutzt die besonderen Stoffwechseleigenschaften von Tumorzellen (▸Abb. 2). Zum Beispiel haben Schilddrüsenzellen einen sehr hohen Bedarf an Iod. Befindet sich der Tumor also in der Schilddrüse, wird dem Patienten das radioaktive Isotop Iod-131 verabreicht. Da dieses Isotop die gleichen chemischen Eigenschaften besitzt wie nicht radioaktives Iod, wird es von der Schilddrüse ebenso aufgenommen. Die Tumorzellen werden von innen bestrahlt und getötet.

Ähnlich verhält es sich bei Knochenmetastasen. Diese wachsen schneller als normale Knochenzellen und haben somit einen erhöhten Bedarf an Mineralien wie Kalzium. Auch hier werden radioaktive Präparate genutzt, die ähnliche chemische Eigenschaften haben wie das nicht radioaktive Kalzium, z. B. Strontium-89 oder Radium-223. Die radioaktiven Nuklide sammeln sich in den Metastasen an und zerstören diese dann durch ihre Strahlung.

Eine weitere Methode setzt maßgeschneiderte Moleküle ein, um die radioaktiven Stoffe zu den entsprechenden Körperregionen zu transportieren. Man nutzt die Moleküle als „trojanische Pferde". Das funktioniert so:
Manche Krebszellen tragen auf ihrer Oberfläche Moleküle, die sich von denen auf der Oberfläche gesunder Zellen unterscheiden. Diese Moleküle, z. B. Proteine, verraten die erkrankten Zellen. Haben die molekularen trojanischen Pferde nun passende Bindungseigenschaften, um an die Oberflächenmoleküle anzudocken, können sie in die Krebszellen eindringen. Transportieren die „trojanischen Pferde" radioaktive Stoffe, dann zerstören diese die Krebszellen.

Entscheidend für die Behandlung ist, dass möglichst viele Zerfälle in diesen Zellen stattfinden. Dafür eignen sich vor allem Radionuklide mit kurzen Halbwertszeiten, denn sonst wird das Präparat wieder ausgeschieden, bevor viele Zerfälle stattgefunden haben. Das bedeutet, dass diese Nuklide nicht gelagert werden können, sondern extra für die Behandlung eines Patienten hergestellt werden müssen. Würde man die Nuklide lagern, so zerfielen sie bereits, bevor sie in den Körper aufgenommen werden können.

1 Lesen Sie nach, auf welche Weise Odysseus die Schlacht um Troja gewonnen hat. Erklären Sie anschließend, weshalb Wissenschaftler die maßgeschneiderten Moleküle, die sie zur Krebstherapie einsetzen, als „trojanische Pferde" bezeichnen.

Aufbau von Atomen

Atome bestehen aus einem kleinen positiv geladenen **Atomkern** und einer negativ geladenen **Atomhülle** aus Elektronen. Nach außen hin ist das Atom elektrisch neutral. Dieses Kern-Hülle-Modell des Atomaufbaus wird als RUTHERFORD'sches Atommodell bezeichnet. Ein Atomkern ist ungefähr 10^{-14} m, ein Atom etwa 10^{-10} m groß.

Die Ladungsmenge eines **Elektrons** beträgt $-1{,}602 \cdot 10^{-19}$ C.

Elektrische und magnetische Felder üben Kräfte auf Elektronen aus:

- Im elektrischen Feld wirken auf Elektronen Kräfte entgegengesetzt zur Richtung der elektrischen Feldlinien.
- Im magnetischen Feld werden bewegte Elektronen durch die Lorentzkraft gemäß der Drei-Finger-Regel der linken Hand quer zu den Feldlinien abgelenkt.

 Proton    Neutron

Heliumkern:

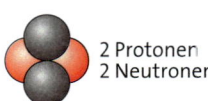 2 Protonen
2 Neutronen

Kohlenstoffkern:

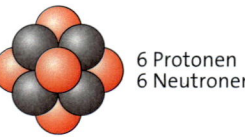 6 Protonen
6 Neutronen

1 Modellvorstellung der Atomkerne von He und C

Atomkerne bestehen aus **Nukleonen:** den elektrisch positiv geladenen **Protonen** und den elektrisch neutralen **Neutronen.** Zwischen den Nukleonen im Atomkern wirkt die Kernkraft. Sie ist bei sehr kleinem Teilchenabstand größer als die zwischen den Protonen wirkende abstoßende elektrische Kraft.

Die Symbolschreibweise für Atomkerne ist:

$$^{\text{Nukleonenzahl}}_{\text{Protonenzahl}}\text{Elementsymbol}$$

Atomkerne mit gleicher Protonen- und gleicher Neutronenzahl nennt man **Nuklide.** Nuklide mit der gleichen Protonenzahl und unterschiedlichen Neutronenzahlen heißen **Isotope.**

Radioaktivität und Röntgenstrahlung

Ionisierende Strahlung kann Atome und Moleküle ionisieren. Die Strahlung ist mit den menschlichen Sinnen nicht wahrnehmbar, kann aber mit **Zählrohren** oder Nebelkammern nachgewiesen werden. Die Zahl der von einem Zählrohr registrierten Impulse pro Zeiteinheit heißt Zählrate. Da es in der Umwelt ständig ionisierende Strahlung gibt, registrieren Zählrohre eine **Nullrate,** die bei Messungen berücksichtigt werden muss. Zur ionisierenden Strahlung zählen die Strahlung radioaktiver Stoffe und die Röntgenstrahlung.

Als **Alphastrahlung** bezeichnet man Heliumkerne („Alphateilchen"), die von Atomkernen radioaktiver Stoffe ausgesandt werden. Alphastrahlung wird im elektrischen Feld in Richtung der Feldlinien, im magnetischen Feld quer zu den Feldlinien abgelenkt. Sie hat ein sehr geringes Durchdringungsvermögen und kann durch ein Blatt Papier weitgehend abgeschirmt werden.

Als **Betastrahlung** bezeichnet man Elektronen, die aus den Atomkernen radioaktiver Stoffe ausgesendet werden. Betastrahlung hat ein 100-mal größeres Durchdringungsvermögen als Alphastrahlung, kann aber durch eine dünne Aluminiumschicht weitgehend abgeschirmt werden.

Unter **Gammastrahlung** versteht man elektromagnetische Strahlung, die von den Atomkernen radioaktiver Stoffe ausgeht. Sie wird weder im elektrischen noch im magnetischen Feld abgelenkt. Gammastrahlung hat ein hohes Durchdringungsvermögen und wird am effektivsten durch dicke Bleiplatten abgeschirmt.

Unter **Röntgenstrahlung** versteht man elektromagnetische Strahlung, die z. B. von stark beschleunigten (bzw. abgebremsten) Elektronen ausgeht. Sie gleicht in ihren Eigenschaften der Gammastrahlung, ist aber weniger energiereich.

Ionisierende Strahlung kann bei Lebewesen zu **Strahlenschäden** führen, weil sie Moleküle im Körper ionisiert und dabei die DNA beschädigt. Folgen sind Organschäden, Krebs oder Sterilität.

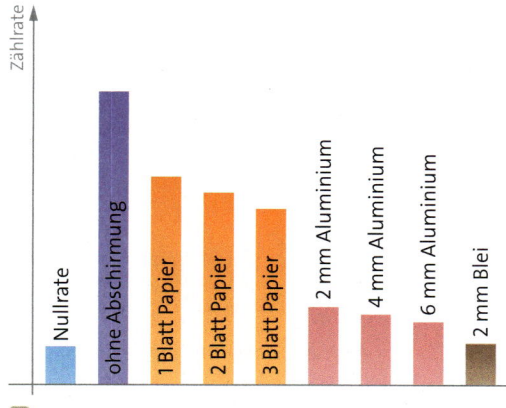

2 Durchdringungsvermögen der Strahlung von Ra-226

Schäden an Keimzellen können zu genetischen Schäden bei den Nachkommen führen.

Die biologische Wirkung hängt von Intensität, Dauer und Art der Strahlung sowie von der Empfindlichkeit des bestrahlten Organs ab. Die Strahlung wird auch gezielt für Diagnose- und Therapieverfahren eingesetzt.

Zum **Schutz vor Strahlung** dient die „5-A-Regel" des Strahlenschutzes:
Aktivität verringern,
Aufenthaltsdauer verringern,
Abstand vergrößern,
Abschirmung erhöhen,
Aufnahme vermeiden.

Radioaktiver Zerfall: Wandelt sich ein Atomkern eines radioaktiven Stoffes beim Aussenden von Strahlung um, spricht man von **radioaktivem Zerfall.** Der Zerfall eines Kerns lässt sich weder vorhersagen noch beeinflussen.

Eine **Zerfallsreihe** ist eine Abfolge von Umwandlungen radioaktiver Kerne. Sie endet bei einem stabilen Nuklid. In der Natur kommen drei Zerfallsreihen vor.

Die **Halbwertszeit** $T_{1/2}$ ist die Zeitspanne, nach der sich die Hälfte der Kerne eines radioaktiven Nuklids umgewandelt hat. Diese Spanne ist für jedes Nuklid charakteristisch. Da die Halbwertszeit eines Nuklids konstant ist, kann sie zur Altersbestimmung bestimmter Stoffe verwendet werden.

Die **Aktivität** gibt die Anzahl der radioaktiven Zerfälle in einer Stoffmenge pro Zeiteinheit an. Die Einheit ist ein **Becquerel** (Bq = $1\frac{1}{s}$).

Überprüfen Sie sich selbst:

Kann ich ...

- das Experiment von RUTHERFORD beschreiben und die Folgerungen daraus für den Atomaufbau erläutern? (▸S.171)

- die Bewegung von Elektronen im elektrischen und im magnetischen Feld erläutern? (▸S.171)

- den Aufbau des Atomkerns beschreiben und erklären, warum der Kern zusammenhält? (▸S.175)

- die Symbolschreibweise für Atomkerne interpretieren und verwenden? (▸S.175)

- die Begriffe Atomkern, Isotop und Nuklid unterscheiden und erläutern? (▸S.176)

- beschreiben, was bei der Ionisation mit einem Atom geschieht? (▸S.179)

- erläutern, wie ein Zählrohr ionisierende Strahlung misst? (▸S.180, 185)

- den Begriff „Nullrate" erklären und Ursachen für ihr Auftreten nennen? (▸S.180)

- verschiedene Arten ionisierender Strahlung nennen und erläutern, wie man sie experimentell unterscheiden kann? (▸S.182)

- beschreiben, was im radioaktiven Atomkern passiert, wenn er Strahlung aussendet, und die jeweilige Kernreaktion in Symbolschreibweise angeben? (▸S.182)

- Empfehlungen für die Abschirmung verschiedener Strahlungsarten abgeben? (▸S.181)

- den Begriff der Halbwertszeit erläutern und erklären, wie man sie zur Altersbestimmung nutzen kann? (▸S.186)

- die Wirkung ionisierender Strahlung auf den menschlichen Organismus beschreiben und gesundheitliche Folgen angeben? (▸S.190)

- Schutzmaßnahmen gegen ionisierende Strahlung nennen und erläutern? (▸S.192)

- medizinische Anwendungen ionisierender Strahlung erläutern? (▸S.194)

Physikalische Größen

Größe	Symbol	Einheit	Gleichung oder Definition
Aktivität	A	Bq (Becquerel) $= \frac{1}{s}$	Zerfälle pro Zeit
Amplitude	y_{max}	m (Meter)	Maximale Auslenkung
Äquivalentdosis	H	Sv (Sievert)	
Auslenkung	y	m	$y(t) = y_{max} \cdot \sin(\omega t + \Delta\varphi)$
Beschleunigung	a	$\frac{m}{s^2}$	$a = \frac{\Delta v}{\Delta t}$ für $\Delta t \to 0$
Brennweite	f	m	Abstand Linse–Brennpunkt
Drehwinkel	φ	rad (Radiant)	Bogenlänge pro Radius
Drehzahl	n	$\frac{1}{s}$ (Anzahl Umdrehungen pro Sekunde)	$n = \frac{1}{T}$
Energie	E	J = N $\cdot$ m (Joule)	
Federkonstante	D, k	$\frac{N}{m}$	$D = \frac{F}{s}$
Fallbeschleunigung	g	$\frac{m}{s^2}$	$g = \frac{F_G}{m}$
Fläche, Flächeninhalt	A	m^2	
Frequenz	f	Hz (Hertz)	$f = \frac{1}{T}$
Geschwindigkeit	v	$\frac{m}{s}$	$v = \frac{\Delta s}{\Delta t}$ für $\Delta t \to 0$
Gewichtskraft	F_G	N (Newton)	$F_G = m \cdot g$
Gleitreibungskraft	F_{GR}	N	$F_{GR} = \mu_{GR} \cdot F_N$ (F_N = Normalkraft)
Haftreibungskraft	F_{HR}	N	$F_{HR} = \mu_{HR} \cdot F_N$ (F_N = Normalkraft)
Halbwertszeit	$T_{1/2}$	s (Sekunde)	$\frac{N(T_{1/2})}{N(0)} = \frac{1}{2}$
Höhenenergie	E_H	J	$E_H = m \cdot g \cdot h$
Impuls	p	$\frac{kg \cdot m}{s}$	$p = m \cdot v$
kinetische Energie	E_{kin}	J	$E_{kin} = \frac{1}{2} \cdot m \cdot v^2$
Kraft	F	N	$F = m \cdot a$
Kreisfrequenz	ω	$\frac{rad}{s}$	$\omega = \frac{\Delta\varphi}{\Delta t}$
Länge	l	m	
Lautstärkepegel	L_N	phon	„gefühlter" Schalldruckpegel (Referenz: 1000 Hz)
Leistung	P	W $= \frac{J}{s}$	$P = \frac{E}{t}$
Luftreibungskraft	F_{LR}	N	$F_{LR} = \frac{1}{2} \cdot c_W \cdot A \cdot \rho \cdot v^2$
Masse	m	kg	$m = \frac{F}{A}$
Periodendauer	T	s	
Rollreibungskraft	F_{RR}	N	$F_{RR} = \mu_{RR} \cdot F_N$ (F_N = Normalkraft)

Größe	Symbol	Einheit	Gleichung oder Definition
Schalldruckpegel	L_P	dB (Dezibel)	$L_P = 20 \cdot \lg\left(\frac{p_{Schall}}{p_0}\right)$ mit $p_0 = 20\,\mu Pa$
Temperatur	T	K (Kelvin)	$T = \left(\frac{\vartheta}{1\,°C} + 273{,}15\,K\right)$ ϑ = Temperatur in Grad Celsius
Volumen	V	m^3	
Weg	s	m	
Wellenlänge	λ	m	
Winkelbeschleunigung	a	$\frac{rad}{s^2}$	$a = \frac{\Delta\omega}{\Delta t}$
Winkelgeschwindigkeit	ω	$\frac{rad}{s}$	$\omega = \frac{\Delta\varphi}{\Delta t}$
Zeit	t	s	
Zentripetalbeschleunigung	a_Z	$\frac{m}{s^2}$	$a_Z = \frac{v^2}{r}$
Zentripetalkraft	F_Z	N	$F_Z = m \cdot \frac{v^2}{r}$
Zerfallskonstante	λ	$\frac{1}{s}$	$\lambda = \frac{\ln 2}{T_{1/2}}$

Physikalische Konstanten

Konstante	Symbol	Wert
Absoluter Nullpunkt	T_0	$0\,K = -273{,}15\,°C$
Ruhemasse des Elektrons	m_e	$9{,}1094 \cdot 10^{-31}\,kg$
Ruhemasse des Protons	m_p	$1{,}6727 \cdot 10^{-27}\,kg$
Ruhemasse des Neutrons	m_n	$1{,}6750 \cdot 10^{-27}\,kg$
Stefan-Boltzmann-Konstante	σ	$5{,}670\,400 \cdot 10^{-8}\,\frac{W}{m^2 \cdot K^4}$

Physikalische Konstanten auf der Erde unter Standardbedingungen

Standardbedingungen: Temperatur: $T_0 = 273{,}15\,K$, Luftdruck: $p_0 = 1013{,}25\,1Pa$

Konstante	Symbol	Wert
Dichte der Luft	ρ_L	$1{,}293\,\frac{kg}{m^3}$
mittlere Fallbeschleunigung	g	$9{,}81\,\frac{m}{s^2}$
Schallgeschwindigkeit in Luft	c_L	$331\,\frac{m}{s}$
Solarkonstante	S_E	$1{,}367 \cdot 10^3\,\frac{W}{m^2}$

Physikalische Gesetze

Name	Bedeutung	Gleichung
Abbildungsgleichung	Zusammenhang der Brennweite f mit Bildweite b und Gegenstandsweite g	$\frac{1}{b} + \frac{1}{g} = \frac{1}{f}$
Freier Fall	In der Zeit t zurückgelegte Strecke s	$s = \frac{1}{2} g \cdot t^2$
Geradlinige Bewegung: Weg	In der Zeit t erreichte Strecke s	$s = \frac{1}{2} a \cdot t^2 + v_0 \cdot t + s_0$
Geradlinige Bewegung: Geschwindigkeit	In der Zeit t erreichte Geschwindigkeit v	$v = a \cdot t + v_0$
Durchschnittliche Geschwindigkeit	Mittelwert der Momentangeschwindigkeit während Δt	$\overline{v} = \frac{\Delta s}{\Delta t} = \frac{s_2 - s_1}{t_2 - t_1}$
Durchschnittliche Beschleunigung	Mittelwert der Momentanbeschleunigung während Δt	$\overline{a} = \frac{\Delta v}{\Delta t} = \frac{v_2 - v_1}{t_2 - t_1}$
STEFAN-BOLTZMANN-Gesetz	Strahlungsleistung P eines Körpers in Abhängigkeit von seiner Temperatur T und der Oberfläche A	$P = \sigma \cdot A \cdot T^4$
1. NEWTON'sches Axiom	**Trägheitsprinzip:** Ein Körper verharrt in Ruhe oder einer gleichförmig geradlinigen Bewegung, solange keine resultierende Kraft auf ihn wirkt.	
2. NEWTON'sches Axiom	**Grundgleichung der Mechanik:** Ein ruhender Beobachter stellt fest, dass eine Kraft F bei einer Masse m die Beschleunigung $a = \frac{F}{m}$ hervorruft.	$\vec{F} = m \cdot \vec{a}$
3. NEWTON'sches Axiom	**Wechselwirkungsprinzip:** Übt ein Körper A auf einen Körper B eine Kraft aus, so übt Körper B eine gleich große, aber entgegengesetzt gerichtete Kraft auf Körper A aus.	$\vec{F}_{AB} = -\vec{F}_{BA}$
Wellengleichung	Auslenkung y in Abhängigkeit von der Zeit t	$y(t) = y_{max} \cdot \sin(\omega t + \Delta \varphi)$
WIEN'sches Verschiebungsgesetz	Die Frequenz f_{max}, bei der die Intensität der emittierten Strahlung maximal wird, in Abhängigkeit von der Temperatur T	$f_{max} = T \cdot 0{,}059 \frac{THz}{K}$

Die Erläuterung der Größen und Konstanten finden Sie in den vorhergehenden Tabellen.

Vorsilben für dezimale Vielfache und Teile von Einheiten

Vorsilbe	Deka (da)	Hekto (h)	Kilo (k)	Mega (M)	Giga (G)
Zahlenwert	10	100	1000	1 000 000	1 000 000 000
Potenz	10^1	10^2	10^3	10^6	10^9

Vorsilbe	Dezi (d)	Zenti (c)	Milli (m)	Mikro (μ)	Nano (n)
Zahlenwert	0,1	0,01	0,001	0,000 001	0,000 000 001
Potenz	10^{-1}	10^{-2}	10^{-3}	10^{-6}	10^{-9}

Reibungszahlen (Werte für trockene Flächen)

Haftreibungszahlen		Gleitreibungszahlen		Rollreibungszahlen*	
für Autoreifen auf:					
Asphalt	0,4−1,0	Asphalt	0.4−0,6	Asphalt	0,010
Beton	0,6−1	Beton	0,35−0,7	Beton	0,015

* Rollreibungszahlen sind geschwindigkeitsabhängig – je höher die Geschwindigkeit, desto geringer die Rollreibungszahl.

Fallbeschleunigungen (Werte in $\frac{m}{s^2}$)

Hamburg	9,814	Nordpol	9,832	Mondoberfläche	1,62
Berlin	9,813	Äquator	9,780	Marsoberfläche	3,71
Frankfurt	9,811	100 km oberhalb der Erdoberfläche	9,52	Sonnenoberfläche	274
München	9,807	1000 km oberhalb der Erdoberfläche	7,33		

Schallgeschwindigkeiten

Feste Stoffe (bei 20 °C und 1013 hPa)		Flüssigkeiten (bei 20 °C und 1013 hPa)		Gase (bei 20 °C und 1013 hPa)	
Stoff	c in $\frac{m}{s}$	Stoff	c in $\frac{m}{s}$	Stoff	c in $\frac{m}{s}$
Stahl	5000	Benzin	1160	Helium	980
Eis (−4 °C)	3200	Wasser (4 °C)	1400	Luft	343
Glas	4000−5000	Wasser (25 °C)	1500	Wasserstoff	1280
Ziegelstein	3500	Meerwasser	1500	Wasserdampf (bei 100 °C)	480
Buchenholz	3300				
Diamant	18 000				

Halbwertszeiten

Isotop	Halbwertszeit	Isotop	Halbwertszeit
^{218}Rn	35 Millisekunden	^{137}Cs	30 Jahre
^{220}Rn	55,6 Sekunden	^{14}C	5730 Jahre
^{11}C	20,36 Minuten	^{235}U	703 800 000 Jahre
^{131}I	8 Tage	^{238}U	4 468 000 000 Jahre

Solarkonstanten der Planeten

Planet	S_E in $\frac{W}{m^2}$	Planet	S_E in $\frac{W}{m^2}$
Merkur	9123	Jupiter	50
Venus	2615	Saturn	15
Erde	1367	Uranus	3,7
Mars	589	Neptun	1,5

AUSZUG AUS DER NUKLIDKARTE (VEREINFACHT)

a Jahr	ms Millisekunde
d Tag	µs Mikrosekunde
h Stunde	
m Minute	
s Sekunde	

Ausschnitt aus der Nuklidkarte im Bereich der leichten Elemente

(Spalten = Neutronenzahl N; Angaben je Nuklid: Massenzahl / Halbwertszeit bzw. Häufigkeit in %)

Element	N=0	N=1	N=2	N=3	N=4	N=5	N=6	N=7	N=8	N=9	N=10	N=11	N=12
Si 28,0855									Si 22 (6 ms)	Si 23	Si 24 (103 ms)	Si 25 (218 ms)	Si 26 (2,21 s)
Al 26,981539										Al 22 (70 ms)	Al 23 (470 ms)	Al 24 (2,07 s)	Al 25 (7,18 s)
Mg 24,3050									Mg 20 (95 ms)	Mg 21 (122,5 ms)	Mg 22 (3,86 s)	Mg 23 (11,3 s)	Mg 24 (78,99)
Na 22,989768									Na 19	Na 20 (446 ms)	Na 21 (22,48 s)	Na 22 (2,603 a)	Na 23 (100)
Ne 20,1797							Ne 16	Ne 17 (109,2 ms)	Ne 18 (1,67 s)	Ne 19 (17,22 s)	Ne 20 (90,48)	Ne 21 (0,27)	Ne 22 (9,25)
F 18,998403							F 15	F 16	F 17 (64,8 s)	F 18 (109,7 m)	F 19 (100)	F 20 (11,0 s)	F 21 (4,16 s)
O 15,9994					O 12	O 13 (8,58 ms)	O 14 (70,59 s)	O 15 (2,03 m)	O 16 (99,762)	O 17 (0,038)	O 18 (0,200)	O 19 (27,1 s)	O 20 (13,5 s)
N 14,00674					N 11	N 12 (11,0 ms)	N 13 (9,96 m)	N 14 (99,634)	N 15 (0,366)	N 16 (7,13 s)	N 17 (4,17 s)	N 18 (0,63 s)	
C 12,011				C 9 (126,5 ms)	C 10 (19,3 s)	C 11 (20,38 m)	C 12 (98,90)	C 13 (1,10)	C 14 (5730 a)	C 15 (2,45 s)	C 16 (0,747 s)	C 17 (193 ms)	
B 10,811				B 8 (770 ms)	B 9	B 10 (19,9)	B 11 (80,1)	B 12 (20,20 ms)	B 13 (17,33 ms)	B 14 (13,8 ms)	B 15 (10,4 ms)		
Be 9,012182			Be 6	Be 7 (53,29 d)	Be 8	Be 9 (100)	Be 10 ($1,6 \cdot 10^6$ a)	Be 11 (13,8 s)	Be 12 (23,6 ms)				
Li 6,941			Li 5	Li 6 (7,5)	Li 7 (92,5)	Li 8 (840,3 ms)	Li 9 (178,3 ms)	Li 10	Li 11 (8,5 ms)				
He 4,002602		He 3 (0,000137)	He 4 (99,999863)	He 5	He 6 (806,7 ms)	He 7	He 8 (119 ms)						
H 1,00794	H 1 (99,985)	H 2 (0,015)	H 3 (12,323 a)										
n		n 1 (10,25 m)											

Ausschnitt aus der Nuklidkarte im Bereich der natürlichen Zerfallsreihen

(Spalten = Neutronenzahl N; Angaben je Nuklid: Massenzahl / Halbwertszeit bzw. Häufigkeit in %)

Element	N=110	N=111	N=112	N=113	N=114	N=115	N=116	N=117	N=118	N=119	N=120	N=121	N=122	N=123	N=124	N=125	N=126	N=127	N=128
U 238,0289																	U 218 (1,5 ms)	U219 (~42 µs)	
Pa 231,03588													Pa 213 (5,3 ms)	Pa 214 (17 ms)	Pa 215 (14 ms)	Pa 216 (0,2 s)	Pa 217 (4,9 ms)	Pa 218 (0,12 ms)	Pa 219 (53 ns)
Th 232,0381											Th 210 (9 ms)	Th 211 (37 ms)	Th 212 (30 ms)	Th 213 (0,14 s)	Th 214 (0,10 s)	Th 215 (1,2 s)	Th 216 (28 ms)	Th 217 (252 µs)	Th 218 (0,1 µs)
Ac 227,0278									Ac 207 (22 ms)	Ac 208 (95 ms)	Ac 209 (90 ms)	Ac 210 (0,35 s)	Ac 211 (0,25 s)	Ac 212 (0,93 s)	Ac 213 (0,80 s)	Ac 214 (8,2 s)	Ac 215 (0,17 s)	Ac 216 (~0,33 ms)	Ac 217 (69 ns)
Ra 226,0254							Ra 204 (45 ms)	Ra 205 (0,22 s)	Ra 206 (0,24 s)	Ra 207 (1,3 s)	Ra 208 (1,3 s)	Ra 209 (4,6 s)	Ra 210 (3,7 s)	Ra 211 (13 s)	Ra 212 (13 s)	Ra 213 (2,74 m)	Ra 214 (2,46 s)	Ra 215 (1,6 ms)	Ra 216 (0,18 µs)
Fr				Fr 200 (0,57 s)	Fr 201 (48 ms)	Fr 202 (0,34 s)	Fr 203 (0,55 s)	Fr 204 (1,7 s)	Fr 205 (3,9 s)	Fr 206 (15,9 s)	Fr 207 (14,8 s)	Fr 208 (58,6 s)	Fr 209 (50,0 s)	Fr 210 (3,18 m)	Fr 211 (3,10 m)	Fr 212 (20,0 m)	Fr 213 (34,6 s)	Fr 214 (5,0 ms)	Fr 215 (0,09 µs)
Rn		Rn 197 (51 ms)	Rn 198 (64 ms)	Rn 199 (0,62 s)	Rn 200 (1,06 s)	Rn 201 (7,0 s)	Rn 202 (9,85 s)	Rn 203 (45 s)	Rn 204 (1,24 m)	Rn 205 (2,83 m)	Rn 206 (5,67 m)	Rn 207 (9,3 m)	Rn 208 (24,4 m)	Rn 209 (28,5 m)	Rn 210 (2,4 h)	Rn 211 (14,6 h)	Rn 212 (24 m)	Rn 213 (25 m)	Rn 214 (0,27 µs)
At			At 197 (0,35 s)	At 198 (4,2 s)	At 199 (7,2 m)	At 200 (43 s)	At 201 (1,5 m)	At 202 (184 s)	At 203 (7,4 m)	At 204 (9,2 m)	At 205 (26,2 m)	At 206 (29,4 m)	At 207 (1,8 h)	At 208 (1,63 h)	At 209 (5,4 h)	At 210 (8,3 h)	At 211 (7,22 h)	At 212 (314 ms)	At 213 (0,11 µs)
Po			Po 196 (5,8 s)	Po 197 (56 s)	Po 198 (1,76 m)	Po 199 (5,2 m)	Po 200 (11,5 m)	Po 201 (15,3 m)	Po 202 (44,7 m)	Po 203 (36 m)	Po 204 (3,53 h)	Po 205 (1,66 h)	Po 206 (8,8 d)	Po 207 (5,84 h)	Po 208 (2,898 a)	Po 209 (102 a)	Po 210 (138,38 d)	Po 211 (0,516 s)	Po 212 (0,3 µs)
Bi 208,98037			Bi 195 (3,0 m)	Bi 196 (5,1 m)	Bi 197 (9,3 m)	Bi 198 (10,3 m)	Bi 199 (27 m)	Bi 200 (36,4 m)	Bi 201 (1,8 h)	Bi 202 (1,72 h)	Bi 203 (11,76 h)	Bi 204 (11,22 h)	Bi 205 (15,31 d)	Bi 206 (6,24 d)	Bi 207 (31,55 a)	Bi 208 ($3,68 \cdot 10^5$ a)	Bi 209 (100)	Bi 210 (5,013 d)	Bi 211 (2,17 m)
Pb 207,2			Pb 194 (12,0 m)	Pb 195 (~15 m)	Pb 196 (36,4 m)	Pb 197 (8 m)	Pb 198 (2,40 h)	Pb 199 (1,5 h)	Pb 200 (21,5 h)	Pb 201 (9,4 h)	Pb 202 ($5,25 \cdot 10^4$ a)	Pb 203 (51,9 h)	Pb 204 (1,4)	Pb 205 ($1,5 \cdot 10^7$ a)	Pb 206 (24,1)	Pb 207 (22,1)	Pb 208 (52,4)	Pb 209 (3,253 h)	Pb 210 (22,3 a)
Tl 204,3833			Tl 193 (22,6 m)	Tl 194 (33 m)	Tl 195 (1,13 h)	Tl 196 (1,8 h)	Tl 197 (2,84 h)	Tl 198 (5,3 h)	Tl 199 (7,42 h)	Tl 200 (26,1 h)	Tl 201 (73,1 h)	Tl 202 (12,23 d)	Tl 203 (29,524)	Tl 204 (3,78 a)	Tl 205 (70,476)	Tl 206 (4,20 m)	Tl 207 (4,77 m)	Tl 208 (3,053 m)	Tl 209 (2,16 m)
Hg 200,59			Hg 192 (4,9 h)	Hg 193 (3,5 h)	Hg 194 (520 a)	Hg 195 (9,5 h)	Hg 196 (0,15)	Hg 197 (64,1 h)	Hg 198 (9,97)	Hg 199 (16,87)	Hg 200 (23,10)	Hg 201 (13,18)	Hg 202 (29,86)	Hg 203 (46,59 d)	Hg 204 (6,87)	Hg 205 (5,2 m)	Hg 206 (8,15 m)	Hg 207 (2,9 m)	Hg 208 (~42 m)

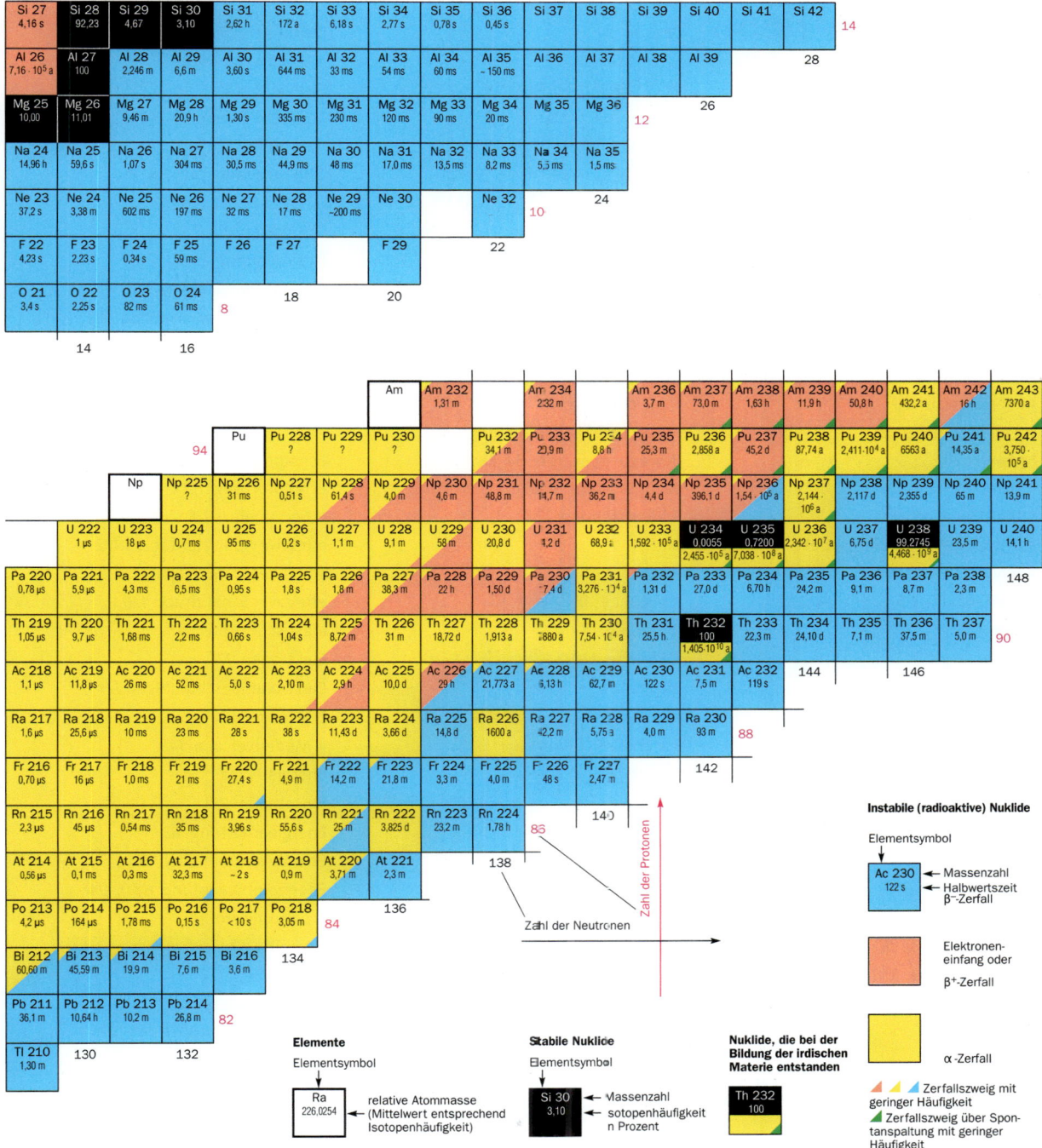

Nach: G. Pfennig, H. Klewe-Nebenius, W. Seelmann-Eggebert: Karlsruher Nuklidkarte. 6. Aufl. 1995, Copyright by Forschungszentrum Karlsruhe GmbH

BILDQUELLENVERZEICHNIS